GOUJIAN RENJIAN XIANJING

Vue

JINGGUAN SHEJI ZHINAN

构建人间仙境 Vue 景观设计指南

卓文华讯 蒋 伟 编著

化学工业出版社

·北京·

Vue是一款功能很强大的三维景观设计软件，本书主要介绍Vue的天空、地形山脉、材质、灯光、生态系统、动画、函数等在景观设计中经常用到的关键技术。同时本书还通过多个典型实例和两个综合案例的详细讲解，使读者对Vue景观设计有更深入的了解。

本书对软件的关键功能讲解深入，所有实例都来源于真正的商业设计，帮助读者更好地掌握三维景观设计的技巧。

本书适合Vue的初、中级读者以及从事三维景观设计工作的读者阅读使用。

图书在版编目（CIP）数据

构建人间仙境：Vue 景观设计指南 / 卓文华讯，蒋伟编著.
北京：化学工业出版社，2013.1
ISBN 978-7-122-16012-6

I. 构… II. ①卓… ②蒋… III. 景观设计－计算机辅助设计－图形软件 IV. TU986.2-39

中国版本图书馆 CIP 数据核字（2012）第 295570 号

责任编辑：李 萃　　　　装帧设计：王晓宇

出版发行：化学工业出版社（北京市东城区青年湖南街 13 号　邮政编码 100011）
印　　装：北京画中画印刷有限公司
787mm×1092mm　1/16　印张 $18^1/_4$　字数 456 千字　2013 年 3 月北京第 1 版第 1 次印刷

购书咨询：010-64518888（传真：010-64519686）　售后服务：010-64518899
网　　址：http://www.cip.com.cn
凡购买本书，如有缺损质量问题，本社销售中心负责调换。

定　　价：69.00 元

前 言

Vue是一款功能强大的三维景观设计软件，它为3D自然环境的动画制作和渲染提供了一系列的解决方案。2009年底，科幻大片《阿凡达》一经上演就在全球引起了非常大的轰动，影片中潘多拉星球的环境让人惊叹不已！而正是环境编辑软件Vue打造了该影片中主要的3D自然环境。

当我们需要在自己的动画中加入海洋河流、山水湖泊等充满生机的自然环境时，当我们苦于自己活灵活现的角色没有与之对应的生动背景时，Vue也为我们提供了在3ds Max、Maya、XSI、Lightwave 或者Cinema 4D中进行整合与渲染的完美解决方案。

本书就是一本讲解如何应用Vue软件来实现场景景观表现的图书。全书共分为9章：

第1章主要介绍Vue软件的基础知识，包括软件界面、工具栏、基本工作流程等；

第2～5章主要介绍天空、地形、材质、灯光等在Vue创作中经常接触到的关键技术和具体应用；

第6～8章主要介绍Vue中非常重要的生态系统、动画、高级函数编辑等高级技术；

第9章通过两个典型的实例来综合讲解Vue的应用，帮助读者掌握Vue的强大功能，同时对三维景观制作的常用方法和工作流程有一个感性的认识，以便在掌握使用的制作技巧的同时也可以丰富自己的实战经验。

本书内容丰富、结构清晰，讲解由浅入深、循序渐进，并融入了编者多年来从事动画制作的丰富经验。本书精讲了多个实例，读者可以登录化学工业出版社官方网站（http://download.cip.com.cn）下载相关的素材文件；同时，也特别开设了交流网站（www.boogool.com），读者可以通过其中的论坛就相关问题展开讨论和交流。

编 者

2012年12月

目 录

第 1 章 Vue 软件入门

第 2 章 自然景观之天空

Contents

第5章 Vue灯光

第6章 Vue生态系统

Contents

第7章 Vue动画

第8章 Vue函数编辑器

第 9 章 Vue 综合实例

第1章

Vue 软件入门

Vue是旗舰3D自然风景设计软件，作为一款为专业艺术家设计的自然景观创作软件，它提供了强大的功能，为创造精细的3D环境提供了无限的可能，为3D自然环境的动画制作和渲染提供了一系列的解决方案，可以满足专业的制作工作室以及3D自由艺术家的使用需求。经过15年的研究和开发，才有了今天的Vue系列。该产品功能强大且易于使用，我们通过欣赏官网上的以下作品就可以感受到它的强大。

1.1 Vue概述

安装Vue对计算机硬件要求不高，使用现在的主流配置即可。但是用Vue渲染动画对计算机硬件的要求就要高一些了，特别是渲染的东西越多，计算机就会运行得越慢。

1.1.1 系统要求

虽然运行Vue的硬件配置要求并不是很高，但为了运行流畅，硬件的配置当然是越高越好。下面给出了运行Vue的最低系统要求和推荐系统配置。

1. 最低系统要求（见表 1-1）

表 1-1 最低系统要求

平台	Macintosh 苹果平台	Windows 平台
操作系统	Mac OS X V10.5 及 10.6 苹果操作系统	Windows XP/Vista/7 操作系统
处理器	2GHz 以上的 Intel 处理器	2GHz 的奔腾 IV 或兼容处理器
内存	1GB 的可用系统内存	1GB 的可用系统内存
硬盘	200 MB 可用硬盘空间	200 MB 可用硬盘空间
显卡	支持 OpenGL 加速功能的独立显卡	支持 OpenGL 加速功能的独立显卡
显示器	支持 1024×768 分辨率的显示器	支持 1024×768 分辨率的显示器

2. 推荐系统配置

- Windows XP/Vista/7（64位）操作系统或Mac OS X V10.6（64位）操作系统。
- 多核心处理器（Intel i7CPU或Mac Pro电脑）。
- 4GB或以上可用系统内存。
- 4GB或以上可用硬盘空间。
- 支持OpenGL加速功能的专业显卡。
- 支持1280 × 1024分辨率的显示器。

1.1.2 内存管理

Vue拥有先进的内存管理技术，如纹理和几何形状的虚拟化。也就是说，当你使用的内存超出现有内存量时，Vue会将未使用的纹理贴图和对象自动保存到磁盘。由于它的缓存是定时自动记忆的（默认），所以会越用越多、越来越慢，因此要及时存储和备份。当发现程序反应极为缓慢的时候，可以按如图1-1所示的方法，选择菜单栏中的“File(文件)”\“Purge Memory（清除内存）”命令来清除内存。

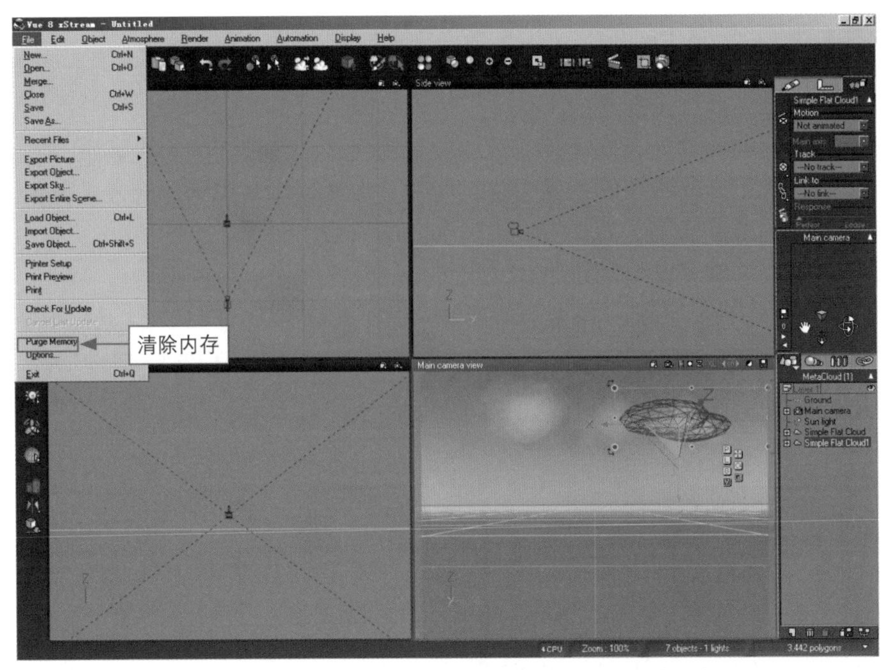

图 1-1　清除内存

1.1.3　Vue 崩溃主因

不正确地使用软件会导致Vue崩溃，造成Vue崩溃的原因主要有以下几个方面。

- 缓存导致系统崩溃：大多数软件都有这个问题，解决方法是及时备份。
- 历史内存消耗大：减少历史内存消耗，养成良好的工作习惯（精简模型和操作等）。
- 兼容模式设置不合理：根据系统内存设置合理的兼容模式，尽可能手动预览场景和材质。
- 清理内存不及时：做较大场景的时候，工作一段时间清理一次或适当重启Vue。
- OpenGL硬件加速导致崩溃：现在的主流配置都支持软硬件加速。
- 特殊情况导致崩溃：所谓的特殊情况多数是人为的，如场景很大还使用鼠标滚轮推拉视图等。

1.2　界面概述

Vue的界面并不复杂，和一般的三维软件界面相似，都是四视窗的方式。接下来我们就来详细了解其界面中的具体内容。

1.2.1　界面简介

Vue的主界面如图1-2所示，其主要由以下8个部分组成。

- 标题栏：显示Vue版本以及所打开文件的名称。
- 菜单栏：包括一些常规的软件命令，如文件、编辑、物体等。
- 工具栏：包括一些常用命令的图标。
- 视图区：主要的操作区，是场景的最终效果表现，按四视图的方式显示。
- 创建工具栏：把一些常用的创建山体、植物、大气等命令用图标的方式表示。
- 状态栏：显示文件大小、内存的使用情况以及缩放比例等。
- 信息栏：显示场景物体的具体信息（坐标、尺寸、材质、灯光等）。
- 动画时间：默认看不到，主要是设置动画关键帧的时候便于调整。

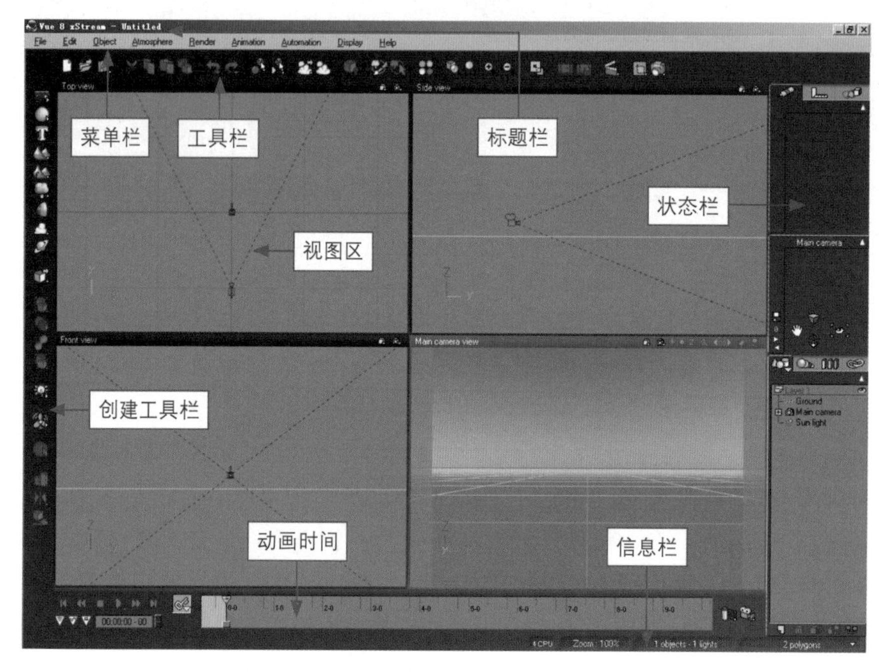

图 1-2　Vue 的主界面

提示

如果有些栏目在界面上没有显示，可以通过选择菜单栏“Display（显示）”菜单中的相关命令进行设置，如图1-3所示。

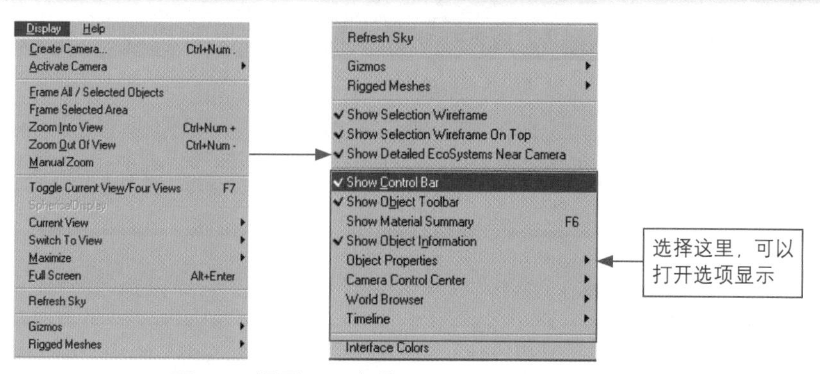

图 1-3　设置显示选项

1.2.2 视图说明

Vue的视图分布与很多三维软件都很相似，特别是和3ds Max的界面一样。如图1-4所示，Vue视图左上角是Top view（顶视图），右上角是Side view（侧视图），左下角是Front view（前视图），右下角是Main camera view（主相机视图）。

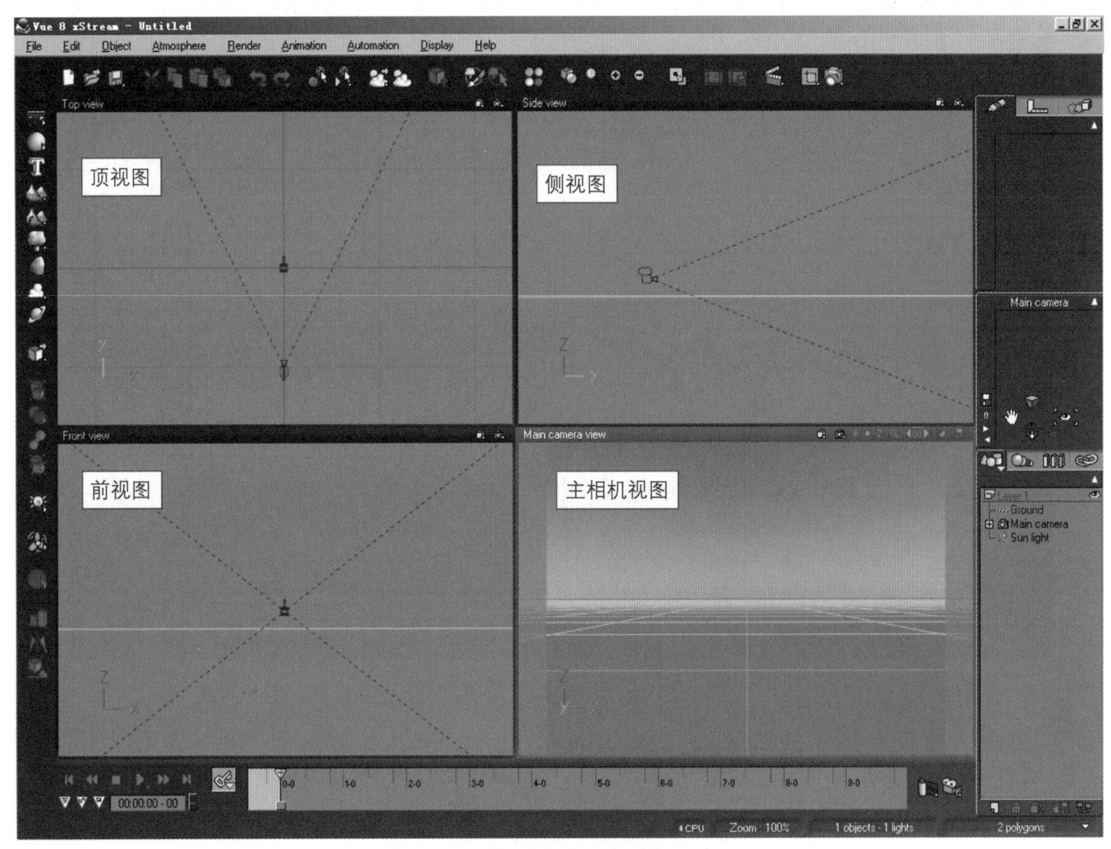

图 1-4 Vue 的视图

1.2.3 视图操作

了解Vue要从视图操作的熟练使用开始，只有掌握了视图操作才能做到对其场景的制作调整随心所欲。

1. 活动视图

如图1-5所示，用鼠标点击某个视图，视图边框即变成蓝色，此视图就处于激活状态。

2. 最大化视图

切换为最大化视图的方法有以下3种。

- 单击工具栏上的 （最大/还原）按钮。

- 单击菜单栏中的“Display（显示）”\“Toggle Current View/Four Views（单视图/四视图）”命令，如图1-6所示。
- 按<F7>键可以在四视图与单视图之间进行切换。

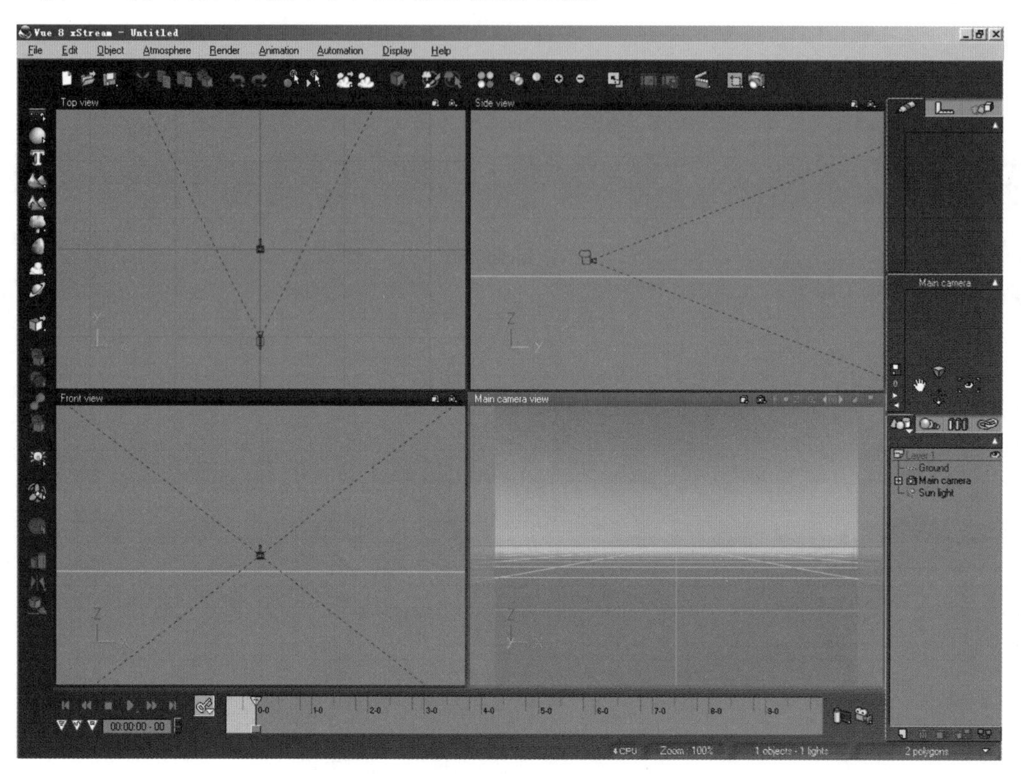

图 1-5　主相机视图处于激活状态

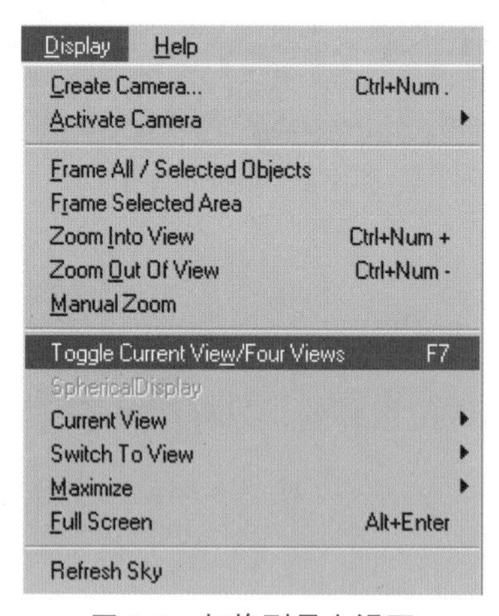

图 1-6　切换到最大视图

3．专家模式

如图1-7所示，按<Alt>+<Enter>组合键，视图将填满整个屏幕（专家模式），此时菜单栏和其他工具栏将被隐藏（再次按下<Alt>+<Enter>组合键将恢复）。

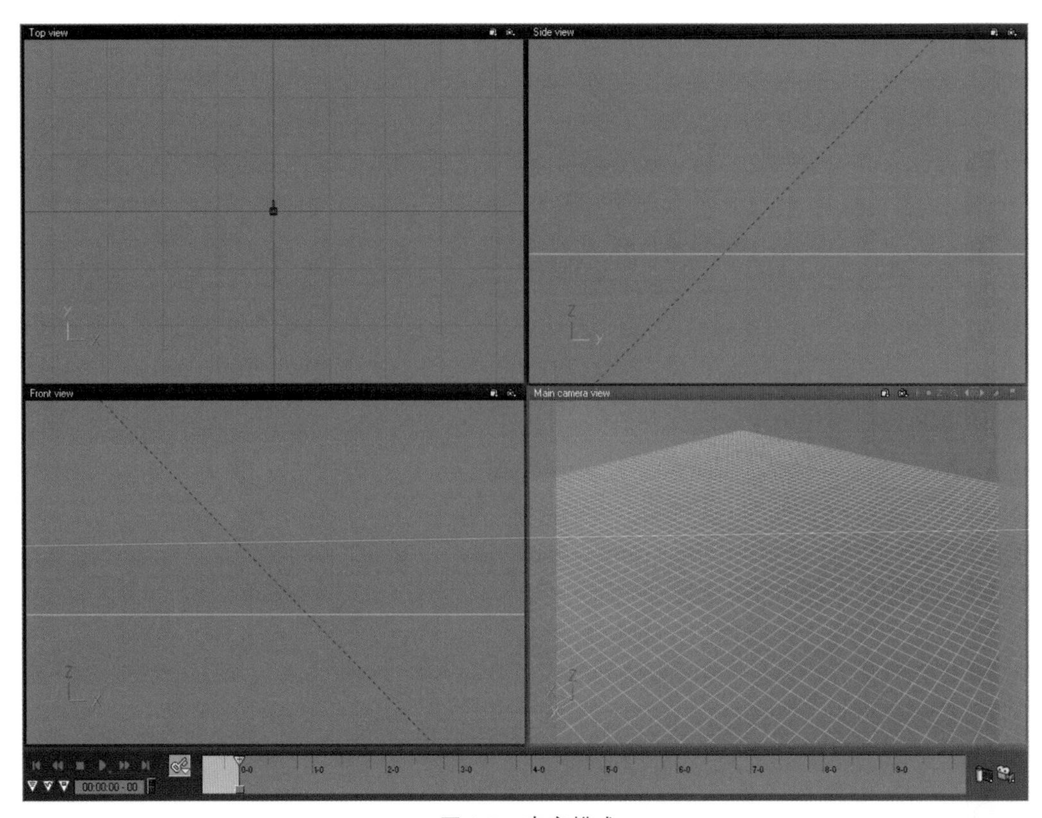

图 1-7　专家模式

4．视图操作

对视图的操作比较简单，一般有两种方式。

- 按住鼠标右键拖动可以平移视图。
- 滚动鼠标滚轮可以缩放视图。

1.3 工具栏

工具栏是一些常用命令的集合，位于Vue主界面的上方，便于用户快速地选择相应的命令，提高工作效率。

1.3.1 工具栏简介

Vue软件把一些常用的命令以按钮的方式放到工具栏上，下面介绍这些常用工具栏命令的功能。

- 新建文件：创建新的Vue文档。

- 打开文件：打开已经保存或者使用过的文档。
- 保存文件：保存当前文档。在制作过程中经常保存文件可以保留制作的效果以便于下次打开或继续制作。
- 剪切：将对象删除并暂存到剪贴板上。
- 复制：将对象复制并暂存到剪贴板上。
- 粘贴：将剪切或复制的对象粘贴到当前位置。
- 阵列：复制并阵列场景中的物体。
- 撤销/重做：返回或恢复之前的操作。
- 记忆宏：记录宏文件。
- 播放宏：播放记录的宏文件。
- 载入大气效果：导入预制的大气效果。
- 大气编辑器：对大气效果进行编辑。
- 编辑对象：对场景中的物体进行调整编辑。
- 绘制生态系统：创建植物环境。
- 选择生态系统：选择创建的植物环境。
- 显示材质：显示场景中的材质。
- 最大化显示：最大化视图。
- 区域放大：局部放大。
- 放大/缩小：放大或缩小场景。
- 单视图/四视图切换：视图在四视图和单视图之间切换，便于观察。
- 显示上次渲染/保存图片：观察上次渲染效果。
- 显示时间动画表：显示动画时间，便于动画设置。
- 区域渲染：局部渲染所定义的区域。
- 渲染设置：具体设置渲染的参数。

1.3.2 创建工具栏简介

创建工具栏是一些经常使用的创建山体、植物、大气等命令的集合，便于用户快速创建场景和对象。

- 水/地平面/云层（右击出现）：创建水平面、地平面、云层。
- 标准几何体（右击出现其他几何体）：创建球形、圆柱、长方体等常规形态。
- 文字：创建文字，支持中文文字的创建。
- 标准地形（右击出现编辑地形）：创建标准山脉地形。
- 程序地形（右击出现预制地形）：创建由程序（函数控制）形成的山脉地形。
- 植物（右击出现载入植物）：创建植物。
- 岩石：创建岩石物体。
- 云彩（右击出现载入云彩）：创建单独的云彩效果。
- 行星：创建星空行星。

- 载入对象（右击保存对象）：导入其他软件制作的对象，支持3ds、obj格式。
- 组物体：对场景物体进行编组。
- 布尔运算（右击出现差集/并集/交集）：场景物体的剪切运算。
- 融合：将物体进行融合。
- 解组：解除组物体。
- 灯光（右击出现点灯/方形点灯/射灯/方形射灯/定向灯/面灯）：创建灯光。
- 定向风力（右击出现万向风力）：添加风力。
- 通过颜色选择对象：利用颜色差异来选择场景物体。
- 对齐：设置物体之间的位置关系。
- 镜像：复制镜像物体。
- 下降对象：降低场景物体的高度。

1.4 基本对象物体

熟悉了工具栏中的命令功能，下面我们来创建一些基本的对象，如球体、圆柱体、长方体等。

- 球体：如图1-8所示，选择相应的工具（如球体）后，在合适的位置单击即可创建球体。

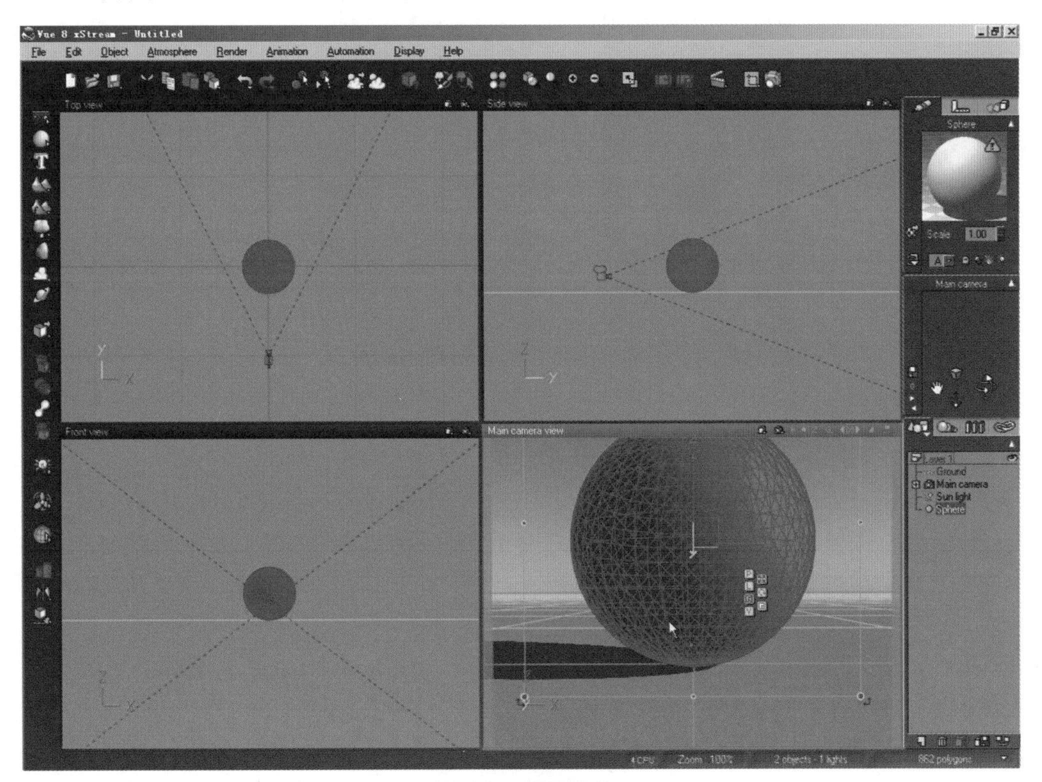

图 1-8　创建球体

物体的基础属性包括位移、旋转和缩放，如图1-9所示。

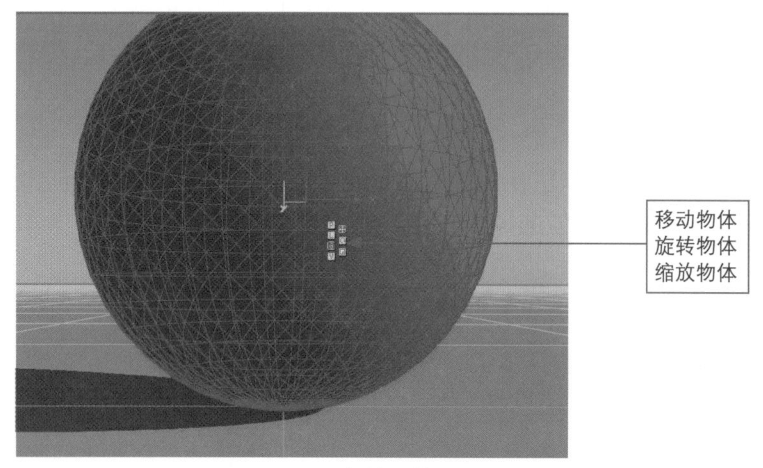

图 1-9　物体的基础属性

物体的本身属性如图1-10所示。

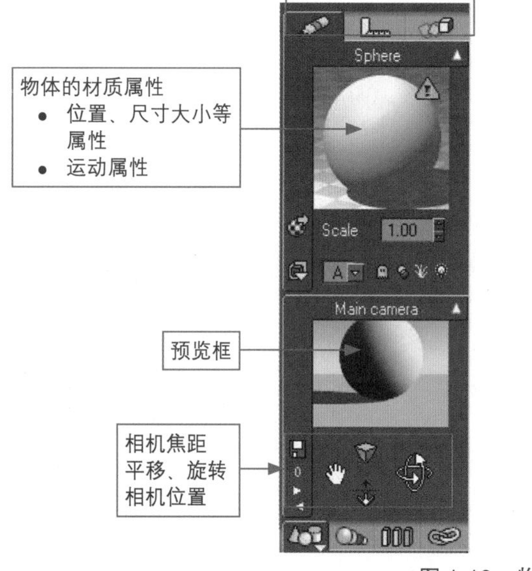

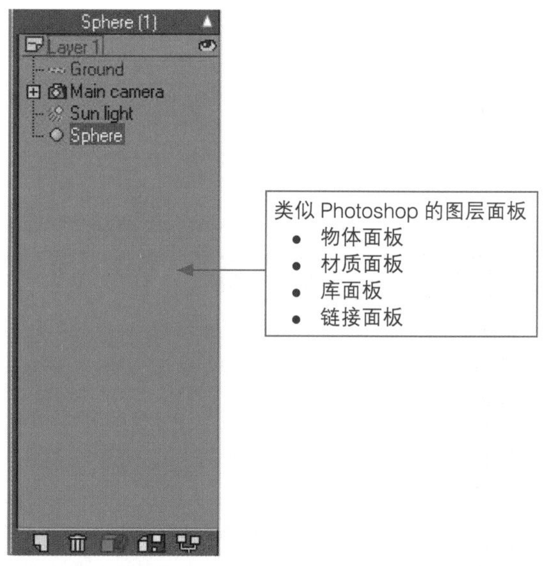

图 1-10　物体的本身属性

- 圆柱：创建圆柱物体。
- 长方体：创建长方体物体。
- 锥体：创建方锥物体。
- 圆锥：创建圆锥物体。
- 圆环：创建圆环物体。
- 平面：创建平面物体。
- Alpha平面：创建带有Alpha通道的平面，主要用于透明贴图的物体。

说明

其他物体创建的操作请参照球体创建过程。

- 无限平面：创建地面或水面（它们都是无限的）。
- 文字：单击该工具就可以在场景中创建文字，此时打开的是文字编辑窗口，如图1-11～图1-14所示。

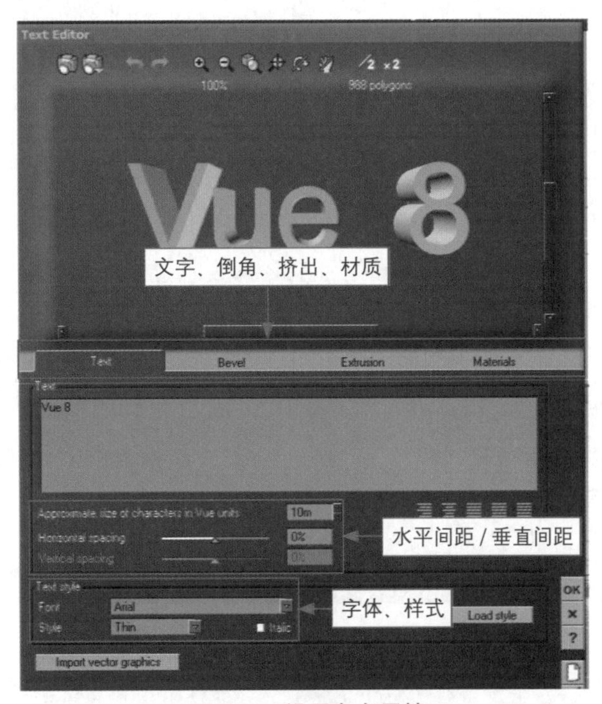

图 1-11　设置文字属性

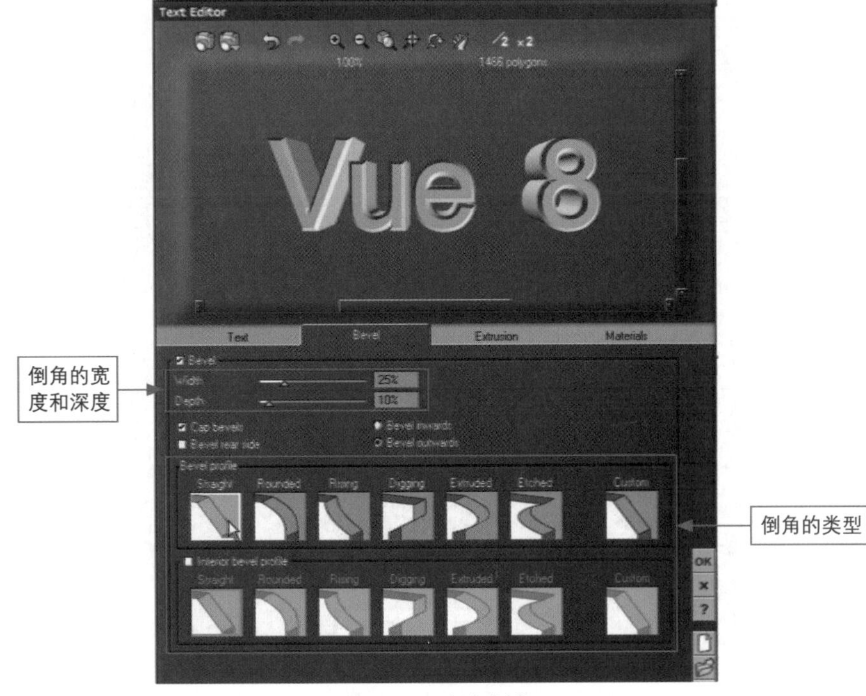

图 1-12　文字倒角

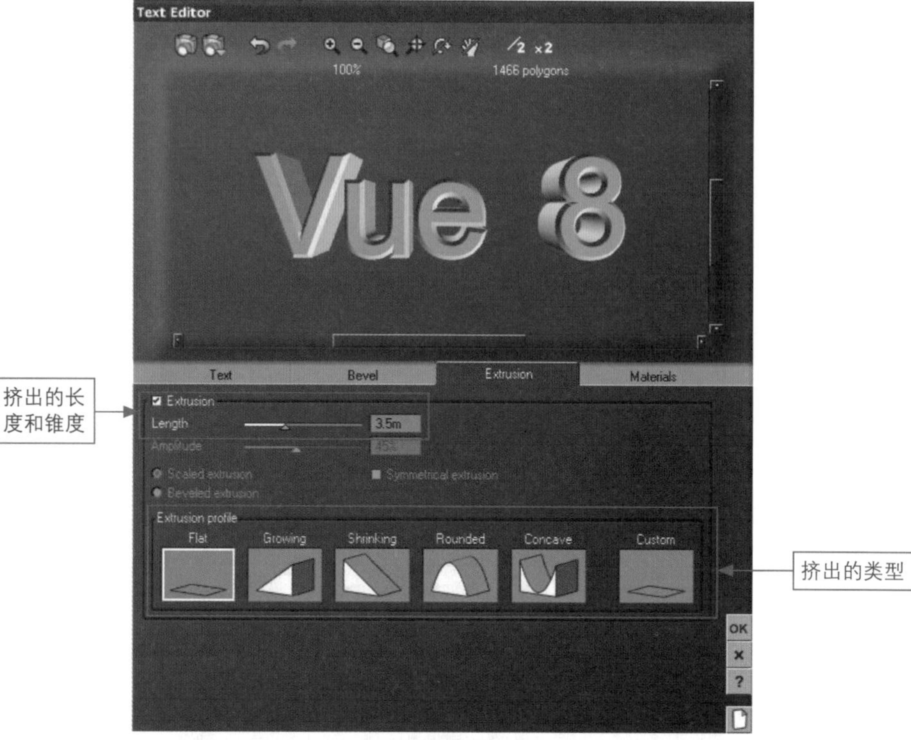

图 1-13　文字挤出

图 1-14　物体材质

至于其他物体（地形、植物、灯光、相机），我们将在下面的章节里详细地介绍它们的基本属性和使用方法。

1.5 Vue 基本工作流程

下面我们通过一个小例子来看看Vue的工作流程。

1.5.1 创建场景元素

如图1-15所示，打开Vue软件，创建一个场景（山脉、天空、云雾）。

图 1-15　创建场景元素

1.5.2 赋予物体材质

如图1-16所示，将场景模型制作好后，就可以为物体添加相应的材质，如山脉材质、天空材质等。

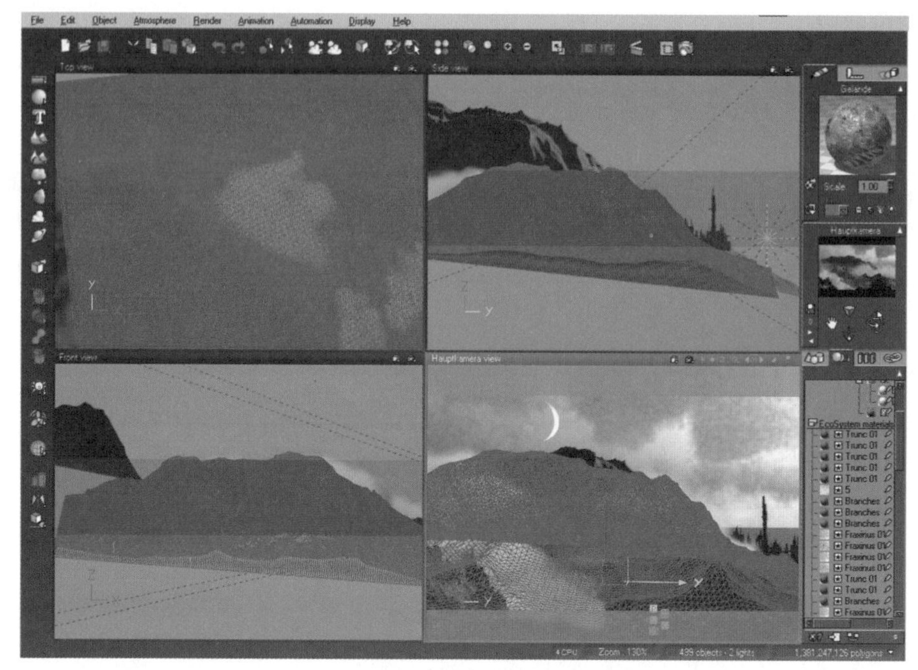

图 1-16　赋予物体材质

1.5.3　测试渲染效果

如图1-17所示，在赋予物体材质后，可以测试渲染，看看效果如何，如果有不如意的地方，可以进一步调整。

图 1-17　测试渲染效果

1.5.4 正式渲染

如图1-18所示，调整好效果后，即可正式输出渲染效果。

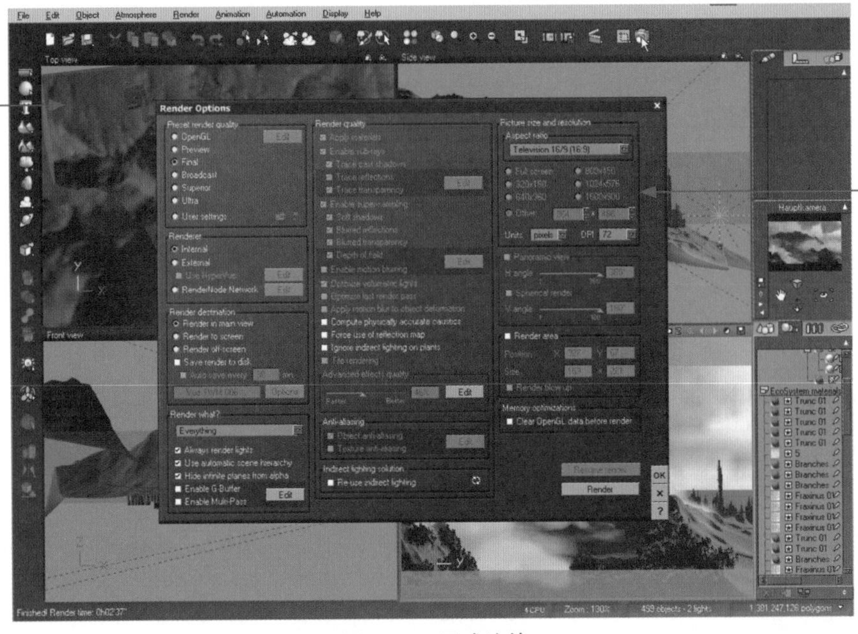

图 1-18 正式渲染

这里我们只是简单介绍了Vue的工作流程，在下面的章节里我们会具体讲解场景的创建和渲染，以及动画设置的相关内容。

第2章 自然景观之天空

天空一直是场景表现里不可或缺的元素之一，而制作天空的手段也有很多。

其一，使用三维软件的贴图表现。

其二，使用三维软件的外部插件，比如 3ds Max 的插件 Dreamscape 就是一款专门制作景观的插件。

其三，直接使用实拍的动态天空素材。

其四，使用制作景观的软件，如 Vue、Bryce。

将这两款景观制作软件进行对比，Bryce 的工作方法和流程与 Vue 几乎全相同，只是渲染输出不同；而相对于 Vue，Bryce 的界面更直观、更易于操作，但是渲染质量不如 Vue，制作高精细节的作品时没有 Vue 那么优秀。

2.1 设置天空

天空是自然景观表现中的必备组件，而 Vue 的天空设置非常简单，很多预设效果就有不错的表现。

2.1.1 天空的设置

1．创建天空

如图 2-1 所示，打开 Vue 软件新建文件，就可以创建一个默认的天空。同时，也可以创建地面、主相机和太阳光，如图 2-2 所示。

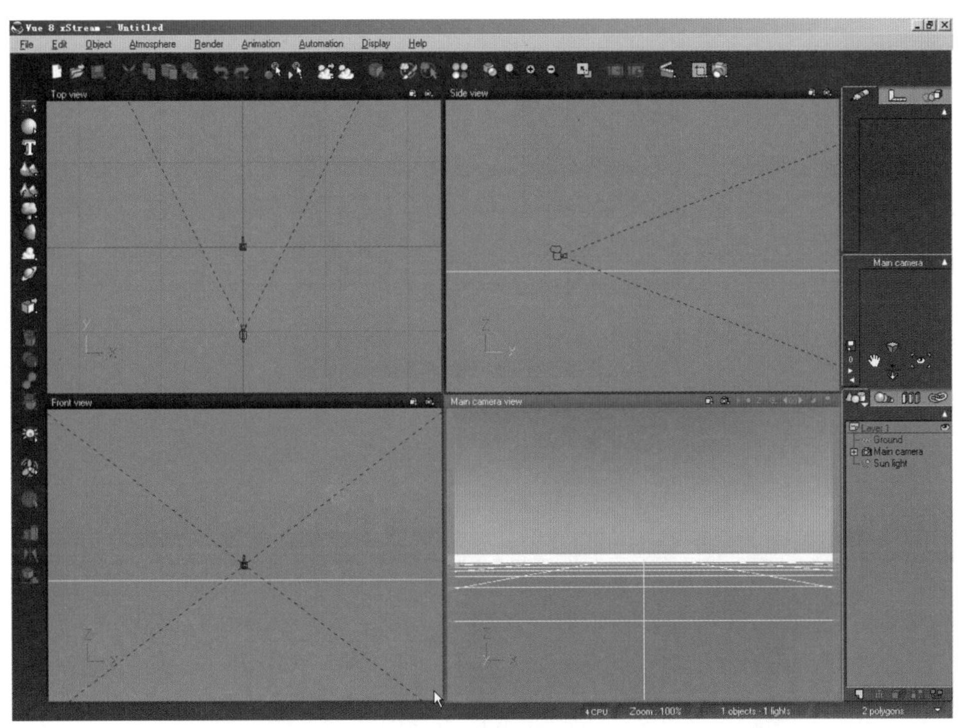

图 2-1　新建文件

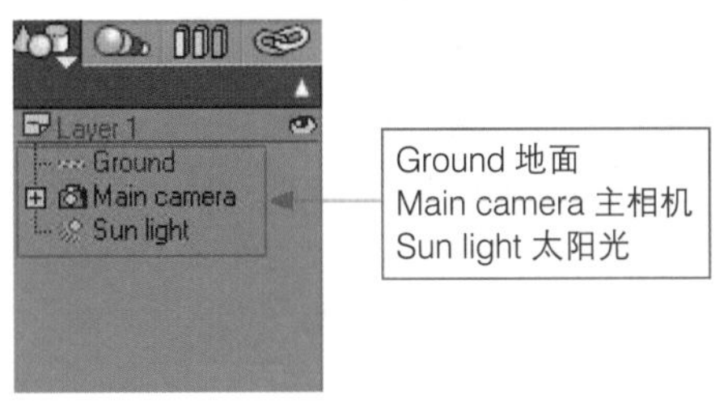

图 2-2　地面、主相机和太阳光

2. 打开画面更新

在如图 2-3 所示的位置单击，即可调出更新效果。

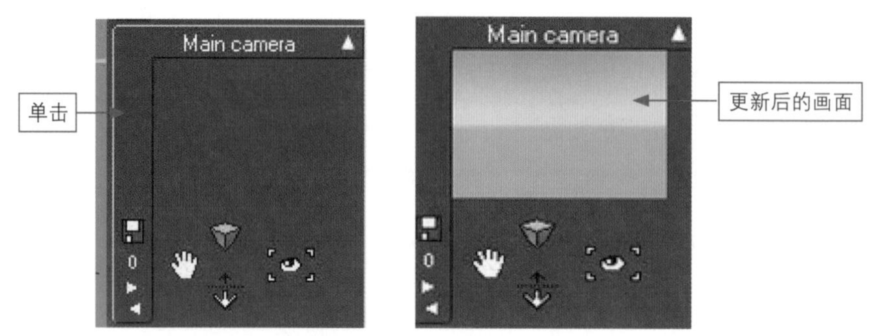

图 2-3　调出更新效果

要想在调整效果时及时更新画面效果，可右击，在弹出的快捷菜单中选择“Auto-Update（自动更新）”命令，如图 2-4 所示。

图 2-4　自动更新

3. 调整天空的位置

我们可以调整画面为全部是天空的效果，这样更便于观察和调整，如图 2-5 所示。

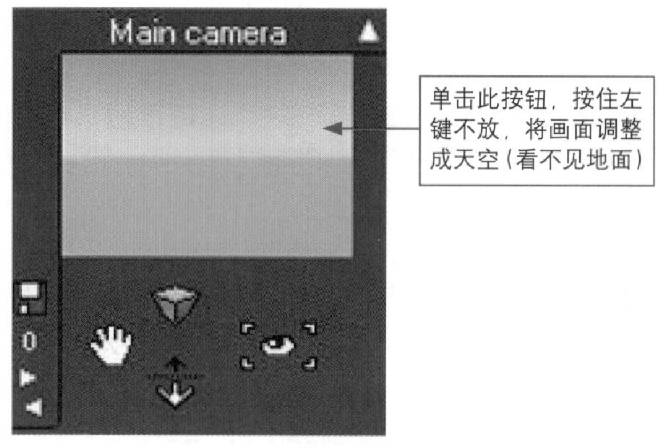

图 2-5　调整天空效果

调整后的天空效果如图 2-6 所示。

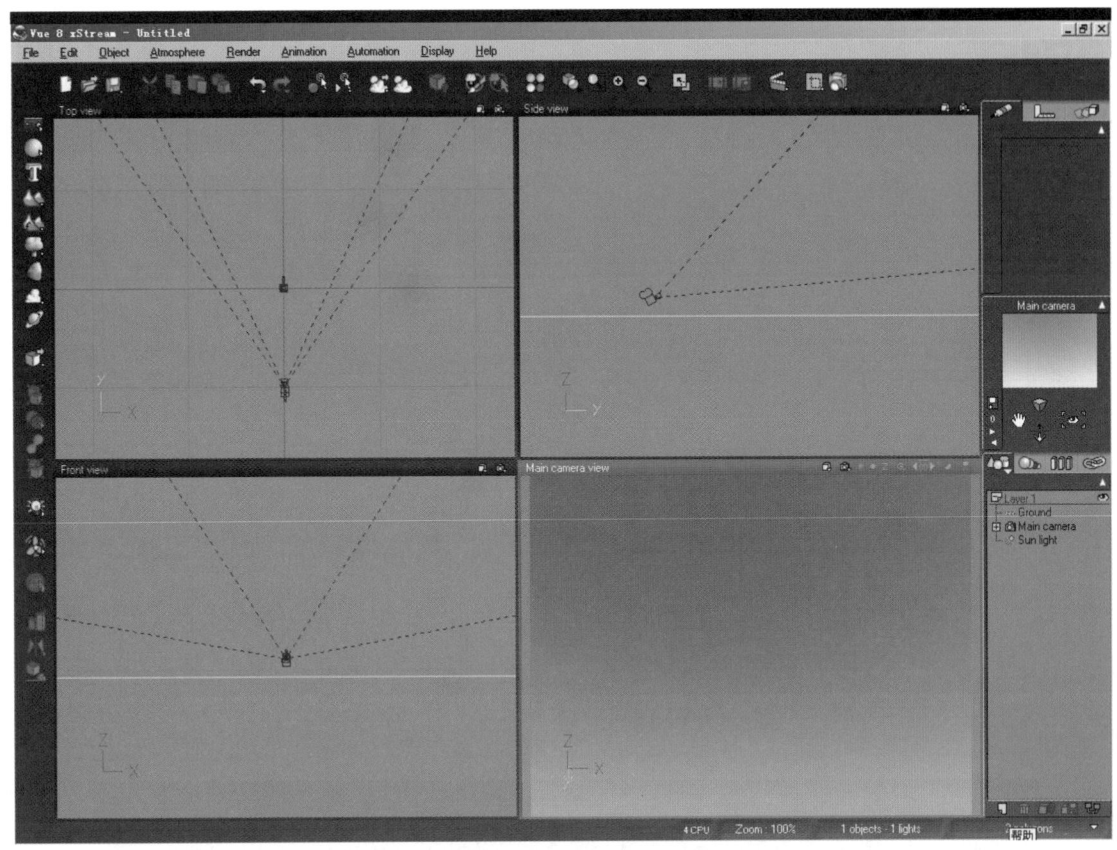

图 2-6 调整后的天空效果

2.1.2 天空的预设

1. 载入天空预设的方法 01

新建场景时，电脑会选择一个预设的大气效果。

2. 载入天空预设的方法 02

如图 2-7 所示，在菜单栏中选择“Atmosphere（大气）”\“Load Atmosphere...（载入大气）”命令。

3. 载入天空预设的方法 03

按快捷键 <F5>，可以快速进入大气预设（最常用的方法）。

4. 使用天空预设

如图 2-8 和图 2-9 所示，Vue 系统里有各式各样的天空预设，包括从白天到晚上以及一些特殊效果，不用调整就会有比较好的效果。

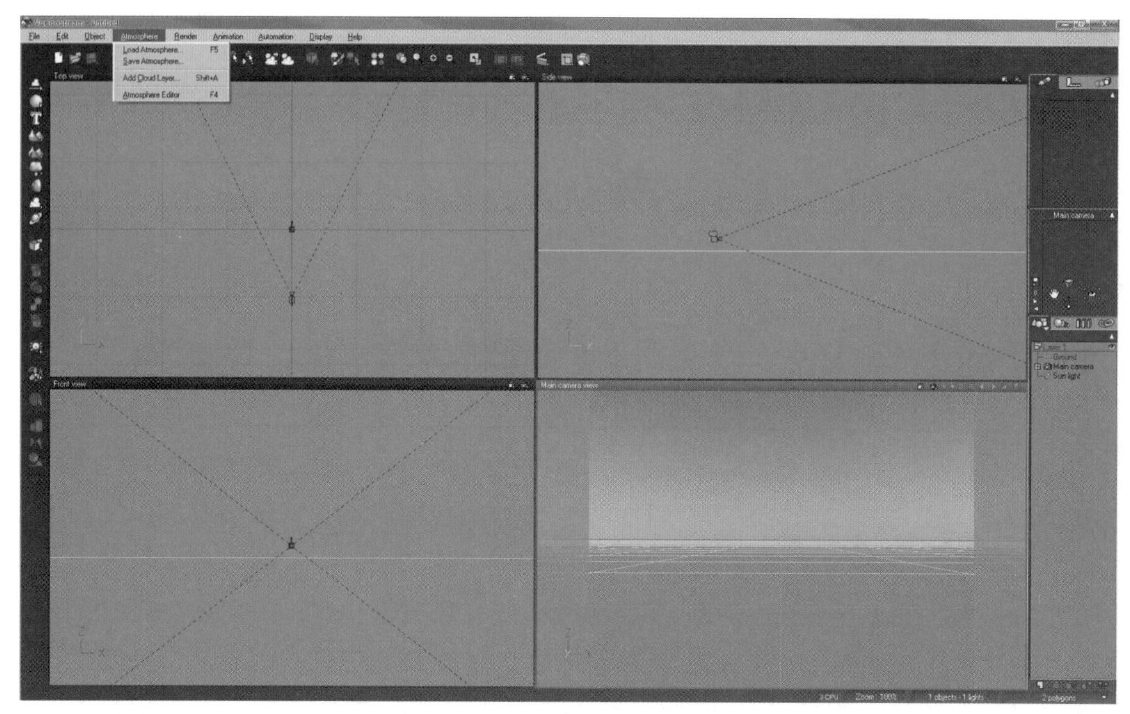

图 2-7　载入大气

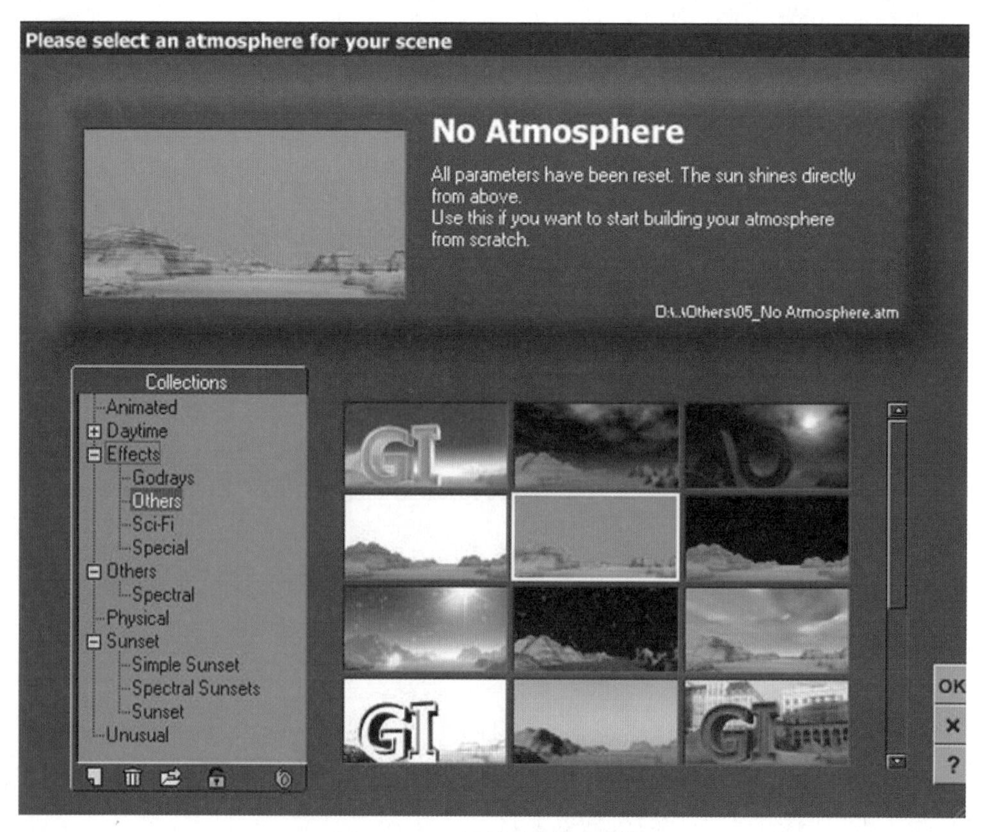

图 2-8　Vue 系统里的天空预设

坏天气　　好天气

日出　　日落

图 2-9　天空预设效果

注意

如果预设里有如图 2-10 所示的标志， 那么就代表该预设需要去官网上下载才能使用。

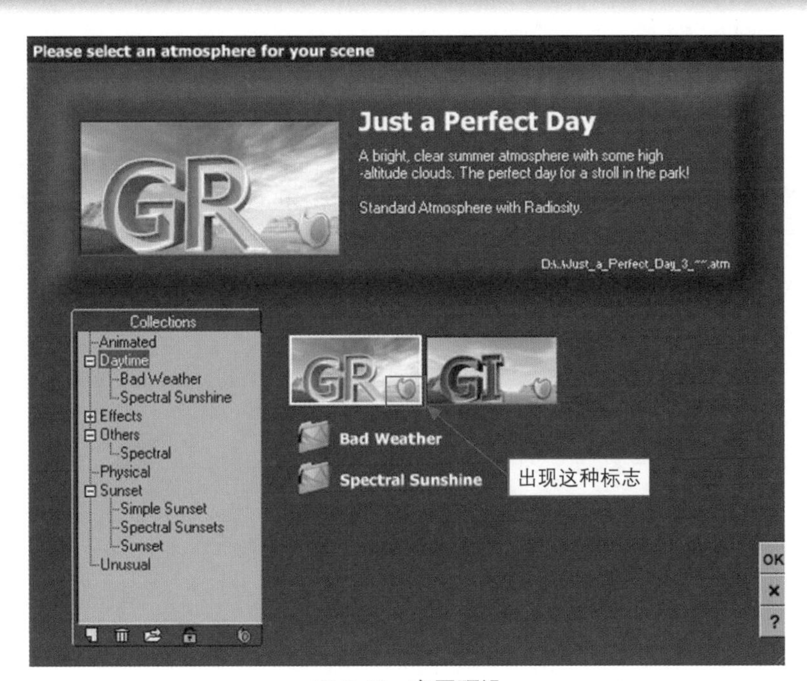

图 2-10　官网预设

5．调用外置天空预设

如图 2-11 所示，还可以调用从网上下载的一些预设效果。

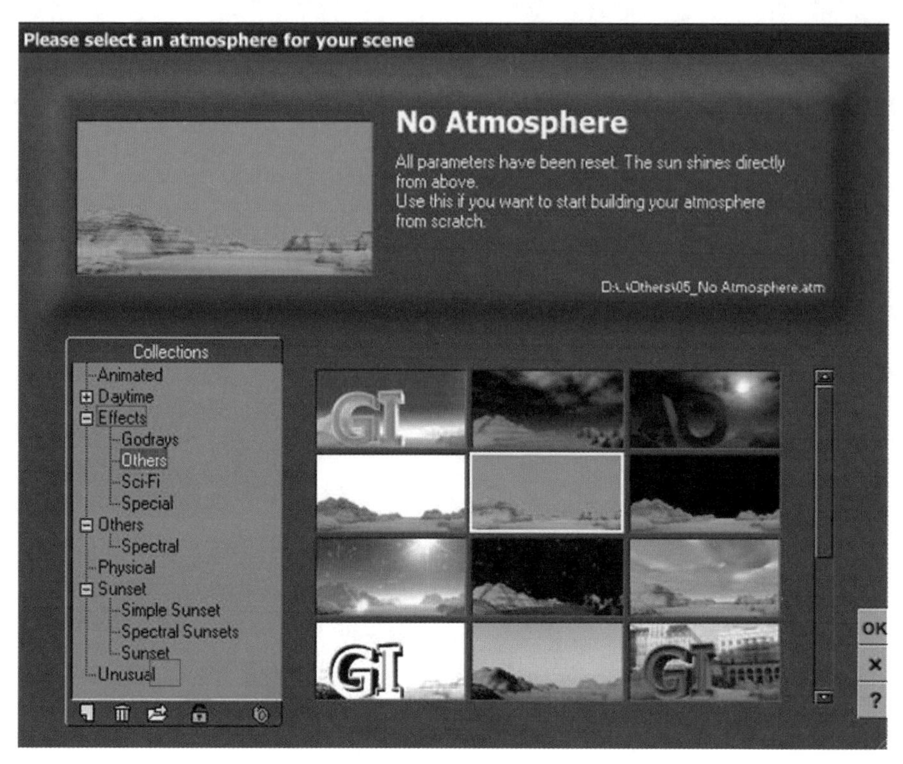

图 2-11　调用外置预设

2.2 大气编辑器

“大气”是 Vue 的一个重要组成部分，能表现逼真的大气效果。然而，从头创造一个大气可能会很费事，所以我们一般都是利用预设效果调出一个大致的效果，然后进入大气编辑器进行编辑调整。设置好天空后就要进入大气编辑器进行进一步的调整（如阳光、云彩、光晕等）。

2.2.1 如何进入大气编辑器

进入大气编辑器有以下两种方式。

- 如图 2-12 所示，在菜单栏中选择“Atmosphere（大气）”\“Atmosphere Editor（大气编辑器）”命令。
- 按快捷键 <F4> 可快速进入大气编辑器。

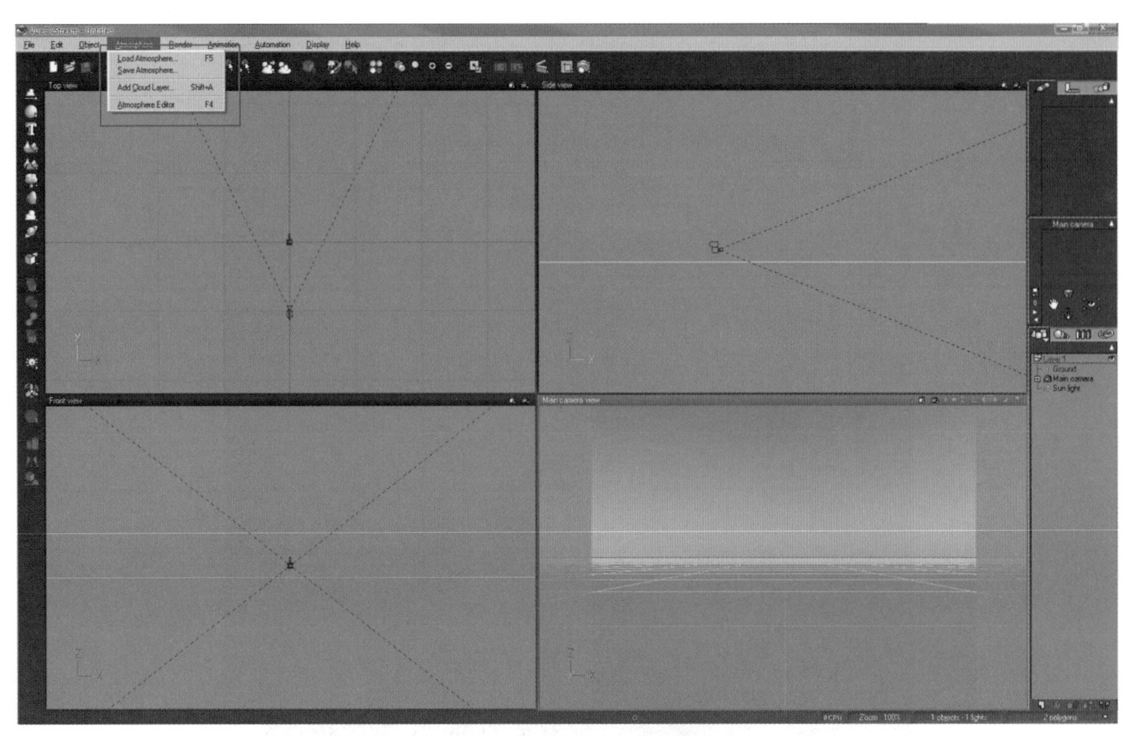

图 2-12　进入大气编辑器

2.2.2　大气模式

大气模式有多种，如图 2-13 所示。不同大气模式的参数略有不同，其效果也有所区别。

图 2-13　大气模式

1. Standard model（标准模式）

如图 2-14 所示，标准模式是一个传统模式，所有参数都可以做动画。其优点是易于使用、渲染速度快。

2. Volumetric model（体积模式）

如图 2-15 所示，体积模式更接近现实，渲染速度比光谱模式快。

不同于标准模式的是，体积模式没有定义天空和太阳颜色的参数，这直接影响到设置薄雾、雾和太阳的位置。此模式特别适合动画。

3. Spectral model（光谱模式）

如图 2-16 所示，光谱模式是超现实的模式，可以根据天气情况准确地模仿真实的大气和照明效果，其渲染速度比前两个要慢。

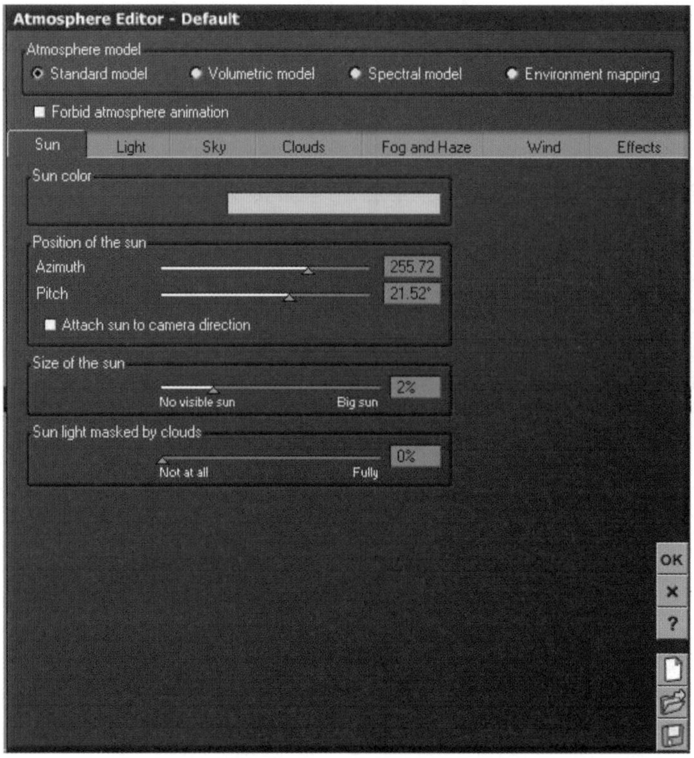

图 2-14　标准模式

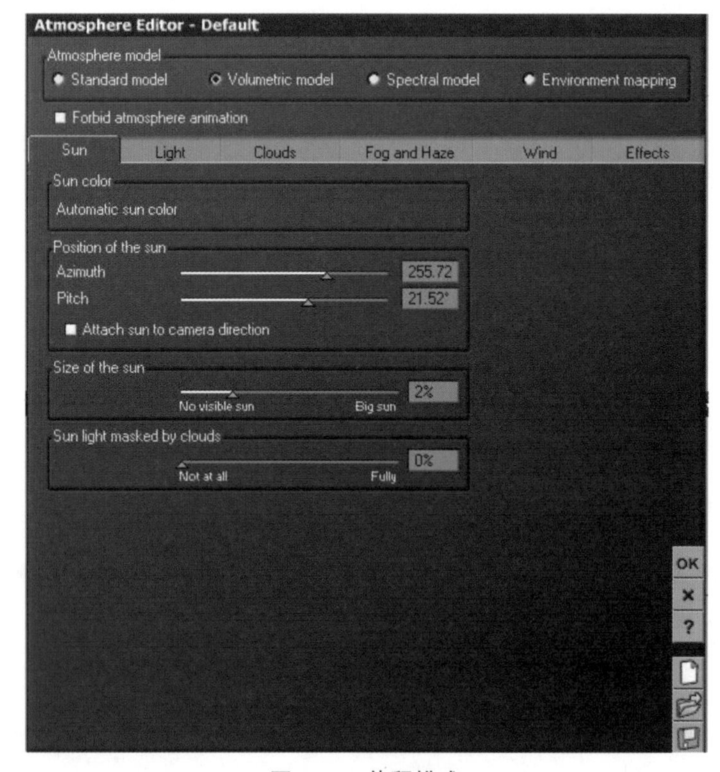

图 2-15　体积模式

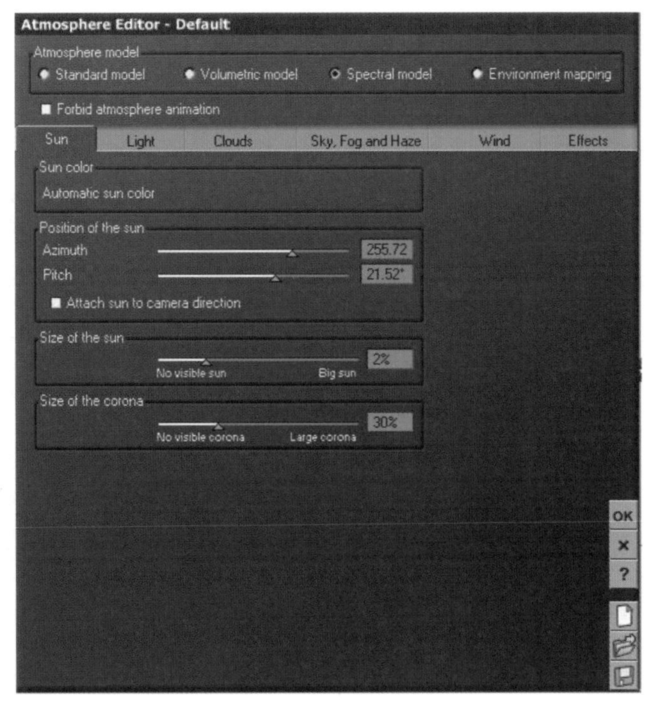

图 2-16　光谱模式

4. Environment mapping（环境贴图模式）

如图 2-17 所示，环境贴图模式主要用 HDR 全景图轻松地建立一个环境，适合做建筑效果。

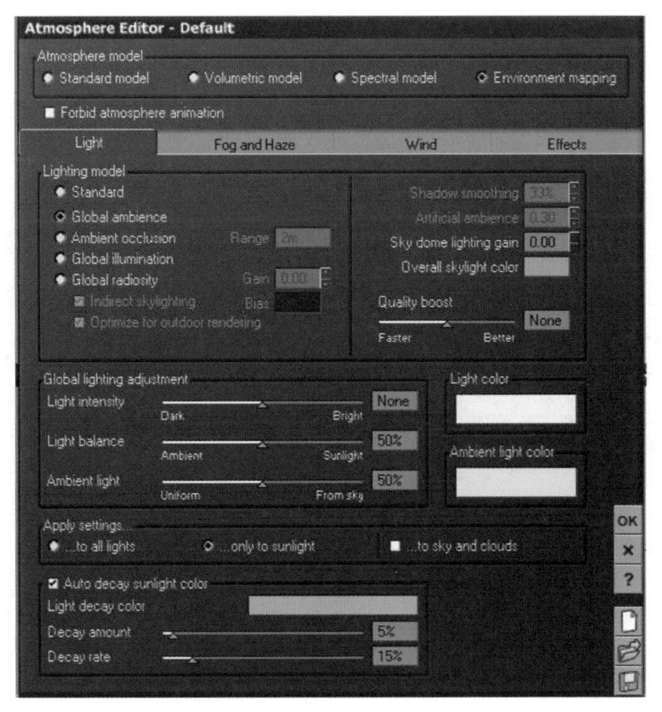

图 2-17　环境贴图模式

2.2.3 太阳（Sun）面板

Sun（太阳）面板如图 2-18 所示。太阳面板用于控制与太阳有关的参数，在所有模式下都基本相同。如果场景无定向灯，此面板将无法使用。

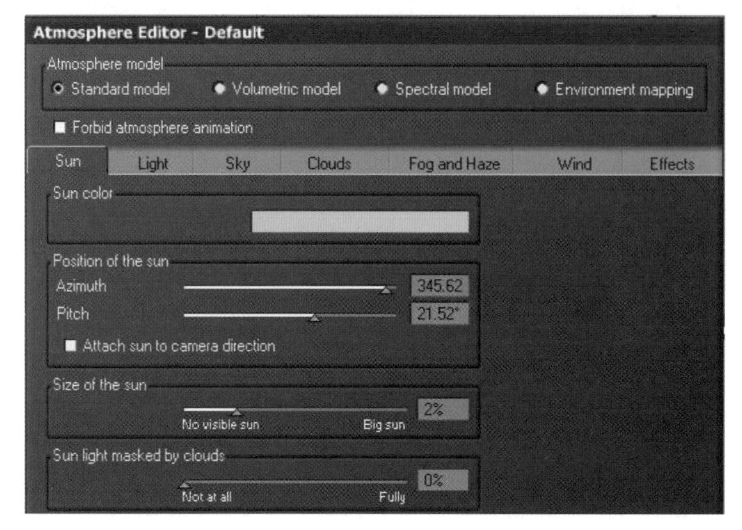

图 2-18 太阳面板

1. Sun color（太阳光的颜色）

进入太阳光的颜色设置有以下两种方法。

- 双击颜色条可以进入颜色预设，如图 2-19 所示。其中有很多颜色预设效果，可以根据不同的情况进行选择。

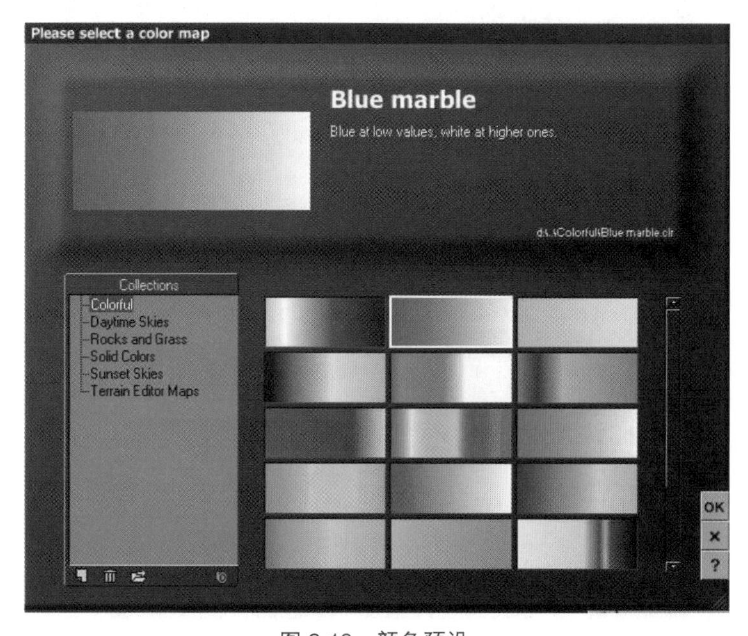

图 2-19 颜色预设

- 右击颜色条后选择相应的命令也可以进行颜色编辑，如图 2-20 所示。

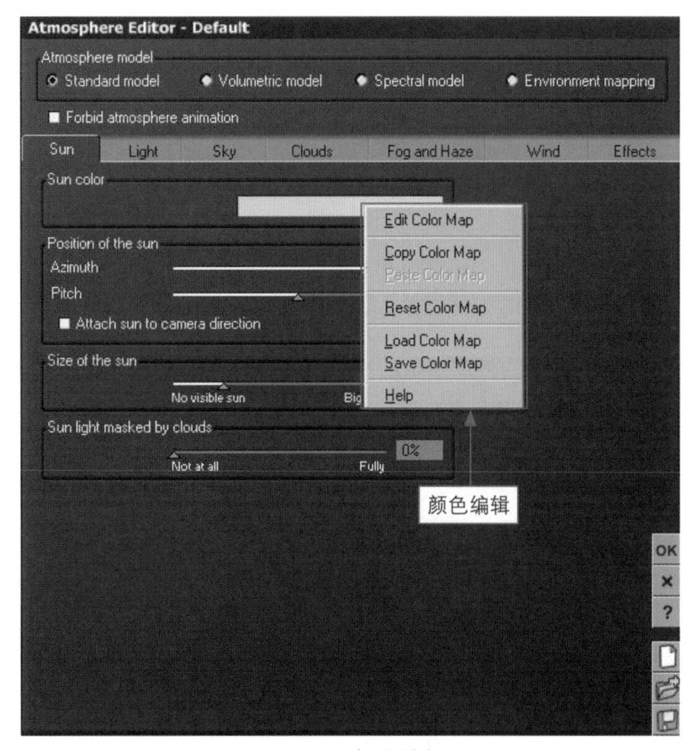

图 2-20　颜色编辑

2．Sun 的参数

Sun 的参数面板如图 2-21 所示。

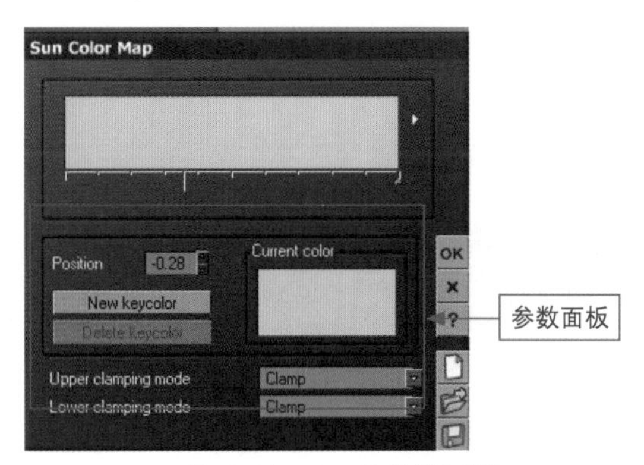

图 2-21　Sun 的参数面板

面板中相关参数的含义如下，相应效果如图 2-22 所示。

- Position：位置。
- New keycolor：新建颜色关键点。
- Delete keycolor：删除颜色关键点。
- Upper clamping mode：上截止方式。

- Lower clamping mode：下截止方式。

图 2-22　阳光参数效果

3．Position of the sun（阳光的位置）

阳光的位置参数如图 2-23 所示，各参数的含义如下。

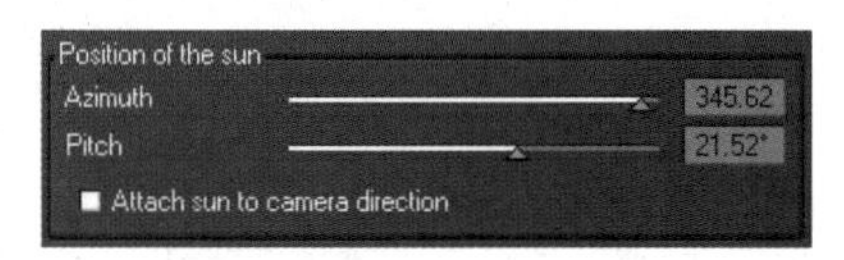

图 2-23　阳光的位置参数

- Azimuth：方向。
- Pitch：斜度。
- Attach sun to camera direction：勾选此复选框，可设置太阳的位置总相对于相机。

其实通过在视图里选择阳光物体来调整它的位置更直观。

4．Size of the sun（太阳的尺寸）

太阳的尺寸参数如图 2-24 所示。

图 2-24　太阳的尺寸参数

尺寸参数值大于 0 能看见太阳；等于 0 看不见太阳，但仍将发光。

5．Sun light masked by clouds（云遮日）

云遮日的参数如图 2-25 所示。

图 2-25　云遮日的参数

在标准和体积大气模式时，使低空云层遮蔽阳光，参数值越大，阻挡天空的云越多。

2.2.4 灯光（Light）面板

Light（灯光）面板如图 2-26 所示。灯光面板在所有的大气模式下都相同。

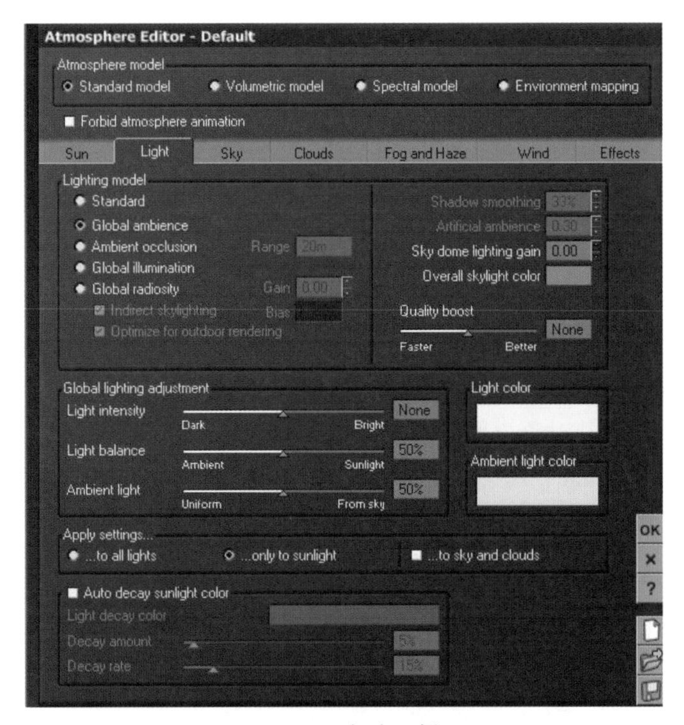

图 2-26　灯光面板

1. Lighting model（灯光照明模式）

如图 2-27 所示为灯光照明模式参数设置面板，其中各参数的含义如下。

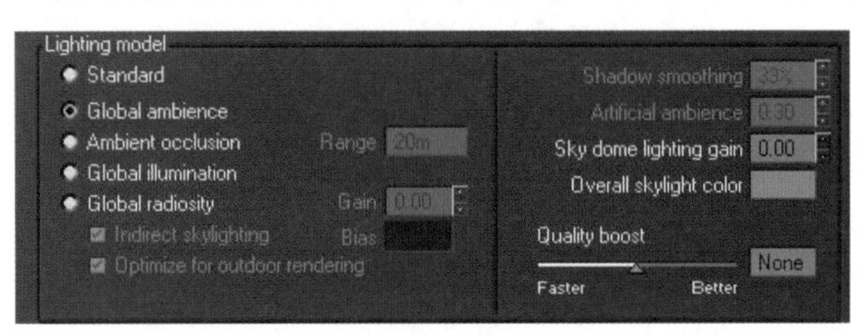

图 2-27　灯光照明模式参数设置面板

- Standard（标准模式）：其环境光实际来自天空，即人造假环境光。
- Global ambience（全局环境模式）：天空颜色会影响场景里的所有对象，也就是我们常说的溢色，渲染也很快。
- Ambient occlusion（环境吸收模式）：模拟全局光的效果，比全局光模式渲染要快，又不损失太多的质量。

- Global illumination（全局照明模式）：与环境吸收模式原理相同，所不同的是，无论距离多远的对象都参与计算，结果是场景的亮度比环境吸收模式更暗些，渲染速度更慢。当使用环境吸收或全局照明模式时，应注意场景的单位和模型的比例，否则可能会几乎看不到影响。
- Global radiosity（全局辐射模式）：接近现实的终极模式，但是渲染时间长。
- Indirect skylighting（间接天光）：通过对象互相反射光线计算收到天光的数量。
- Optimize for outdoor rendering（户外渲染优化）：此选项能间接降低辐射计算，提高渲染速度，适合室外。
- Gain（增益）：控制对象之间光线分散的强度。
- Bias（偏置）：颜色溢出。
- Shadow smoothing（平滑阴影）：此参数适合所有照明模式，用于制作所有对象阴影的平滑度。其值越大阴影越清晰、越准确（但阴影有噪点），其值越小阴影越平滑（但不太准确），此时需提高渲染品质才能过滤噪点和阴影不准确的问题。
- Artificial ambience（人工氛围）：此参数适用于环境吸收和全局照明模式。用来增加环境光的总量，以弥补对象之间没有反光地方的不足。
- Sky dome lighting gain（天空穹顶照明增益）：增加此值可添加更多的环境光。
- Overall skylight color（整体天空颜色）：降低天光颜色的饱和度，提亮场景的暗部。
- Quality boost（提高质量）：能提高全局照明的质量。

2. Global lighting adjustment（全局灯光调整）

全局灯光调整参数设置面板如图 2-28 所示。

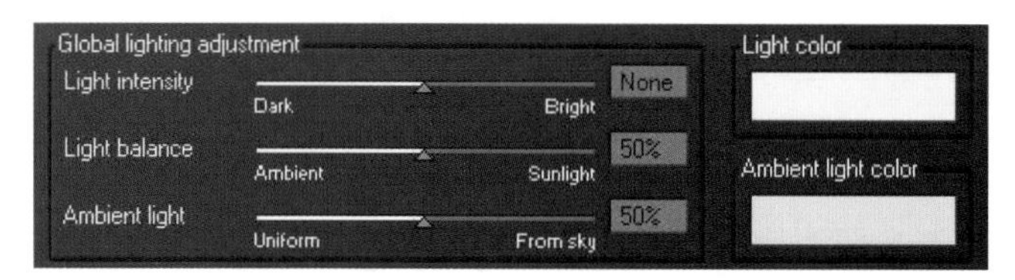

图 2-28 全局灯光调整参数设置面板

该面板中的各参数用于控制整体场景灯光分布，如果使用全局照明或全局辐射模式，其影响将更为明显。面板中的各参数的含义如下。

- Light intensity（灯光强度）：控制整个场景的亮度。
- Light balance（灯光平衡）：调整环境光和太阳光的比例。
- Ambient light（环境光）：进一步自定义环境光，其值从 Uniform（统一）到 From sky（来自天空）。
- Light color（灯光颜色）：设置灯光的颜色。
- Ambient light color（环境光颜色）：设置环境光的颜色。

3. Apply settings（应用设置）

应用设置参数设置面板如图 2-29 所示，其中各参数的含义如下。

图 2-29　应用设置参数设置面板

- ...to all lights：应用到所有灯光。
- ...only to sunlight：只应用到阳光。
- ...to sky and clouds：应用到天空和云彩。

4. Auto decay sunlight color（自动衰减日光色）

自动衰减日光色参数设置面板如图 2-30 所示，其中各参数的含义如下。

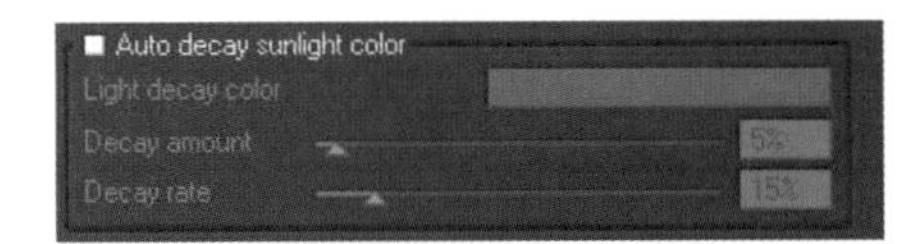

图 2-30　自动衰减日光色参数设置面板

- Light decay color：灯光衰减颜色。
- Decay amount：衰减量。
- Decay rate：衰减率。

2.2.5　天空（Sky）面板

Sky（天空）面板如图 2-31 所示。在标准模式下，此面板用于控制天空；在体积模式下，无此面板。

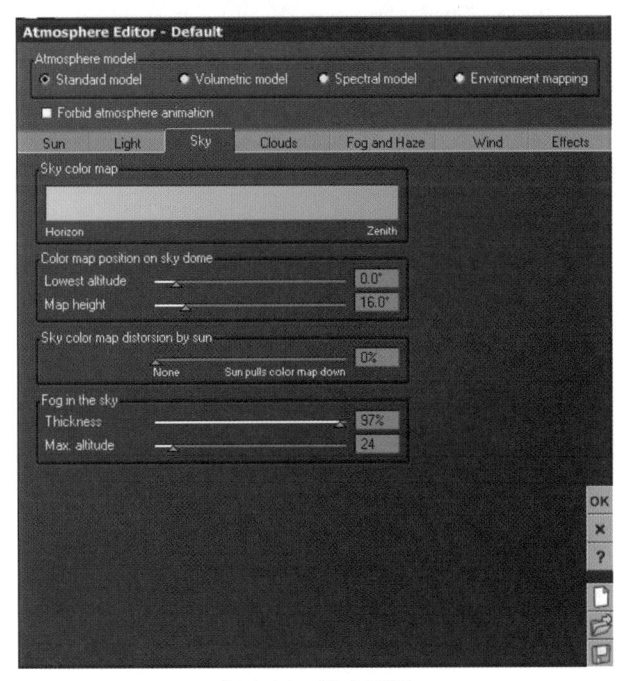

图 2-31　天空面板

1. Sky color map（天空彩色贴图）

天空彩色贴图主要用于设置天空的颜色，其设置面板如图 2-32 所示。

图 2-32 天空彩色贴图设置面板

2. Color map position sky dome（彩图在天空中的位置）

彩图在天空中的位置主要用于确定天空颜色在天空中出现的位置，其设置面板如图 2-33 所示。其中包含两个参数，其含义如下。

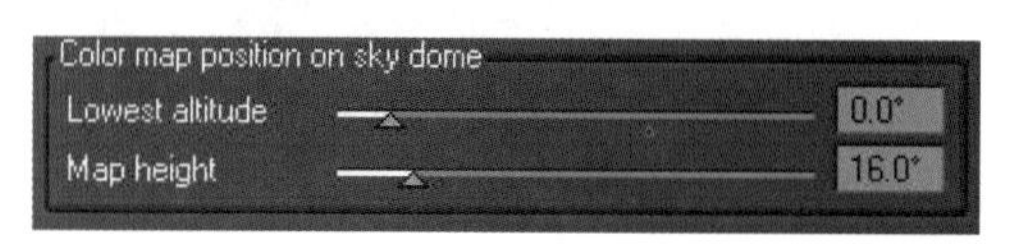

图 2-33 彩图在天空中的位置设置面板

- Lowest altitude（低海拔）：用于设置海拔高度。
- Map height（贴图高度）：用于设置贴图高度。

3. Fog in the sky（天空中的雾）

天空中的雾设置面板如图 2-34 所示。其中包含两个参数，其含义如下。

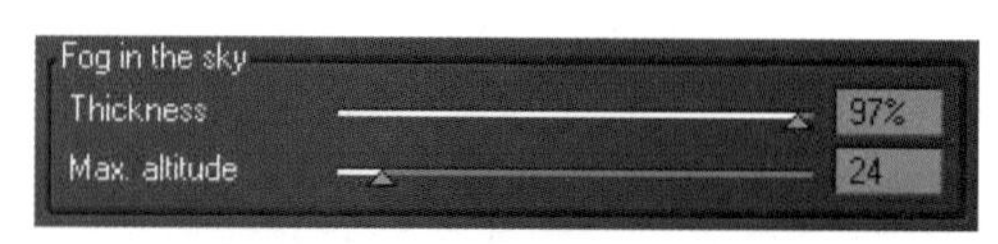

图 2-34 天空中的雾设置面板

- Thickness（厚度）：控制地平线上雾的颜色。
- Max altitude（最大高度）：控制雾在天空上的高度。

2.2.6 云彩（Cloud）面板

云彩面板主要用于控制天空中云层的形态、大小、密度以及所处的位置，如图 2-35 所示。

1. 创建云层

创建云层有以下两种方法。

- 单击“Add（添加）”按钮添加云层（单击“Delete（删除）”按钮可以删除云层）。
- 单击创建工具栏里的添加云层图标。

在三种大气模式下控制云层又略有不同。

2. 标准模式下的云层

标准模式下的云层参数设置面板如图 2-36 所示。

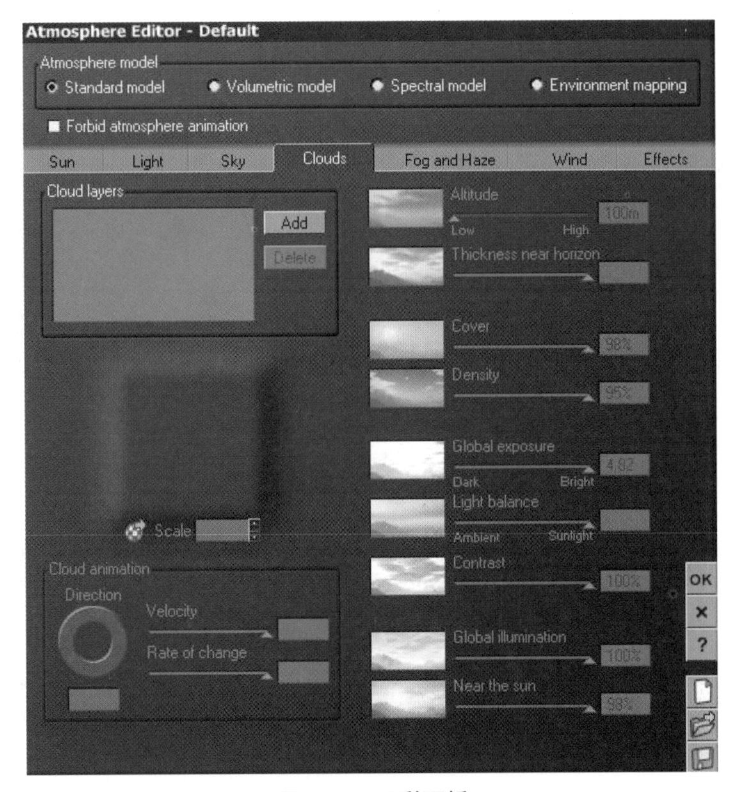

图 2-35　云彩面板

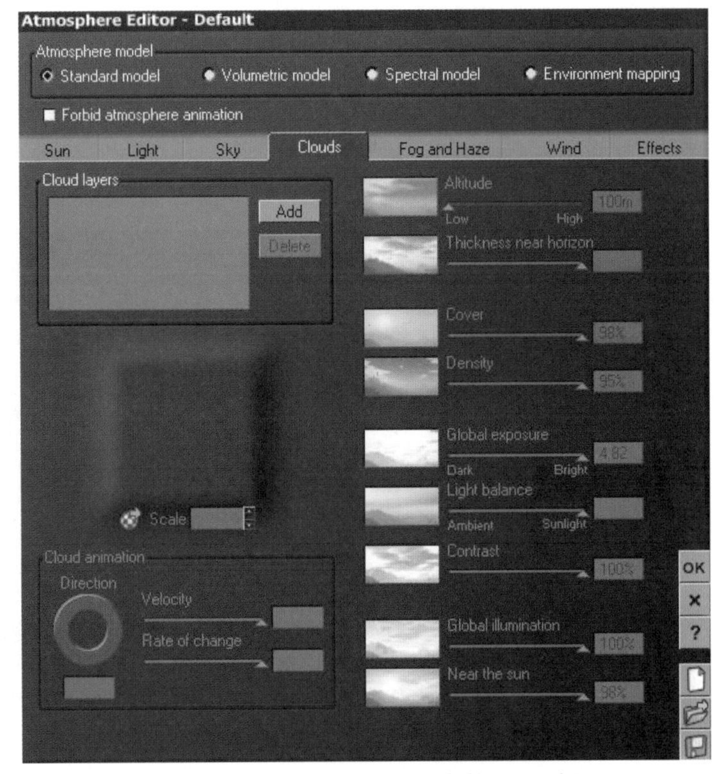

图 2-36　标准模式下的云层参数设置面板

（1）Cloud lagers（云层）。单击“Add（添加）”按钮，可以打开云层预设面板，如图 2-37 所示。该面板中有很多预设效果，可以满足我们不同情况下的实际需要。

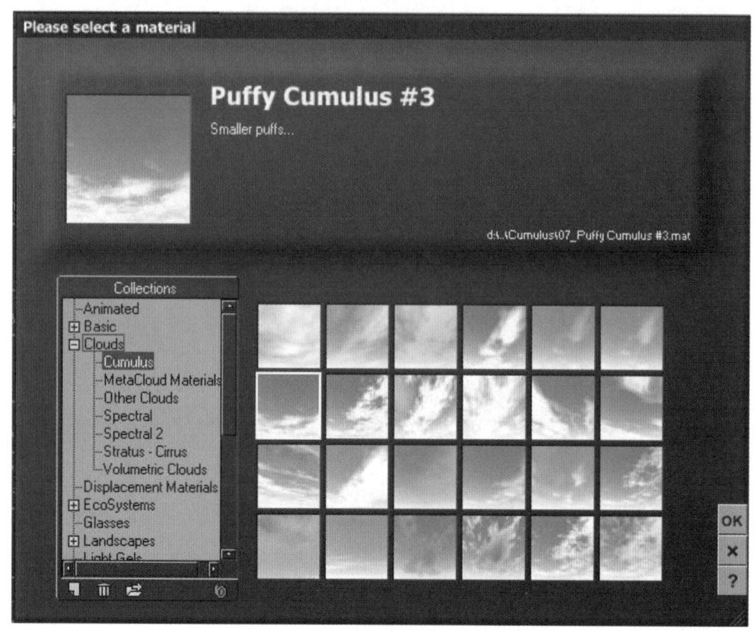

图 2-37　云层预设面板

（2）Cloud animation（云彩动画）。Cloud animation（云彩动画）参数设置面板用于控制云层的运动和进程，使云层在空中漂浮，如图 2-38 所示。

- Direction（方向）：控制云的运动方向。
- Velocity（速度）：控制云的运动速度的快慢。
- Rate of change（变化率）：控制云的运动速度的变化。

其他参数设置如图 2-39 所示，其含义如下。

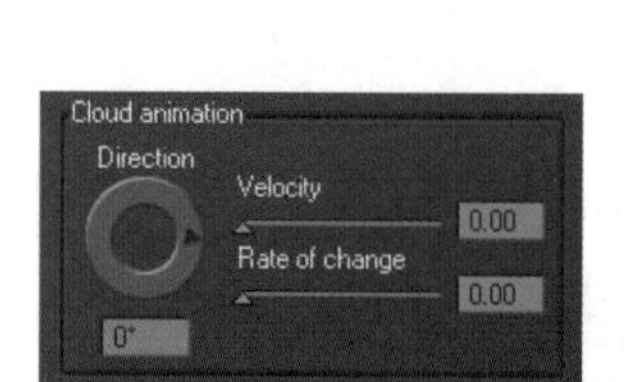

图 2-38　云彩动画参数设置面板

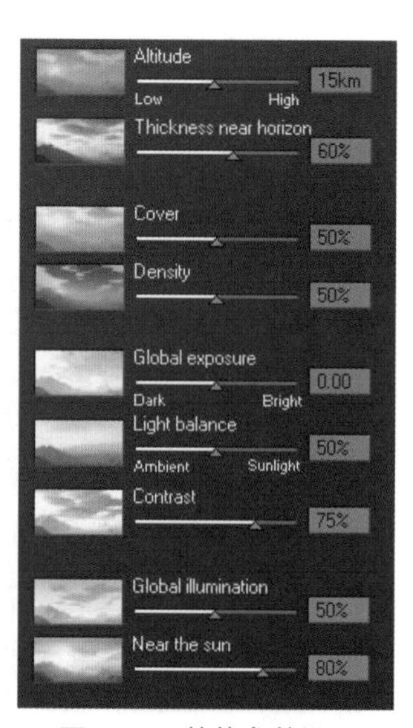

图 2-39　其他参数设置

- Altitude（海拔）：从低到高，拉伸云层至地平线处。
- Thickness near horizon（地平线处的厚度）：控制地平线附近云层的厚度，在光谱模式下是自动的。
- Cover（覆盖）：控制云层的可见度。
- Density（密度）：控制总体云层的可见密度。
- Opacity（透明度）：控制云层的透明度，该参数仅在光谱模式下存在。
- Global exposure（全局曝光）：调整云层的对比度。
- Light balance（灯光平衡）：用于设置灯光的冷暖色彩平衡。
- Contrast（对比度）：用于设置云层亮部和暗部的对比程度。
- Global illumination（全局光）：用于设置真实的全局光的表现。
- Near the sun（太阳附近）：用于设置灯光与太阳相互位置关系。

3. 光谱模式下的云层

光谱模式下的云层参数如图 2-40 所示。

- Height（高度）：设置云层的高度，越高越厚。
- Sharpness（锐度）：设置云层边缘的锋利程度。
- Feathers（羽化）：云层形状平滑。
- Detail amount（细节数量）：控制云彩的细节。
- Altitude variations（海拔变化）：设置云彩在高度上的变化。
- Shadow density（阴影密度）：控制云层和上帝之光投下阴影的密度。选择不同的预设，参数有些就无法调整。

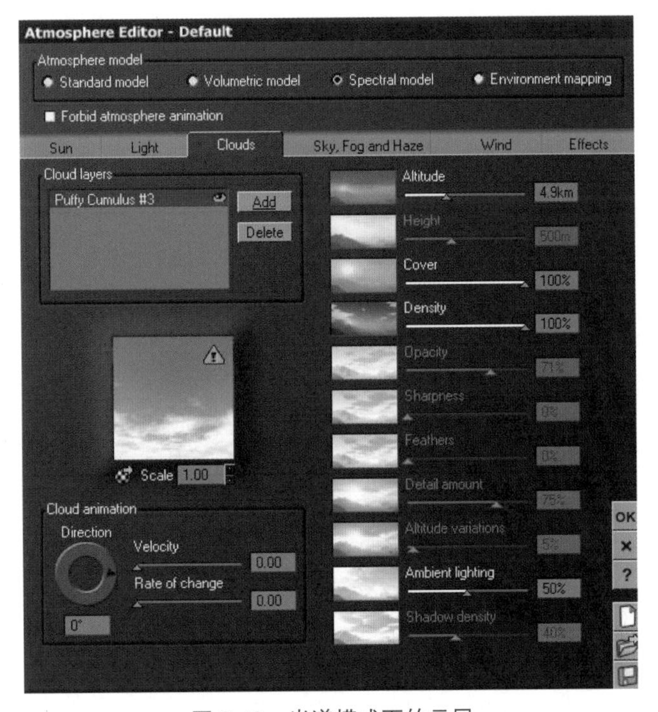

图 2-40　光谱模式下的云层

2.2.7 雾与薄雾（Fog and Haze）面板

如图 2-41 所示为雾与薄雾面板，主要用于控制为天空添加真实的雾和薄雾的效果。

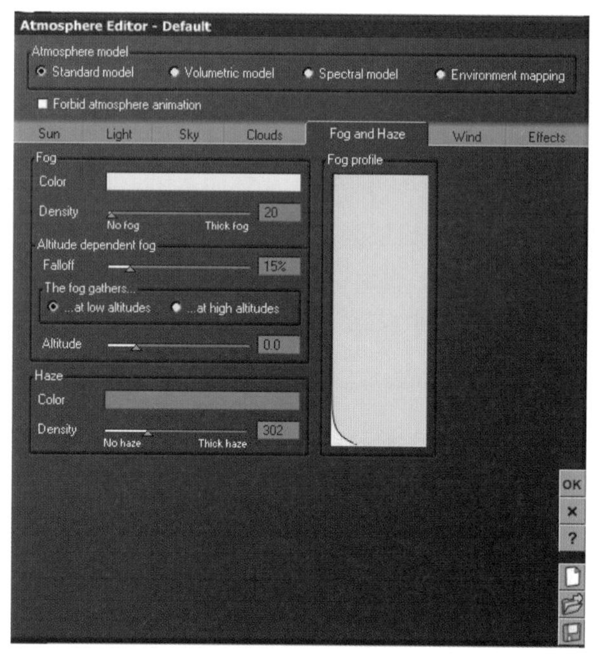

图 2-41 雾与薄雾面板

1. 标准模式

标准模式下的雾与薄雾面板如图 2-41 所示，其中各主要参数的含义如下。

- Fog（雾）：雾是一个统称，它涵盖所有粒子水滴、灰尘、冰晶等，雾反射光强，现实中的对象往往逐渐消失在雾里。
- Color（颜色）：双击或右击可以改变雾的颜色。
- Density（密度）：雾从无到浓。
- Altitude dependent fog（雾依赖海拔）：设置海拔对雾效果的影响。
- Fall off（衰减）：仅控制附加雾衰退率，不为零。
- The fog gathers（雾聚集在）：设置雾的聚集位置。
- at low altitudes（雾聚集在低空）：雾聚集在低海拔的位置。
- at high altitudes（雾聚集在高空）：雾聚集在高海拔的位置。
- Altitude（海拔）：雾通过海拔高度达到最高密度（需要根据经验设置）。
- Haze（薄雾）：设置薄雾参数。
- Color（颜色）：设置薄雾颜色。
- Density（密度）：设置薄雾密度。

2. 体积模式

如图 2-42 所示为体积模式下的雾与薄雾面板，其中各主要参数的含义如下。

- Falloff（衰减）：控制雾随海拔变高而逐渐变薄。
- Glow intensity（发光强度）：控制太阳周围雾反射阳光的强度。
- Volumetric sunlight（体积阳光）：选中此选项，太阳便有体积效果，但是它会倍增渲染时间。
- Quality boost（提高质量）：控制整个大气的光和空气的采样。

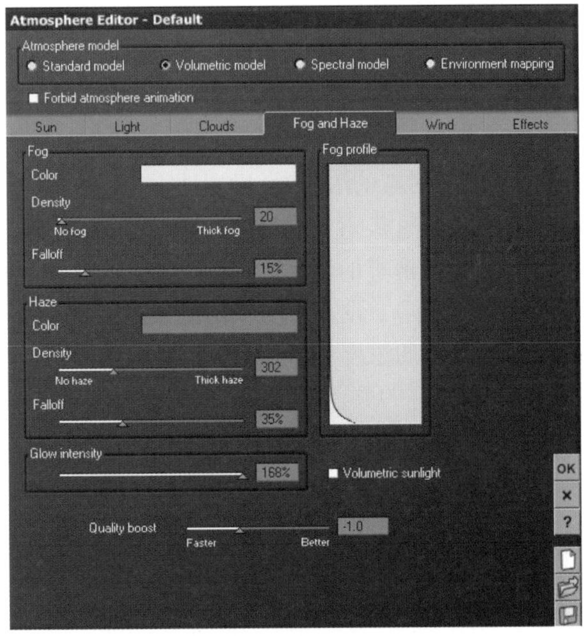

图 2-42　体积模式下的雾与薄雾面板

3. 光谱模式

如图 2-43 所示为光谱模式下的雾与薄雾面板，其中各主要参数的含义如下。

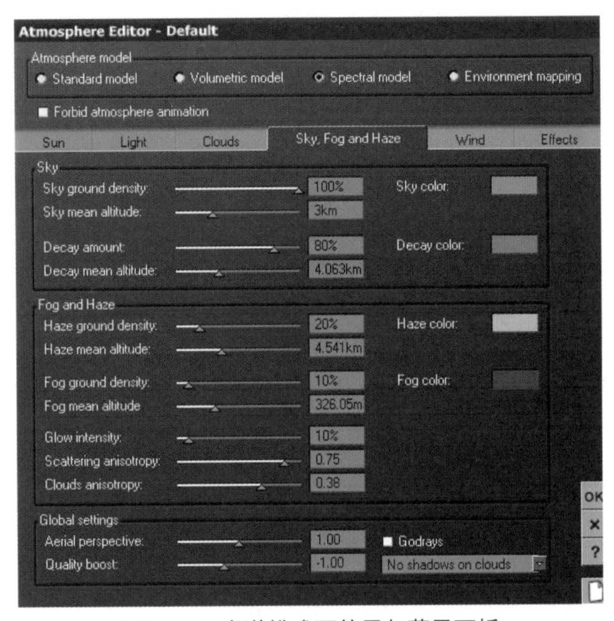

图 2-43　光谱模式下的雾与薄雾面板

（1）Sky（天空）：控制大气的气体。

- Sky ground density（地面上天空的密度）：控制地面上气体的浓度。
- Sky mean altitude（平均海拔天空）：随高度降低气体的浓度。
- Decay amount（衰减量）：控制接近地平线发红的数量。
- Decay mean altitude（平均海拔衰减）：控制随海拔衰减的速度。
- Sky color（天空颜色）：设置天空的颜色。
- Decay color（衰减颜色）：设置天空的衰减颜色。

（2）Fog and Haze（雾和薄雾）：控制大气的灰尘和湿度，灰尘负责薄雾，湿度负责浓雾。

- Haze ground density（地面上薄雾的浓度）：设置地面上薄雾的浓度。
- Haze mean altitude（平均海拔薄雾）：设置薄雾的平均海拔高度。
- Haze color（薄雾颜色）：设置薄雾的颜色。
- Fog mean altitude（平均海拔雾）：设置雾的平均海拔高度。
- Fog ground density（地面上雾的浓度）：设置地面上雾的浓度。
- Fog color（雾的颜色）：设置雾的颜色。
- Glow intensity（发光）：设置发光强度。
- Scattering anisotropy（散射各向异性）：控制定向的发光效果。
- Clouds anisotropy（云各向异性）：控制云的方向各异性的效果。

（3）Global settings（整体设置）：设置雾的整体效果。

- Aerial perspective（空中视角）：控制总体“大气厚度”。
- Quality boost（提高质量）：控制整个大气的光和空气的采样。
- Godrays（上帝之光）：可渲染上帝之光，但需要特殊条件，不然效果不明显。
- No shadows on clouds（云无阴影）：云层上对象不投射阴影。
- Projected shadows on clouds（云投射阴影）：云层上对象投射阴影。
- Volumetric sunlight（体积阳光）：阳光有体积效果。

2.2.8 风（Wind）面板

Vue 的风与真实的风不同，它分为微风和轻风。轻风适合用于全局所有植物，特别是轻柔运动的植物，而微风是作用在每个植物的基础上，更适合于强振幅运动。受轻风的植物比受微风的植物渲染速度要慢。如图 2-44 所示为 Wind（风）面板。

1. Enable wind（启用风，如图 2-45 所示）

启用风面板后，即可对风的强度进行设置，面板中各参数的含义如下。

- Enable breeze（启用微风）：只有取消对风的选择才能关闭微风，不能只禁用微风。
- Intensity（强度）：控制整体微风的强度。
- Pulsation（脉动）：控制微风对植物产生运动的平均速度。
- Uniformity(均匀度)：影响整个场景的微风。Vue 微风能模拟这种效果并统一控制。低值，植物独立摇摆；高值，所有植物将一起摇摆。

- Turbulence（骚动）：控制植物叶片随机摇摆的数量。低值，所有叶片一起摇摆；高值，所有叶片独立摇摆。

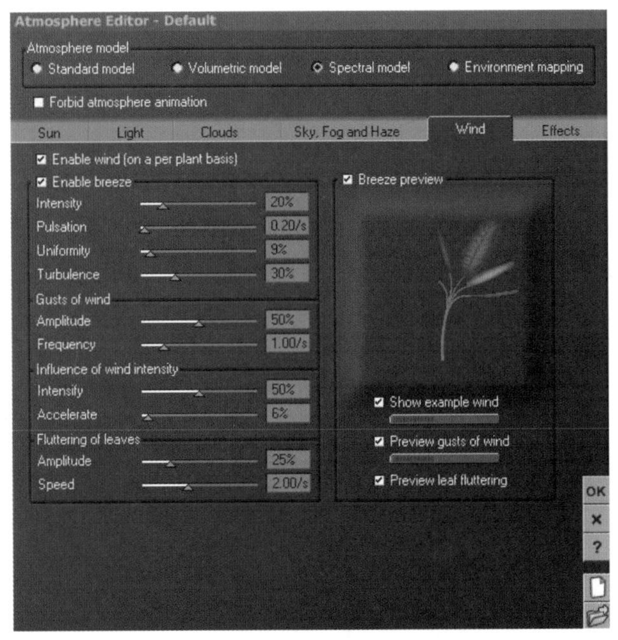

图 2-44　风面板

2．Gusts of wind（阵风，如图 2-46 所示）

阵风随机出现在微风之上，可产生更大的突变效果，阵风参数的含义如下。

- Amplitude（振幅）：控制阵风产生的整体运动。
- Frequency（频率）：控制阵风的平均速率。

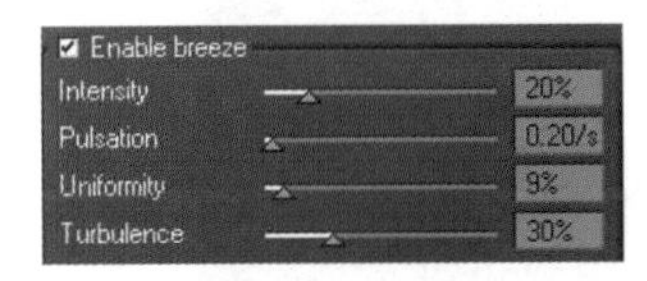

图 2-45　启用风

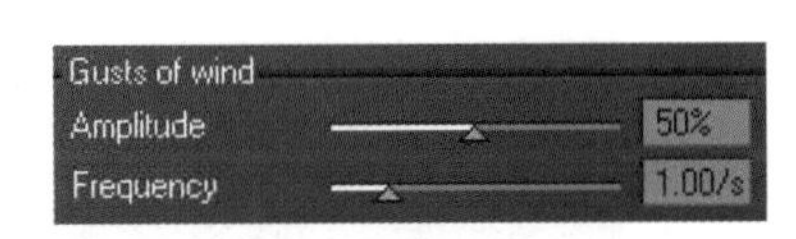

图 2-46　阵风参数

3．Influence of wind intensity（风强度的影响，如图 2-47 所示）

风强度的影响参数用于控制微风影响的强度，各参数的含义如下。

- Intensity（强度）：控制风的强度和微风之间的整体关系。低值，微风的强度略有增加；高值，植物随风向运动。
- Accelerate（加快）：控制风使植物运动的总体频率。低值，随机运动的频率是相同的；高值，强风将导致植物随机运动更快。

4．Fluttering of leaves（树叶飘动，如图 2-48 所示）

树叶飘动参数的含义如下。

- Amplitude（振幅）：控制树叶飘动的幅度。低值，没有飘动；高值，突然强烈飘动。
- Speed（速度）：设置简单的速度。

5. Breeze preview（预览轻风，如图 2-49 所示）

预览轻风参数的含义如下。

- Show example wind（显示风示例）：观察在微风中风的强度。
- Preview gust of wind（预览阵风）：观察阵风的风力影响。
- Preview leaf fluttering（预览叶飘扬）：查看快速飘动的叶子。

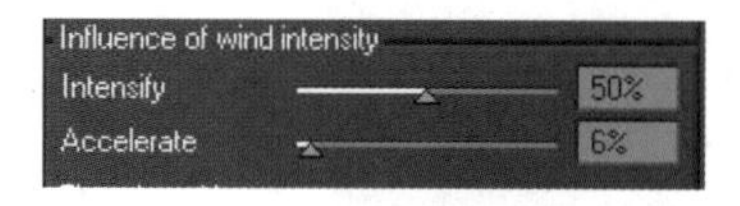

图 2-47　风强度的影响

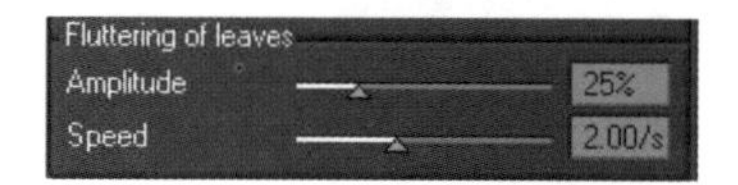

图 2-48　树叶飘动参数

图 2-49　预览轻风

2.2.9　特效（Effects）面板

如图 2-50 所示，特效面板在所有的大气模式中是相同的，可以在场景中添加星级、彩虹或冰环。

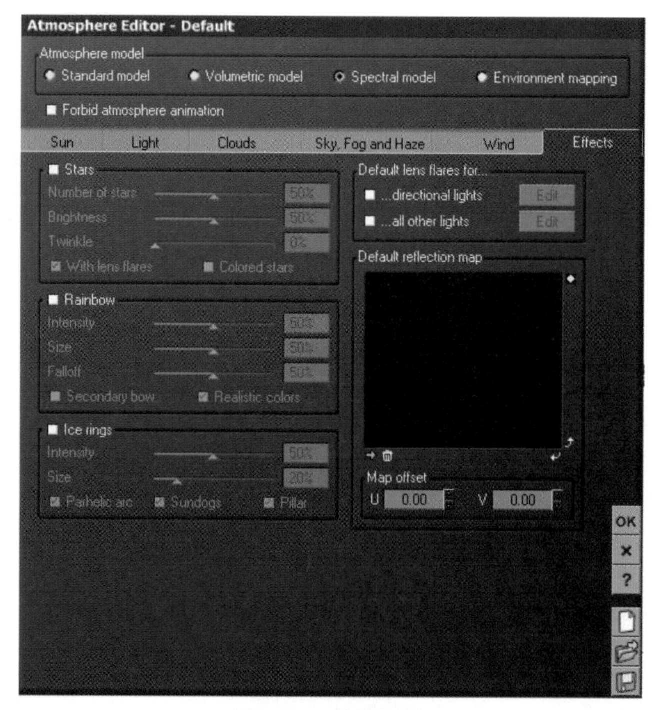

图 2-50　特效面板

1. Stars（星级）

星级参数仅适用于标准模式和体积大气模式，如图 2-51 所示，各参数的含义如下。

- Number of stars（星星数目）：值越大，天空中的星星越多。
- Brightness（亮度）：控制星星的亮度。
- Twinkle（闪烁）：控制星星闪烁的数量。0 不闪烁；100% 太快，看不出闪烁。
- With lens flares（带镜头光斑）：增加十字光斑。
- Colored stars（彩色星星）：星星出现随机颜色。

2. Rainbow（彩虹）

彩虹参数仅适用于标准模式和体积大气模式，如图 2-52 所示，各参数的含义如下。

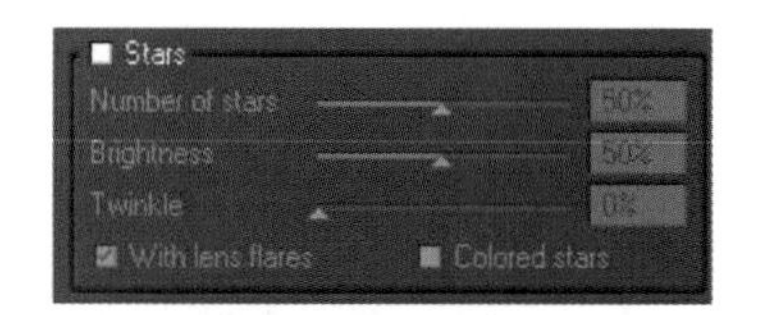

图 2-51　星级参数

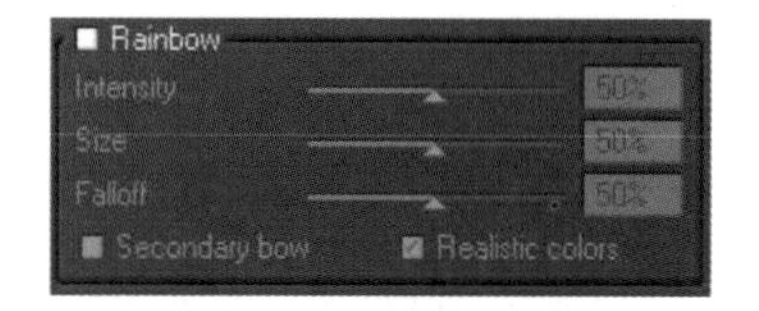

图 2-52　彩虹参数

- Intensity（强度）：控制彩虹整体强度。
- Size（尺寸大小）：控制彩虹厚度。
- Falloff（衰减）：控制彩虹随海拔高度降低的强度。
- Secondary bow（复弓）：更大的偏移彩虹将出现。

3. Ice rings（冰环，如图 2-53 所示）

图 2-53　冰环参数

生成的冰环是由悬浮的冰晶集中环绕着太阳形成的光环，为特定的 22 度。冰环的大小与角度有关，冰环参数的含义如下。

- Intensity（强度）：冰环的整体强度。
- Size（大小）：环的厚度。
- Parhelic arc（弧光）：次级光环。
- Sundogs（幻日）：一种横向光。
- Pillar（光柱）：在太阳中央出现一种垂直的光柱。

4. Default reflection map（环境贴图，如图 2-54 所示）

双击窗口就可以加载环境贴图，环境贴图各参数的含义如下。

- Map offset（贴图偏移）：微调贴图 U 向和 V 向的位置。

图 2-54　环境贴图

- Exposure（曝光）：控制贴图的曝光程度。
- Contrast（对比度）：控制贴图画面的明暗对比度。
- Map upper hemisphere only（仅上半球贴图）：使用半球的贴图方式。
- Map ground plane（地面贴图）：使用地面贴图方式。
- Ignore atmosphere on map（在大气中忽略贴图）：大气效果可以忽略贴图的存在。

2.3 渲染（Render）选项

当你对场景满意之后，即可单击工具栏里的渲染图标开始渲染场景。

右击或按住 <Ctrl> 键单击渲染图标时，会弹出“Render Options(渲染选项)”对话框，如图 2-55 所示。下面分别介绍各参数组中的相关参数。

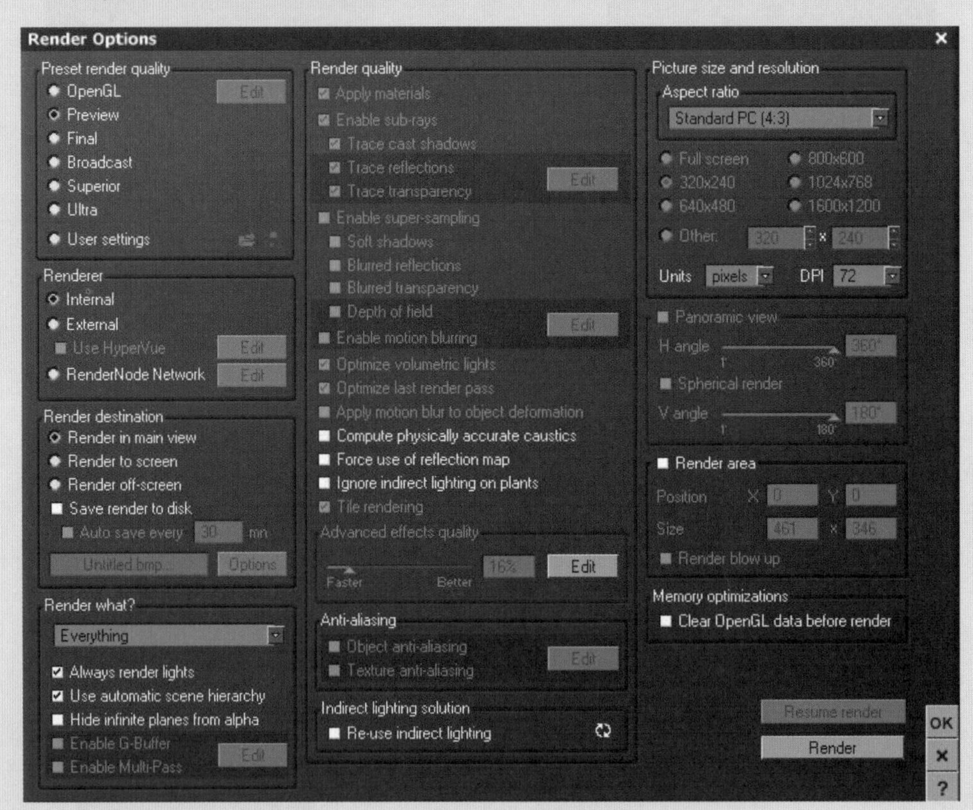

图 2-55 "Render Options（渲染选项）"对话框

2.3.1 预制渲染设置（Preset render quality）

Preset render quality（预制渲染设置）参数组用于设置渲染图像的质量，如图 2-56 所示。

- OpenGL：用 OpenGL 快速渲染场景，反射、透明、阴影都不正确，很粗糙。可单击“Edit（编辑）”按钮，在弹出的界面中拖动滑块提高质量，如图 2-57 所示，其中各参数的含义如下。

图 2-56　预制渲染设置

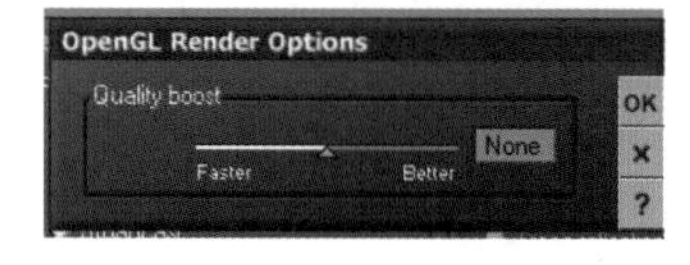

图 2-57　设置渲染质量

- Preview（预览）：默认设置。
- Final（最终）：最终渲染时使用。
- Broadcast（广播）：为动画设置的最佳模式。
- Superior（高级）：类似广播级渲染，能调整和改进质量。
- Ultra（超级）：最好的渲染方式，除非要求很高才用。
- User settings（用户设置）：用户自定义设置。

2.3.2　渲染（Renderer）

Renderer（渲染）参数组如图 2-58 所示，其中各参数的含义如下。

- Internal（内部渲染）：在 Vue 内渲染。
- External（外部渲染）：网渲。
- Use HyperVue（使用激活 Vue）：只需勾选该复选框即可激活 HyperVue。
- RenderNode Network（网络渲染节点）：以网络的方式渲染节点。

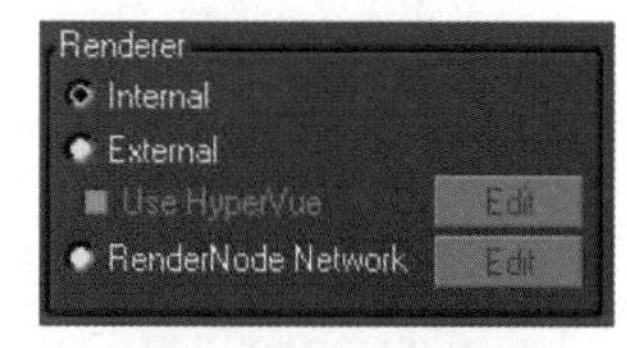

图 2-58　渲染参数组

2.3.3　渲染目的地（Render destination）

渲染目的地参数组如图 2-59 所示，其中各参数的含义如下。

- Render in main view（渲染主视图）：渲染所选择的主视图。
- Render to screen（屏幕渲染）：以屏幕的方式渲染视图。
- Render off-screen（关闭屏幕渲染）：关闭屏幕渲染方式。

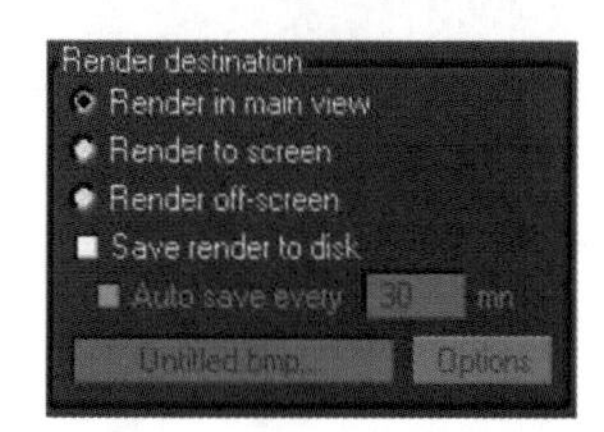

图 2-59　渲染目的地参数组

- Save render to disk（保存渲染至硬盘）：将渲染文件保存到硬盘上。
- Auto saver to disk（自动保存到硬盘）：将渲染文件自动保存到硬盘上。

2.3.4 渲染什么（Render what）

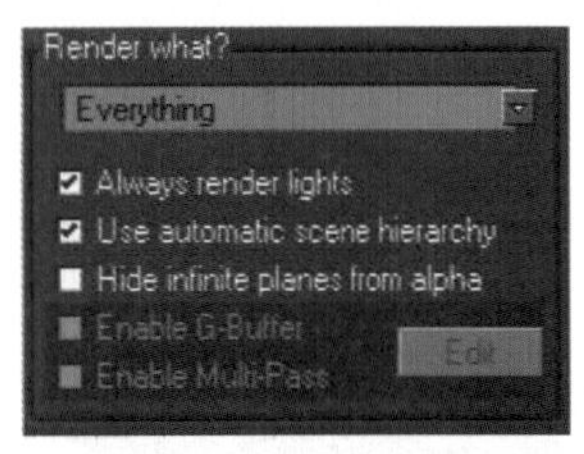

图 2-60 渲染什么参数组

渲染什么参数组如图 2-60 所示，其中各参数的含义如下。

- Only selected objects（仅选择的对象）：只对选择的对象起作用。
- Only active layers（仅激活的层）：只对激活的层起作用。
- Only visible layers（仅可见的层）：只对可见层起作用。
- Everything（所有的）：对所有物体均起作用。
- Always render lights（始终渲染灯）：无论灯光是否隐藏，灯光效果都出表现出来。
- Use automatic scene hierarchy（使用自动场景层级）：启动自动场景层级来表现。
- Hide infirite planes from alpha（隐藏无限平面）：隐藏无限的平面。
- Enable G-Buffer（使用 G- 缓冲）：使用 G 通道缓冲，以便存储 Alpha 通道。
- Enable Multi-pass（使用多通道）：可以进行多通道的渲染。

2.3.5 渲染质量（Render quality）

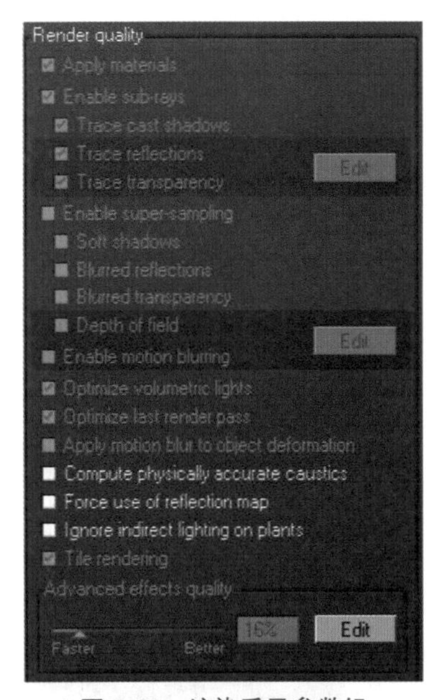

图 2-61 渲染质量参数组

渲染质量参数组如图 2-61 所示，其中各参数的含义如下。

- Apply materials（应用材质）：设置是否启用材质效果。
- Enable sub-rays（启用子光）：设置是否启用子光效果。
- Trace cast shadows（追踪投射阴影）：使用光线跟踪阴影。
- Trace reflections（追踪反射）：使用光线跟踪反射效果。
- Trace transparency（追踪透明度）：使用光线跟踪透明。
- Enable super-sampling（启用超级采样）：设置是否启用超级采样。
- Soft shadows（软阴影）：使用软阴影效果。
- Blurred reflections（模糊反射）：使用模糊反射效果。
- Blurred transparency（模糊幻灯片）：使用模糊幻灯片效果。
- Depth of field（景深）：使用景深效果。
- Enable motion blurring：使用运动模糊。
- Optimize volumetric lights：优化体积灯，质量与速度兼得。
- Optimize last render pass：最终渲染优化，能提高渲染速度 3 倍，但细节不足。
- Apply motion blur to object deformation（应用对象变形运动模糊）。

- Compute physically caustics：精确地计算自然焦散（焦散用于产生水波纹的光影效果）。
- Force use of reflection map：强制使用反射贴图。
- Ignore indirect lighting on plants：忽略植物间接照明。
- Tile rendering：平铺渲染。
- Advanced effects quality：高级效果品质（仅用于用户设置）。

2.3.6 抗锯齿（Anti-aliasing）

抗锯齿参数组如图 2-62 所示，其中各参数的含义如下。

- Object anti-aliasing（对象抗锯齿）：打开对象的抗锯齿。
- Texture anti-aliasing（纹理抗锯齿）：打开纹理的抗锯齿。

图 2-62　抗锯齿参数组

2.3.7 间接照明方案（Indirect lighting solution）

间接照明方案参数组如图 2-63 所示，其中各参数的含义如下。

- Re-use indirect lighting（重新使用间接照明）：重新启用全局光的二级间接照明效果。

图 2-63　间接照明方案参数组

2.3.8 图片大小和分辨率（Picture size and resolution）

图片大小和分辨率参数组如图 2-64 所示，其中各参数的含义如下。

- Aspect ratio（长宽比）：设置图片分辨率的长宽比。
- Units（单位）：设置图片分辨率的基本单位。

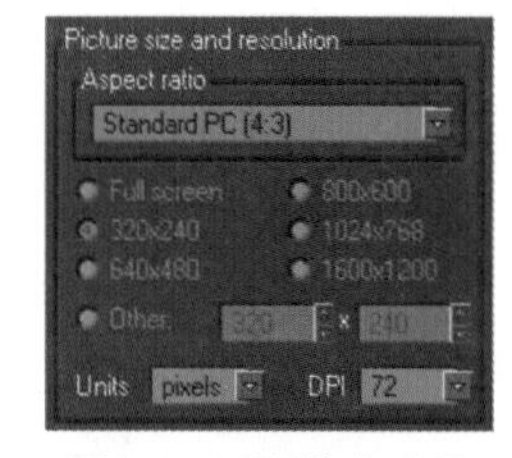

图 2-64　图片大小和分辨率参数组

2.3.9 全景视图（Panoramic view）

全景视图参数组如图 2-65 所示，其中各参数的含义如下。

- angle（角度）：设置全景视图的角度。
- Spherical render（球形渲染）：以球形的方式渲染。
- angle（角度）：设置以球形方式渲染的角度。

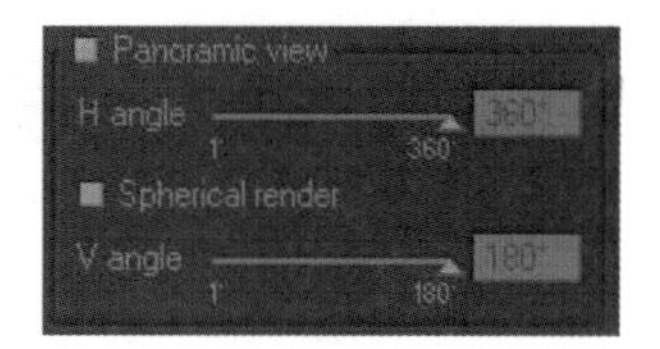

图 2-65　全景视图参数组

2.3.10 渲染面积（Render area）

渲染面积参数组如图 2-66 所示，其中各参数的含义如下。

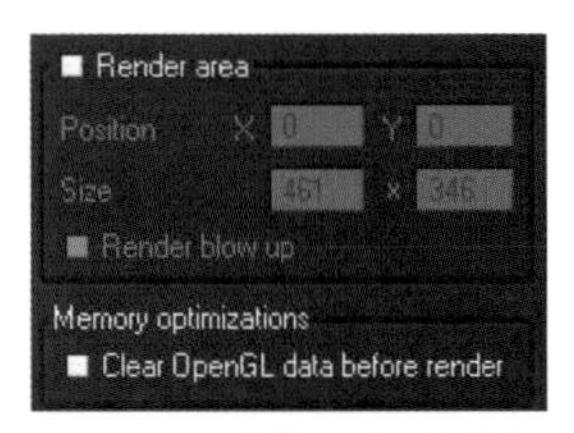

图 2-66 渲染面积参数组

- Position（位置）：渲染文件的轴向位置。
- Size（尺寸）：渲染文件的尺寸大小。
- Memory optimizations（记忆优化）：对内存进行优化。
- Clear OpenGL data before render（清除缓存）：清除以前的残留文件，提高软件的运行速度。

2.3.11 子光选项（Sub-ray options）

Sub-ray options（子光选项）用于在如图 2-67 所示的界面上单击“Edit（编辑）”按钮，就可以打开子光选项，如图 2-68 所示，其中各参数的含义如下。

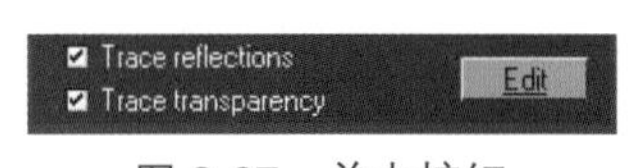

图 2-67 单击按钮

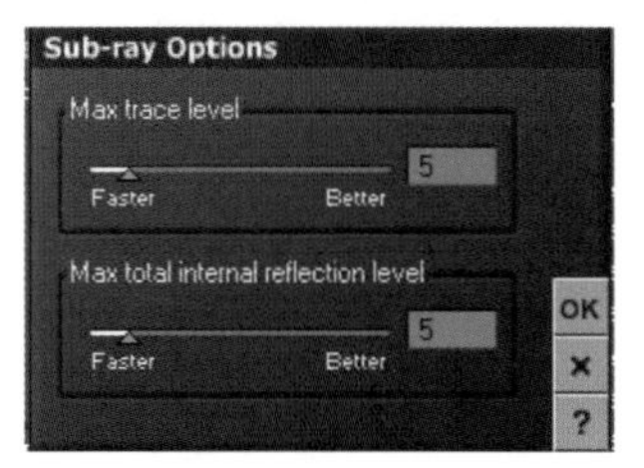

图 2-68 子光选项

Sub-ray options（子光选项）用于控制光线跟踪深度。

- Max trace level（最大光线跟踪深度）：光线跟踪的深度大小。
- Max total internal reflection level（最大总交互反射深度）：总的反射深度。

2.3.12 模糊渲染选项（Blur Rendering Options）

在如图 2-69 所示的界面上单击“Edit（编辑）”按钮，就可以打开 Blur Rendering Options（模糊渲染选项），如图 2-70 所示，其中各参数的含义如下。

图 2-69 单击“Edit（编辑）”按钮

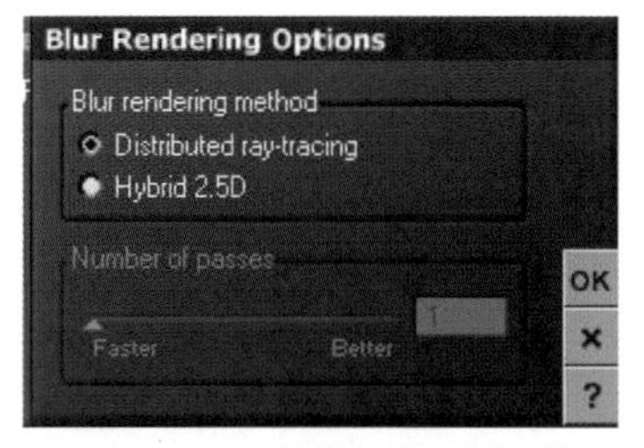

图 2-70 模糊渲染选项

- Distributed ray-tracing（分布式光线跟踪）：效果较好，但是渲染速度慢。
- Hybrid 2.5D（混合 2.5D）：值越高越准确，值越低速度越快。

2.3.13 高级效果（Advanced effects quality）

在如图 2-71 所示的界面上单击“Edit（编辑）”按钮，就可以进入 Advanced effects

quality（高级效果设置选项），如图 2-72 所示。

图 2-71　单击 "Edit（编辑）" 按钮

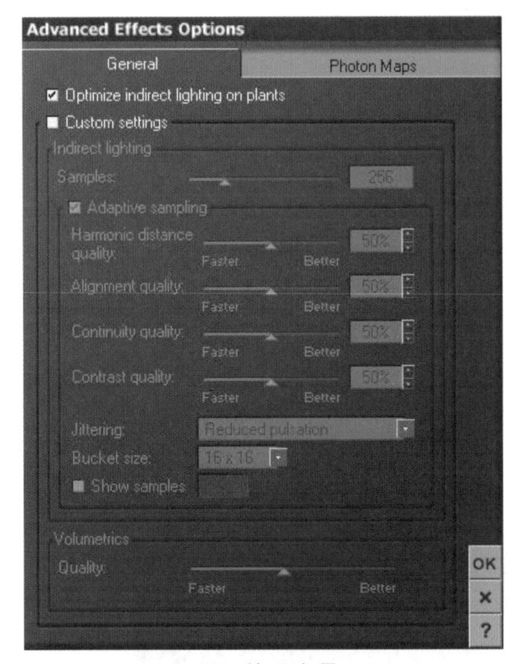

（a）普通选项

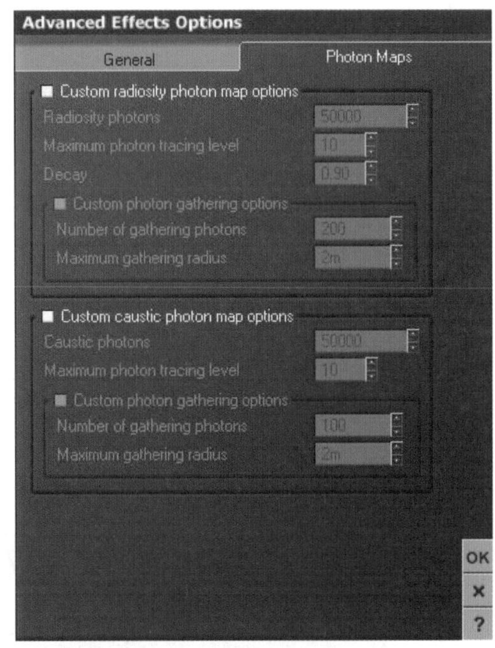

（b）光子贴图选项

图 2-72　高级效果设置选项

这里面的参数看起来很多，但是一般保持默认设置就可以。

2.3.14　抗锯齿设置（Anti-aliasing Options）

在如图 2-73 所示的界面上单击 "Edit（编辑）" 按钮，即可进入 Anti-aliasing(抗锯齿设置)，如图 2-74 所示，其中各主要参数的含义如下。

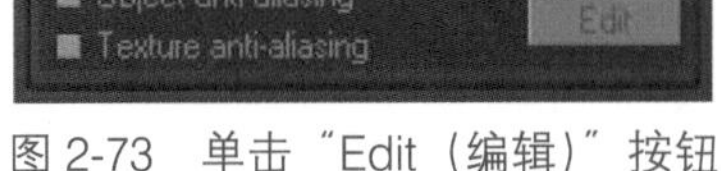

图 2-73　单击 "Edit（编辑）" 按钮

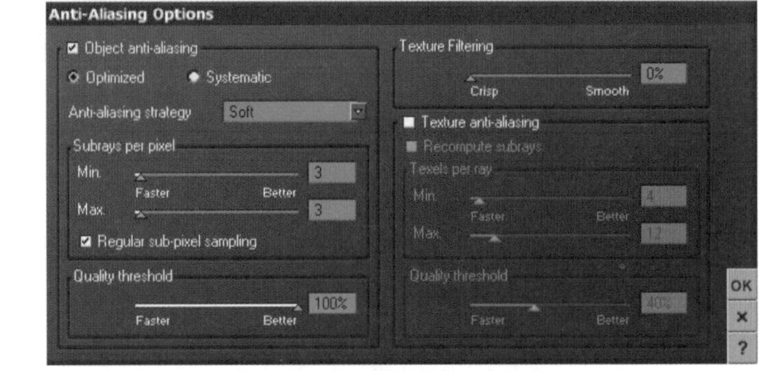

图 2-74　设置抗锯齿参数

- Object anti-aliasing（对象抗锯齿）：启动对象的抗锯齿效果，包括 Optimized（优化模式）和 Systematic（系统模式）两个选项。
- Anti-aliasing strategy（抗锯齿策略）：设置抗锯齿的方式。包括 Soft（柔和）、Sharp（锐化）、Crisp（清晰）和 Automatic（自动）4 种策略。
- Subrays per pixel（每个像素的子光）：包括 Min（最低）和 Max（最高）两个选项，以及“Regular sub-pixel sampling（有序子光采样）”复选框。
- Quality threshold（质量阀值）：启用质量阀值。
- Texture Filtering（纹理过滤）：启用纹理过滤。
- Texture Anti-aliasing（纹理抗锯齿）：启用纹理抗锯齿。
- Recompute subrays（重新计算子光）：重新计算子光效果。
- Texels per ray（纹理每个像素的子光）：设置每个像素的子光纹理效果。

2.3.15　G- 缓冲（G-Buffer）

图 2-75　单击“Edit（编辑）”按钮

在如图 2-75 所示的界面上单击“Edit（编辑）”按钮，进入 G-Buffer（G- 缓冲）设置界面，如图 2-76 所示，其中各主要参数的含义如下。

图 2-76　G- 缓冲设置界面

- Generate G-Buffer（生成 G- 缓冲）：遇到运动对象将不停止，继续收集运动之后的信息，最后利用其产生运动模糊效果。
  - Force rendering of occluded objects（强制对象封闭渲染）：强制关闭对象渲染。
  - Generate all anti-aliasing layers（所有层抗锯齿）：所有层都启用抗锯齿。
- Channels（通道）：启用对通道的渲染。
  - Z depth（景深）：启用渲染 Z 通道。

- UV Coordinates（UV 坐标）：启用渲染 UV 贴图坐标。
- Material ID（材质 ID）：启用渲染材质的 ID 号。
- Non clamped colors（非钳色）：启用渲染非钳色。
- Layer ID（层 ID）：启用渲染物体层的 ID 号。
- Sub-pixel coverage（子光像素覆盖）：启用渲染子光像素覆盖。
- Normal（法线）：启用渲染物体的法线。
- Transparency（透明度）：启用渲染透明度通道。
- Render ID（渲染 ID）：渲染 ID 号。
- Sub-pixel weight（子光像素量）：启用渲染子光像素量。
- Color（颜色）：启用渲染颜色通道。
- Sub pixel mask（子光像素蒙版）：启用渲染子光像素蒙版。
- Velocity（速度）：启用渲染速度通道。

● Generate Multi-Pass Buffer（生成多通道缓冲）：主要用于静帧图像后期处理。

2.4 实例——天空

下面我们通过一个小例子来讲解 Vue 中天空的基本调整方法，使读者对后面章节的学习有一个更深入的认识和了解。

STEP 01 打开Vue软件，按<F5>键调入预设的天空效果，如图2-77所示。

图 2-77 调入预设的天空效果

STEP 02 在菜单栏中选择“Atmoshpere（大气）”\“Atmoshpere Editor（大气编辑器）”命令，进入大气编辑器，调整太阳的位置，如图2-78所示。

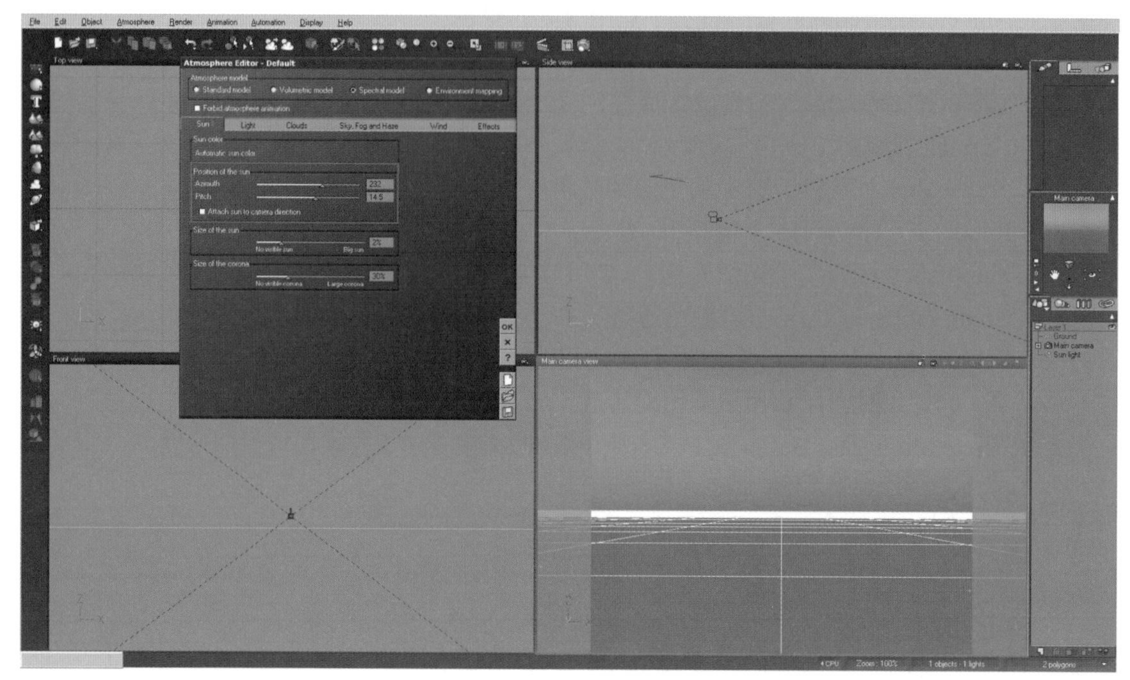

图 2-78　调整太阳的位置

STEP 03 在光谱模式下设置雾和薄雾参数，将“Global setting（整体设置）”面板中“Aerialperspective（空中视角）”参数的值设为1，对应于典型的地球大气层，如图2-79所示。

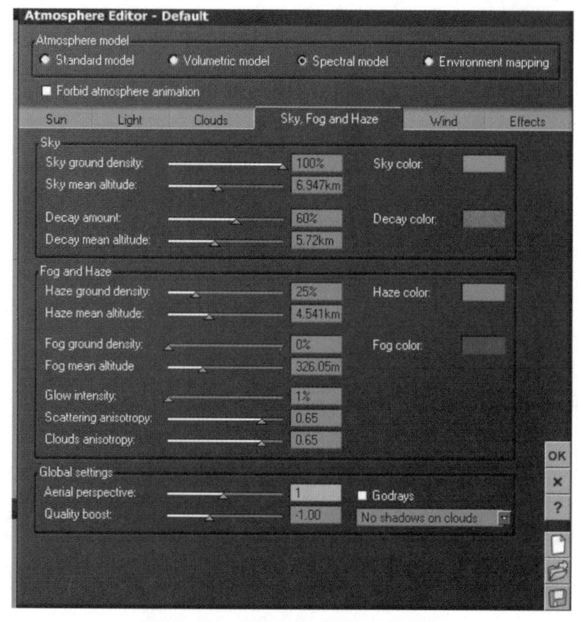

图 2-79　设置雾和薄雾参数

STEP 04 为天空添加云彩效果，参数选择如图2-80所示。

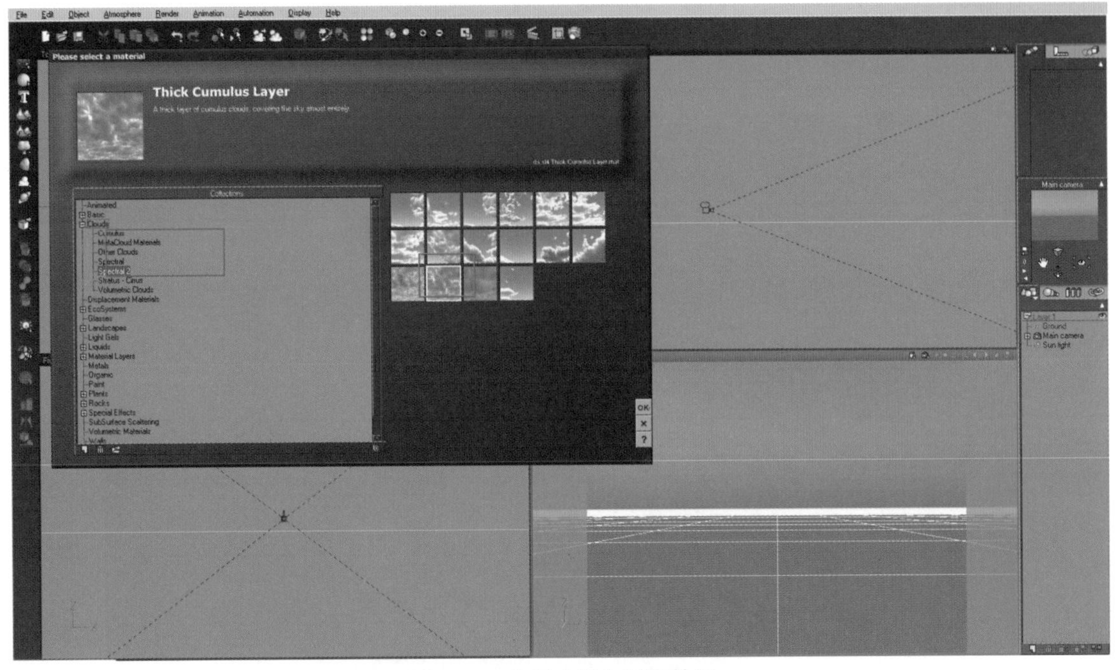

图 2-80　为天空添加云彩效果

STEP 05 调整云彩的参数，如图2-81所示。

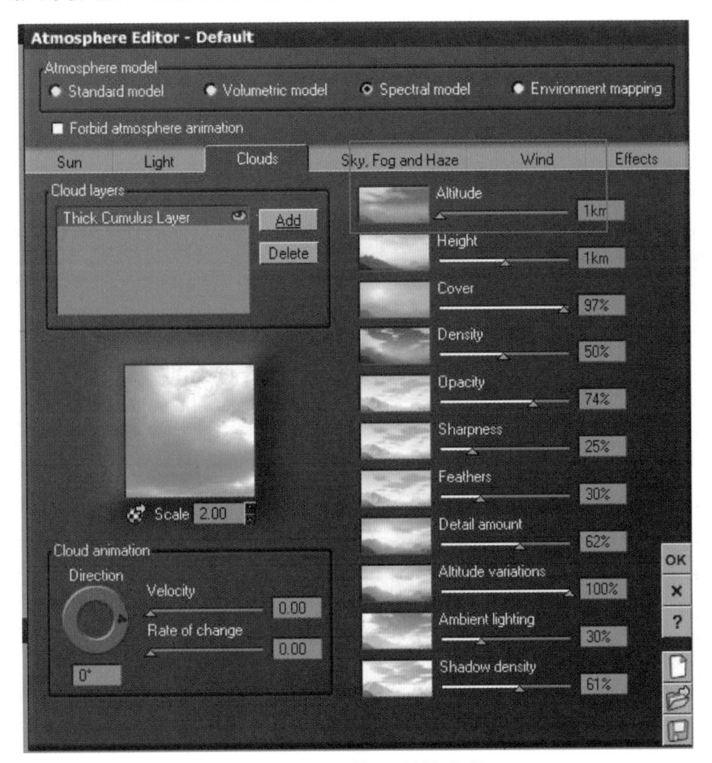

图 2-81　调整云彩的参数

STEP 06 设置渲染参数，如图2-82所示。

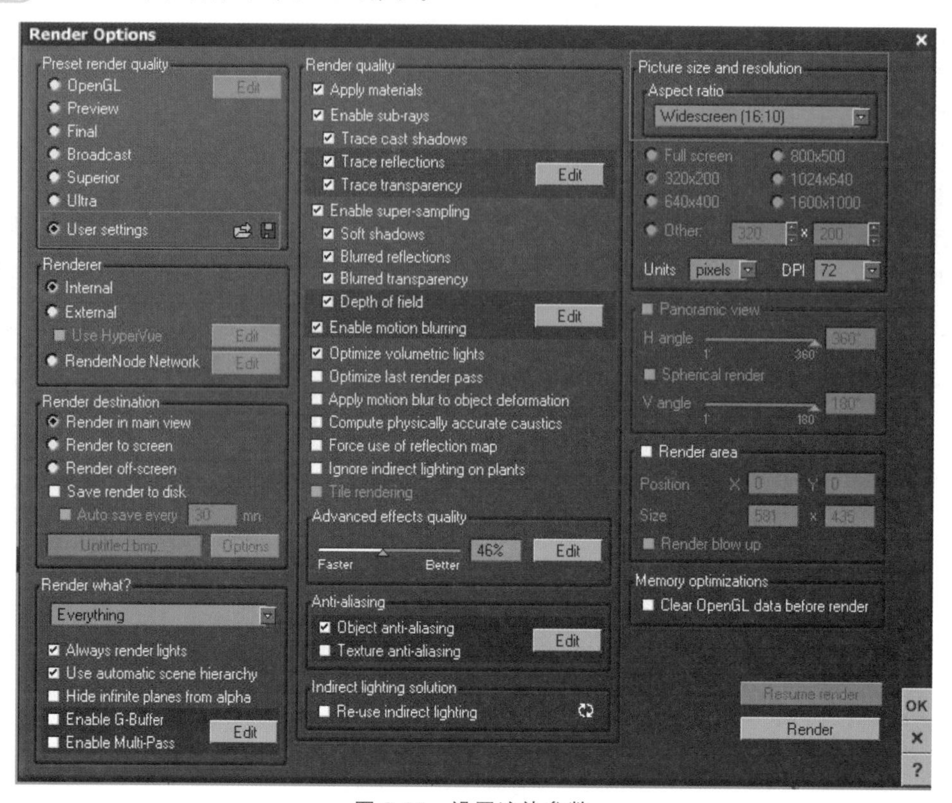

图 2-82　设置渲染参数

STEP 07 渲染后的效果如图2-83所示。

图 2-83　渲染后的效果

STEP 08 改变相机的高度，又将呈现另一种效果，如图2-84所示。

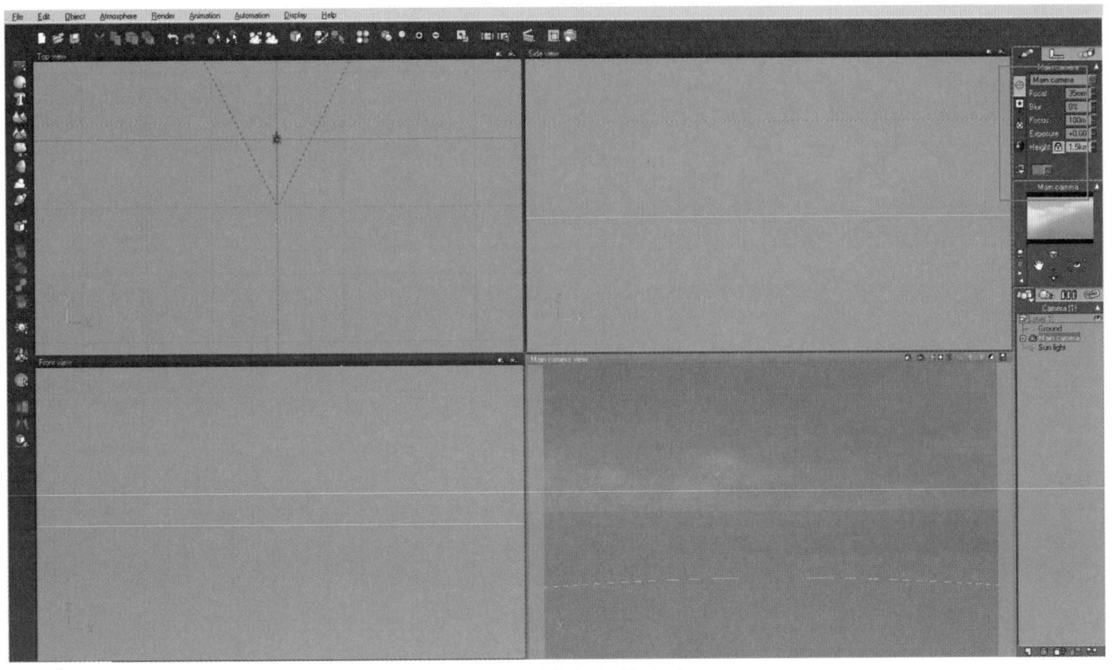

图 2-84　改变相机的高度

STEP 09 调整相机位置后，渲染效果如图2-85所示。

图 2-85　调整相机位置后的渲染效果

第3章 Vue 地形山脉

Vue作为一款自然景观创作软件，在创作地形山脉方面的优势是显而易见的，这在很多影视作品中都得到了验证，比如《加勒比海盗》、《阿凡达》等，并且成为了很多影视作品乃至广告等领域制作地形的首选。本章我们就来讲解一下Vue制作地形山脉方面的一些知识。

3.1 创建地形山脉

在很多写实性的场景表现里都离不了地形山脉，而Vue制作的地形山脉可以满足任何层次的需求，创建基础的地形山脉对Vue来说是轻而易举的事。

3.1.1 创建山脉

1. Standard Heightfield Terrain（标准地形）

标准地形是最简单的地形，地形的面数是固定的，必须手动调整地形精度来满足不同的渲染要求。标准地形的优点是调节方便，渲染速度快。

单击工具栏中的按钮，即可创建标准地形，如图3-1所示。

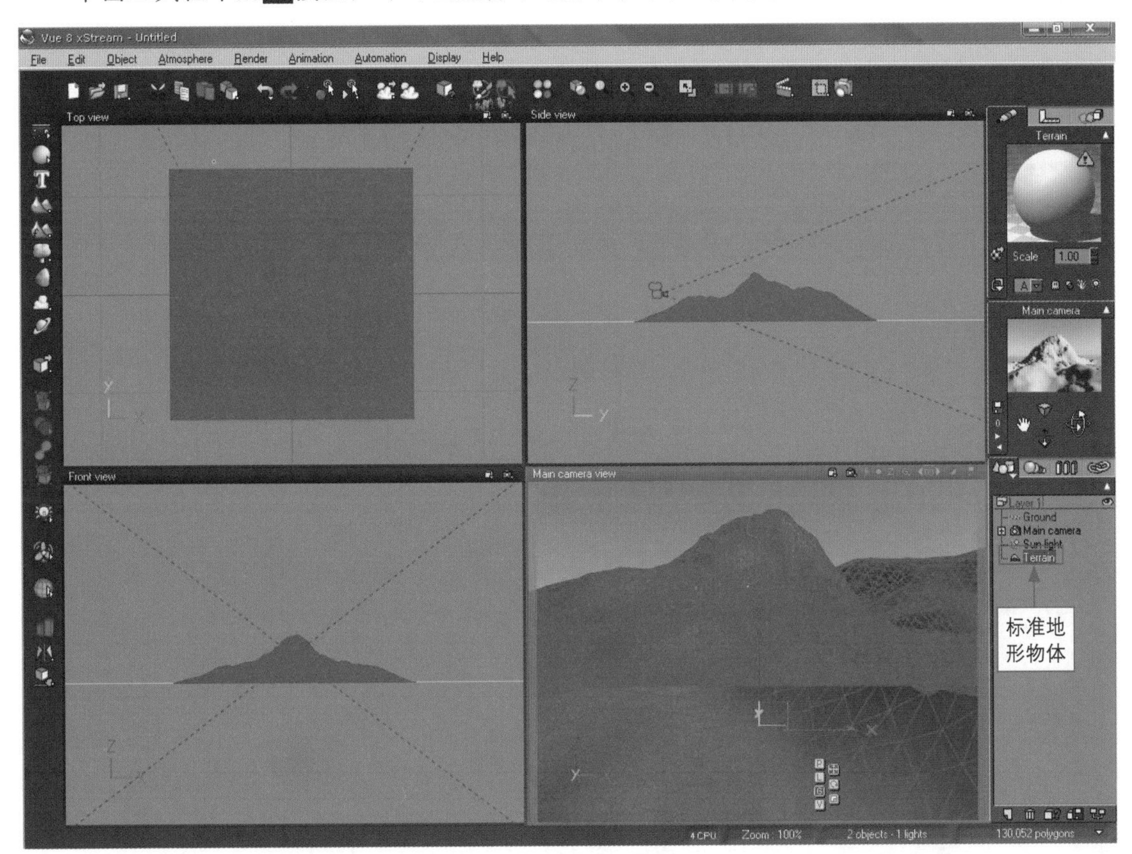

图 3-1　创建标准地形

在按钮上右击或者按住鼠标左键不放，将弹出参数面板，用于设置地形的尺寸大小，如图3-2所示，其中部分参数的含义如下。

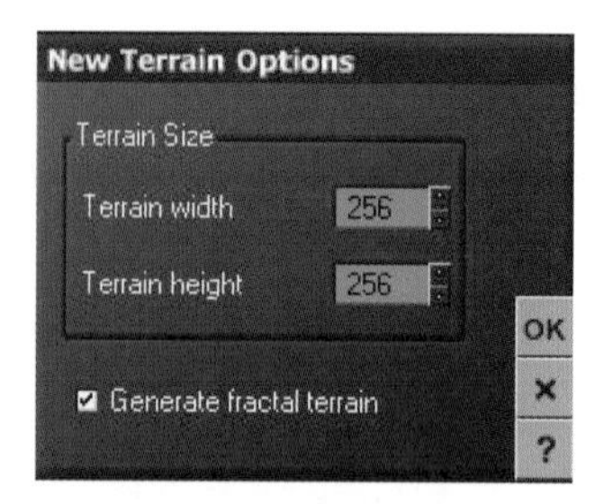

图 3-2　设置地形参数

- Terrain Size（地形尺寸）：控制地形的分辨率，数值越大效果越好，消耗的内存越大。
- Terrain width（地形宽）：设置地形宽度。
- Terrain height（地形高）：设置地形高度。

默认地形分辨率是256×256，分辨率设置得越高场景越精细，但是渲染速度越慢，对电脑的要求也越高。

2. Procedural Terrain（程序地形）

程序地形离相机越近面数越多，离相机越远面数越少，缺点是必须深入到复杂的函数才能修改。由于程序地形面数多，因此渲染速度较慢。

单击工具栏中的按钮创建程序地形，如图3-3所示。

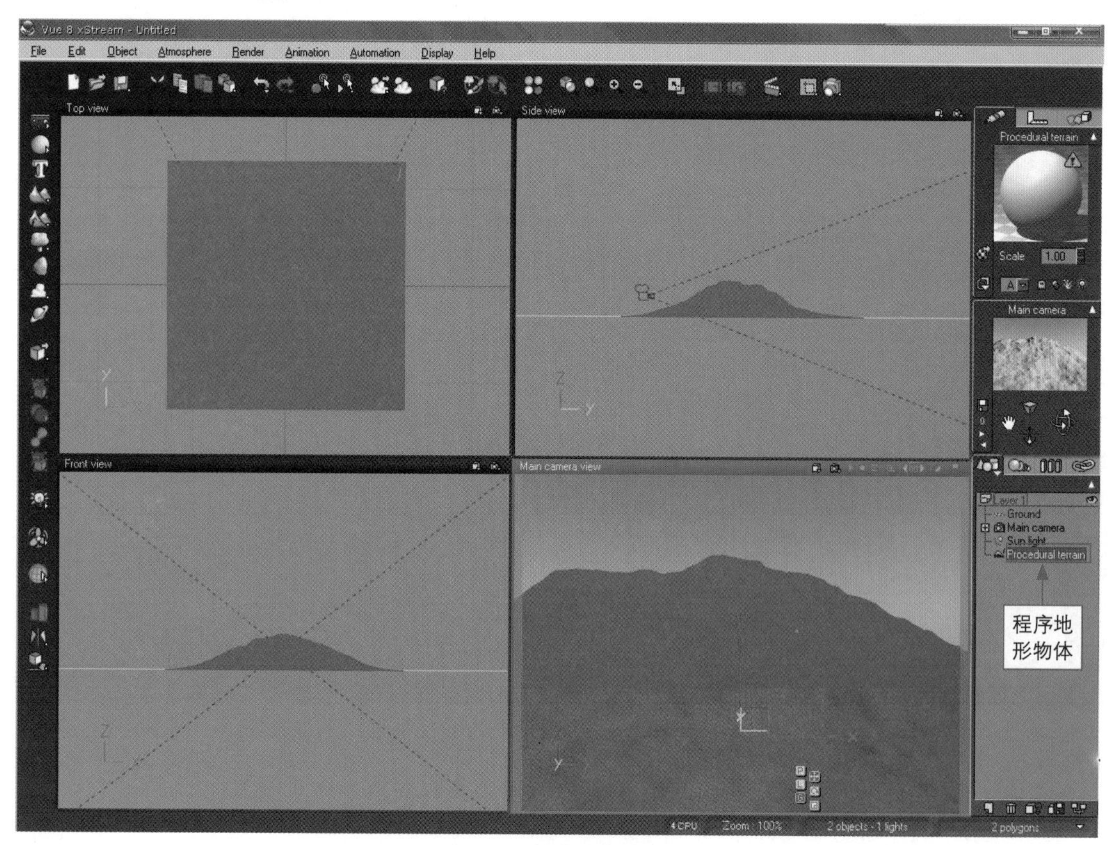

图 3-3　创建程序地形

在按钮上右击或者按住鼠标左键不放，将弹出程序地形预设面板，如图3-4所示。

图 3-4　程序地形预设面板

该面板中有很多非常漂亮的预设效果可以直接应用，如图3-5所示。

预设效果 01

预设效果 02

图 3-5　图形预设效果

3. 行星球形场景

行星球形场景为漂浮在太空中的一个星球，适合行星级的场景。

设置时，在菜单栏中选择“File（文件）”\“Option（设置）”命令，打开“Options（设置）”对话框，选择其下的“Units&Coordinates（单位&坐标）”面板，勾选“Enable spherical scene（启用行星场景）”复选框，如图3-6所示。

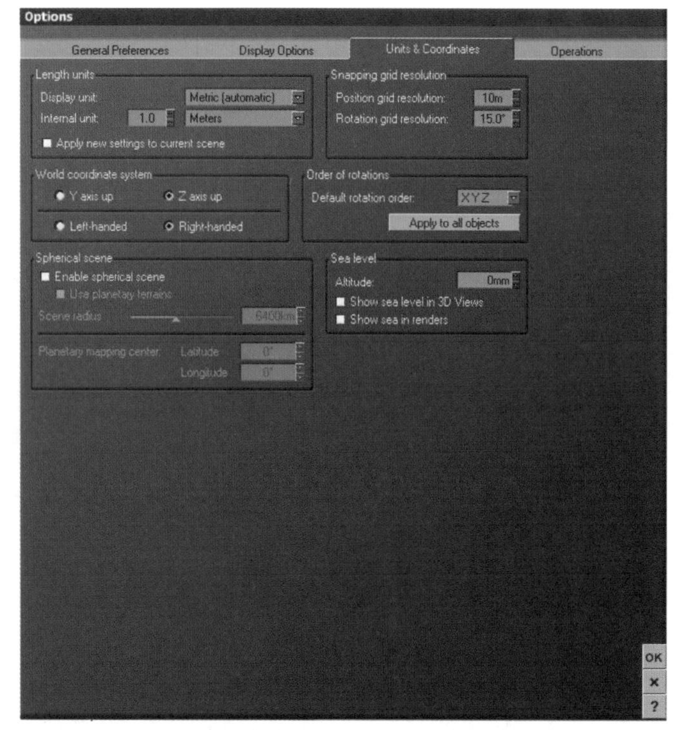

图 3-6 “Options（设置）”对话框

创建球形场景的相关参数如下所示。

- Spherical scene（球形场景）：用于设置球形场景参数，球形场景效果如图3-7所示。

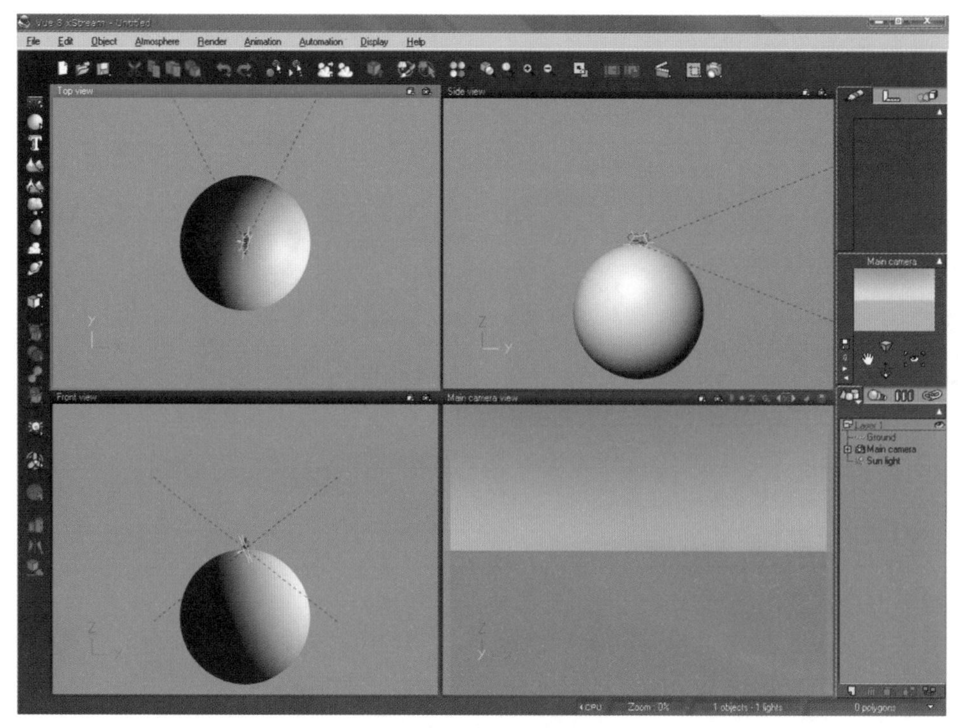

图 3-7　球形场景效果

- Enable spherical scene（启用球形场景）：勾选该选复选框，即可启用球形场景。
- Use planetary terrains（使用行星地形）：勾选该选复选框，可以使用行星地形。
- Scene radius（场景半径）：用于设置真正的星球半径。

3.1.2 实例——行星场景的应用

这一小节我们通过一个小例子来制作一个行星场景，初步认识一下使用Vue制作地形的基本流程。

STEP 01 在菜单栏中选择“File（文件）”\“Option（设置）”命令，弹出“Options（设置）”对话框，选择其下的“Units&Coordinates（单位&坐标）”面板。

STEP 02 勾选“Enable spherical scene（启用球形场景）”复选框，同时勾选“Use planetary terrains（启用行星地形）”复选框，设置“Scene radius（场景半径）”为500m，如图3-8所示。

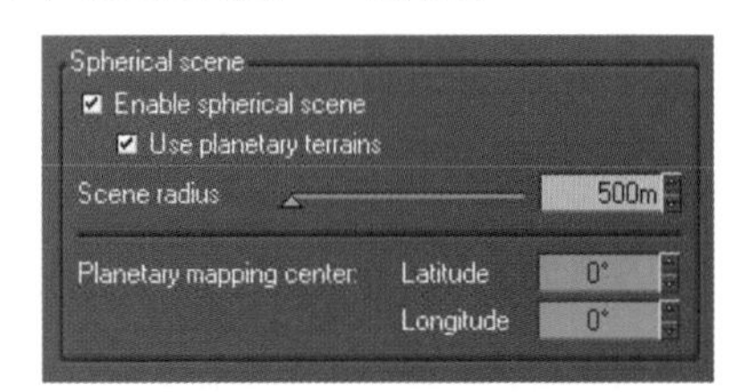

图 3-8 设置场景参数

STEP 03 单击“OK（确定）”按钮后场景的初步画面如图3-9所示。

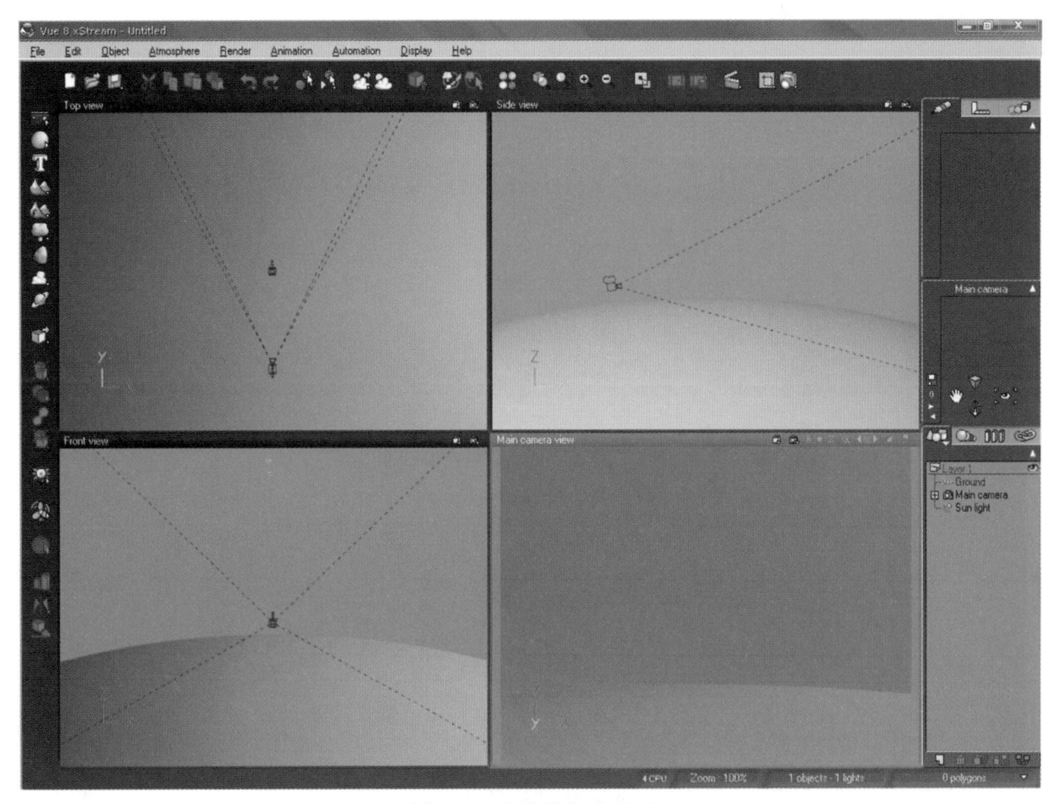

图 3-9 场景的初步画面

STEP 04 选择相机，调整相机的位置和方向，如图3-10所示。调整后的画面如图3-11所示。

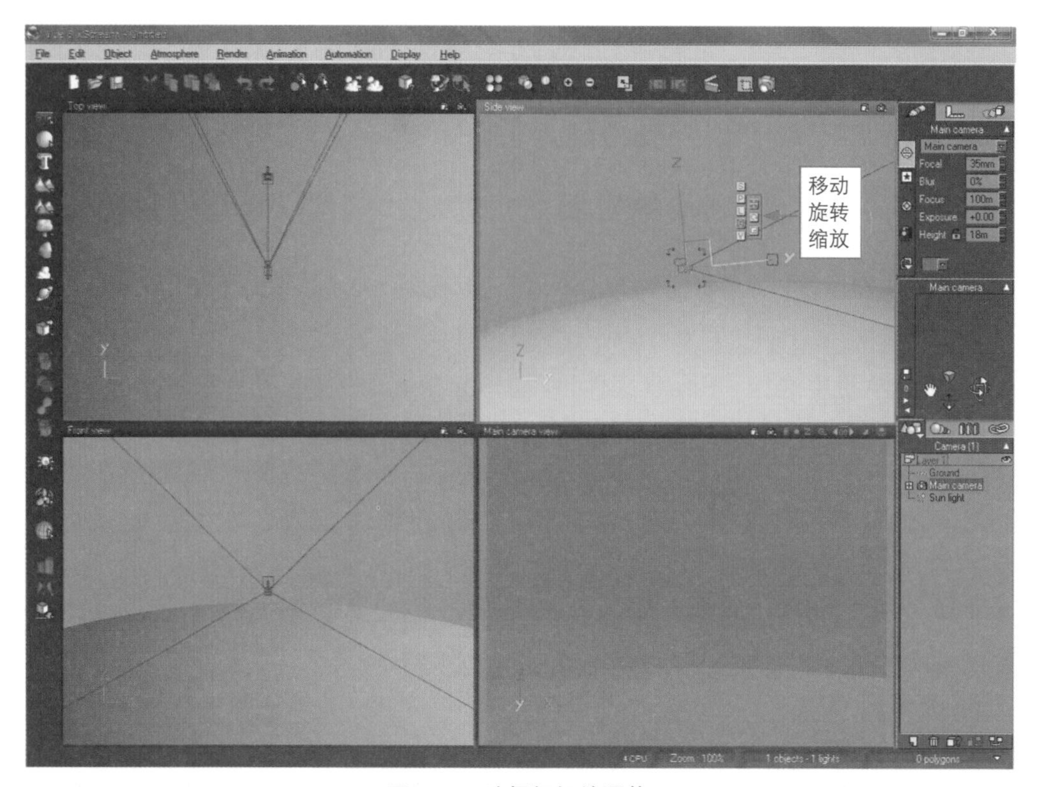

图 3-10　选择相机并调整

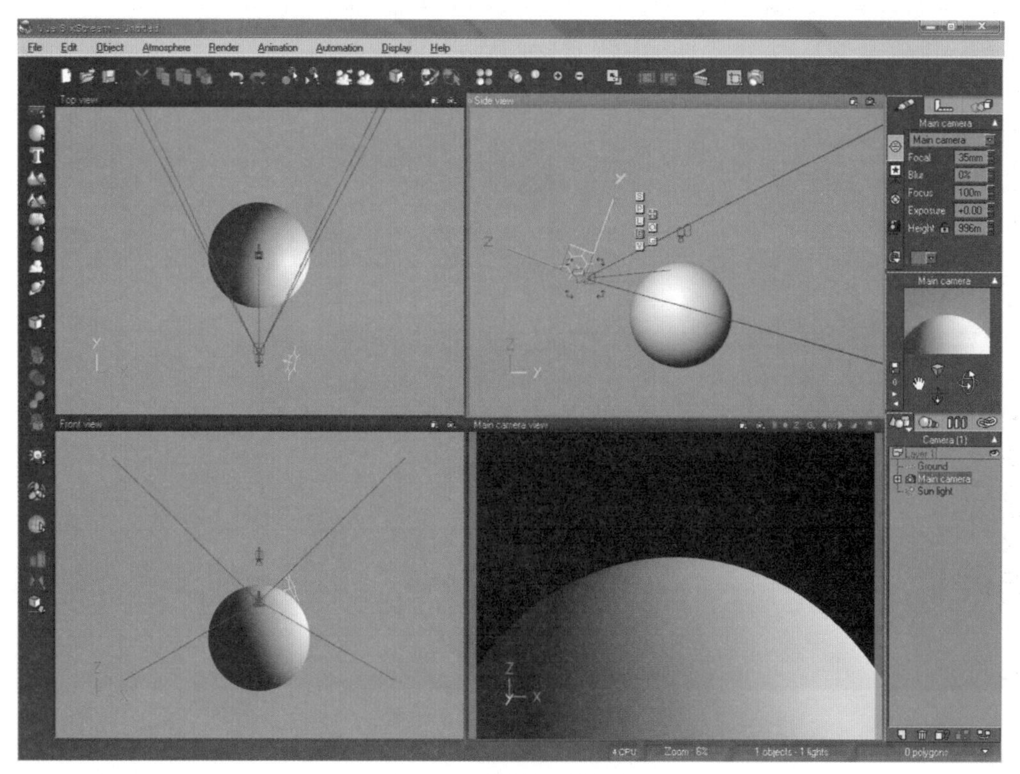

图 3-11　调整后的画面

STEP 05 单击创建工具栏中的程序地形按钮，右击进入预设界面，选择其中的一种预设效果，如图3-12所示。选择预设效果后的场景如图3-13所示，渲染效果如图3-14所示。

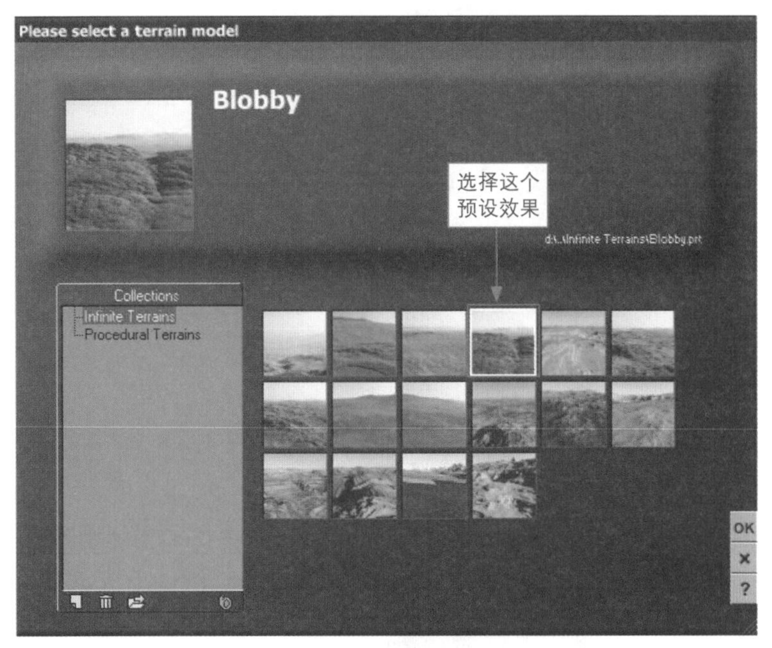

图 3-12　选择预设效果

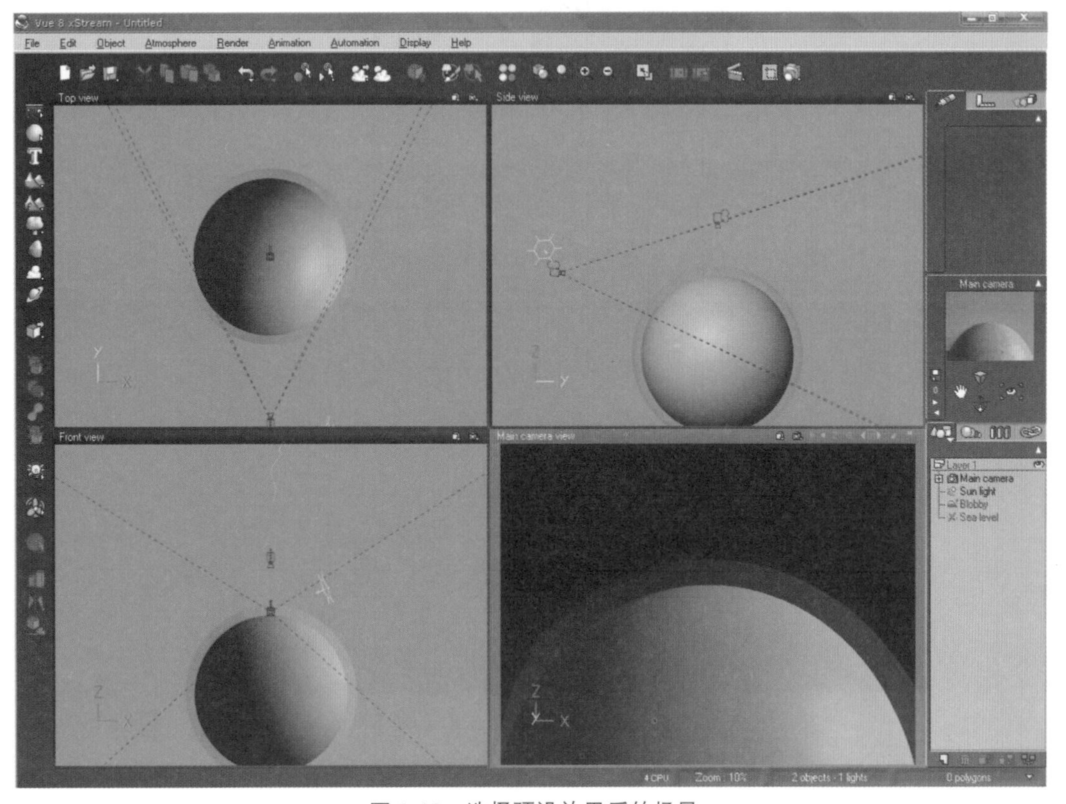

图 3-13　选择预设效果后的场景

图 3-14　渲染效果

STEP 06 打开Sea level物体的渲染，如图3-15所示，激活后的渲染效果如图3-16所示。

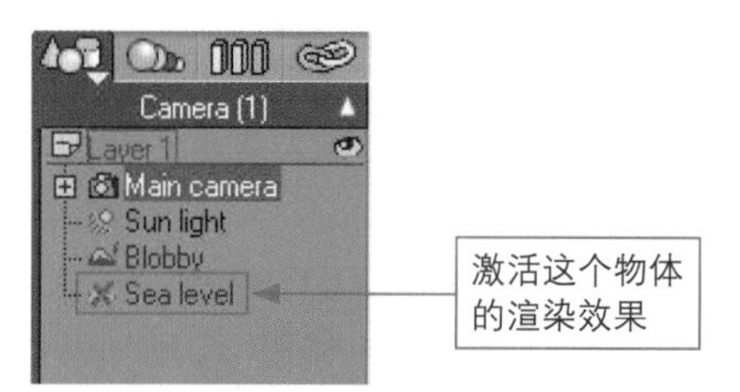

图 3-15　激活物体渲染

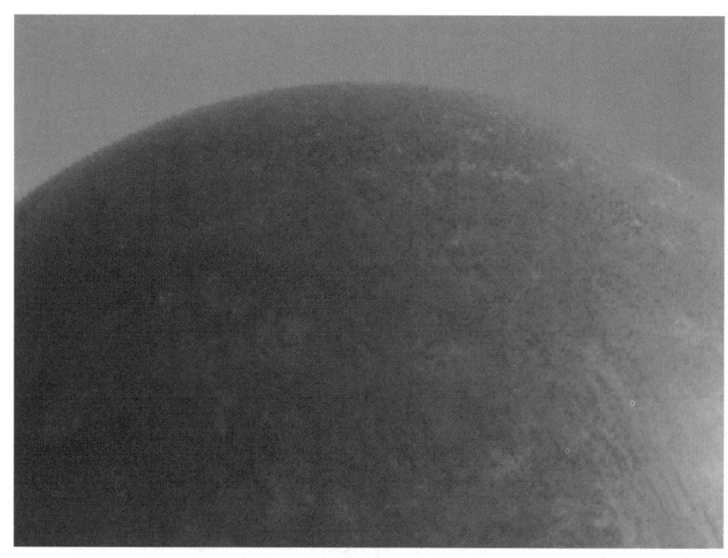

图 3-16　激活后的渲染效果

3.2 地形编辑器

地形修改是交互预览的。地形编辑器是一个非模式对话框，它也是Vue里的一个重要编辑器，如图3-17所示。

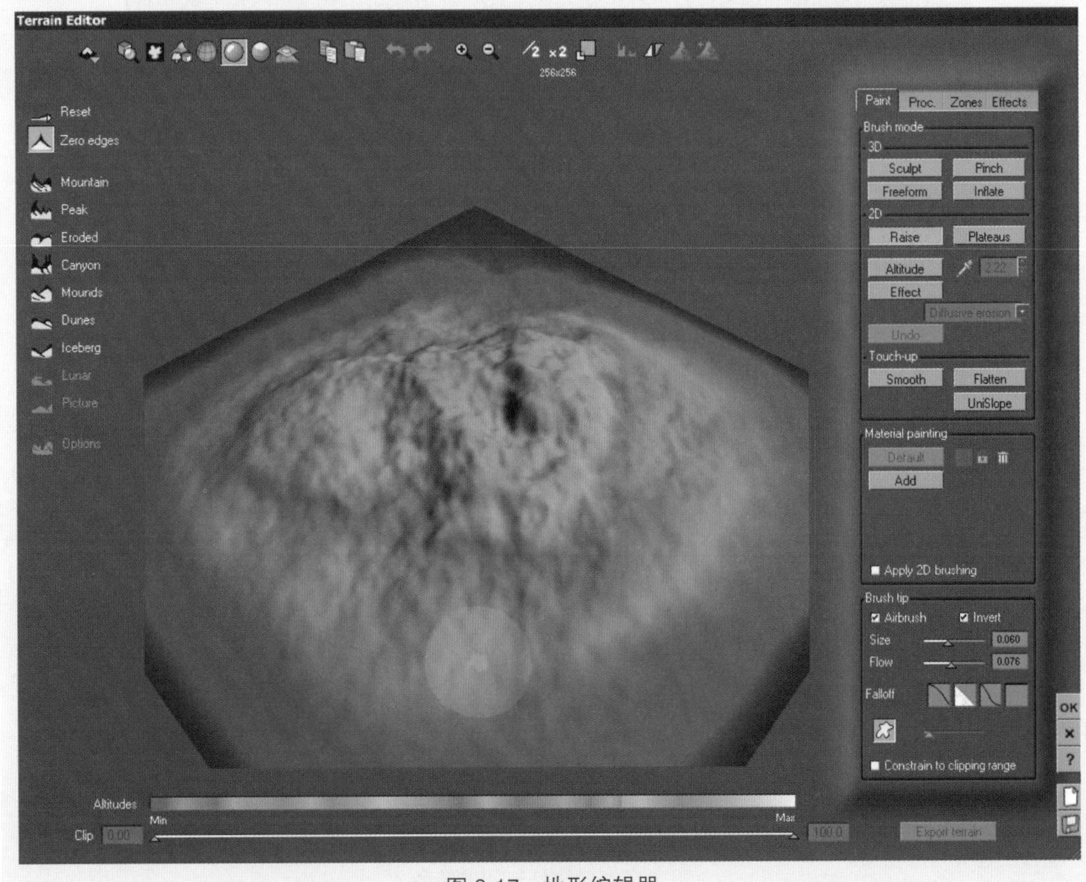

图 3-17 地形编辑器

3.2.1 打开地形编辑器

打开地形编辑器的方法有以下三种。

- 在视图中双击地形。
- 选中地形，单击工具栏中的“编辑对象”按钮。
- 选中地形，在菜单栏中选择“Object（对象）”\“Edit Object（编辑对象）”命令。

3.2.2 地形图

地形预览是三维显示的，它是一个有高度和着色层次的地形图。

1. 修改着色

双击如图3-18所示的颜色条，就可以修改地形图的着色，如图3-19所示。

图 3-18 双击颜色条

图 3-19 修改地形图的着色

2. 基本操作

在地形上移动鼠标就可以看到一个白色的圆圈，单击鼠标左键，可以绘制地形；按住鼠标右键，可以旋转预览地形。

单击上例工具栏中的按钮可以将预览地形变为俯视的效果，单击“重置视图”按钮可以将其恢复为原来的预览效果。

3.2.3 预定地形类型

选择预定地形之一将在当前地形上添加不同的地貌，如图3-20所示。

图 3-20　选择预定地形类型

1. Reset（复位）

复位地形运用重置地形为标准地形。

2. Zero edges（零边缘）

零边缘地形用于逐渐降低地形边缘至零海拔，如图3-21所示。

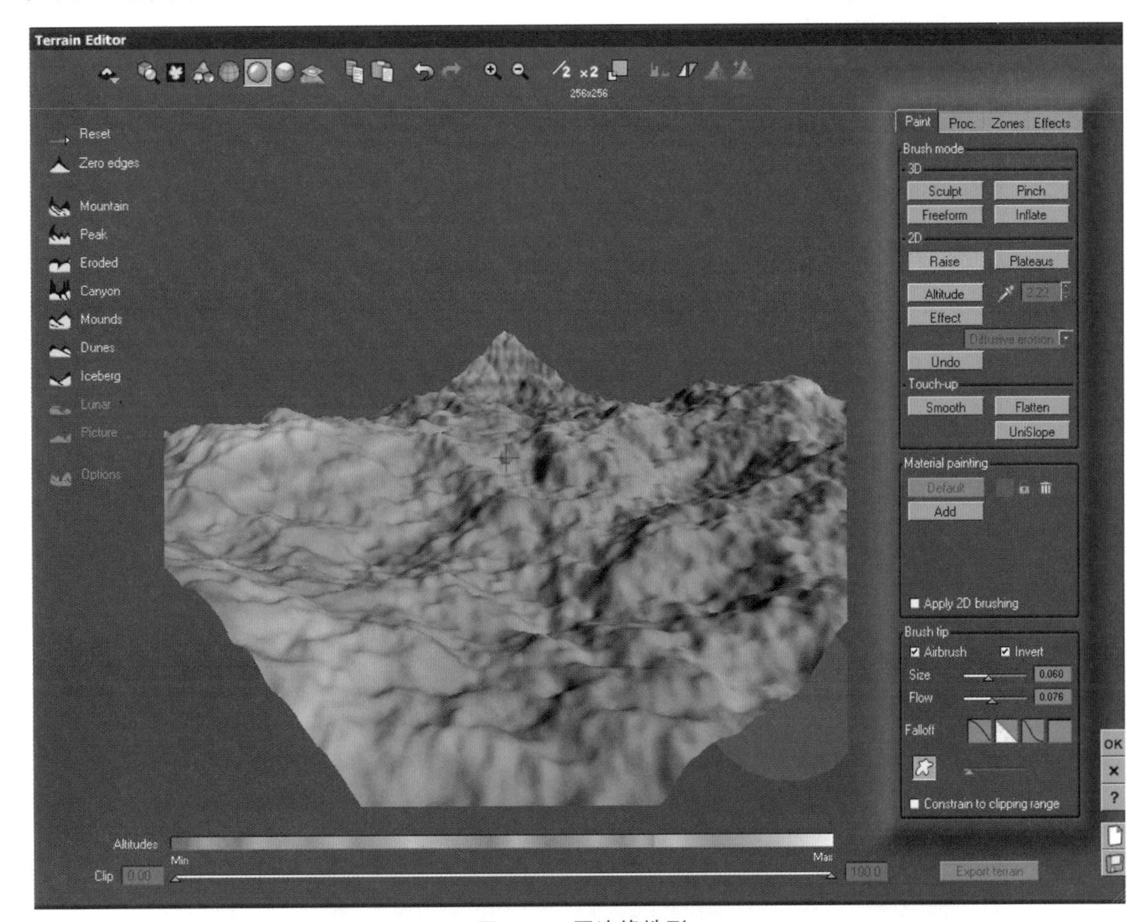

图 3-21　零边缘地形

3. Mountain（山脉）

山脉地形使用分形算法生成一个较高的山脉，如图3-22所示。

4. Peak（山峰）

山峰地形使用脊分形算法生成一个更高的山脉，如图3-23所示。

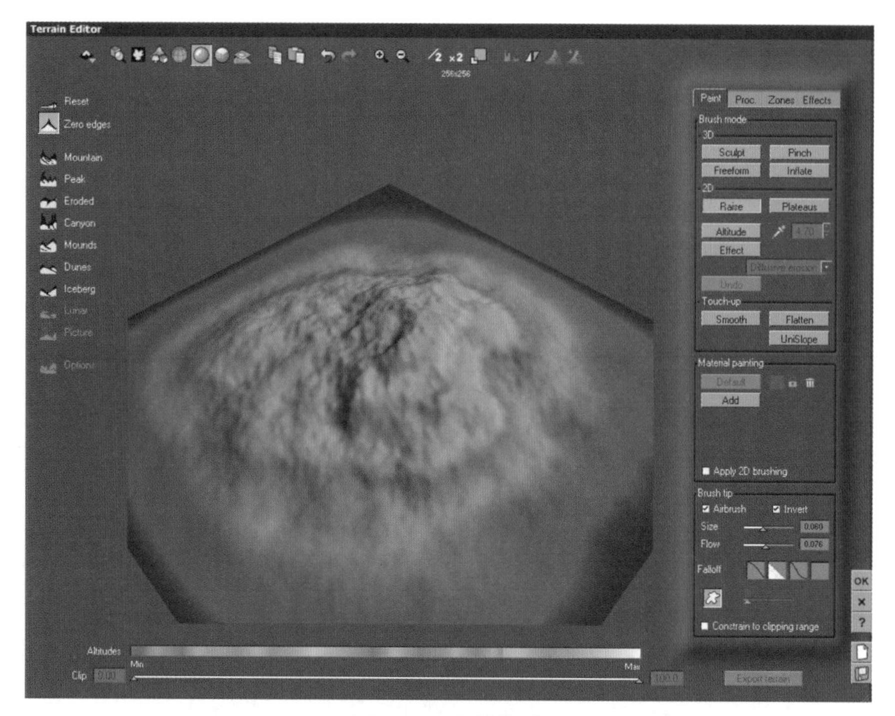

图 3-22　山脉地形

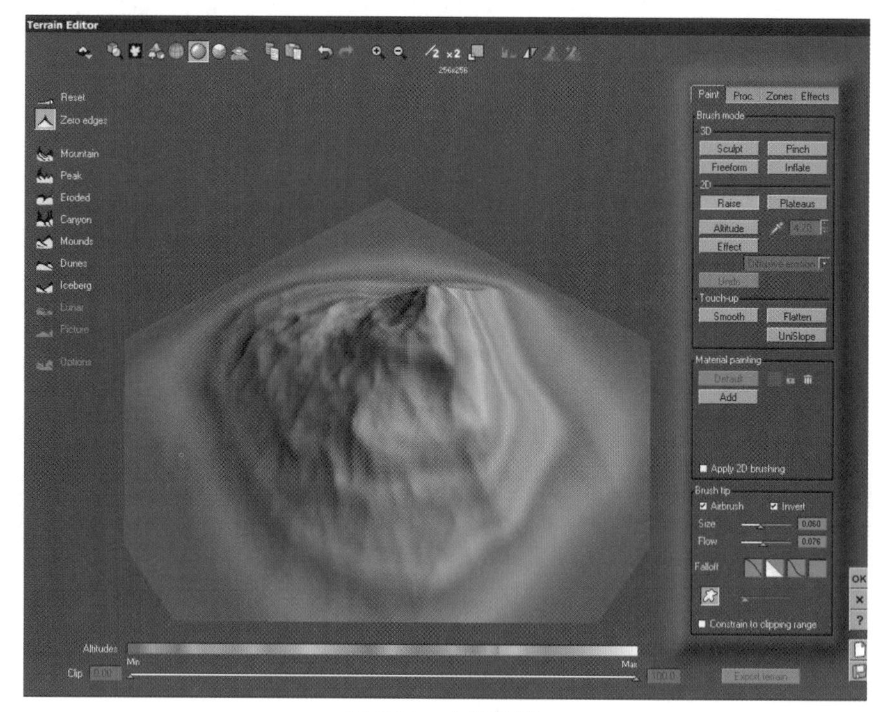

图 3-23　山峰地形

5. Eroded（侵蚀）

侵蚀地形使用多种侵蚀并变化地形，如图3-24所示。

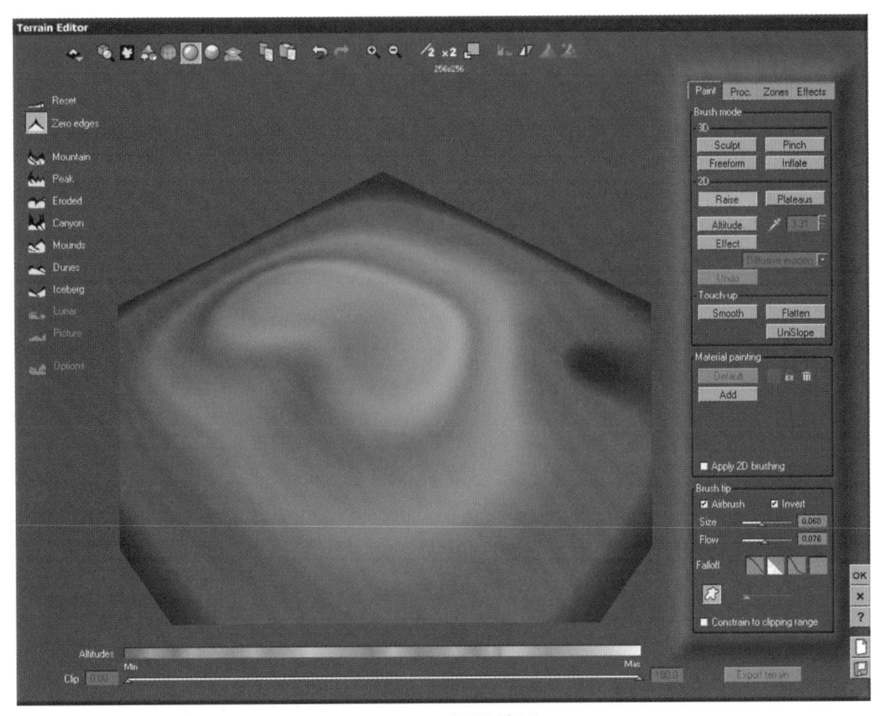

图 3-24　侵蚀地形

6. Canyon（峡谷）

峡谷地形使用过滤器创造山脊，如图3-25所示。

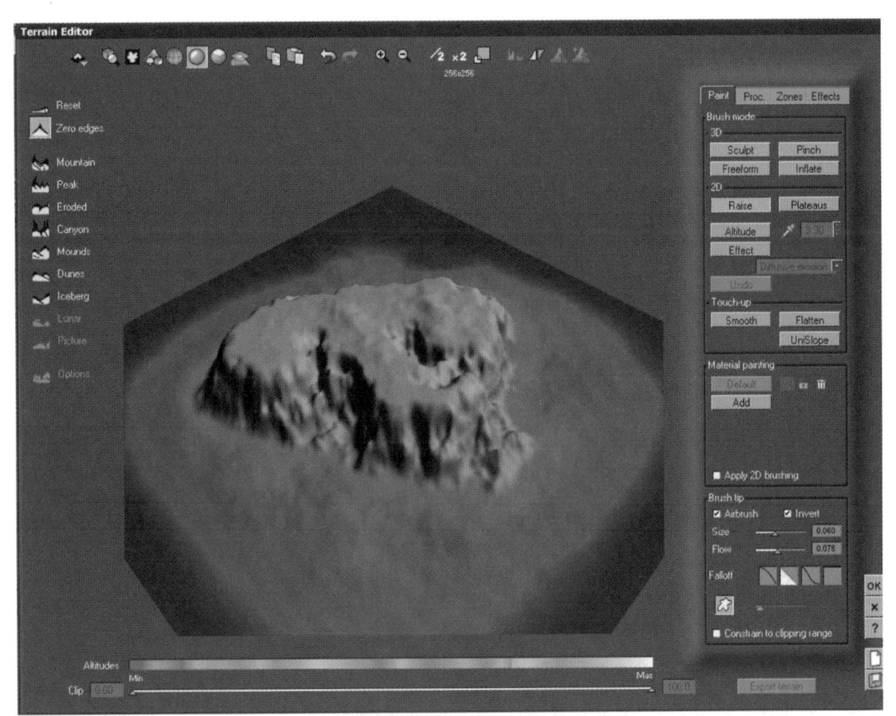

图 3-25　峡谷地形

7. Mounds（土丘）

土丘地形除频率更高外基本与山脉地形相同，如图3-26所示。

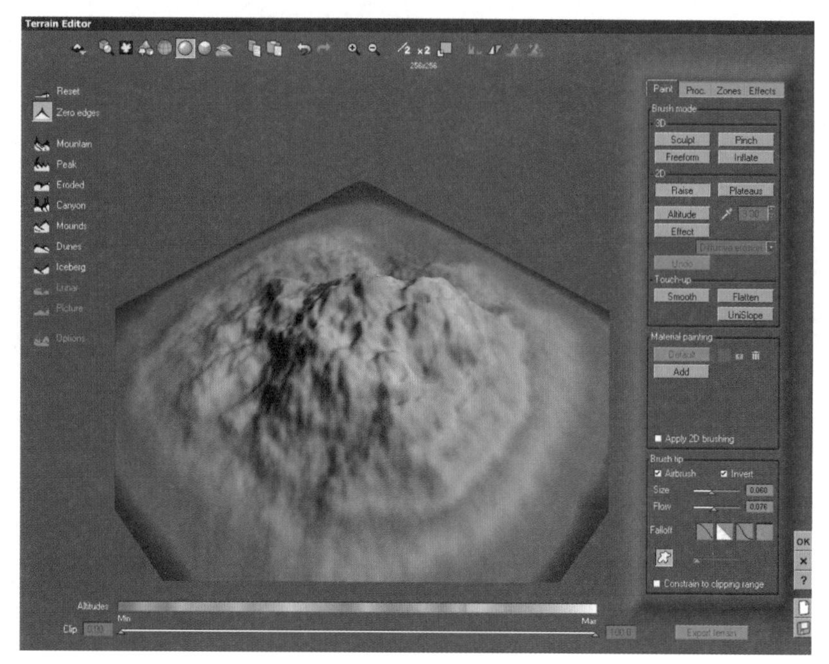

图 3-26　土丘地形

8. Dunes（沙丘）

使用函数将沙丘地形添加到现有地形，如图3-27所示。

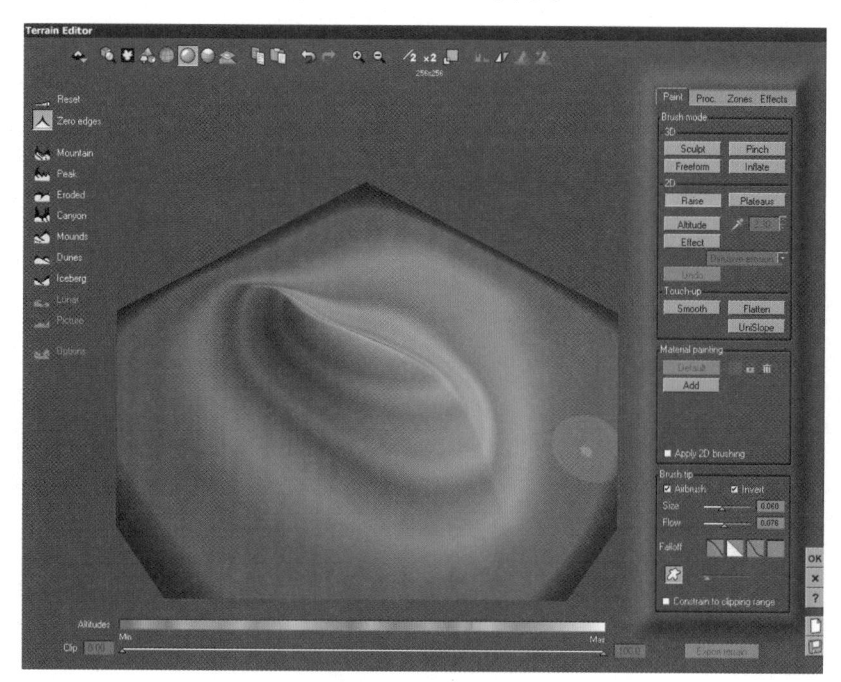

图 3-27　沙丘地形

9. Iceberg（冰山）

冰山地形用于将地形转换为一个冰山，并慢慢地铲平山顶表面，如图3-28所示。

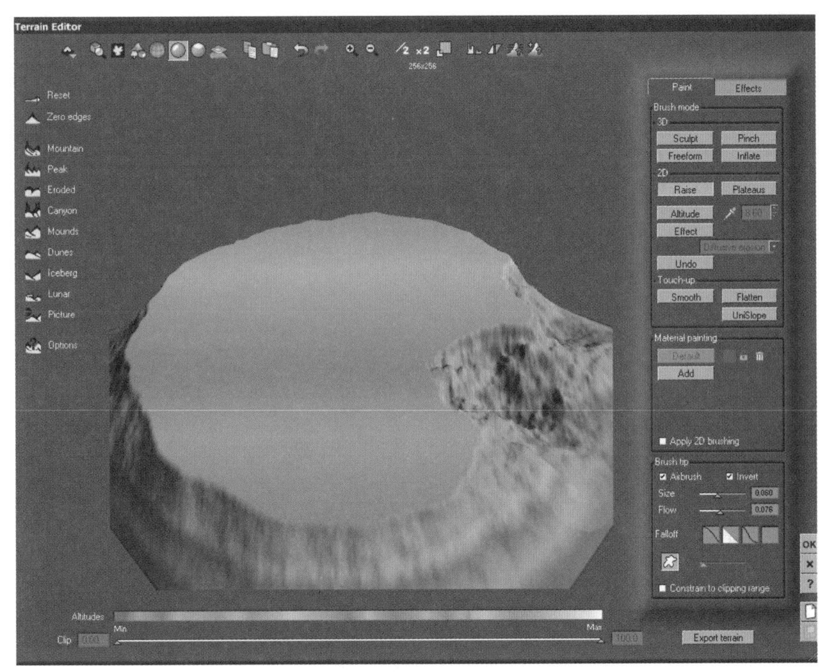

图 3-28　冰山地形

10. Lunar（月球）

月球地形用于生成类似于月球表面的地形，程序山形不可用，如图3-29所示。

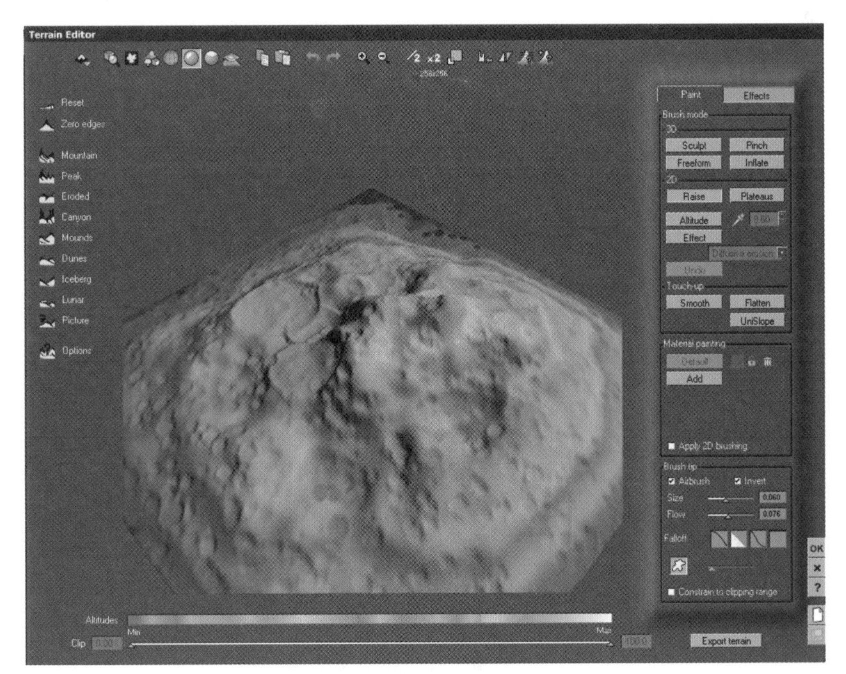

图 3-29　月球地形

11. Picture（图片）

选择该选项可以导入图片置换地形，如图3-30所示。

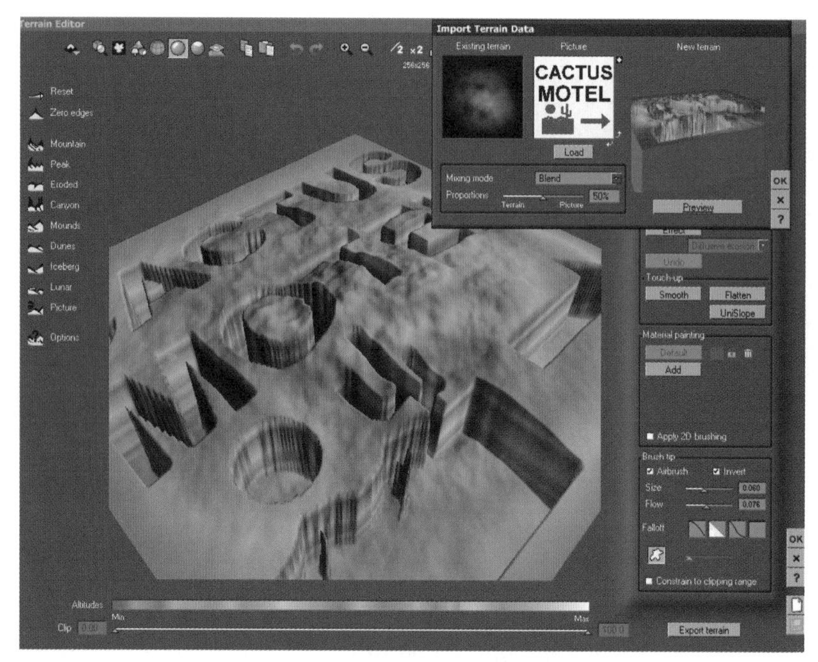

图 3-30　导入图片置换地形

12. Options（分型地形选项）

此对话框是利用分型噪波来修改地形，只适用于标准地形，而不适用于程序地形，如图3-31所示。

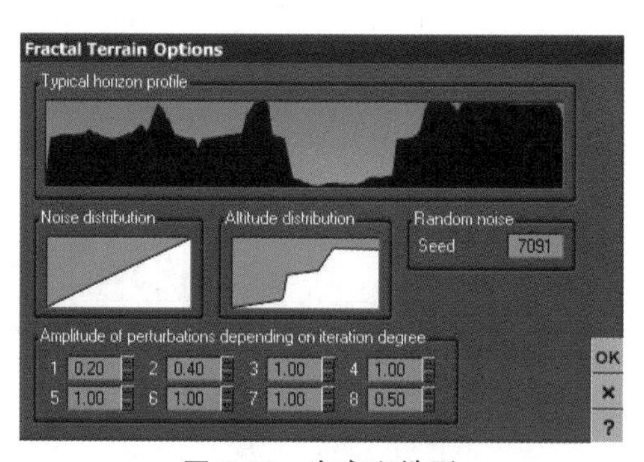

图 3-31　自定义地形

- Noise distribution（噪波分布）：随即分配噪波来扰动地形。
- Altitude distribution（海拔分布）：利用海拔高度来扰动地形，默认是线性。

3.2.4　地形分辨率

地形分辨率工具如图3-32所示，其中部分按钮含义如下。

- Halve（减半）：单击此按钮，地形面数减半。
- Double（双倍）：单击此按钮，成倍增加地形面数。
- Resize（调整）：单击此按钮，调整地形分辨率。

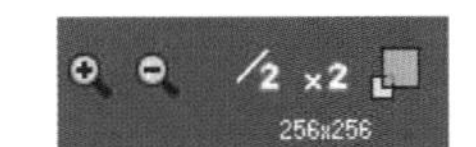

图 3-32　地形分辨率工具

3.2.5　雕刻地形

雕刻地形工具如图3-33所示，其中部分按钮的含义如下。

1. 3D

3D雕刻方式是沿地形表面法线的方向进行雕刻，如图3-34所示，其中各参数的含义如下。

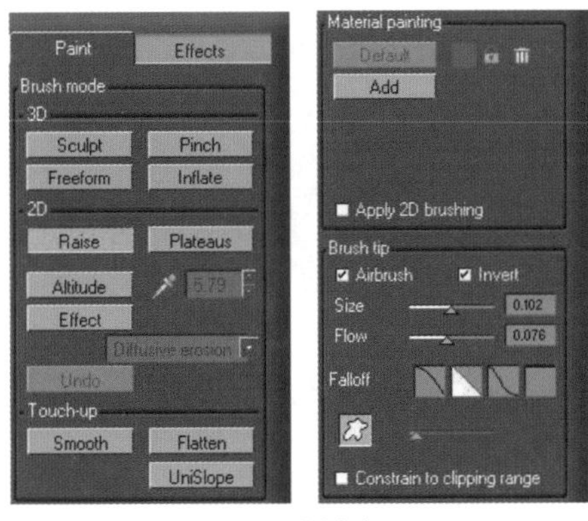

图 3-33　雕刻地形工具

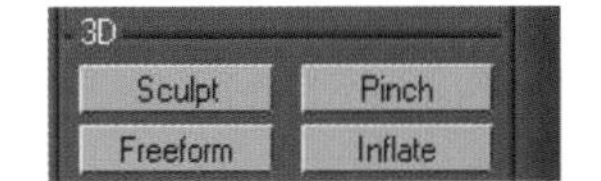

图 3-34　3D 雕刻

- Sculpt（雕刻）：随意地在地形表面沿法线方向上对地形进行变形。雕刻前、后的效果分别如图3-35和图3-36所示。

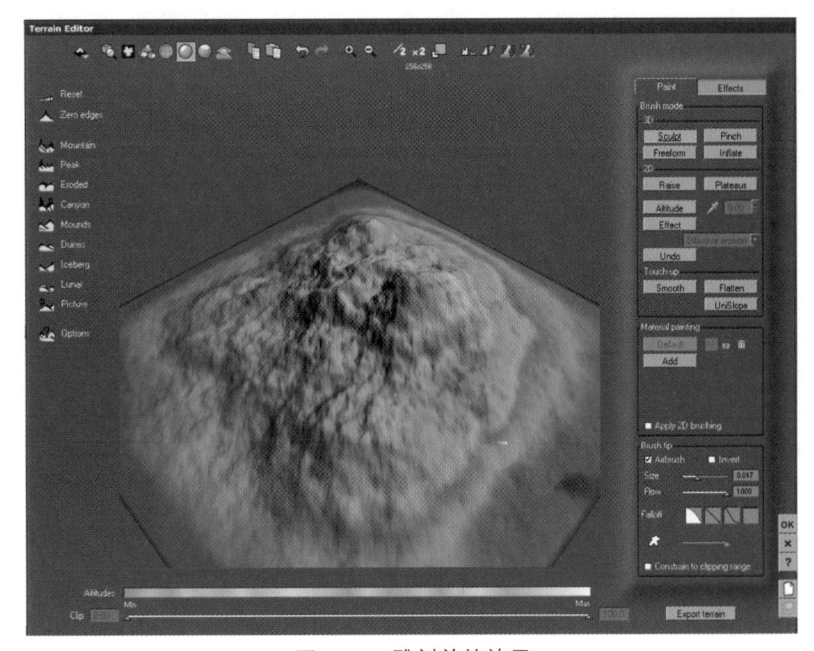

图 3-35　雕刻前的效果

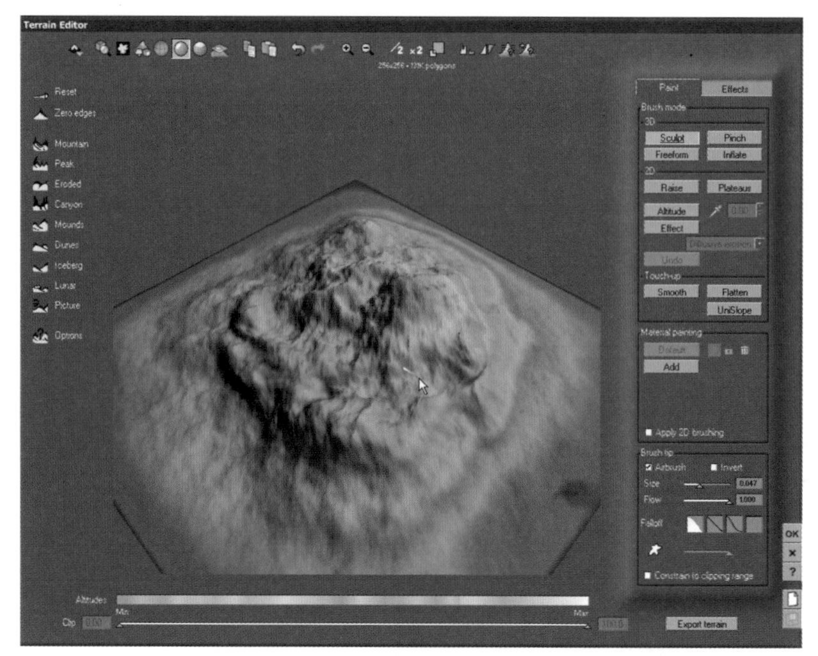

图 3-36　雕刻后的效果

提示

按住<Shift>键不放，可以直接调整雕刻笔刷的大小。

- Freeform（自由变形）：随意地在地形表面沿法线方向上对地形进行变形，但是挤压的方向有所变化。自由变形前、后的效果分别如图3-37和图3-38所示。

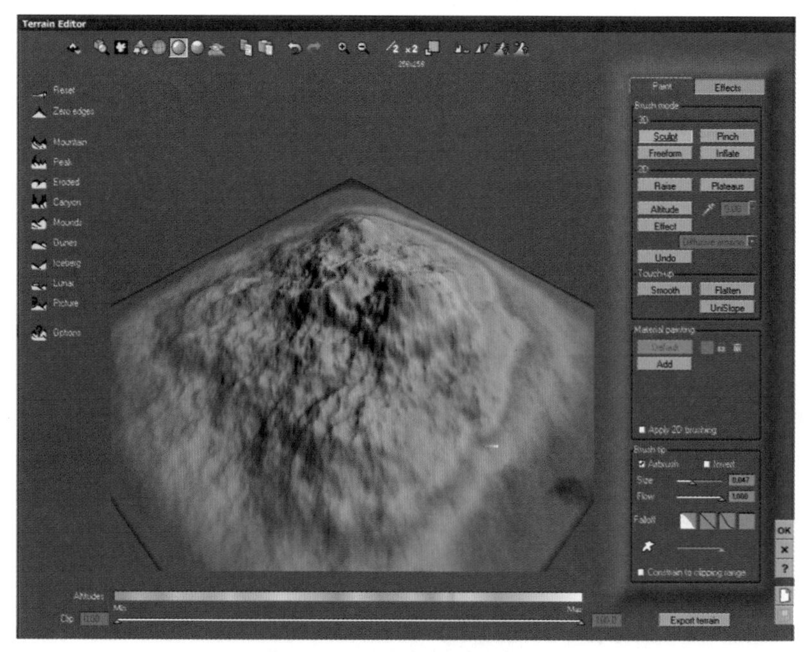

图 3-37　自由变形前的效果

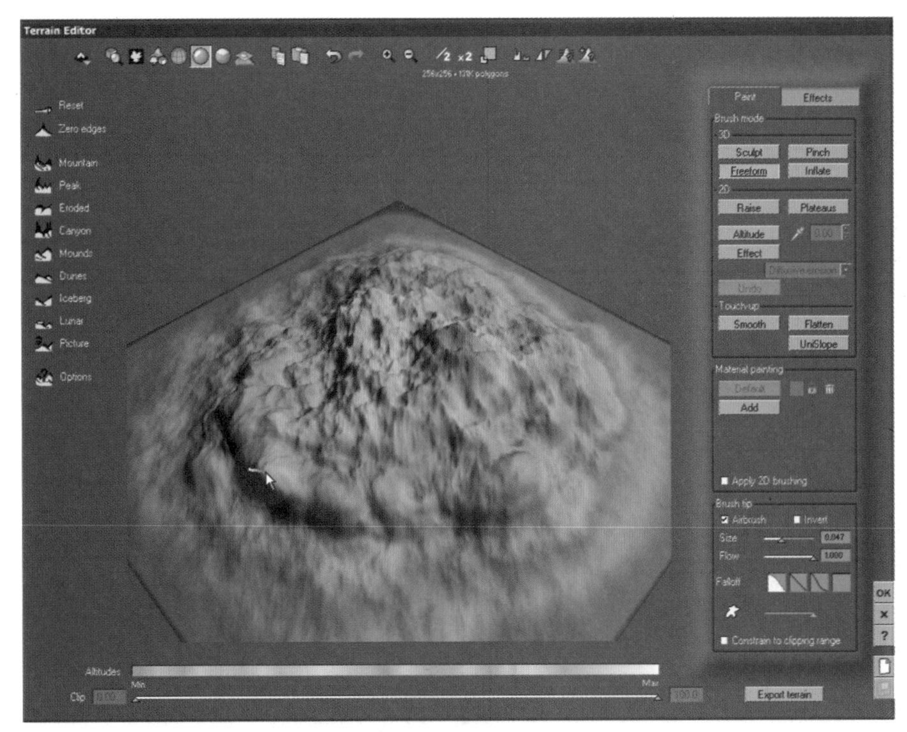

图 3-38　自由变形后的效果

- Pinch（挤压）：沿着地形上某一点进行挤压变形。挤压前、后的效果分别如图3-39和图3-40所示（注意鼠标所在之处）。

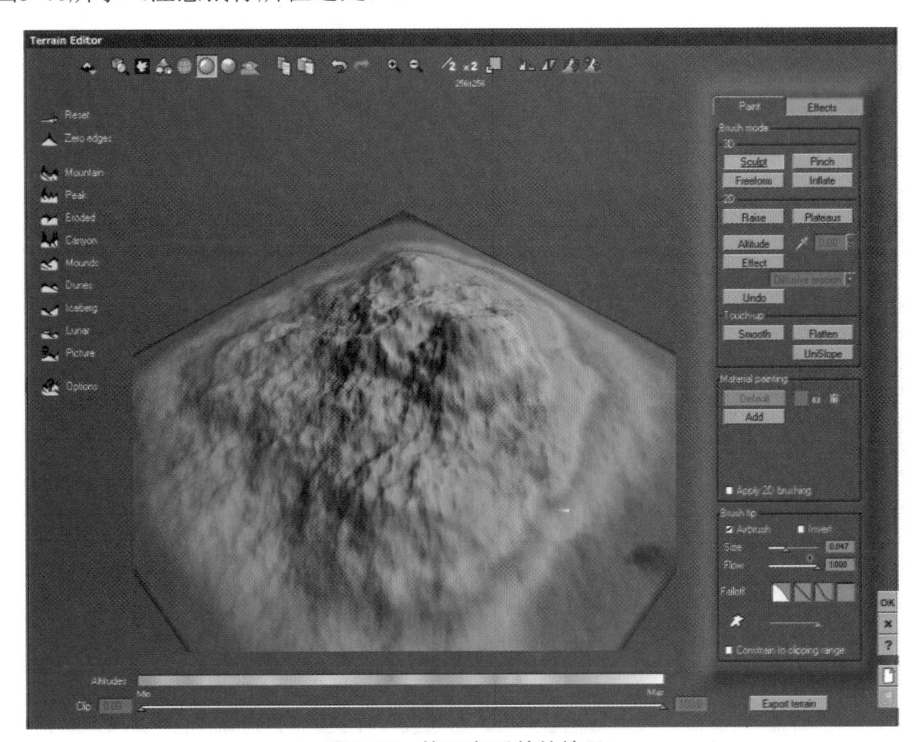

图 3-39　挤压变形前的效果

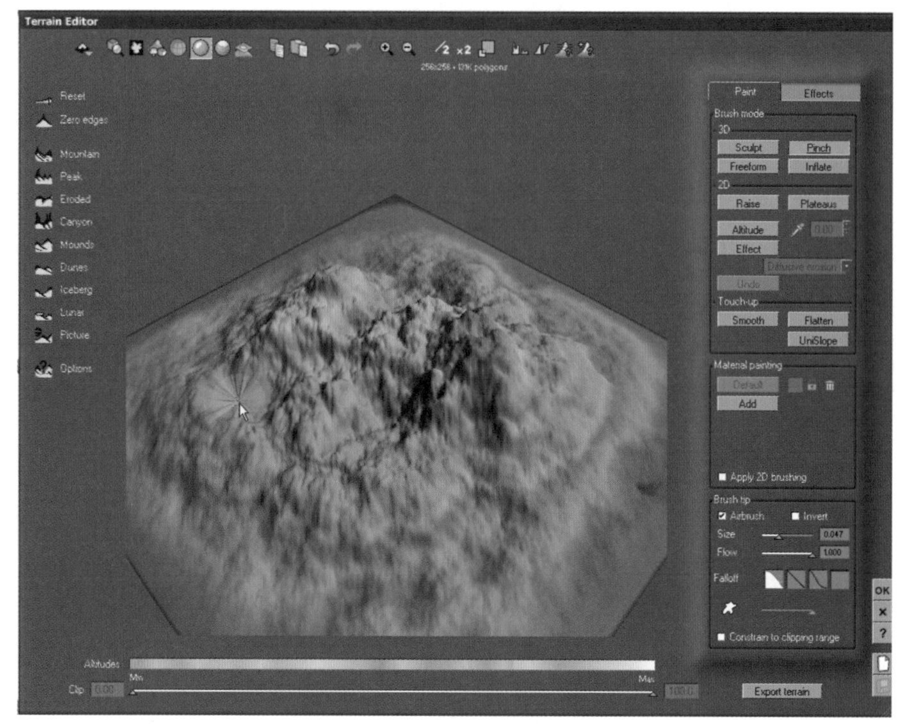

图 3-40　挤压变形后的效果

- Inflate（膨胀）：利用笔刷让地形产生膨胀的变形，挤压方式类似于“气球”。膨胀前、后的效果分别如图3-41和图3-42所示。

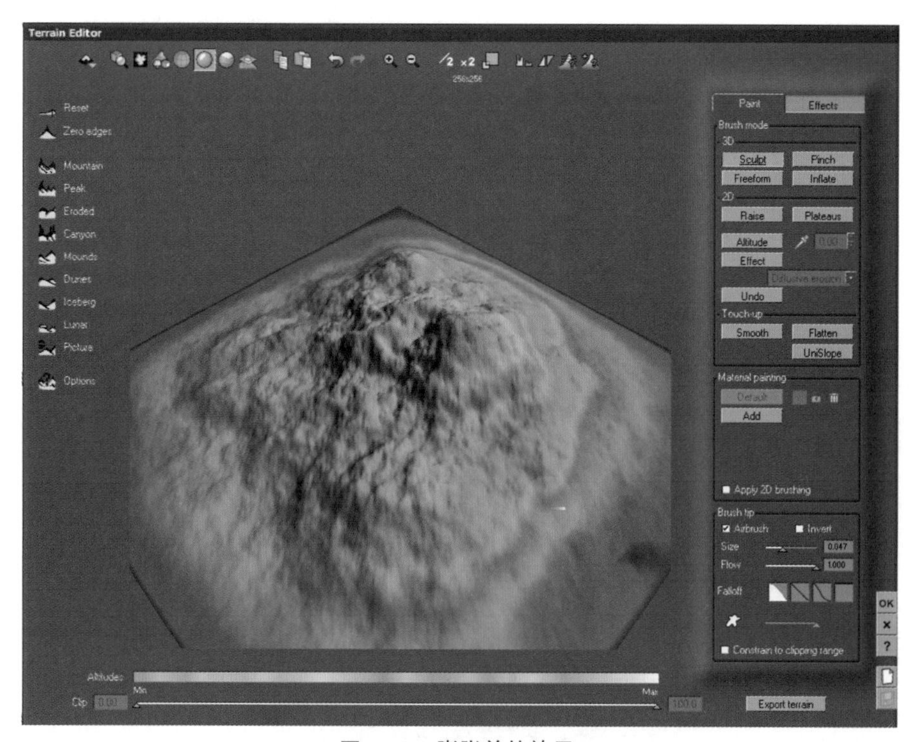

图 3-41　膨胀前的效果

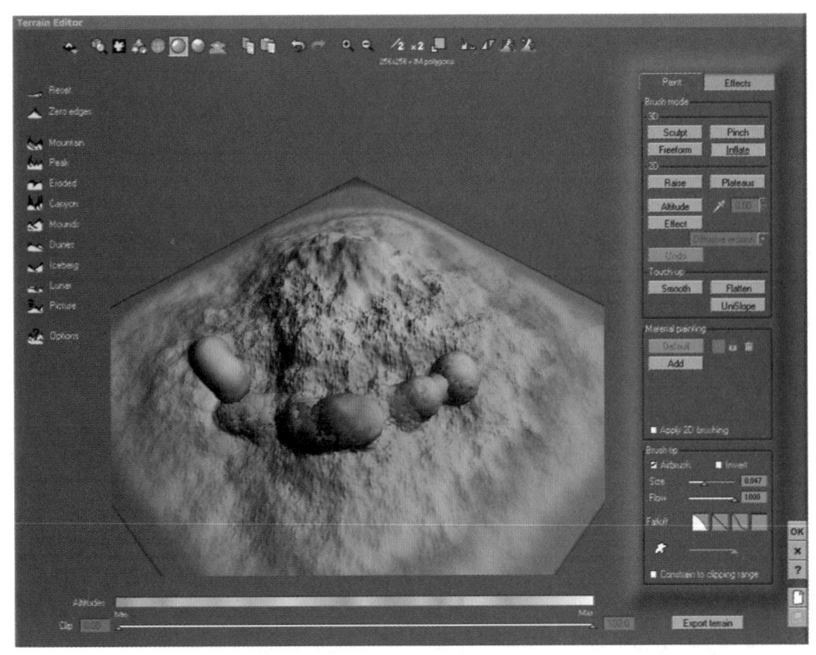

图 3-42　膨胀后的效果

2．2D

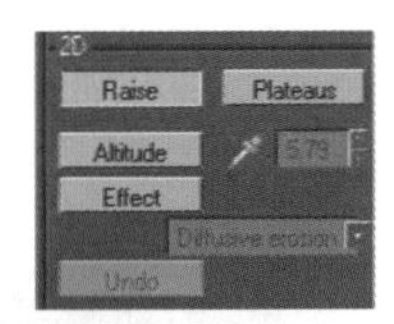

图 3-43　2D 雕刻

2D雕刻方式只能垂直抬高和降低地形，如图3-43所示，其中各参数的含义如下。

- Raise（提高）：在垂直方向上拉高或降低地形。提高前、后的效果分别如图3-44和图3-45所示。

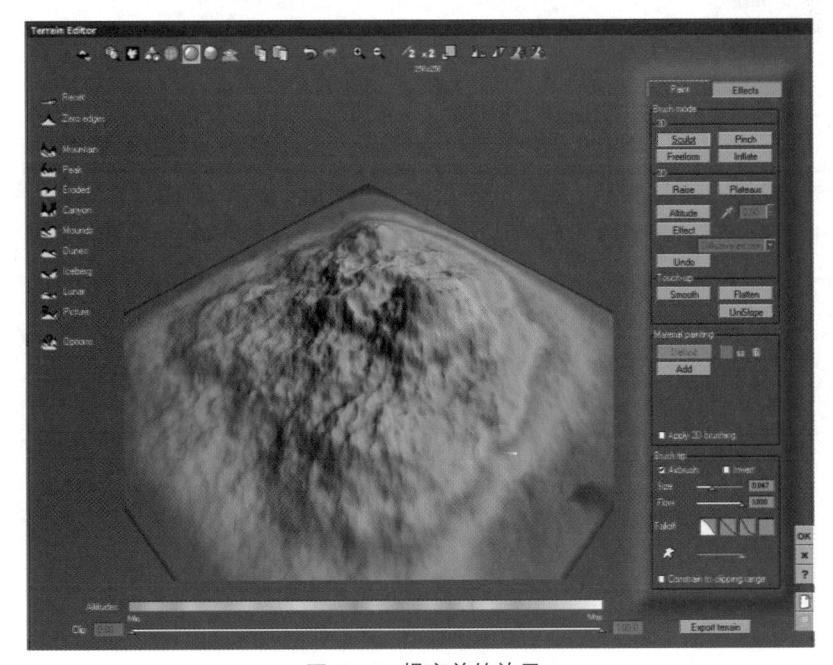

图 3-44　提高前的效果

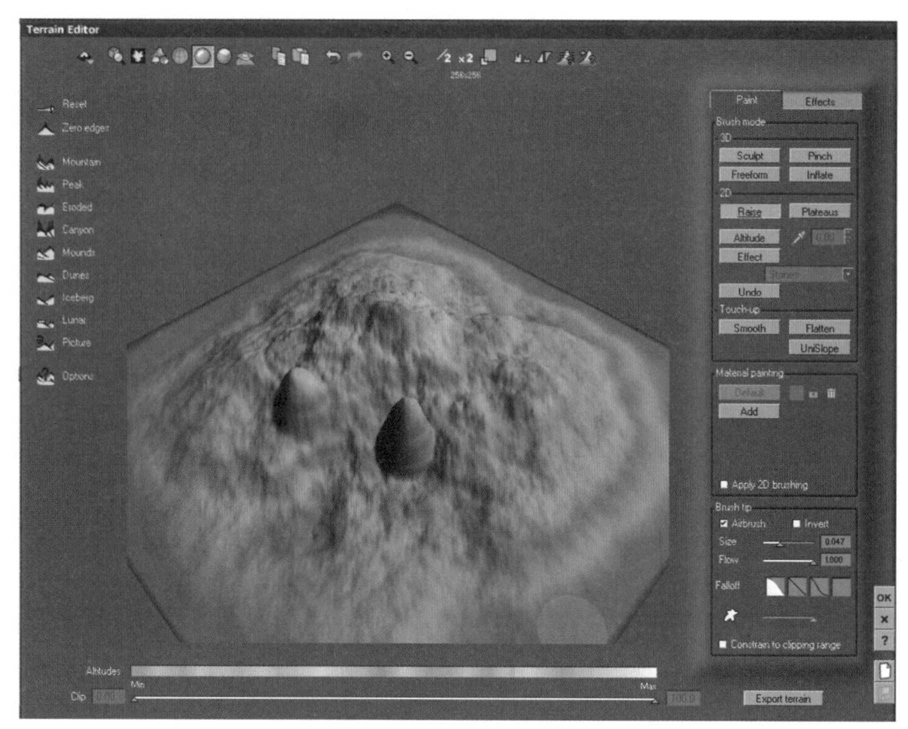

图 3-45　提高后的效果

- Plateaus（高原）：在垂直方向上拉出一个平顶的高原。操作前、后的效果分别如图3-46和图3-47所示。

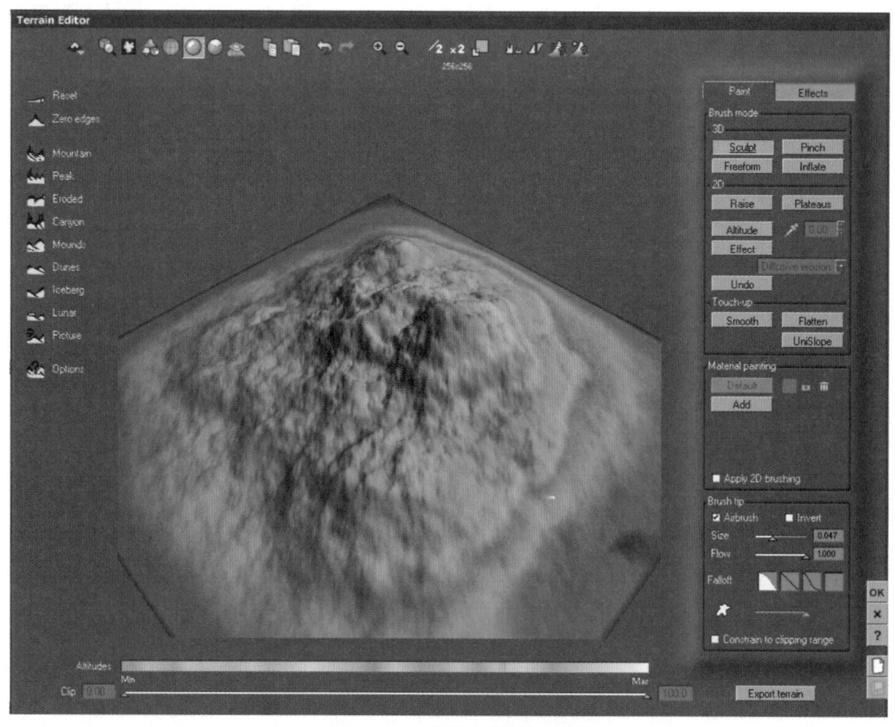

图 3-46　高原前的效果

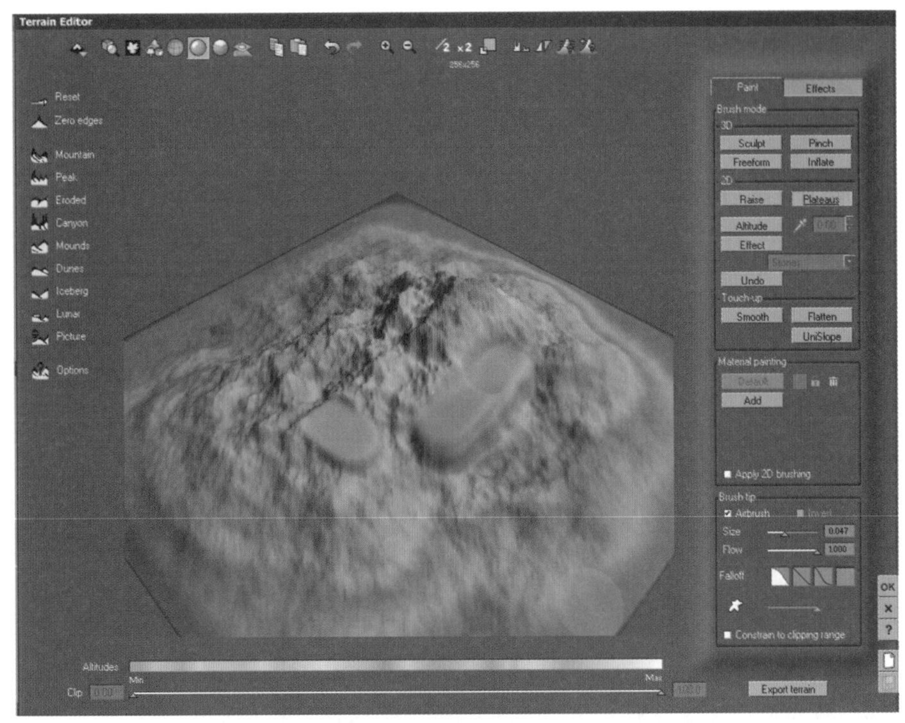

图 3-47　高原后的效果

- Altitude（海拔）：按此键或右侧的吸管，设定抬高或降低的海拔高度。海拔前、后的效果分别如图3-48和图3-49所示。

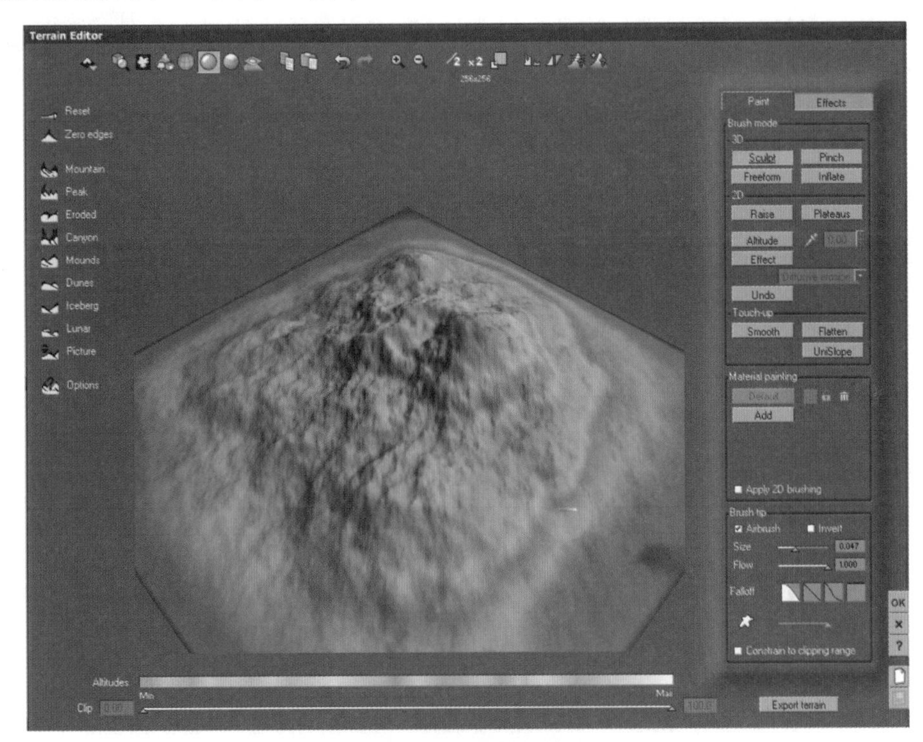

图 3-48　海拔前的效果

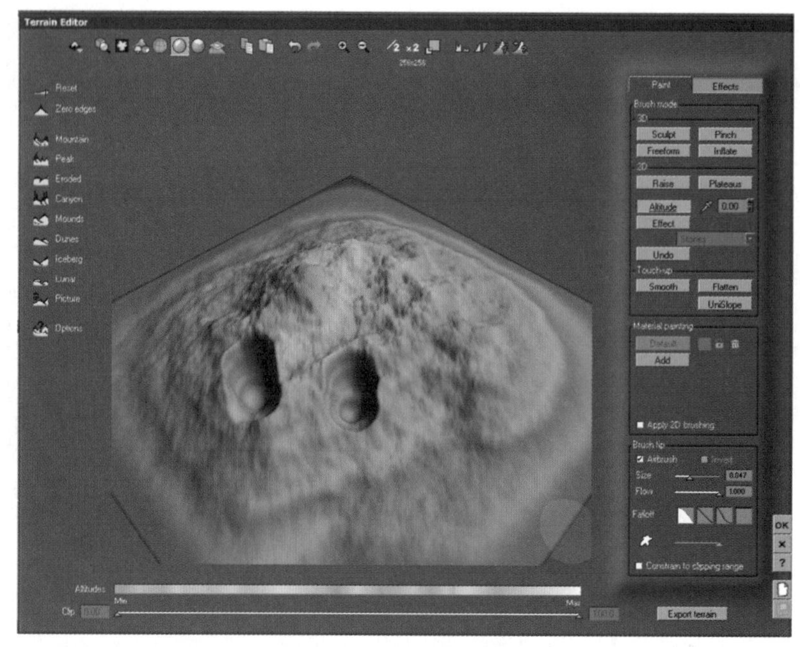

图 3-49　海拔后的效果

- Effect（效果）：手工施加地质效果，详见侵蚀地形。

3. Touch-up（修改）

修改参数如图3-50所示，各参数的含义如下。

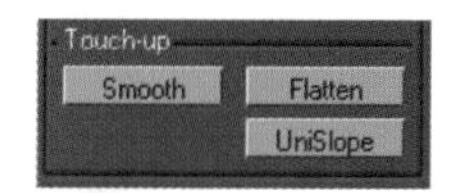

图 3-50　修改参数

- Smooth（平滑）：放松地形的多边形表面，但是效果不太明显。
- Flatten（弄平）：将地形推平形成一个平地，效果如图3-51所示。

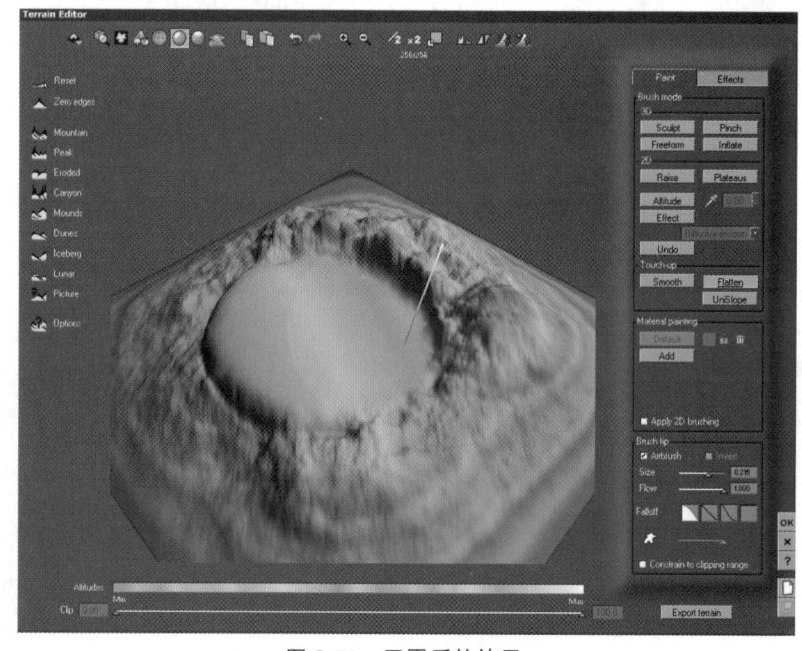

图 3-51　弄平后的效果

- Unislope（面压平）：将地形压平，并形成湖泊的效果，如图3-52所示。

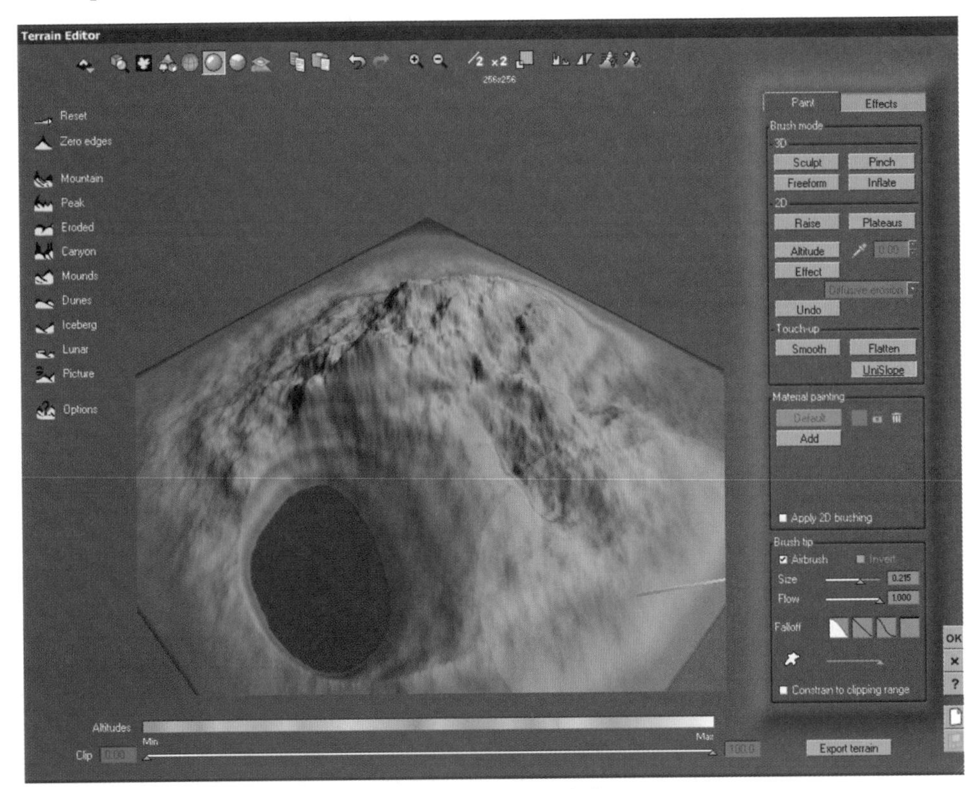

图 3-52　面压平后的效果

4．Brush tip（笔头）

笔头参数如图3-53所示，其中部分参数的含义如下。

- Airbrush（喷笔）：使用喷笔可以更好地控制笔刷的轻重缓急。
- Invert（反向）：笔刷效果相反，原来升高的变成降低。
- Size（大小）：笔刷的大小，可以用快捷键<Shift>直接调整。
- Flow（流量）：笔刷的流出速率。
- Fall off（衰减）：笔刷边缘的过渡，控制笔刷的边缘硬度。

5．Material painting（材质绘画）

材质绘画参数如图3-54所示，其中部分参数的含义如下。

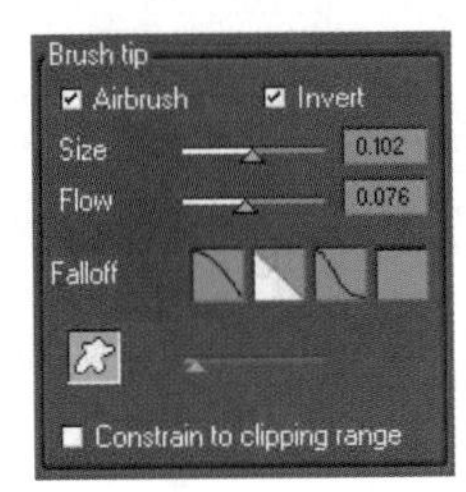

图 3-53　笔头参数

图 3-54　材质绘画参数

- Add（添加）：就是为地形添加相应的材质纹理，并使用其来进行地形材质的绘制。

原地形效果如图3-55所示，添加材质纹理后的效果如图3-56所示，渲染后的效果如图3-57所示。

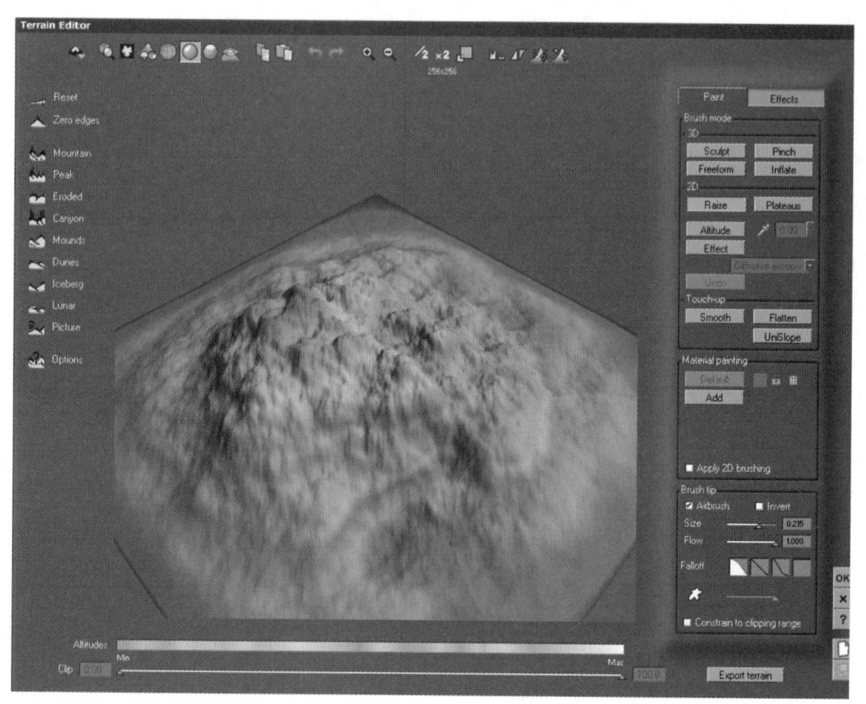

图 3-55　原地形效果

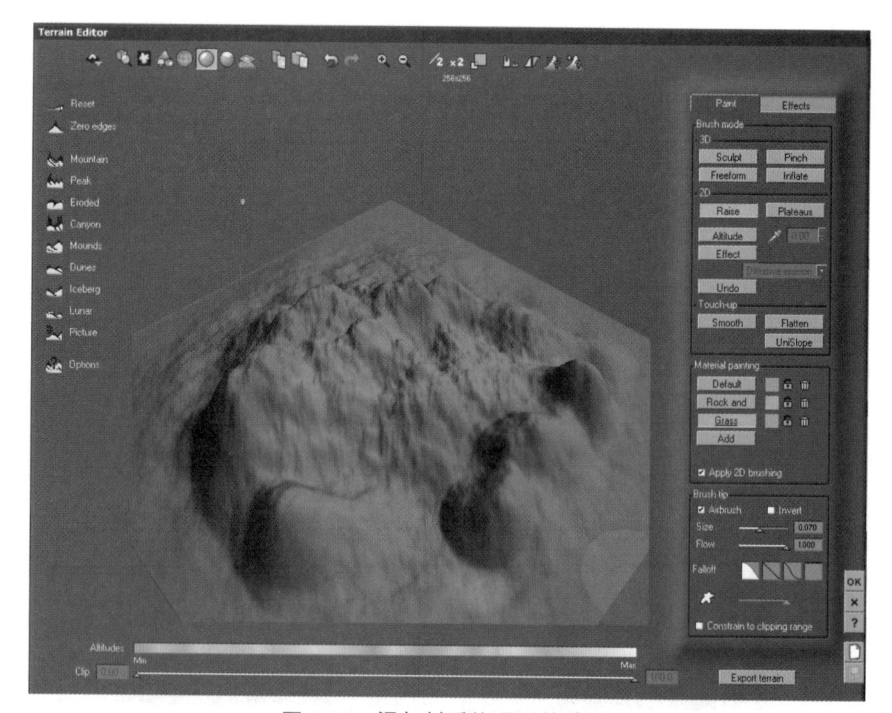

图 3-56　添加材质纹理后的效果

图 3-57　渲染后的效果

3.2.6　效果

地形编辑器中的各种效果如图3-58所示。

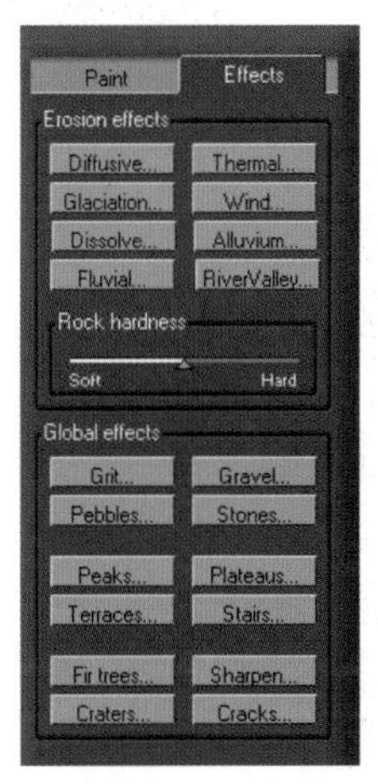

图 3-58　地形编辑器中的各种效果

1. Erosion effects（腐蚀效果）

腐蚀效果各参数的含义如下。

- Diffusive erosion（扩及侵蚀）：应用多种类型侵蚀地表。
- Thermal erosion（热侵蚀）：冰接触到热石头造成的碎石。
- Glaciation（冰河）：模拟冰川地貌。
- Wind erosion（风侵蚀）：风向从左至右。
- Dissolve erosion（溶解侵蚀）：雨水渗入地表。
- Alluvium（冲积层）：水流流经平坦地域而形成的地貌。
- Fluvial（河流侵蚀）：河流冲刷岩石形成的地貌。
- RiverValley（河谷）：形成河谷。

2. Rock hardness（岩石硬度）

岩石硬度效果用于设置岩石的软硬程度。

3. Global effects（全局效果）

全局效果各参数的含义如下。

- Grit（沙砾）：在地形表面随机分布沙砾地貌。

- Gravel（砾石）：在地形表面随机分布砾石地貌。
- Pebbles（卵石）：在坡地表面随机分布岩石。
- Stones（石头）：在地形表面随机分布石头地貌。
- Peaks（函数）：在地形表面按随机函数分布。
- Plateaus（高原）：将山顶平整为平台。
- Terraces（梯田）：逐步将坡地变为梯田。
- Stairs（阶梯）：在地形表面随机形成阶梯式地貌。
- Fir trees（石林）：在地形表面随机分布小锥体。
- Sharpen（锐化）：提高地形的陡峭程度。
- Craters（陨石坑）：在地形表面随机分布不同大小的陨石坑。
- Cracks（裂缝）：在地形表面随机增加纵向裂缝。

3.2.7 杂项工具

Vue中的杂项工具如图3-59所示。

图 3-59 杂项工具

- 设置。可以在标准山形和程序山形之间互相转换。
- 重置视图。恢复视图原来的效果。
- 俯视。将视图变为俯视的效果。
- 显示完整场景。显示整个场景的效果。
- 线框显示。显示线框的效果。
- 光泽。显示光泽效果。
- 纹理贴图。显示纹理贴图的效果。
- 剪切面。显示剪切面。
- 复制、粘贴。仅限于8位（低于默认分辨率）。
- 撤销、重做。撤销动作和重做动作。
- 放大、缩小。放大和缩小视图。
- 补偿。补偿地形到最高海拔（程序地形不可用）。
- 反转。在高山和盆地地形之间进行转换。
- 海拔过滤器。通过修改过滤器控制标准地形的高度和形状。
- 增加函数。在现有地形上重复施加噪波，以便实现复杂的地貌效果。

第4章 Vue 材质

丰富的自然景观，没有材质的表现是万万不行的。无论是变化万千的大气效果，还是种类丰富的植物花草，以及多彩多姿的地形地貌，都需要材质贴图才能表现出各种各样的效果。少了材质贴图，景观就只是一个空壳，就像房子没有装修（清水房）一样。

材质是物体本身所具有的属性，表现为色彩、光泽、纹理等。不同材质能够创建出不同的外观效果，它可以使场景看起来更加真实可信。

贴图是将图片信息投影到曲面，就如同用饰品包装包裹礼品一样。

4.1 材质基本控制

4.1.1 材质编辑器

1. 打开材质编辑器

Vue具有种类繁多的材质，它们都位于Vue的材质库中。打开材质库的方法有以下几种。

- 单击工具栏中的显示材质按钮，可以显示材质图像，如图4-1所示。双击图像预览框，可以进入材质编辑器。

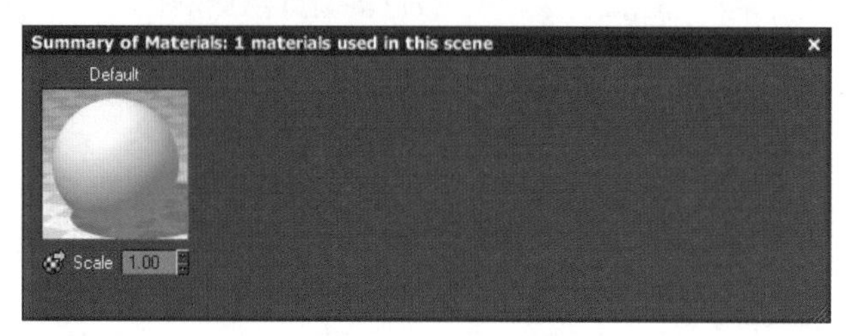

图 4-1　显示材质图像

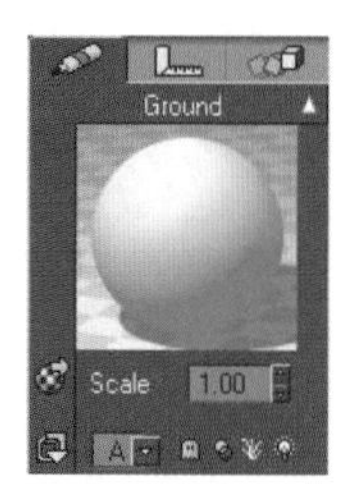

图 4-2　单击材质球

- 按快捷键<F6>可以快速进入材质库。
- 单击界面右上角的材质球，也可以快速进入材质编辑面板，如图4-2所示。
- 选择物体后右击，在弹出的快捷菜单中选择“Edit Material（编辑材质）”命令，如图4-3所示。

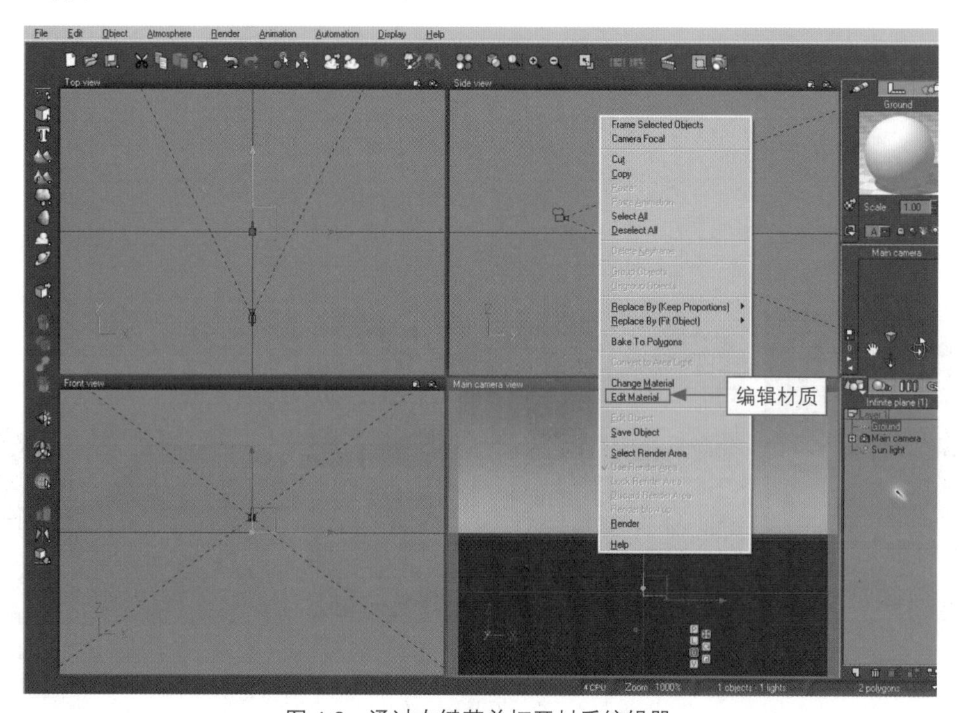

图 4-3　通过右键菜单打开材质编辑器

我们对材质的调节主要是在材质编辑器中进行的，如图4-4所示。

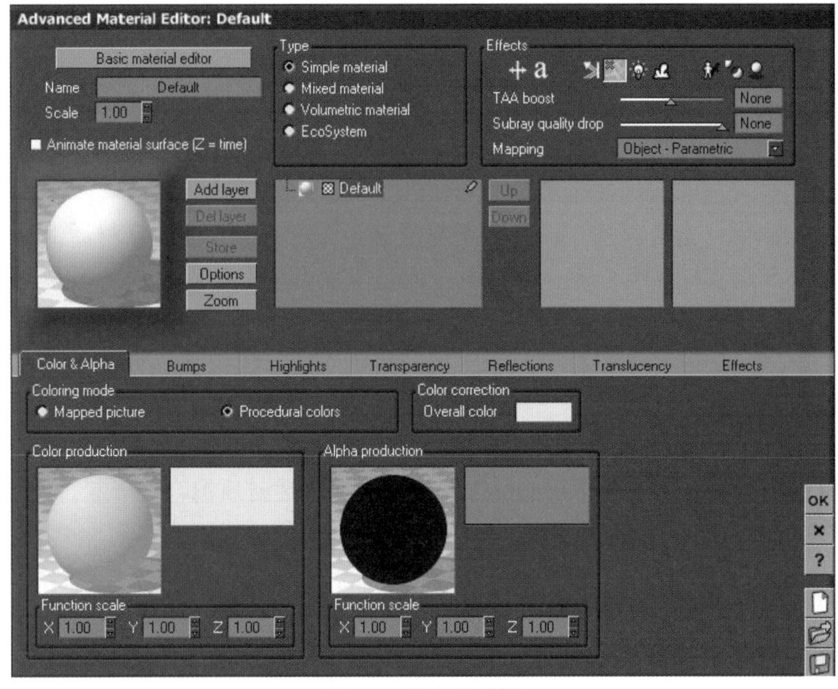

图 4-4　材质编辑器

2．材质编辑器面板

材质编辑器是一个非模式对话框，它有以下两个编辑级别。

- Basic material editor（基本材质编辑）：制作比较简单的材质。
- Advanced material editor（高级材质编辑）：比较复杂，要制作真实材质这是必需的。

单击以上两个按钮可以自由切换材质编辑级别。

4.1.2　材质编辑器基础面板

材质编辑器的基础面板是针对所有材质级别的，它主要是对材质的一些基本属性进行控制。

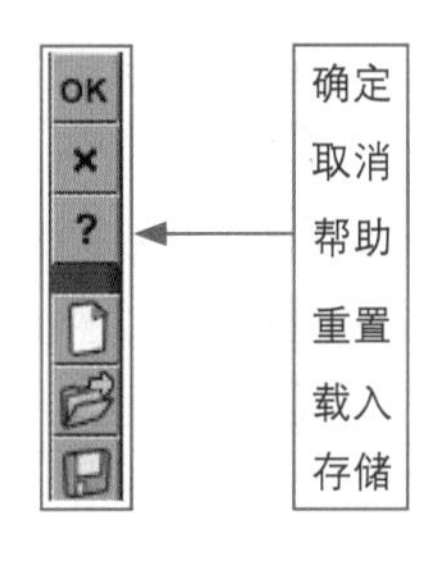

1．确定和载入

- OK：当调好一个材质时可以单击该按钮，将其应用到场景中去。
- ×：退出对材质的调节。
- ?：对材质编辑器的一个简单的使用说明（英文的）。
- ：将材质编辑器恢复到最初始的状态。
- ：可以调入一些调整的材质，直接使用或者是在它的基础上再进行调整。
- ：将调好的材质保存下来，以后可以随时调入使用，提高工作效率。

2．材质的名称和种类

Vue的材质名称不支持中文，更改材质名称，它就会出现在材质编辑器的标题栏上。材质的种类如图4-5所示。

- Simple material（简单材质）：简单普通的材质类型，它包括Color&Alpha（颜色&阿尔法）、Bumps（凹凸）、Highlights（高光）、Transparency（透明度）、Reflections（反射）、Translucency（半透明）和Effects（效果）等选项。
- Mixed material（混合材质）：把两个材质混合在一起，并能定义材质混合的方式；也可以把两个混合材质混合为一个材质；还可以混合生态景观材质，但是不能混合体积材质。
- Volumetric material（体积材质）：主要应用于对象（模拟烟、火焰、气体等）、大气的云层和云对象。
- EcoSystem（生态景观系统）：制作植物景观的材质，可以叠加多层生态系统材质为一个层材质，也可以用混合材质把生态系统材质和普通材质混合在一起。

我们会在以后的章节中详细说明这些材质的使用和调整方式。

3．效果

Vue材质效果如图4-6所示。

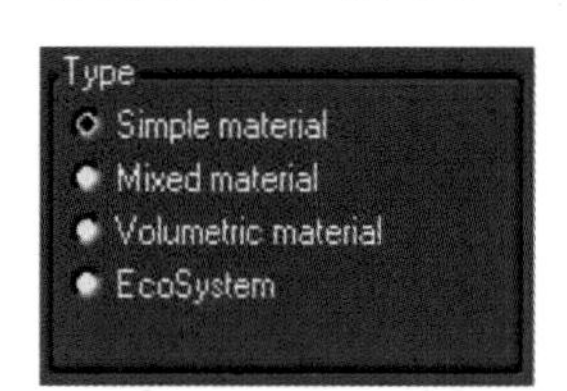

图 4-5　材质的种类

图 4-6　材质效果

- 单面：仅应用于高级材质编辑，控制是否对物体强制渲染双面。
- 禁止抗锯齿：仅应用于高级材质编辑，提高画面材质效果，避免出现边缘毛刺。
- 禁止间接照明：设置是否使用全局光照明效果。
- 禁止侵蚀：设置材质是否表现侵蚀的效果。
- 忽略照明：设置是否关闭灯光的照明效果。
- 忽略大气：设置是否关闭大气效果对材质的影响。
- 不投射阴影：仅应用于高级材质编辑，设置物体是否产生阴影。
- 不接收阴影：仅应用于高级材质编辑，设置物体是否接收阴影。
- 仅阴影：仅应用于高级材质编辑，设置只产生阴影效果。
- TAA boost：提高材质纹理保真图形，前提是必须先启动渲染选项的抗锯齿选项。
- Subray quality drop：下降次级光线质量，即减少反射和折射光线的计算，前提是必须先启动渲染选项的抗锯齿选项。
- Mapping：贴图映射方式，其实就是相当于三维软件的贴图坐标，Vue中的贴图映射方式如图4-7所示。各贴图映射方式的含义如下。
  - World-Standard（世界-标准）：以世界坐标系作为参考系，按标准的贴图坐标。

- World-Cylindrical（世界-圆柱 ）：以世界坐标系作为参考系，按圆柱的方式来进行贴图坐标设置。
- World-Spherical（世界-球）：以世界坐标系作为参考系，按球的方式来进行贴图坐标设置。
- World-Parametric（世界-参数）：以世界坐标系作为参考系，按参数的方式来进行贴图坐标设置。
- Object-Standard（物体-标准）：以物体作为参考系，按物体标准的方式来进行贴图坐标设置。
- Object-Cylindrical（物体-圆柱）：以物体作为参考系，按圆柱的方式来进行贴图坐标设置。
- Object-Spherical（物体-球）：以物体作为参考系，按球的方式来进行贴图坐标设置。
- Object-Parametric（物体-参数）：以物体作为参考系，按参数的方式来进行贴图坐标设置。

图 4-7　贴图映射方式

材质的形态不一样，选择的贴图映射的方式也不一样。

4.2 基本材质编辑器

Vue制作材质都是在材质编辑器面板中进行的，如果想调出非常逼真的材质，就必须掌握材质编辑器的编辑和使用方法，这样才能在以后的场景制作中，对其材质应用游刃有余，获得自己想要的效果。

4.2.1 材质预览框

材质预览框主要用于预览材质，此窗口在修改材质后，经常会出现惊叹号，这只是表示未及时刷新。

1. 材质预览

材质预览框中的材质预览效果如图4-8所示。

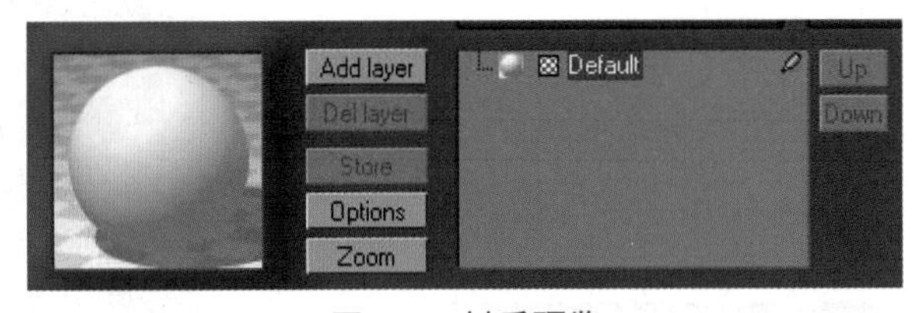

图 4-8　材质预览

双击预览框中的球体可以打开材质浏览器，这里预设了很多材质，我们可以选择想要的材质赋给场景中的物体，如图4-9所示。

图 4-9　材质浏览器

2．材质导航器

材质导航器主要用于显示所有的材质层级，如图4-10所示，其中各参数的含义如下。

- Default：用于高亮显示材质，如果单击右侧的笔按钮，就变为以色块来表现材质。
- Up（向上）：单击此按钮可以向上调整材质层级的位置。
- Down（向下）：单击此按钮可以向下调整材质层级的位置。
- Add layer（添加层）：可以再添加一个空的材质层来进行调整，并可以和以前的层进行混合。
- Del layer（删除层）：删除已有的材质层级。

3．预览设置

在材质预览框中单击“Options（设置）”按钮，可以打开预览设置框进行设置，如图4-11所示。

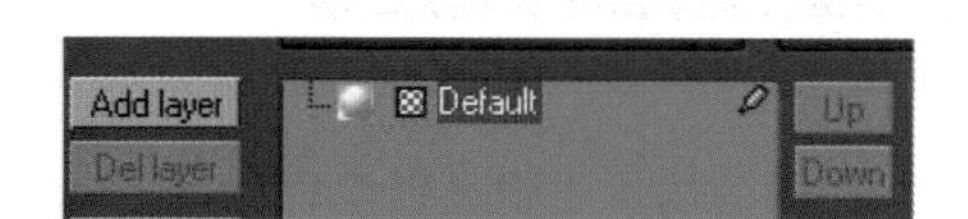

图 4-10　材质导航器

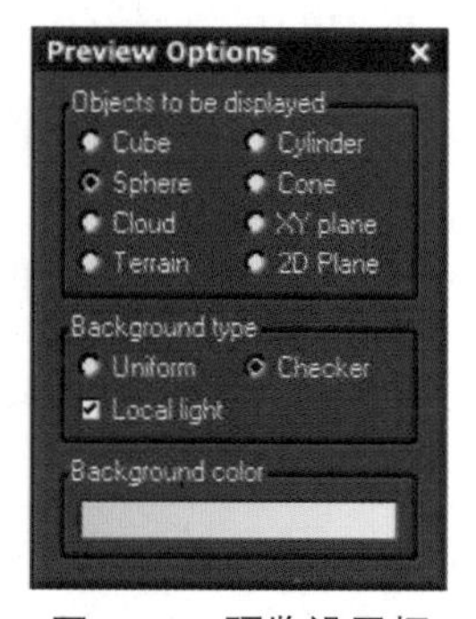

图 4-11　预览设置框

预览设置框中各选项的含义及用途如下。

Cube（立方体）	Sphere（球体）	Cloud（云，仅用于云材质）
Cylinder（圆柱）	Cone（锥体）	Terrain（山体）

- XY plane（透视平面）：在透视平面上显示图像。
- 2D plane（二维平面）：在二维平面上显示图像。
- Background type（背景类型）：设置沉浸背景类型。
- Uniform（统一）：统一颜色的背景。
- Checker（棋盘格）：棋盘格背景，适合预览透明材质。
- Local light（内置灯光）：仅用于观察材质，不会影响场景的光影效果和最终渲染效果。
- Backgroud color（背景颜色）：双击或者右击色条可以修改背景颜色。

4.2.2 基本材质编辑器

基本材质编辑器比较简单，如图4-12所示。它分为两个部分，上半部分就是我们前面所讲解的那些，下半部分的内容取决于材质类型，如果想要加载体积材质或者生态系统材质，就会提示需要切换到高级材质编辑器。

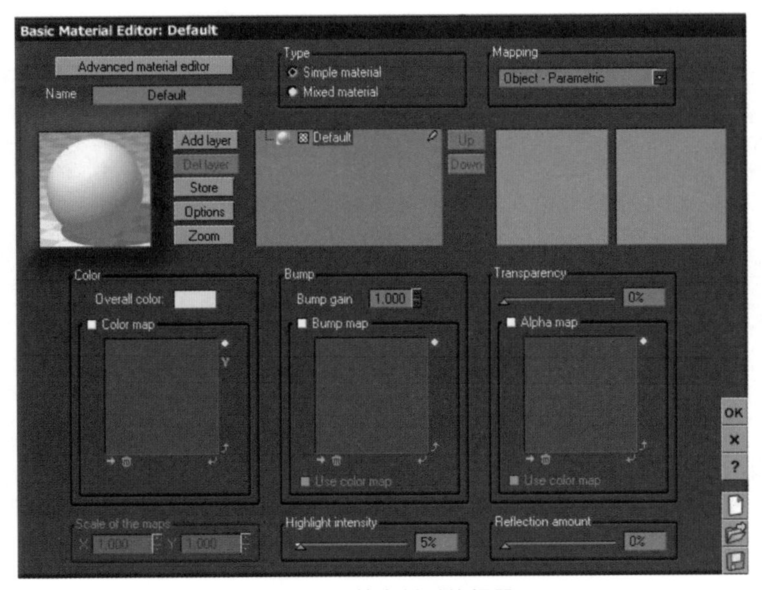

图 4-12　基本材质编辑器

1. Simple material（简单材质）

简单材质各参数的含义如下。

- Color（颜色）：设置材质的颜色。
  - Overall color（整体颜色）：设置图像的整体颜色。
  - Color map（颜色贴图）：单击加载按钮可以打开材质浏览器，选择相关的贴图或动态序列文件。
- Bump：（凹凸）：设置凹凸贴图效果。
  - Bump gain（凹凸增益）：控制材质表面凹凸的强度。
  - Bump map（凹凸贴图）：根据图片的灰度值来产生表面凹凸效果。
  - Use color map（使用彩色贴图）：使用彩色贴图显示凹凸效果。
- Transparency（透明）：材质的透明属性，数值越大越透明。不同透明度数值下的效果如图4-13所示。

Transparency=0

Transparency=75

图 4-13　不同透明度数值下的效果

- Alpha map（阿尔法贴图）：使用带有Alpha通道的贴图，如Tga、tif、psd、png等格式的贴图。参数设置如图4-14所示，渲染效果如图4-15所示。

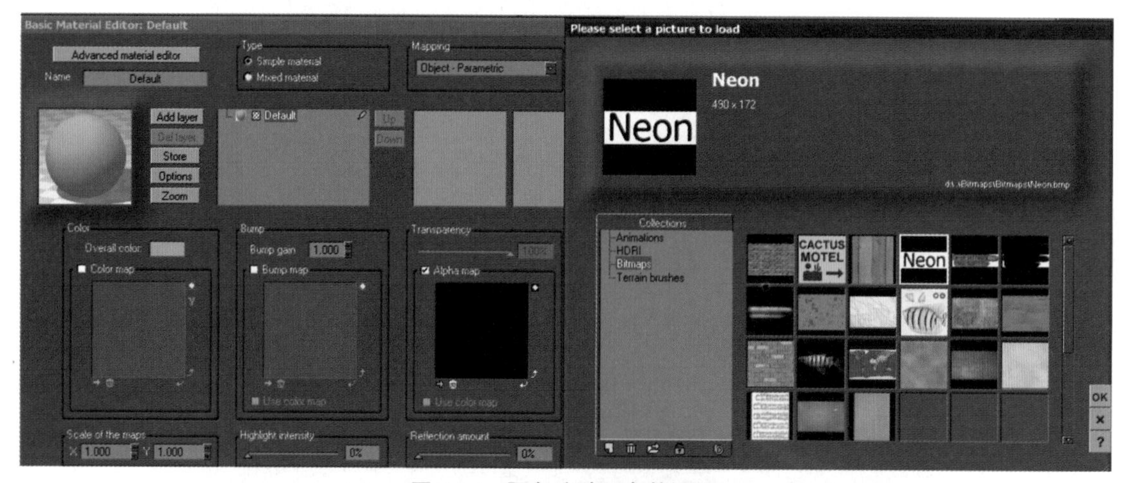

图 4-14　阿尔法贴图参数设置

图 4-15　阿尔法贴图渲染效果

- Use color map（使用彩色贴图）：使用带有颜色的贴图。参数设置如图4-16所示，渲染效果如图4-17所示。

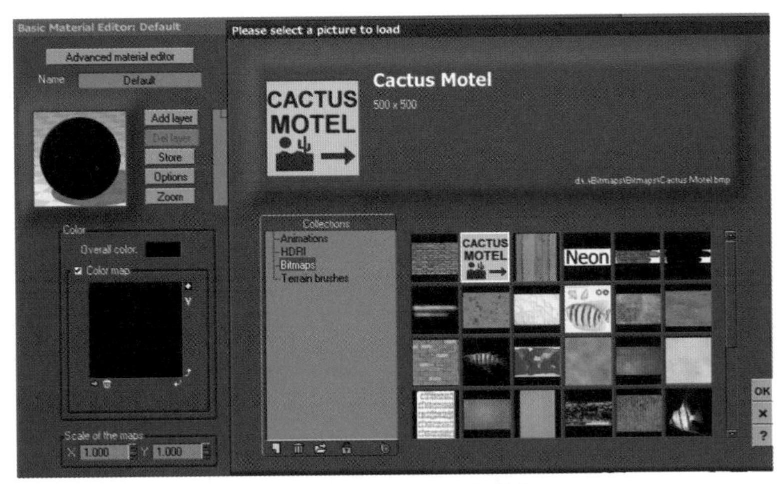

图 4-16　使用彩色贴图参数设置

- Scale of the maps（贴图比例）：贴图的比例大小调整。比例为X=1、Y=1时，渲染效果如图4-18所示；比例为X=0.3、Y=0.3时，渲染效果如图4-19所示。

图 4-17　使用彩色贴图渲染效果

图 4-18　比例为 X=1、Y=1 时的渲染效果

图 4-19　比例为 X=0.3、Y=0.3 时的渲染效果

- Highlight intensity（高光强度）：材质的高光强度大小，控制材质高光的范围。不同高光强度值下的效果对比图如图4-20所示。

highlight intensity=0

highlight intensity=50

图 4-20　不同高光强度值下的效果对比图

- Reflection amount（反射程度）：材质反射强度的高低。不同反射程度下的效果对比图如图4-21所示。

reflection amount =0

reflection amount =70

图 4-21　不同反射程度下的效果对比图

2．混合材质

Vue中的混合材质设置如图4-22所示。

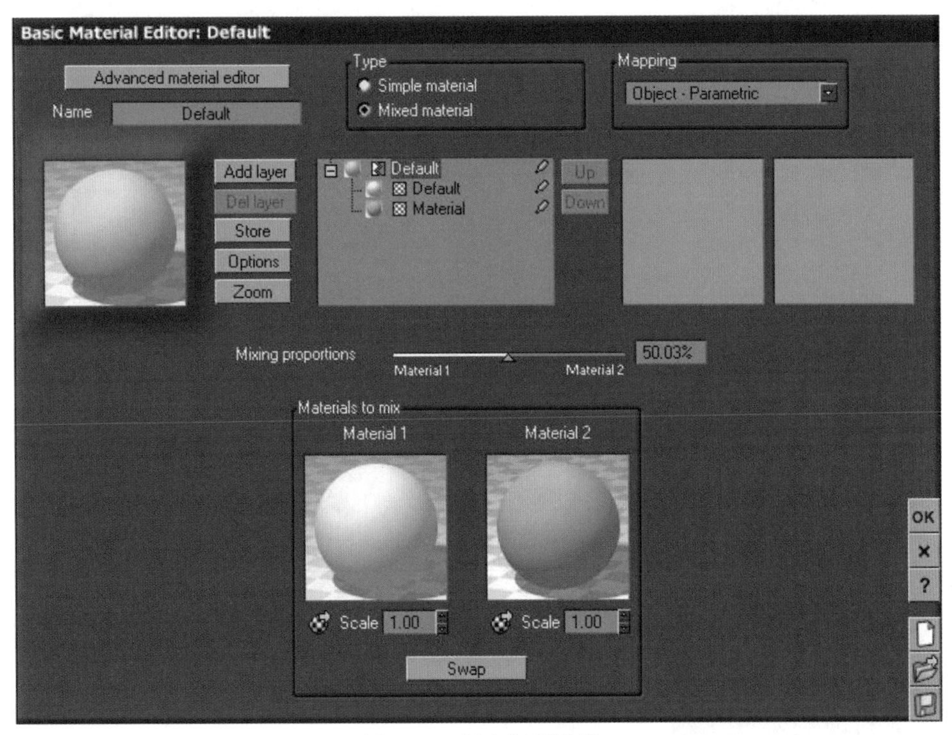

图 4-22　混合材质设置

混合材质只允许混合两种材质，以及调整混合的比例，各参数的含义如下。

- Mixing proportions（混合比例）：定义材质1和材质2的混合比例。
- Material 1（材质1）：双击可以修改材质1。
- Material 2（材质2）：双击可以修改材质2。
- Scale（比例）：调整贴图的比例。
- Swap（互换）：单击这个按钮交换材质1和材质2。

4.3 高级材质编辑器

高级材质编辑器能更准确地指定材质，但是要比基本材质编辑器复杂。如图4-23所示，其上半部分都差不多，下半部多了一些标签和参数。作为高级材质，还可以通过编辑函数来控制，这方面的内容我们会在以后的章节中进行讲解。

高级材质包括四类，如图4-24所示，各材质类型的含义如下。

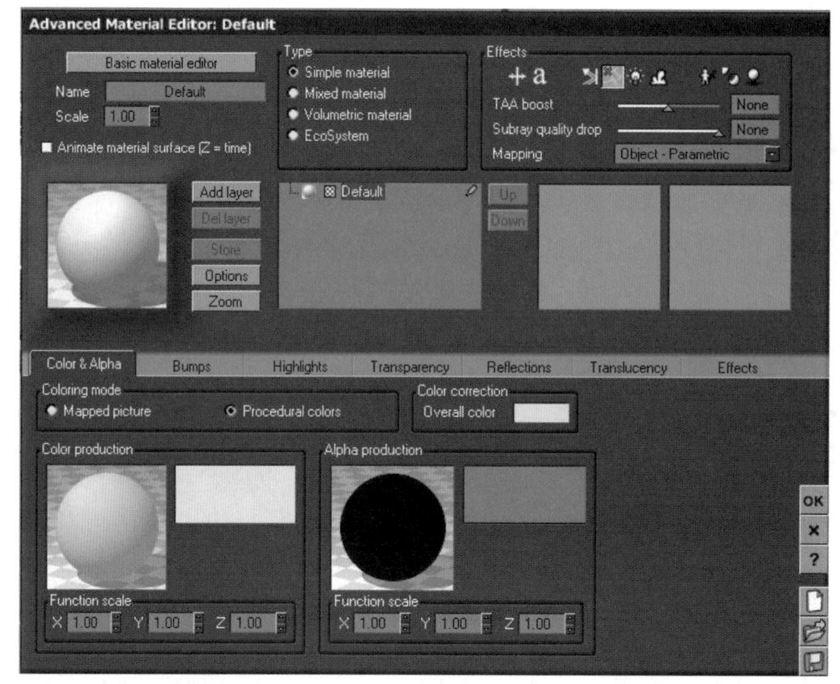

图 4-23　高级材质编辑器

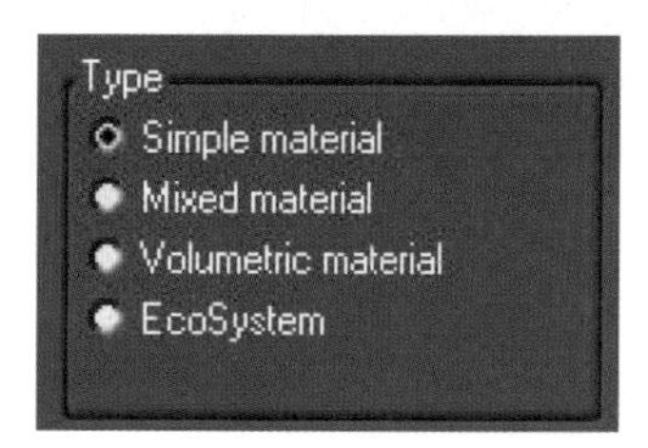

图 4-24　高级材质

- Simple material（简单材质）：普通的基本材质，可以带层材质。
- Mixed material（混合材质）：可以将两个不同材质进行混合产生新的材质。
- Volumetric material（体积材质）：用于对象，如模拟烟、火焰、气体等。
- EcoSystem（景观系统）：植物景观材质系统。

4.3.1　简单材质

1．Color&Alpha（颜色 & 阿尔法标签，如图 4-25 所示）

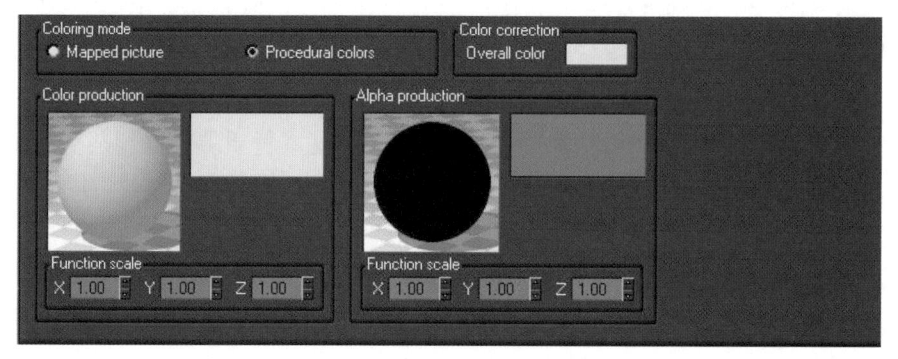

图 4-25　颜色 & 阿尔法标签

选择不同的Coloring mode（颜色模式），设置参数也不相同，各参数的含义如下。

（1）Mapped picture（映射图片）：使用贴图产生材质，如图4-26所示。

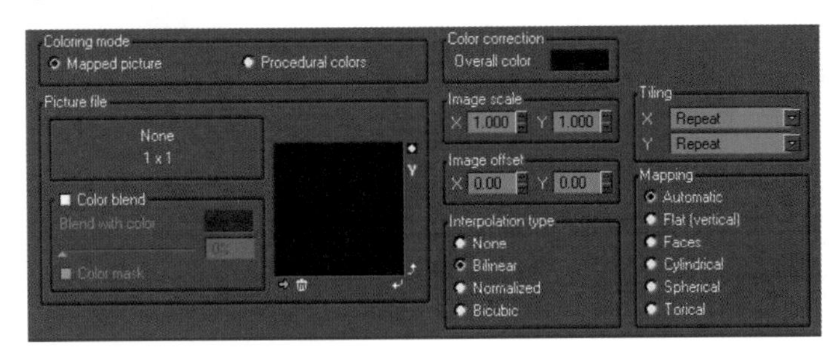

图 4-26　映射图片

- Color blend（颜色混合）：编辑色块颜色，再拖动下面的滑块调节此颜色与材质的混合比例。
- Color mask（彩色遮罩）：如果载入的是彩色图片，勾选此复选框，颜色将覆盖彩色图片。
- Color correction（颜色校正）：材质的色彩调整。
- Over all color（整体颜色）：以一种颜色来代替场景中物体的材质颜色。不同整体颜色设置下的渲染效果分别如图4-27所示。

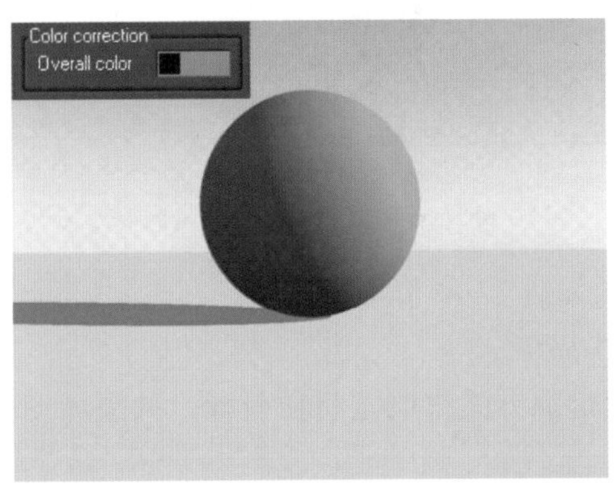

（a）效果 1

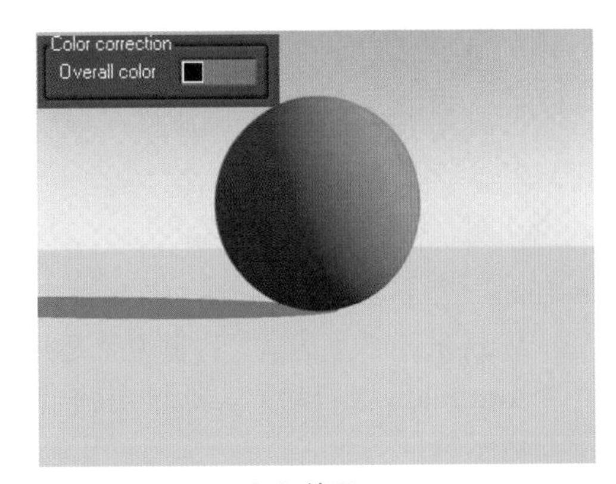

（b）效果 2

图 4-27　整体颜色渲染效果

- Image scale（图像比例）：图像的尺寸比例大小。不同比例下的效果分别如图4-28和图4-29所示。
- Image offset（图像偏移）：图像的位置调整。不同位置下的渲染效果分别如图4-30和图4-31所示。
- Interpolation type（插补类型）：贴图的质量插补方式。
  - None（无）：没有使用插补来提高质量。
  - Bilinear（双线性）：以双线性的插补方式来提高贴图质量。
  - Normalized（标准）：以标准的插补方式来提高贴图质量。
  - Bicubic（双三次）：以双三次的插补方式来提高贴图质量。

图 4-28　不同比例下的效果 1

图 4-29　不同比例下的效果 2

图 4-30　不同位置下的渲染效果 1

图 4-31　不同位置下的渲染效果 2

- Tiling（重复方式）：贴图的重复方式。
  - Mapping（映射方式）：其实就是材质UV坐标。
  - Automatic（自动）：通过电脑自己设定的方式来制定材质坐标，效果如图4-32所示。
  - Flat（平面）：以平面的方式来制定材质坐标，效果如图4-33所示。

图 4-32　自动制定材质坐标

图 4-33　以平面的方式制定材质坐标

- Faces（面）：以面的方式来制定材质坐标，效果如图4-34所示。
- Cylindrical（圆柱体）：以圆柱体的方式来制定材质坐标，效果如图4-35所示。

图 4-34　以面的方式制定材质坐标

图 4-35　以圆柱体的方式制定材质坐标

- Spherical（球体）：以球体的方式来制定材质坐标，效果如图4-36示。
- Torical（锥形）：以锥形的方式来制定材质坐标，效果如图4-37所示。

图 4-36　以球体的方式制定材质坐标

图 4-37　以锥形的方式制定材质坐标

（2）Procedural colors：程序颜色模式，如图4-38所示。此模式是用函数和过滤器控制程序彩色贴图随机分布，产生复杂多变的材质。

- Color production：产生颜色。
- Function scale（函数比例）：控制不同噪波程序贴图的规模。

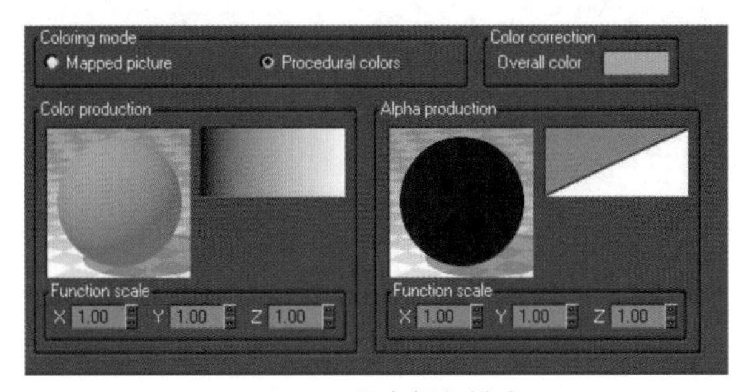

图 4-38　程序颜色模式

双击球体就可以进入颜色预设面板，如图4-39所示。

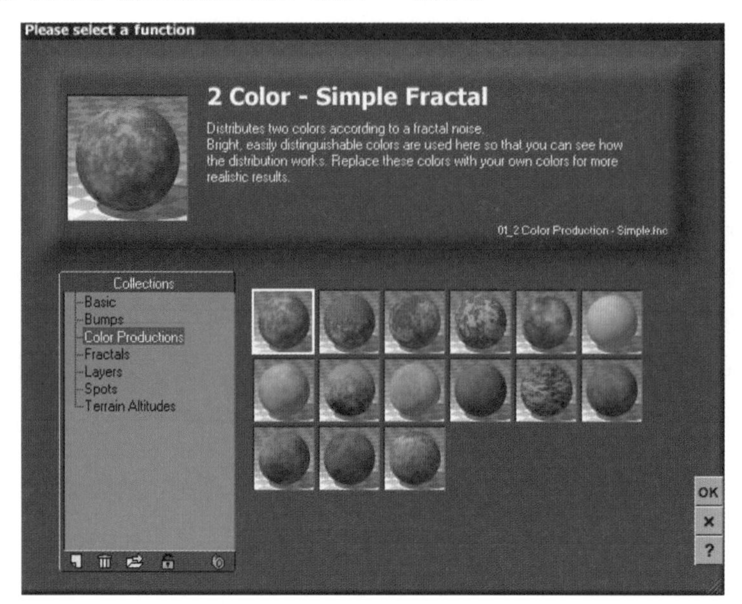

图 4-39　颜色预设面板

双击渐变色条就可以进入颜色控制界面，如图4-40所示。

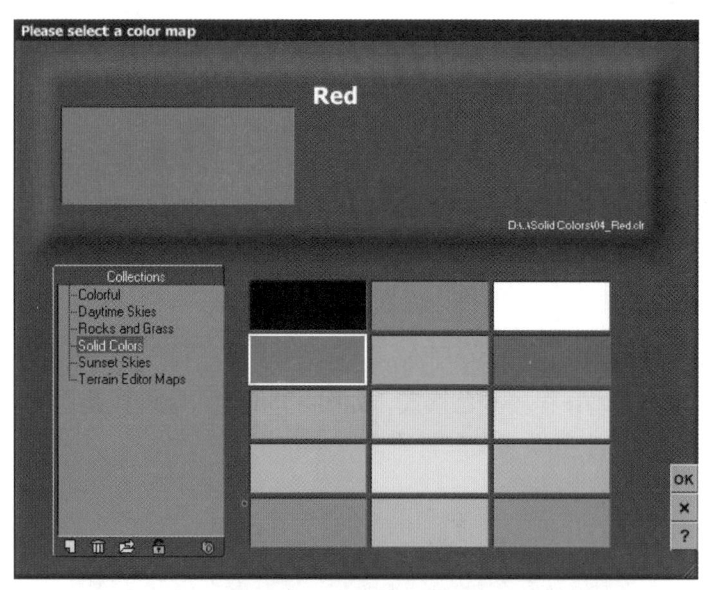

图 4-40　颜色控制界面

2．Bumps（凹凸标签，如图 4-41 所示）

凹凸标签中各参数的含义如下。

- Bump scale（凹凸比例）：控制不同噪波程序贴图的规模。
- Depth（深度）：控制凹凸的强度值。
- Displacement mapping（置换映射）：设置置换映射参数。

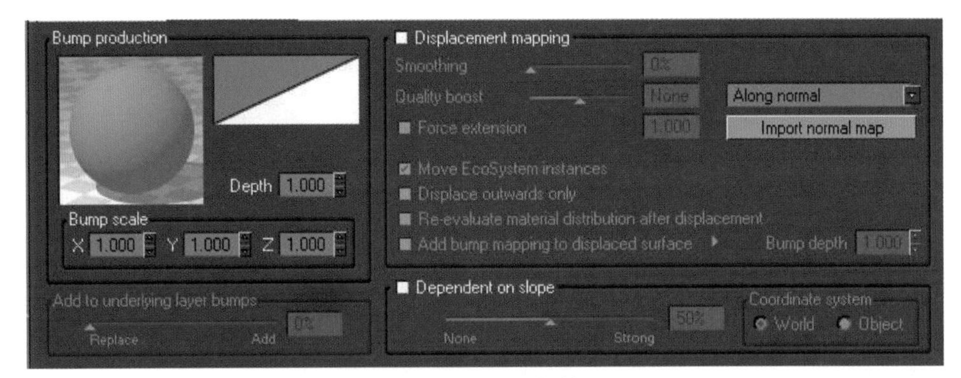

图 4-41　凹凸标签

- Smoothing（平滑）：用于除去由置换引起的人为过高的凹凸。
- Quality boost（提高质量）：控制凹凸贴图置换的质量。提高质量会增加对象的面数，增加渲染时间。
- Force extension（强制范围）：勾选此复选框，可以手动置换范围。
- Import normal map（导入法线贴图）：导入一张制作好的带有凹凸的法线贴图（它是三维软件制作真实材质时，经常使用的一种纹理贴图）。
- Move Ecosystem instances（移除生态系统）：移除相关联的生态材质。
- Displace Outwards only（仅向外置换）：只有向外的置换起作用。
- Re-evaluate materaial distribution after displacement（重新估算位移材质分布）：重新计算材质的分布区域。
- Add bump mapping to displaced surface（置换表面增加凹凸映射）：给置换的表面添加凹凸映射的贴图效果，使之效果更真实。

3. Highlights（高光标签，如图 4-42 所示）

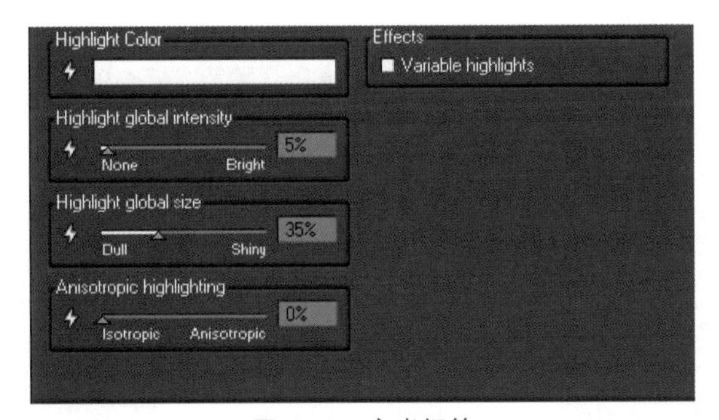

图 4-42　高光标签

高光标签中各参数的含义如下。

- Highlight Color（高光颜色）：材质高光部分表现出来的颜色。不同高光颜色下的效果分别如图4-43和图4-44所示。
- Highlight global intensity（高光强度）材质高光的强度大小。不同高光强度下的效果分别如图4-45和图4-46所示。

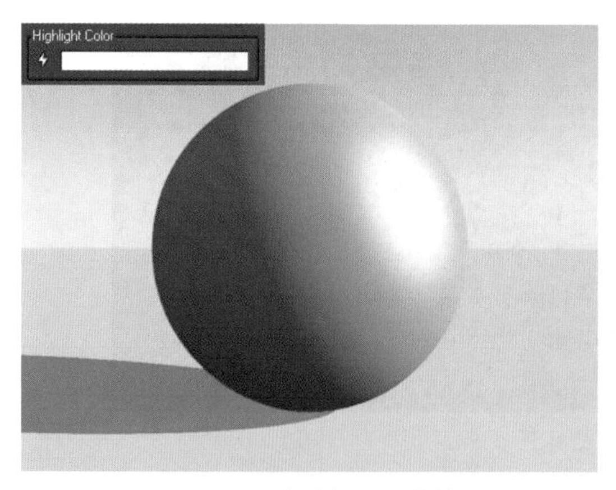

图 4-43　不同高光颜色下的效果 1

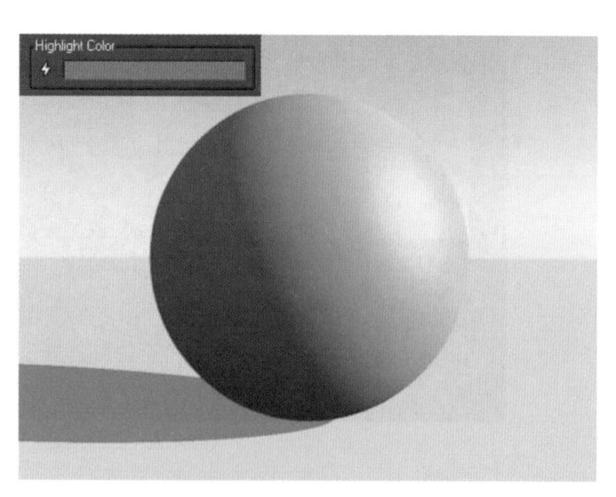

图 4-44　不同高光颜色下的效果 2

图 4-45　不同高光强度下的效果 1

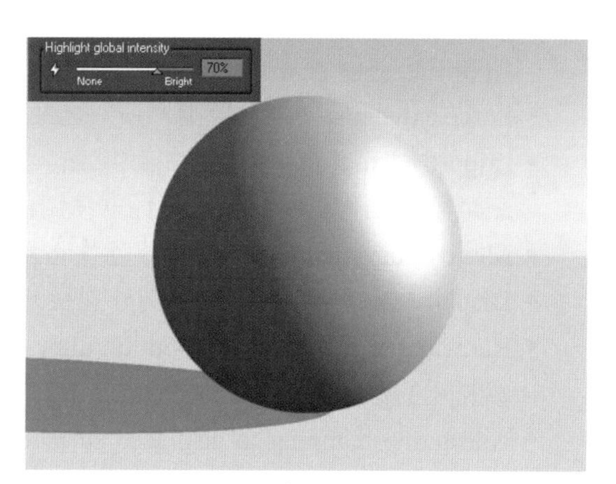

图 4-46　不同高光强度下的效果 2

- Highlightglobal size（高光大小）：材质高光的范围大小。不同高光大小下的效果分别如图4-47和图4-48所示。

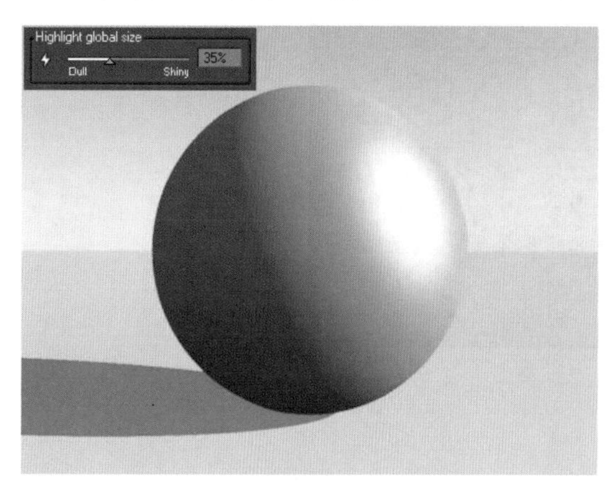

图 4-47　不同高光大小下的效果 1

图 4-48　不同高光大小下的效果 2

- Anisotropic Highlighting（各向异性高光）：非圆性高光的设置。不同各向异性高光下的效果分别如图4-49和图4-50所示。

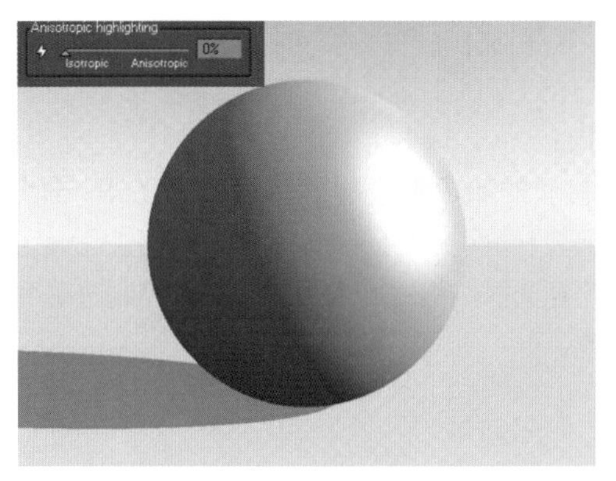

图 4-49　不同各向异性高光下的效果 1

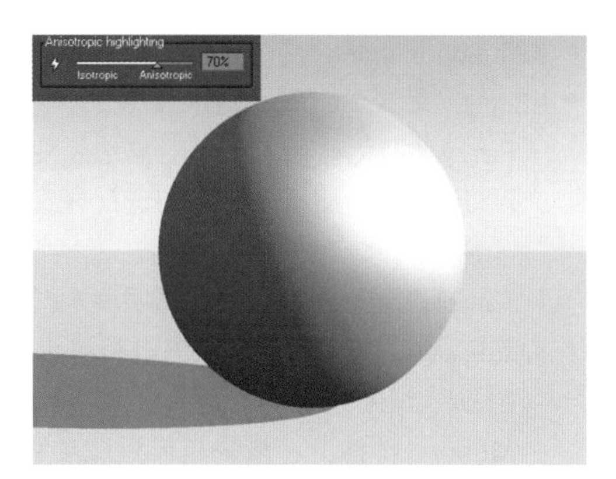

图 4-50　不同各向异性高光下的效果 2

- Effects（影响）：相应的腐蚀效果对材质的影响
- Variable Highlights（可变高光）：高光的变化属性。勾选该复选框前、后的效果对比如图4-51所示。

勾选前

勾选后

图 4-51　设置可变高光前、后的效果对比图

4．Transparency（透明度标签）

透明度标签用于控制材质的透明度和折射率，如图4-52所示，其中各参数的含义如下。

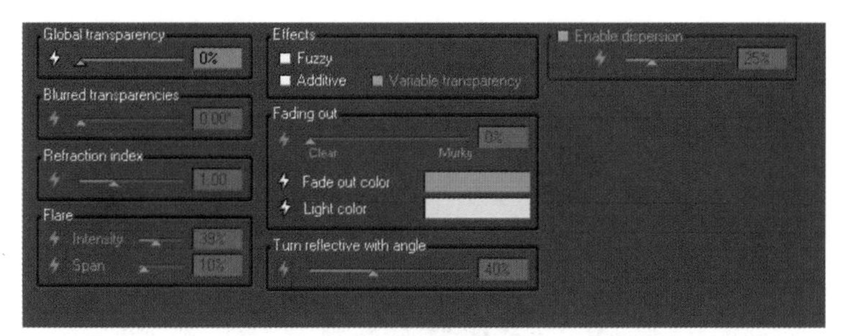

图 4-52　透明度标签

- Global transparency（全局透明）：控制材质整体的透明度。
- Blurred transparencies（模糊透明度）：控制材质整体的透明模糊。

- Refaraction index（折射率）：空气为1.00，水为1.33，玻璃为1.52。
- Effects（效果）：设置透明度效果。
  - Fuzzy（羽化材质）：使对象边缘变得模糊。
  - Additive（添加材质）：勾选此复选框，材质的颜色被添加到背景产生光亮，能模拟非物质对象。
  - Variable Transparency（变化透明度）：勾选此复选框，将使用函数和过滤器控制透明度。
- Fading out（淡出）：模拟深水和浅水的颜色。
  - Clear（清晰）：滑块越靠近此项越清晰。
  - Murky（浑浊）：滑块越靠近此项越浑浊。
  - Fade out color（淡出颜色）：模拟深水的颜色。
  - Light color（浅色）：模拟浅水的颜色。
- Turn reflective with angle（随角度改变反射率）：设置角度变化对反射率的影响。
- Enable dispersion（产生变形）：设置变形量。

5. Reflections（反射标签，如图 4-53 所示）

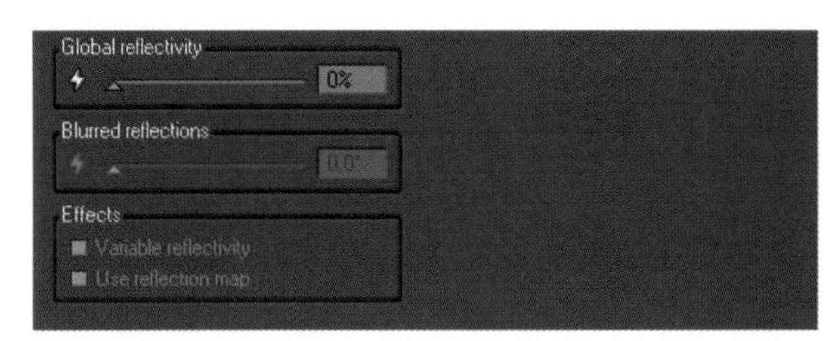

图 4-53　反射标签

反射标签中各参数的含义如下。

- Global reflectivity（全局反射）：控制表面整体反射强度。
- Blurred reflections（模糊反射）：控制反射的模糊情况。
- Effects（效果）：设置反射效果。
- Variable reflectivity（可变反射）：使用函数和过滤器来控制反射。
- Use reflection map（使用反射贴图）：使用贴图来代替真反射，而使用假反射。

6. Translucency（半透明标签，如图 4-54 所示）

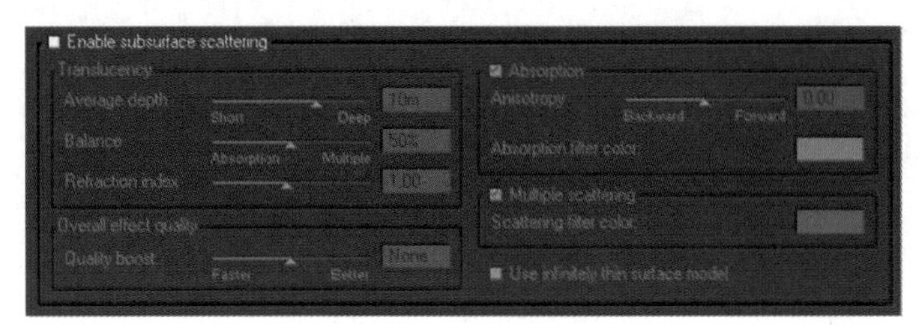

图 4-54　半透明标签

半透明标签中各参数的含义如下。

- Enable subsurface scattering（使用半透明设置）：启用次表面散射效果。
- Average depth（平均深度）：控制光线在半透明材质里移动的平均距离。不同平均深度设置下的渲染效果分别如图4-55和图4-56所示。

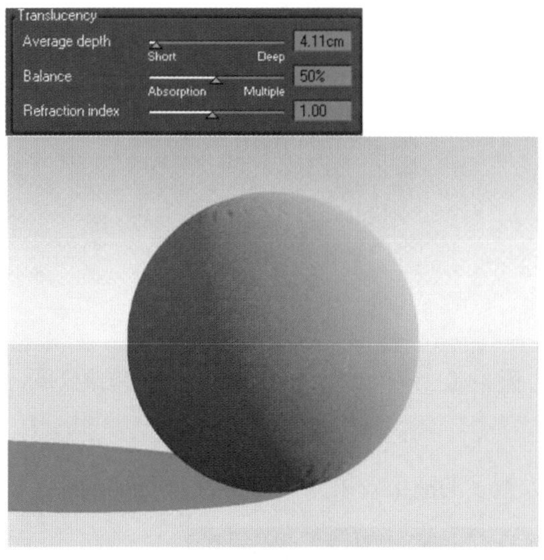

图 4-55　Average depth=4.11cm 时的渲染效果

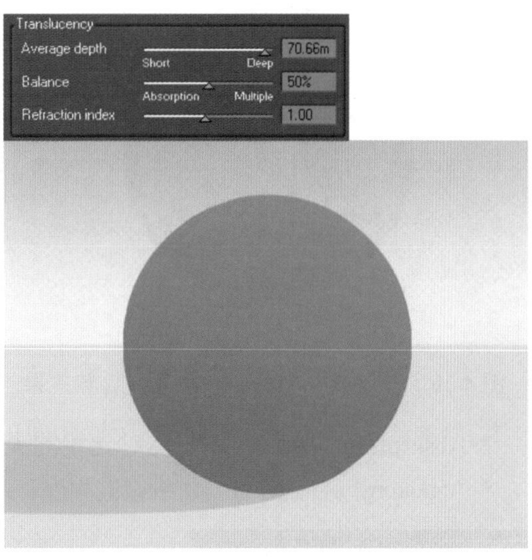

图 4-56　Average depth=70.66cm 时的渲染效果

- Balance（平衡）：控制材质内吸收与多次散射的平衡。不同设置下的渲染效果分别如图4-57和图4-58所示。

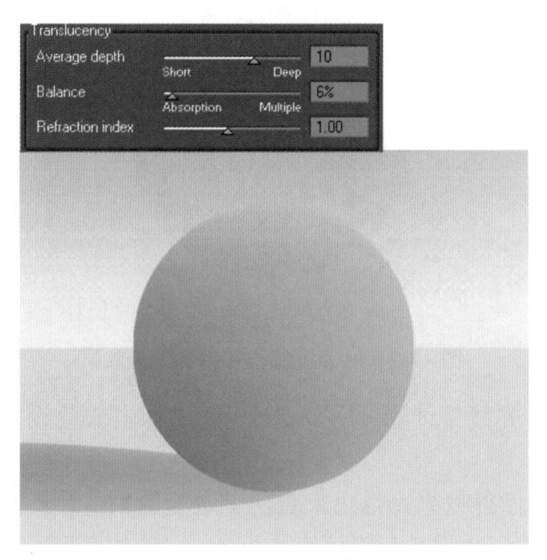

图 4-57　Balance =6% 时的渲染效果

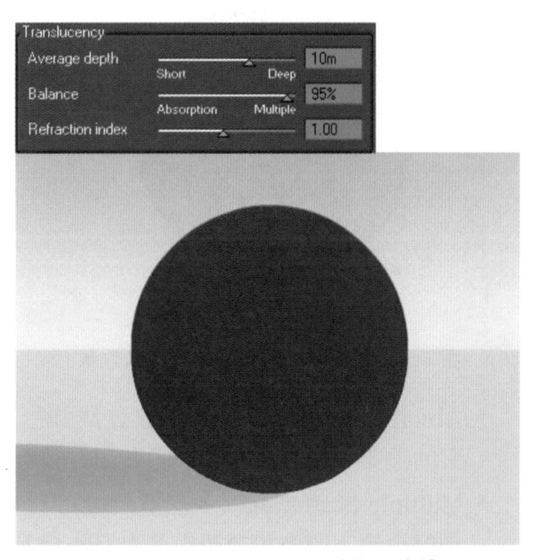

图 4-58　Balance =95% 时的渲染效果

- Refraction index（折射率）：物体的物理属性折射率，常见的水为1.33，金属为1.5~1.7。不同折射率下的渲染效果分别如图4-59和图4-60所示。

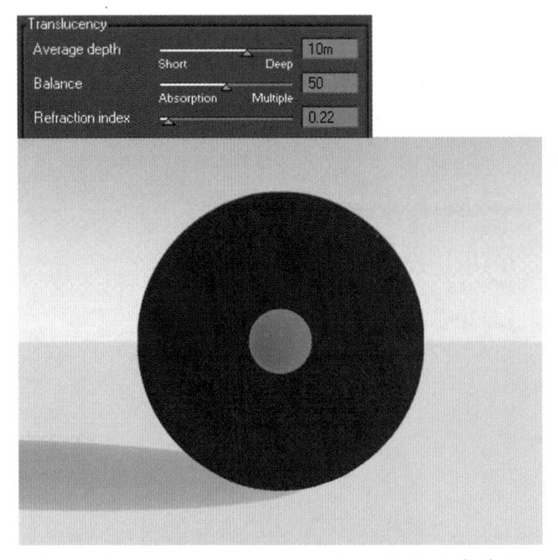

图 4-59　Refraction index=0.22 时的渲染效果

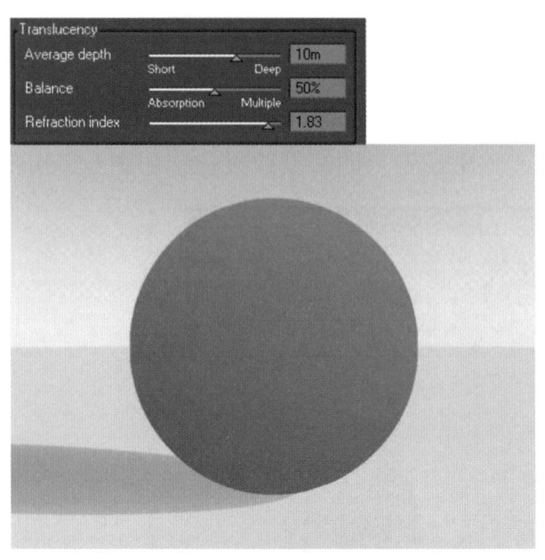

图 4-60　Refraction index=1.83 时的渲染效果

- Absorption（吸收）：物体对光线的吸收。
- Anisotropy（各向异性）：吸收的程度。不同设置下的渲染效果分别如图4-61和图4-62所示。

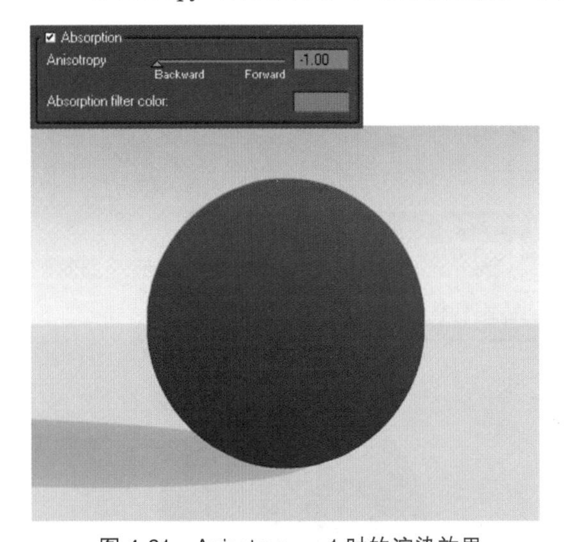

图 4-61　Anisotropy=-1 时的渲染效果

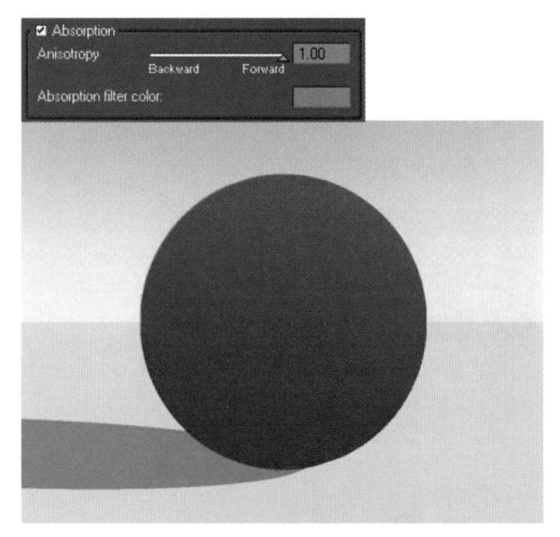

图 4-62　Anisotropy=1 时的渲染效果

- Absorption filter color（吸收过滤颜色）：光线穿过物体所呈现的色彩。不同颜色设置下的渲染效果分别如图4-63和图4-64所示。
- Multiple Scattering（多次散射）：材质的散射效果，常用来表现半透明的物体。不同散射设置下的渲染效果分别如图4-65和图4-66所示。

提示

设置为0时的效果已经不错了，如果将其质量设为最好，渲染速度将非常慢，不利于实际制作之中的效率提升。

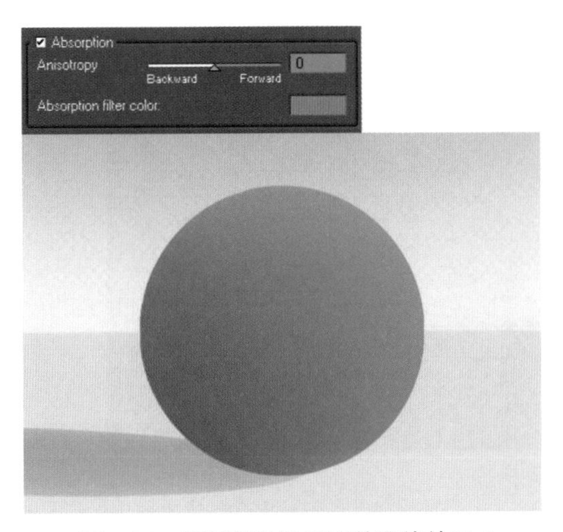

图 4-63　不同颜色设置下的渲染效果 1

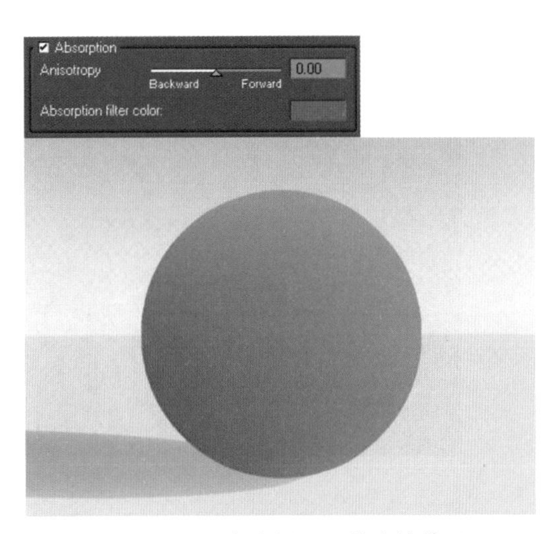

图 4-64　不同颜色设置下的渲染效果 2

图 4-65　不同散射设置下的渲染效果 1

图 4-66　不同散射设置下的渲染效果 2

- Scattering filter color（散射过渡颜色）：经过散射后在物体上所呈现的色彩。
- Use infinitely thin surface model（无限平面模式）：启用平面无限大。
- Overall effect quality（提高质量）：提高材质效果的质量。
- Quality boost（质量的等级）：效果的优劣，手工调整材质的质量。不同设置下的渲染效果分别如图4-67和图4-68所示。

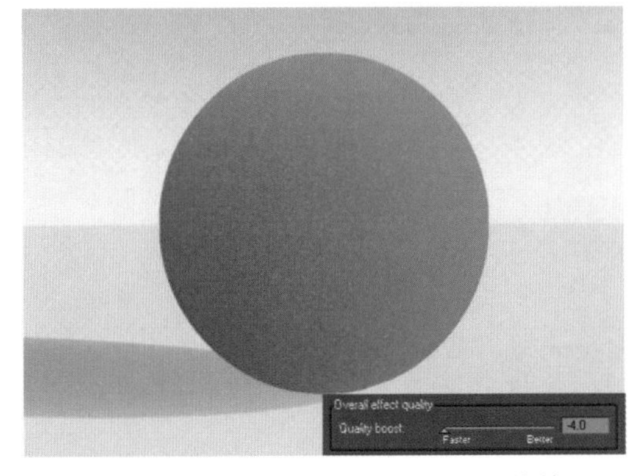

图 4-67　Quality boost=−4.0 时的渲染效果

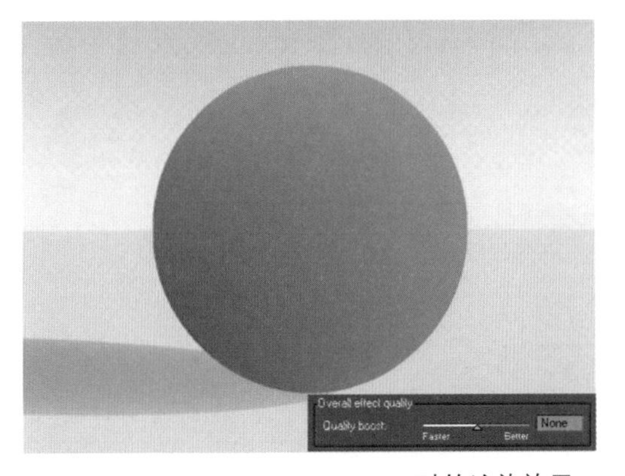

图 4-68　Quality boost=None 时的渲染效果

7．Effects（效果标签，如图 4-69 所示）

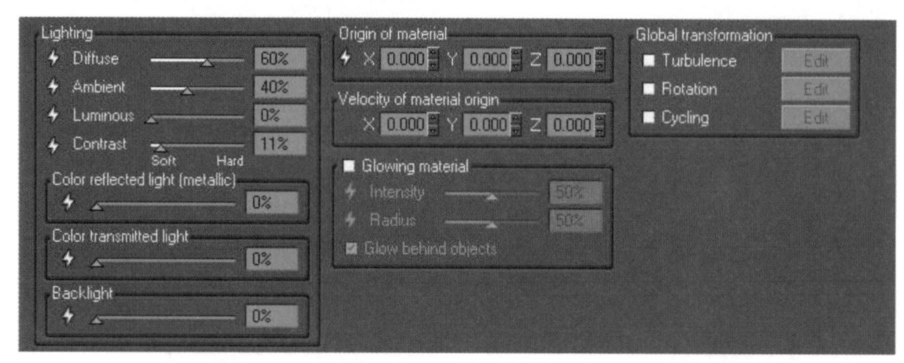

图 4-69　效果标签

效果标签中各参数的含义如下。

- Lighting（灯光）：灯光对材质的影响
  - Diffuse（漫反射）：灯光对物体的固有色的影响。Diffuse=60%时的渲染效果如图4-70所示，Diffuse=100%时的渲染效果如图4-71所示。

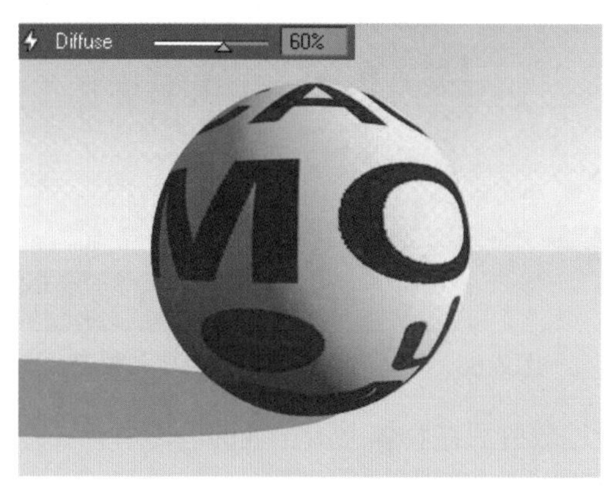

图 4-70　Diffuse=60% 时的渲染效果

图 4-71　Diffuse=100% 时的渲染效果

  - Ambient（环境色）：灯光对物体的环境色的影响。Ambient=40%时的渲染效果如图4-72所示，Diffuse=70%时的渲染效果如图4-73所示。

图 4-72　Ambient=40% 时的渲染效果

图 4-73　Ambient=70% 时的渲染效果

- Luminous（自发光）：灯光对物体的自发光的影响。Luminous=0时的渲染效果如图4-74所示，Luminous =100%时的渲染效果如图4-75所示。

图 4-74　Luminous=0 时的渲染效果

图 4-75　Luminous=100% 时的渲染效果

- Contrast（对比度）：灯光对物体明暗对比度的影响。Contrast=11%时的渲染效果如图4-76所示，Contrast=90%时的渲染效果如图4-77所示。

图 4-76　Contrast=11% 时的渲染效果

图 4-77　Contrast=90% 时的渲染效果

- Color reflected light（反射光颜色）：物体反射光的颜色，主要针对金属反射材质。Color reflected light=0时的渲染效果如图4-78所示，Color reflected light=100%时的渲染效果如图4-79所示。

图 4-78　Color reflected light=0 时的渲染效果

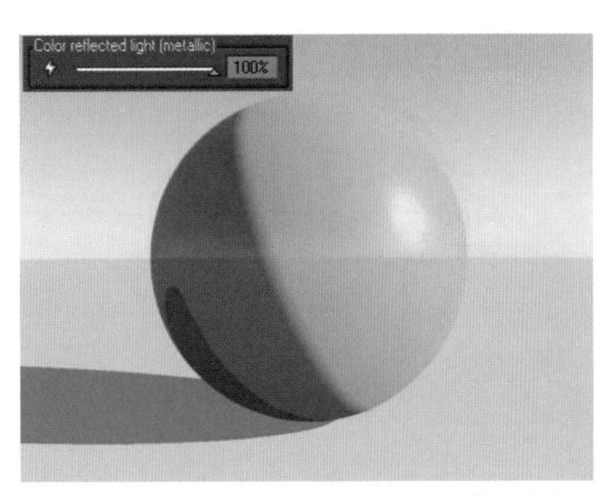

图 4-79　Color reflected light=100% 时的渲染效果

- Color transmitted light（透射光颜色）：物体透射光的颜色。Color transmitted light =0时的渲染效果如图4-80所示，Color transmitted light =100%时的渲染效果如图4-81所示。

图 4-80 Color transmitted light =0 时的渲染效果

图 4-81 Color transmitted light =100% 时的渲染效果

- Backlight（背光）：物体背光部分的颜色。Backlight=0时的渲染效果如图4-82所示，Backlight =100%时的渲染效果如图4-83所示。

图 4-82 Backlight =0 时的渲染效果

图 4-83 Backlight =100% 时的渲染效果

- Origin of meterial（材质原点）材质的原有的基本位置属性。不同设置下（X=0和X=20）的渲染效果分别如图4-84和图4-85所示。

图 4-84 X=0 时的渲染效果

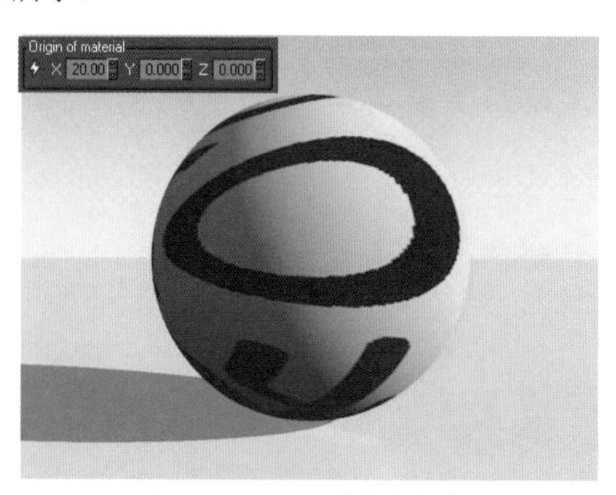

图 4-85 X=20 时的渲染效果

- Velocity of material origin（材质原点的速度）：动态材质的变化速度。
- Glowing material（发光材质）：带有发光性质的材质。勾选该复选框前后的渲染效果如图4-86所示。

勾选前

勾选后

图 4-86　勾选发光材质复选框前、后的渲染效果

➢ Intensity（强度）：发光的强度大小。其设置及渲染效果如图4-87所示。

➢ Radius（半径）：发光的范围大小。Radius=0时的渲染效果如图4-88所示，Radius=100%时的渲染效果如图4-89所示。

图 4-87　强度设置及其渲染效果

图 4-88　Radius=0 时的渲染效果

图 4-89　Radius=100% 时的渲染效果

- Global transformation（全局变化）：整体的材质变化调整。
  - Turbulence（湍流）：随机的纹理变化。勾选该复选框前、后的渲染效果如图4-90所示。

勾选前

勾选后

图 4-90　勾选 Turbulence 复选框前、后的渲染效果

  - Rotation（旋转）：纹理的旋转。其默认参数设置如图4-91所示。

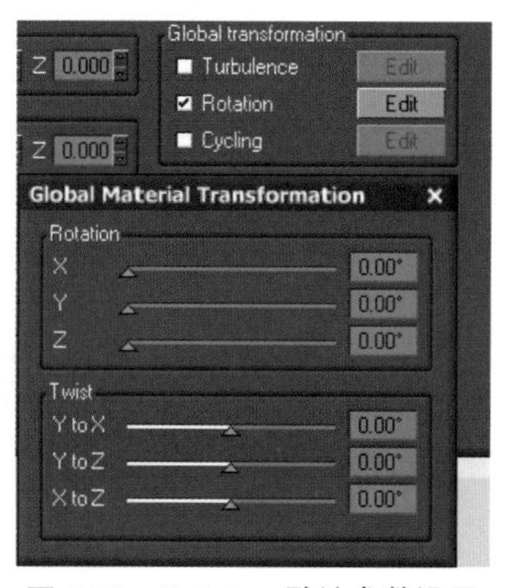

图 4-91　Rotation 默认参数设置

勾选Rotation复选框后，单击Edit按钮进入旋转调整面板，可以旋转材质贴图（Rotation旋转，Twist扭曲），参数设置及其渲染效果分别如图4-92和图4-93所示。

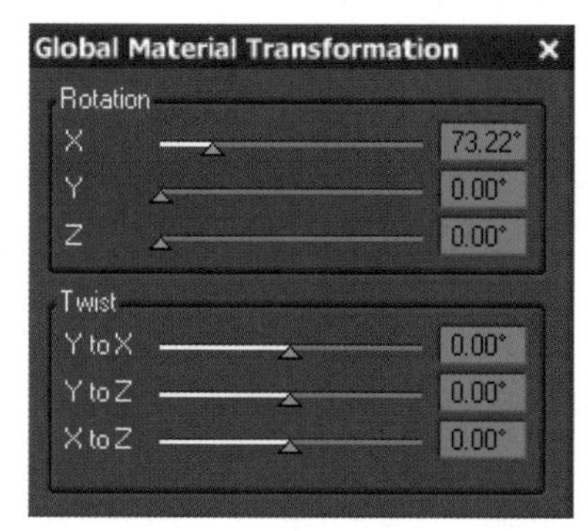

图 4-92　Rotation 旋转参数设置及其渲染效果

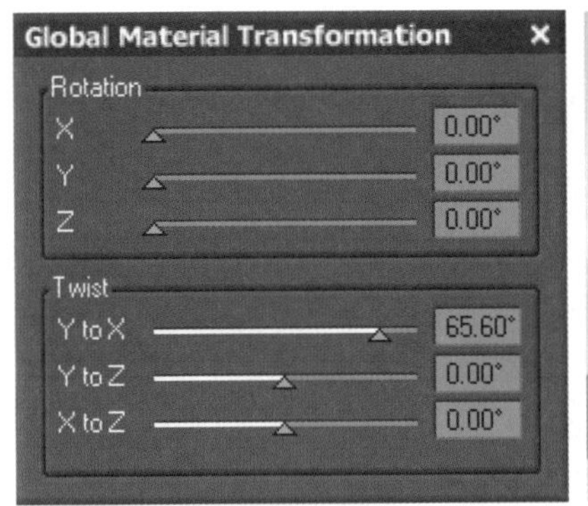

图 4-93　Twist 扭曲参数设置及其渲染效果

- Cycling（循环）：针对动态材质的反复设置。

4.3.2　实例——简单材质

下面我们就来通过实际的操作案例来说明高级材质编辑器中的简单材质应用。

STEP 01 打开Vue软件，参照以前讲过的山体的创建方法，在场景里创建一个山体，如图4-94所示。

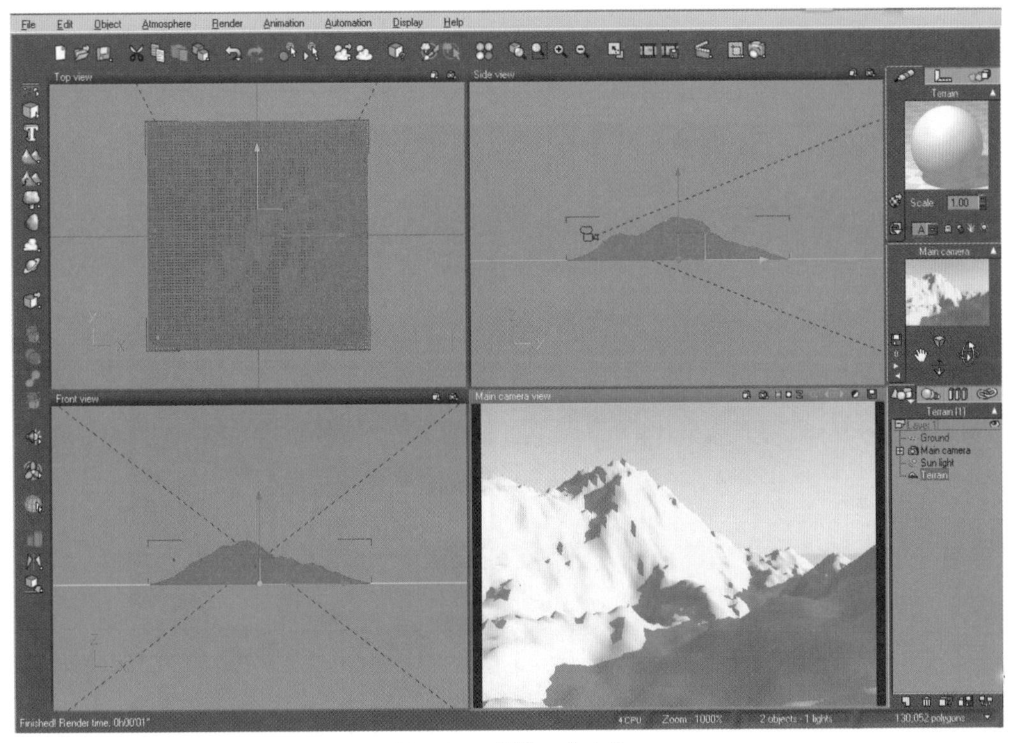

图 4-94　创建一个山体

STEP 02 双击右上角的材质预览框，进入材质编辑器调整材质，如图4-95所示，默认状态下就是高级材质编辑器的简单材质面板。

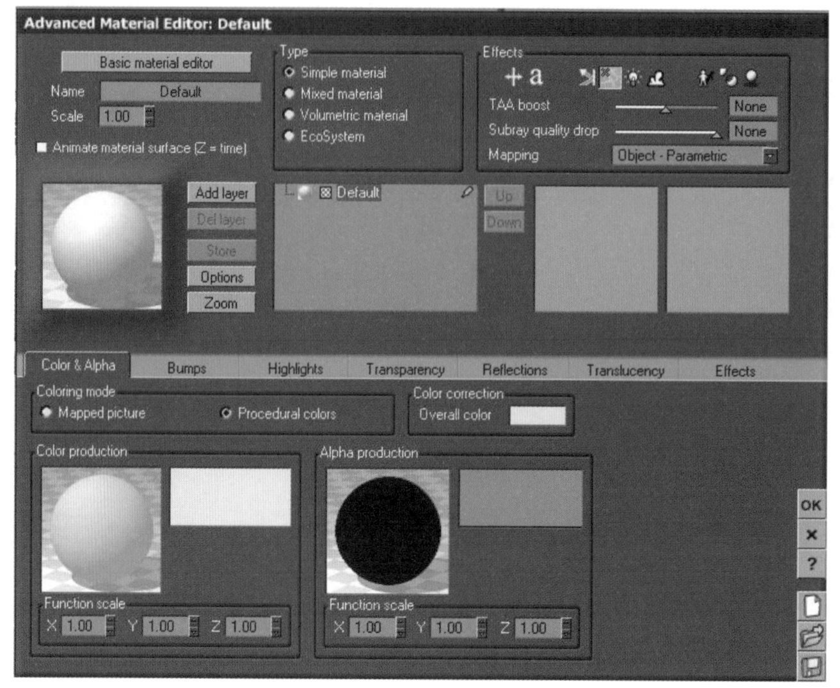

图 4-95　材质编辑器

STEP 03 首先给山体一个固有色，选择Color&Alpha/Mapped picture贴图，然后双击进入，如图4-96所示。

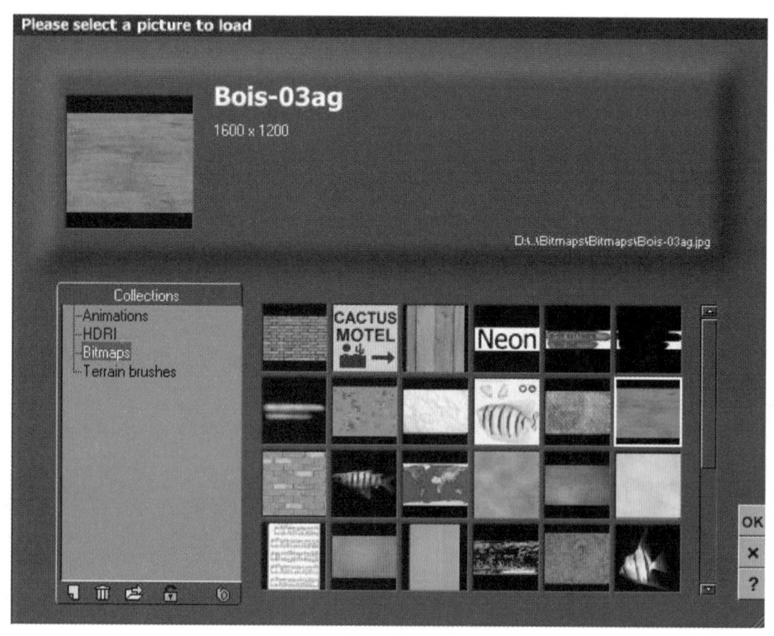

图 4-96　选择贴图

STEP 04 选择一张贴图，然后单击“OK”按钮，渲染更新一下场景，就可以看到山体已经添加了一种质感，如图4-97所示。

图 4-97　渲染更新

我们也可以调用从网上下载的或者自己材质库里的贴图，将其应用到场景中。

STEP 05 回到材质编辑器，单击如图4-98所示的箭头，找到所需的贴图，就可以把它添加到场景中了，如图4-99所示。

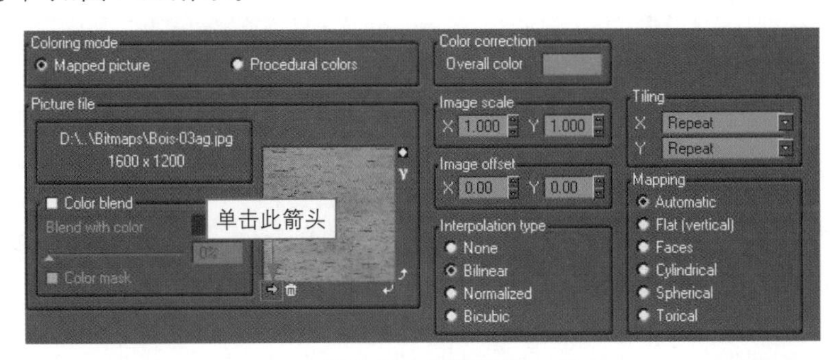

图 4-98　更换贴图

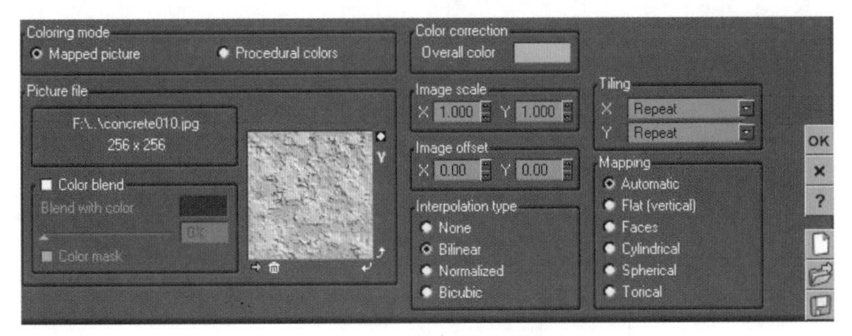

图 4-99　添加新的贴图

STEP 06 我们可以看看现在的渲染效果，如图4-100所示。

图 4-100　重新渲染的效果

STEP 07 此时贴图有些过大，可以进入材质编辑器进行调整。调整界面右上角的"Scale（比例）"选项，将比例值缩小到0.2，然后再观察效果，如图4-101所示。

图 4-101　修改比例后的效果

STEP 08 仍然使用原来的那张贴图，为山体添加点凹凸效果，可以在凹凸面板中为其添加相应的贴图，如图4-102所示。

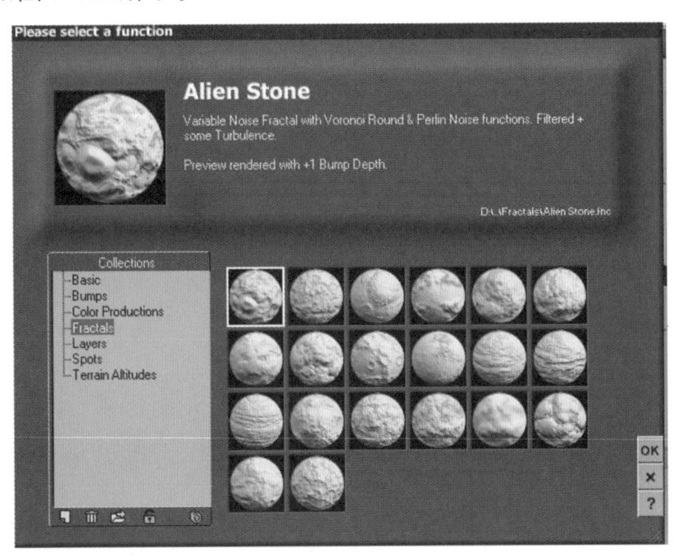

图 4-102 选择凹凸贴图

STEP 09 添加了凹凸效果的山体，感觉更加真实。其实在Vue里调整材质和一般三维软件是一样的，最终效果如图4-103所示。

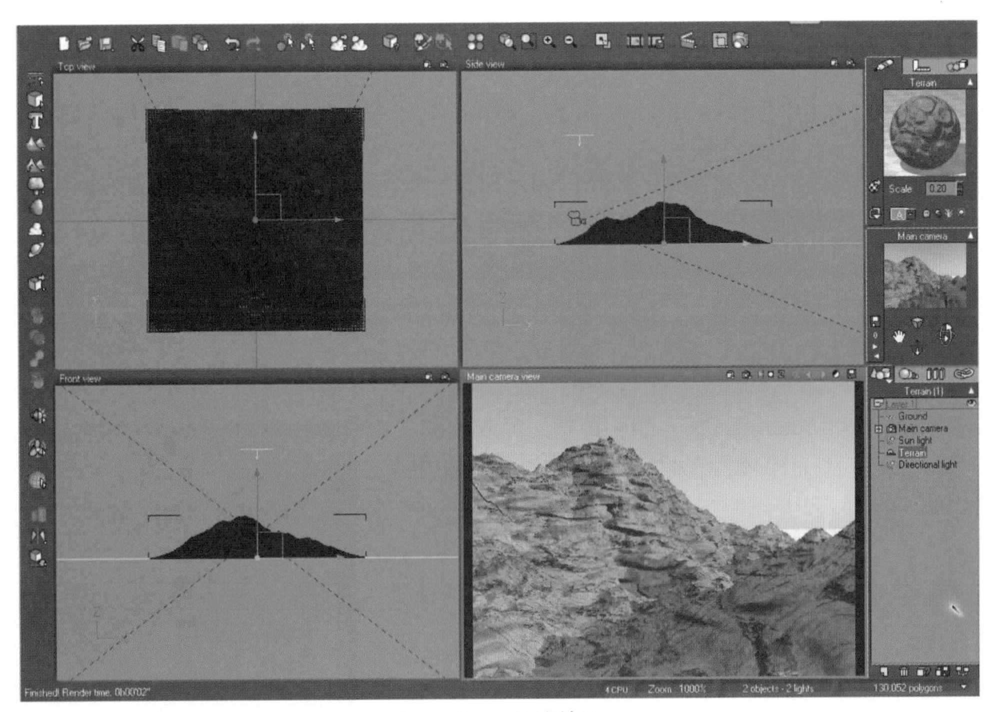

图 4-103 最终效果

通过这样一个简单的例子，我们可以了解Vue基本材质的使用和调整方式，只要对其参数有了足够的了解，就可以很轻松地调整出比较满意的材质效果了。

4.3.3 Mixed material（混合材质）

混合材质是把两种材质混合在一起，并能定义材质混合的方式，如图4-104所示。也可以把两种混合材质混合为一种材质，还可以混合生态材质，但不能混合体积材质。

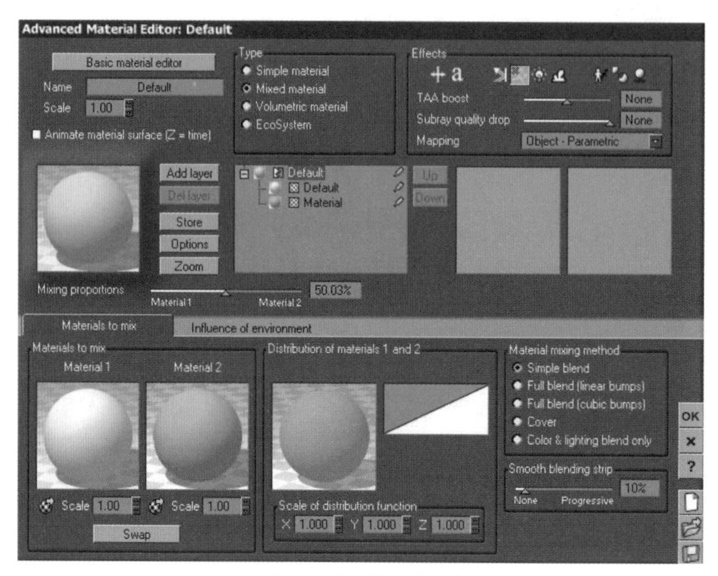

图 4-104 混合材质

下面对混合材质中各选项进行介绍。

1. 混合比例（见图 4-105）

控制材质混合的比例，左边为材质1，右边为材质2。

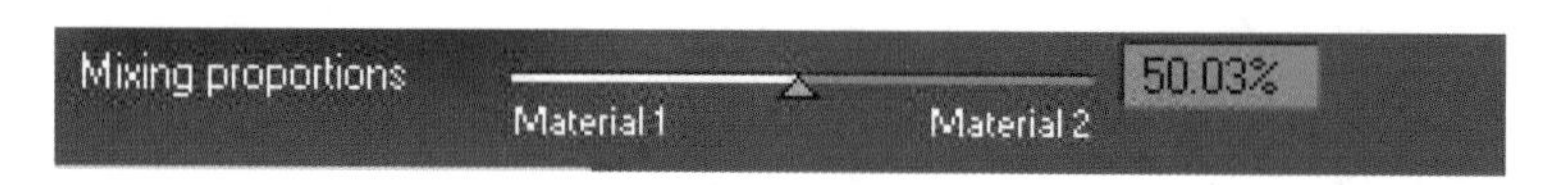

图 4-105 混合比例

2. 材质混合（见图 4-106）

对Material1和Material2进行单独调节，可双击其对应的材质球，其余操作与编辑简单材质的方法相同，可以参照前面的方法制作材质，材质混合参数的含义如下。

- Scale（比例）：调整材质的整体大小。
- Swap（互换）：交换材质1和材质2。

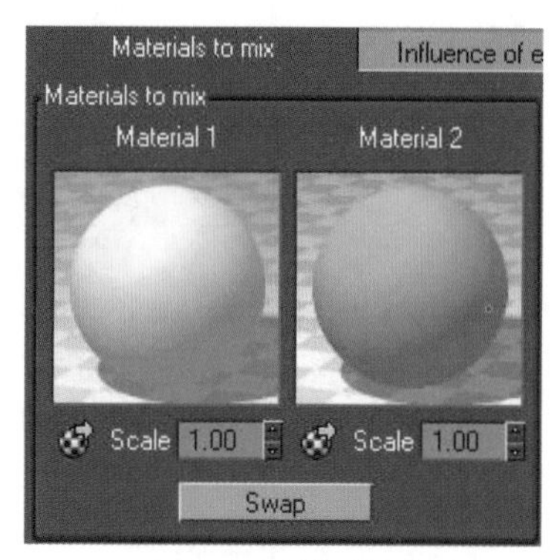

图 4-106 材质混合

3. 分配材质（见图 4-107）

使用一些程序贴图作为分配材质1和材质2的模板，其白色部分是表现材质1，黑色部分是表现材质

2，灰色部分就是两者的混合，偏亮就是材质1表现多，偏暗就是材质2表现多。

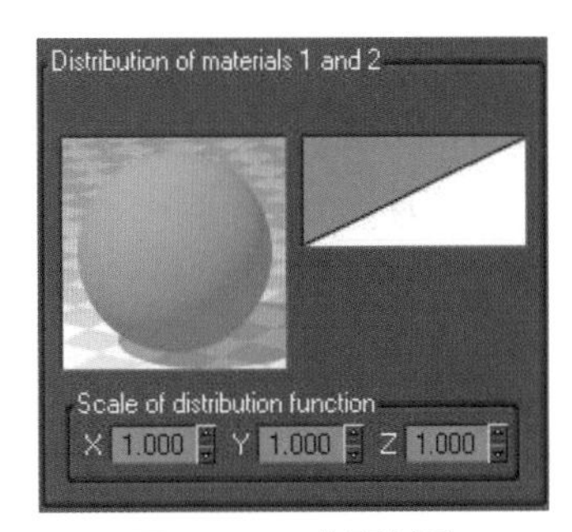

图 4-107　分配材质

4. 混合模式（见图 4-108）

混合模式各参数的含义如下。

- Simple blend（简单混合）：强制两个材质混合在一起。
- Full blend（linear bumps）[完全混合（线性凹凸）]：混合两个材质，两个材质之间产生线性倒角。
- Full blend（cubic bumps）[完全混合（立方凹凸）]：混合两个材质，两个材质之间产生圆形倒角。
- Cover（覆盖）：没有平滑过渡颜色，只有凹凸。
- Color & lighting blend only（仅颜色和高光混合）：材质1的颜色和高光出现在材质2上。

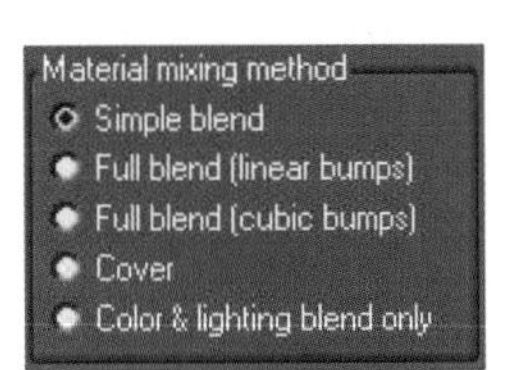

图4-108　混合模式

5. 平滑混合（见图 4-109）

拖动滑块可以从无开始，渐进产生不同的过渡效果。

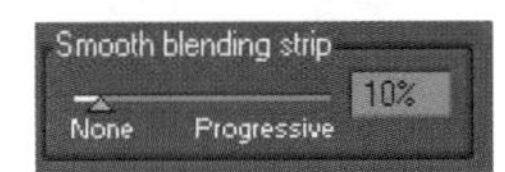

图 4-109　平滑混合

6. 影响环境（见图 4-110）

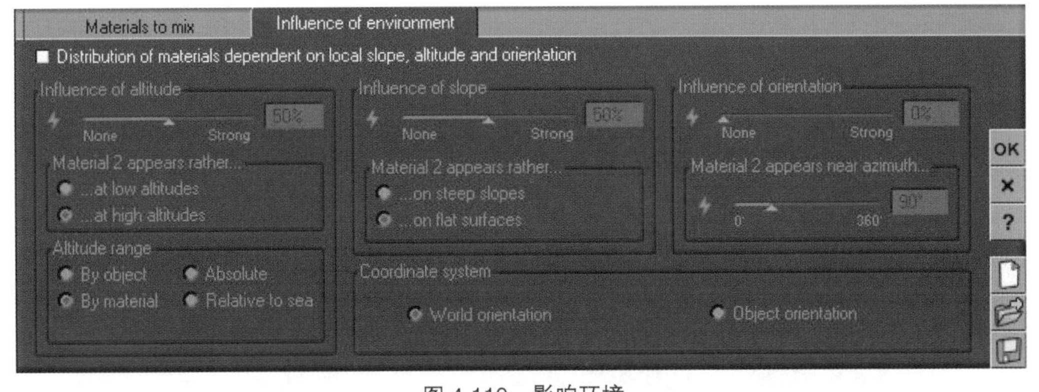

图 4-110　影响环境

勾选上侧的复选框后，可以使用海拔、坡度、方向来定义材质分配。

7. 海拔影响（见图 4-111）

海拔影响各参数的含义如下。

- None~Strong：海拔影响的程度。
- Material2 appears rather（材质2出现在）：设置材质2出现的位置。
  - At low altitudes（在低海拔）：材质2出现在低海拔。

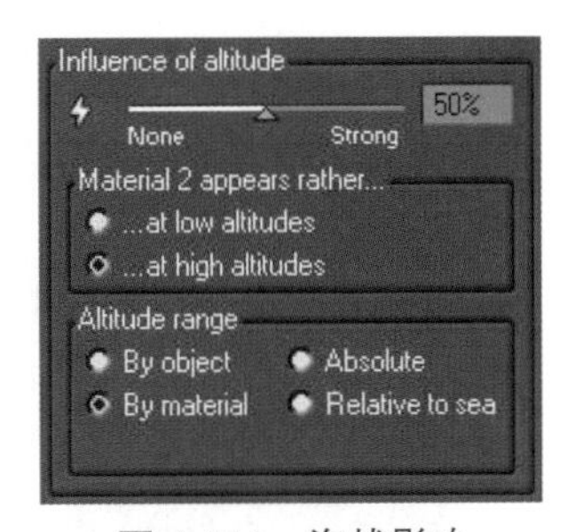

图 4-111　海拔影响

➢ At high altitudes（在高海拔）：材质2出现在高海拔。

- Altitude range（海拔范围）：海拔高度对材质的影响。
  ➢ By object（取决于物体）：由物体来控制海拔，进而控制材质效果。
  ➢ By material（取决于材质）：由材质本身来控制海拔，进而控制材质效果。
  ➢ Absolute（完全）：以绝对的方式来控制。
  ➢ Relative to sea（相对于海面）：以相对于海平面的方式来控制。不同参数设置及其渲染效果分别如图4-112和图4-113所示。

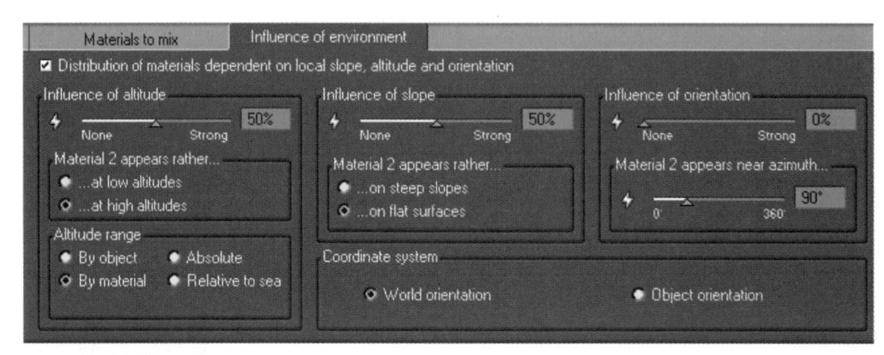

图 4-112　参数设置 1 及其渲染效果 1

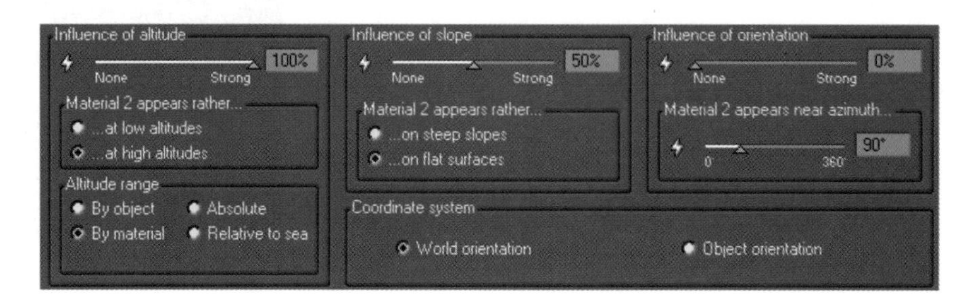

图 4-113　参数设置 2 及其渲染效果 2

8. 坡度影响（见图 4-114）

坡度影响参数的含义如下。

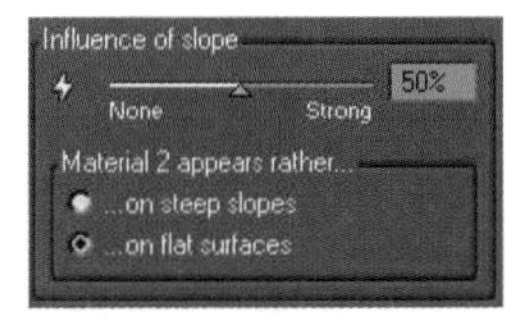

图 4-114　坡度影响

- None_strong（坡度影响程度）：坡度对材质的影响，越往右影响越大。
- Material2 appears rather（材质2出现在）：材质2出现的位置。
  - On steep slops（在陡坡）：材质2出现在陡坡的位置，其渲染效果如图4-115所示。
  - On flat surfaces（在平坦处）：材质2出现在平坦的地方，其渲染效果如图4-116所示。

图 4-115　材质 2 出现在陡坡

图 4-116　材质 2 出现在平坦处

9. 方向影响（见图 4-117）

方向影响参数的含义如下。

- None~Strong：方向影响的程度。
- Material2 appears near azimuth：材质2出现在哪个方位。

10．坐标系统（见图4-118）

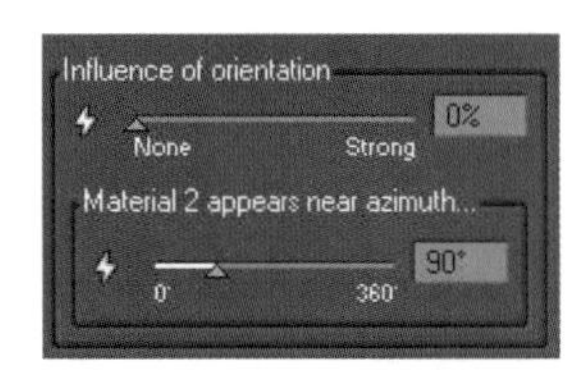

图4-117　方向影响

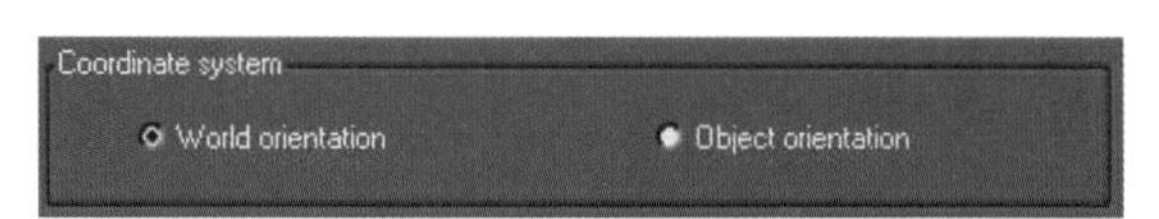

图4-118　坐标系统

坐标系统参数的含义如下。

- World orientation（世界方向）：即世界坐标。
- Object orientation（对象方向）：即对象坐标。

4.3.4　体积材质（Volumetric material）

体积材质主要应用于对象（模拟烟、火、气体等）、大气云层和云对象，如图4-119所示。

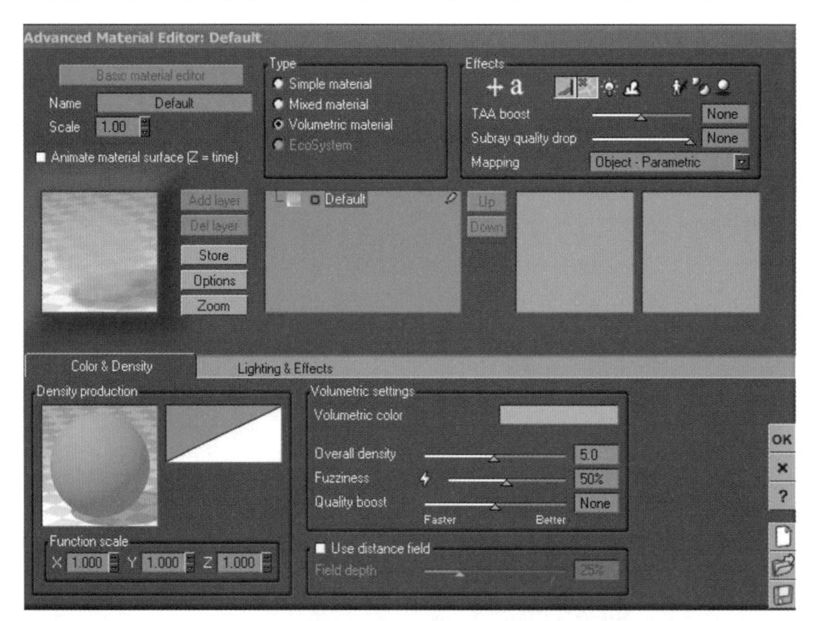

图4-119　体积材质

1．颜色和密度（见图4-120）

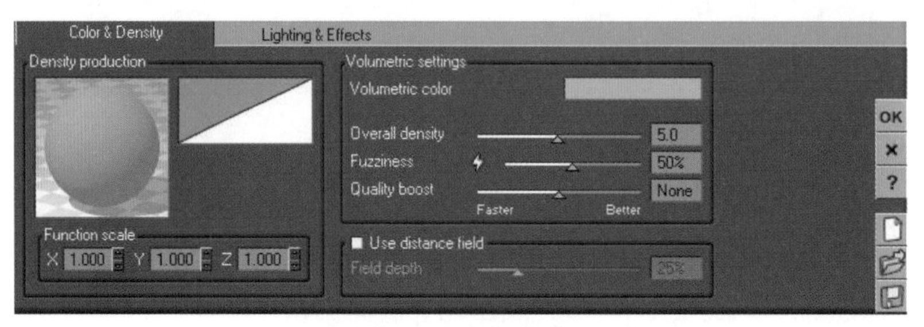

图4-120　颜色和密度

颜色和密度标签用来编辑体积材质的颜色和密度。

2．密度（见图4-121）

- Fuction scale（函数比例）：控制噪波贴图的比例。

3．体积设置（见图4-122）

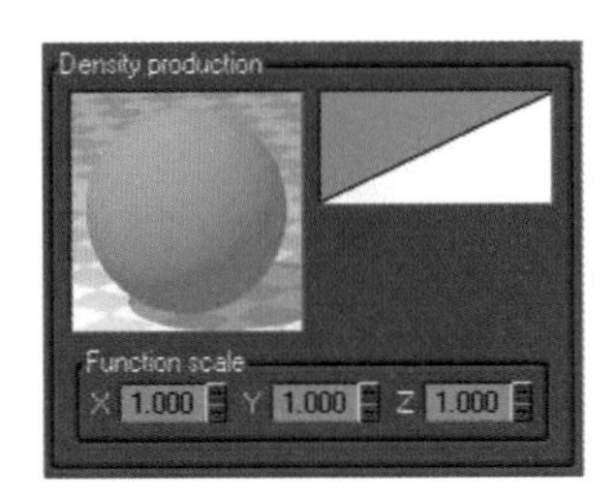

图4-121　密度

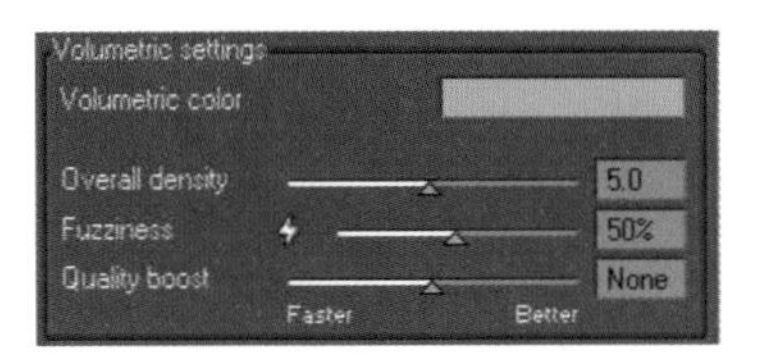

图4-122　体积设置

体积设置各参数的含义如下。

- Volumetric color（体积颜色）：物体内部体积所呈现的颜色。不同设置及其渲染效果分别如图4-123和图4-124所示。

图4-123　体积颜色设置1及其渲染效果1

图4-124　体积颜色设置2及其渲染效果2

- Overall density（覆盖密度）：体积颜色占有物体的表面的面积。Overall density=5.0时的渲染效果如图4-125所示，Overall density=10.0时的渲染效果如图4-126所示.

图4-125　Overall density=5.0时的渲染效果

图4-126　Overall density=10.0时的渲染效果

- Fuzziness（模糊）：对物体的体积进行模糊处理。Fuzziness=50%时的渲染效果如图4-127所示，Fuzziness=100%时的渲染效果如图4-128所示。

图 4-127　Fuzziness=50% 时的渲染效果

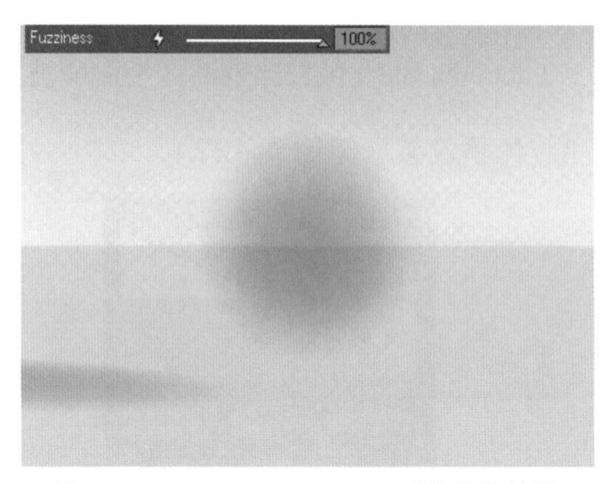

图 4-128　Fuzziness=100% 时的渲染效果

图 4-129　使用距离

4．使用距离（见图 4-129）

启用该功能，体积密度考虑对象内部的深度。

5．灯光和效果（见图 4-130）

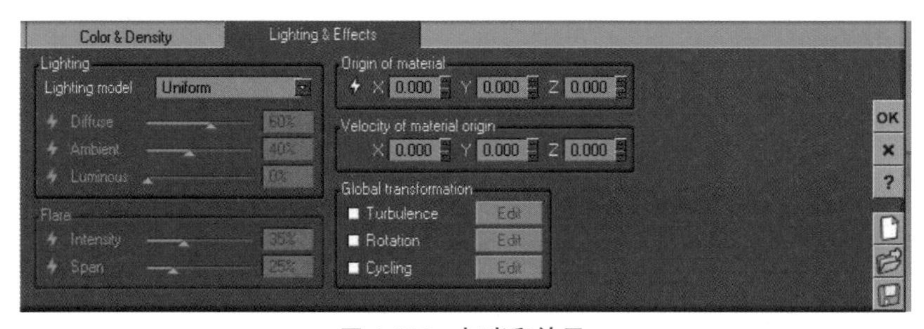

图 4-130　灯光和效果

灯光效果标签用于定制体积材质内的照明方式。

6．灯光（见图 4-131）

- Quality boost（提高质量）：物体体积所表现出来的质量效果好坏。

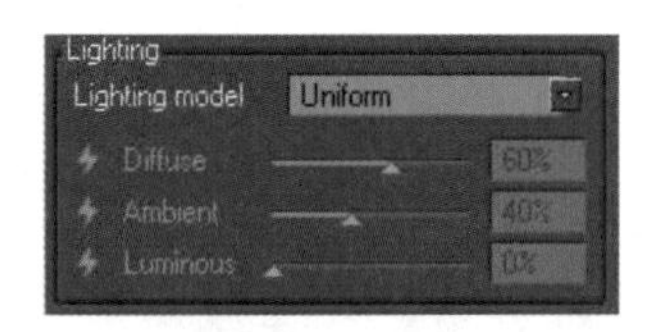

图 4-131　灯光

提示

和以前章节我们讲述的一样，参数越好质量越好，但是渲染速度越慢；一般情况下，使用默认的设定就可以了。

- Lighting model（灯光模式）：体积材质内灯光的照明模式。

- Uniform（统一）：灯光以统一的方式照明，也是默认的方式，其渲染效果如图4-132所示。
- Shaded（阴影）：灯光以阴影的方式照明，其渲染效果如图4-133所示。

图 4-132　灯光以统一的方式照明

图 4-133　灯光以阴影的方式照明

- Additive（添加）：灯光以添加的方式照明，其渲染效果如图4-134所示。
- Volume shaded（体积阴影）：灯光以体积阴影的方式照明，其渲染效果如图4-135所示。
- Hypertexture（超级阴影）：灯光以超级阴影的方式照明，其渲染效果如图4-136所示。

- Diffuse（漫反射）：控制漫反射区亮度。
- Ambient（环境）：控制材质环境光。
- Luminous（自发光）：值越高，材质越亮。

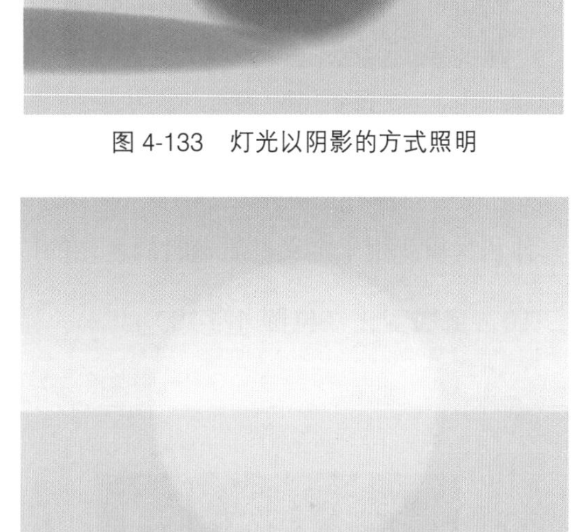

图 4-134　灯光以添加的方式照明

图 4-135　灯光以体积阴影的方式照明

图 4-136　灯光以超级阴影的方式照明

7．闪光（见图 4-137）

闪光参数仅使用于阴影和体积阴影模式，控制燃烧的亮度和范围，各参数的含义如下。

- Intensity（强度）：控制燃烧的强度。
- Span（范围）：控制燃烧的范围。

8．材质原点（见图 4-138）

材质原点用于弥补材质中物质的空间坐标。

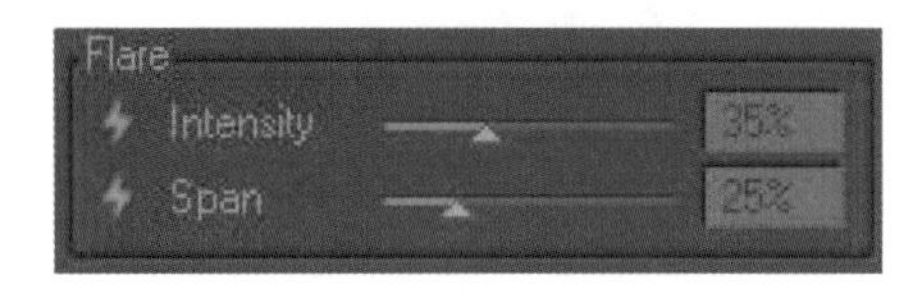

图 4-137　闪光

图 4-138　材质原点

9．体积材质源（见图 4-139）

体积材质源用于定义材质随时间变化的位移。

10．全局变化（见图 4-140）

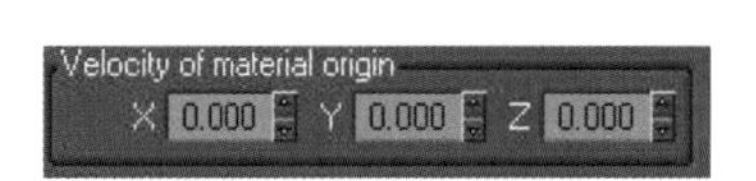

图 4-139　体积材质源

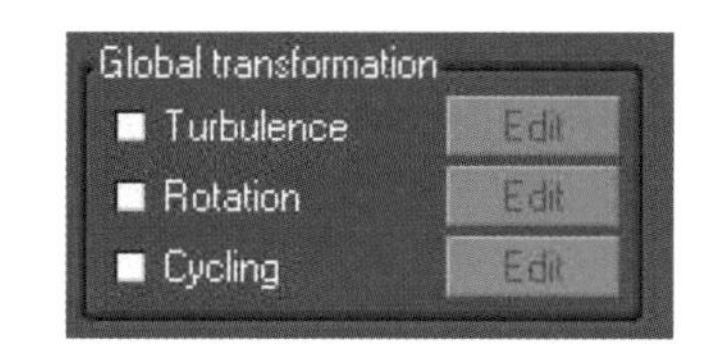

图 4-140　全局变化

此选项用于控制全局材质的密度变化，各参数的含义如下。

- Turbulence（湍流）：以随机的变化来控制材质密度变化。
- Rotation（旋转）：以旋转的变化来控制材质密度变化。
- Cycling（循环）： 以材质循环变化来控制材质密度变化。

4.3.5　实例——复杂山体效果的创建

下面通过实例来了解Vue里使用最多和最频繁的混合材质的应用，进一步掌握和学习材质编辑器的使用方法。

STEP 01 打开Vue软件，创建一个山体，如图4-141所示。

STEP 02 双击山体，进入地形编辑器，对山体进行一定的调整，如图4-142所示。

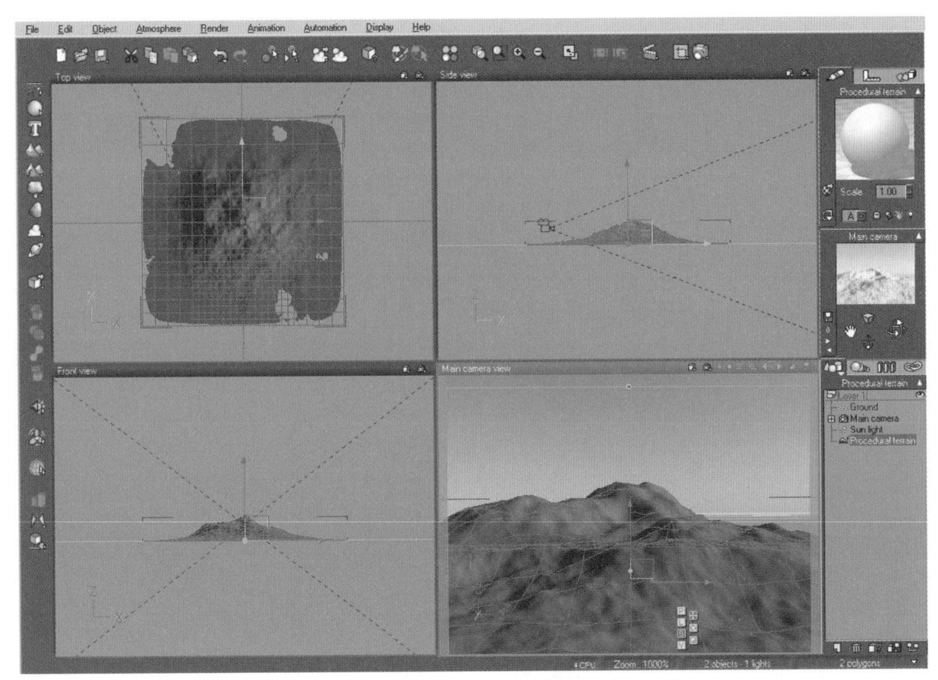

图 4-141　创建山体

STEP 03 用笔刷将山体中间刷出一个下陷的地形，效果如图4-143所示。

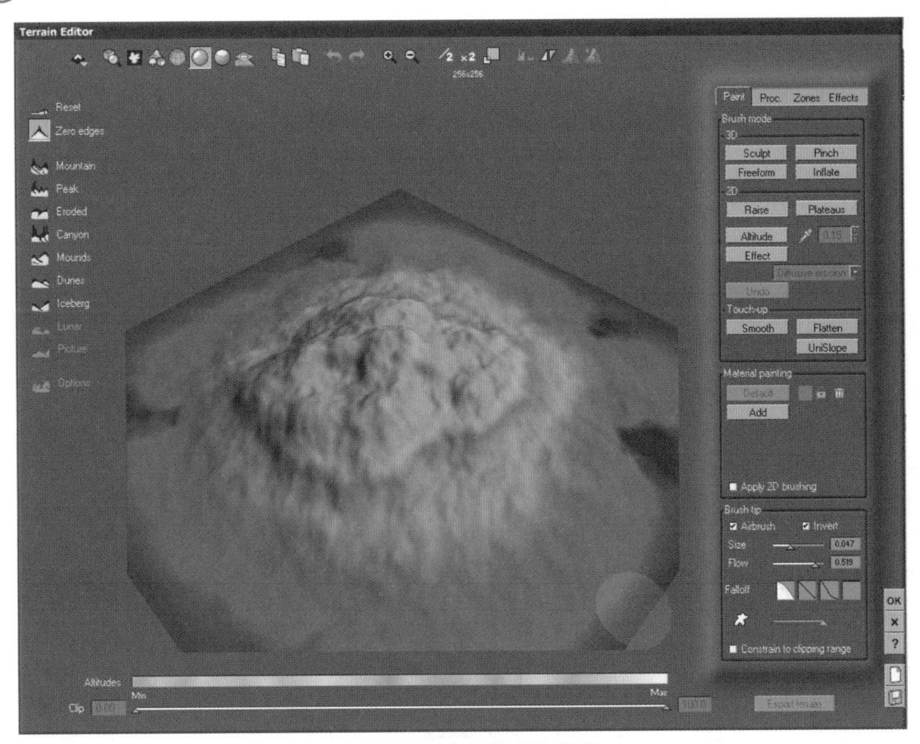

图 4-142　进入地形编辑器

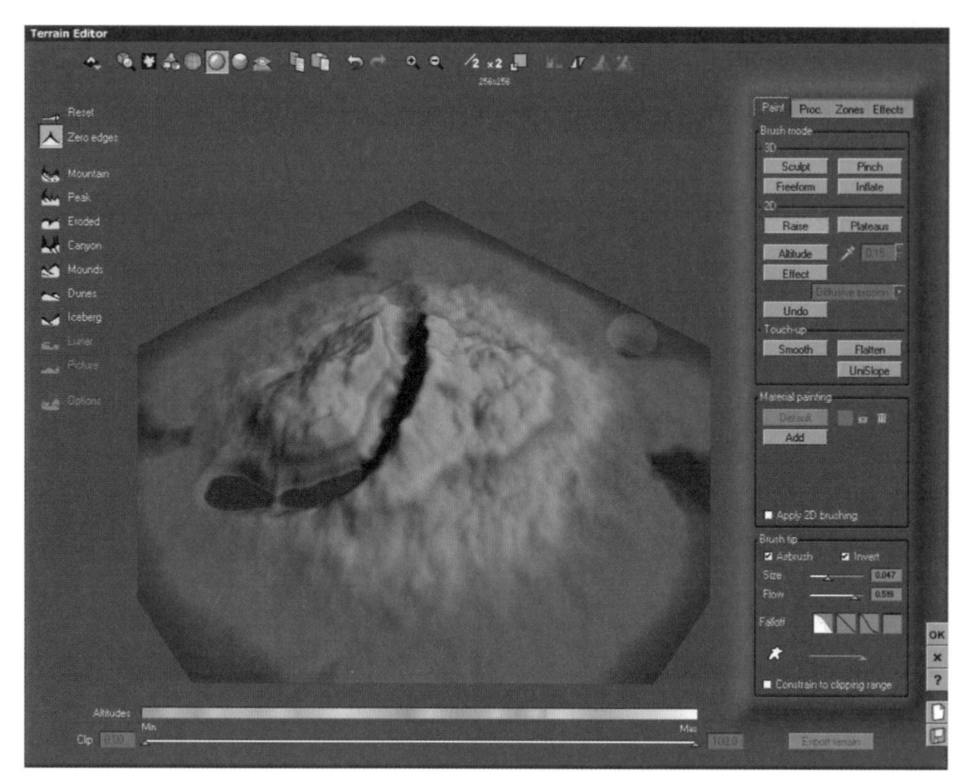

图 4-143　制作下陷的地形

STEP 04 单击“OK”按钮，在视窗里调整好角度，如图4-144所示。

图 4-144　调整角度

STEP 05 双击右上角的材质球，进入材质编辑器，如图4-145所示。

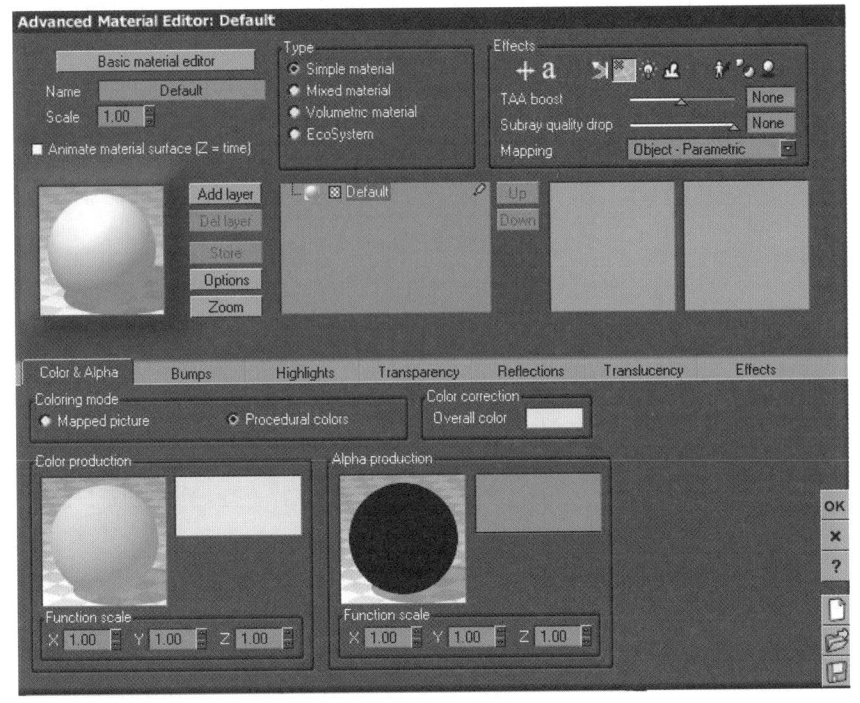

图 4-145　材质编辑器

STEP 06 在“Type（类型）”选项组中选择“Mixed material（混合材质）”选项，如图4-146所示。

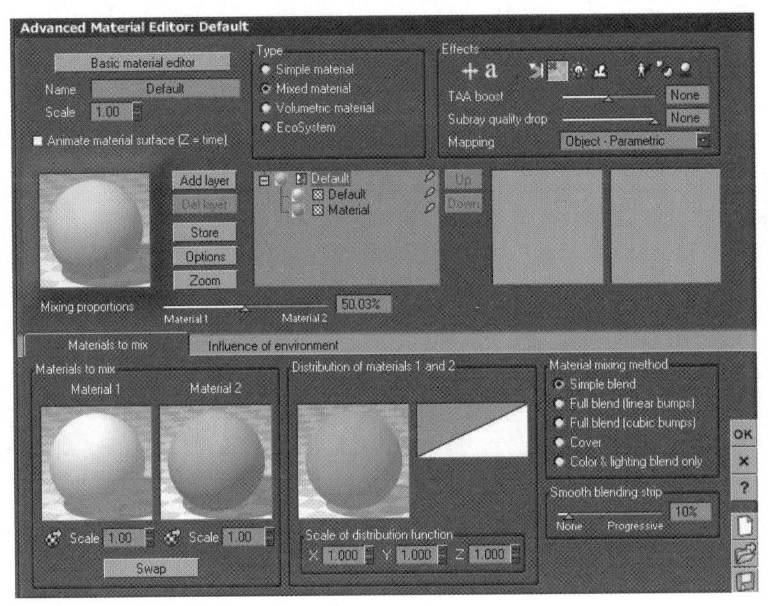

图 4-146　选择混合材质

STEP 07 选择 Material 项，为其添加一个混合材质，如图4-147所示。

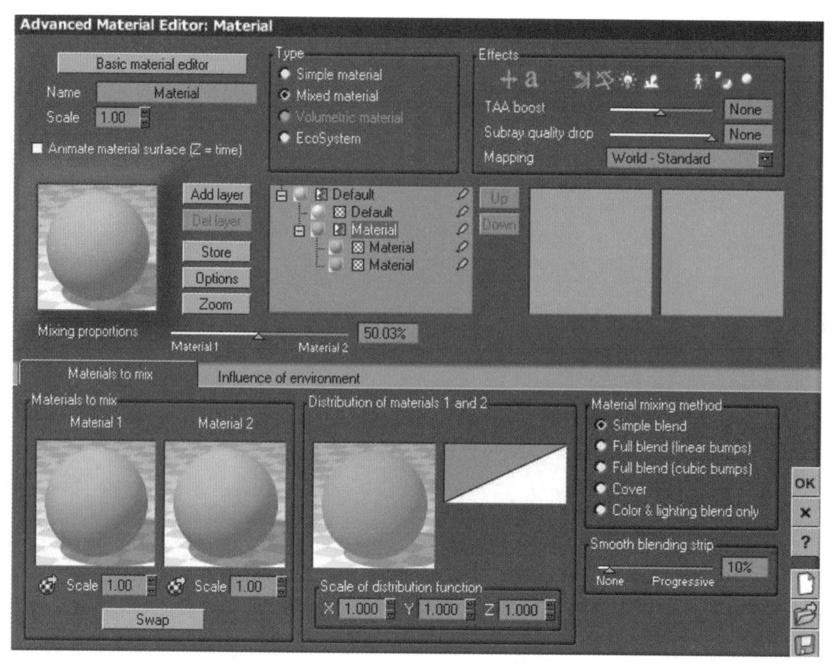

图 4-147　添加混合材质

STEP 08 将这几个材质以纯色代替，来调整其分布，并勾选“Influence of environment（环境影响）”标签下的复选框，如图4-148所示。

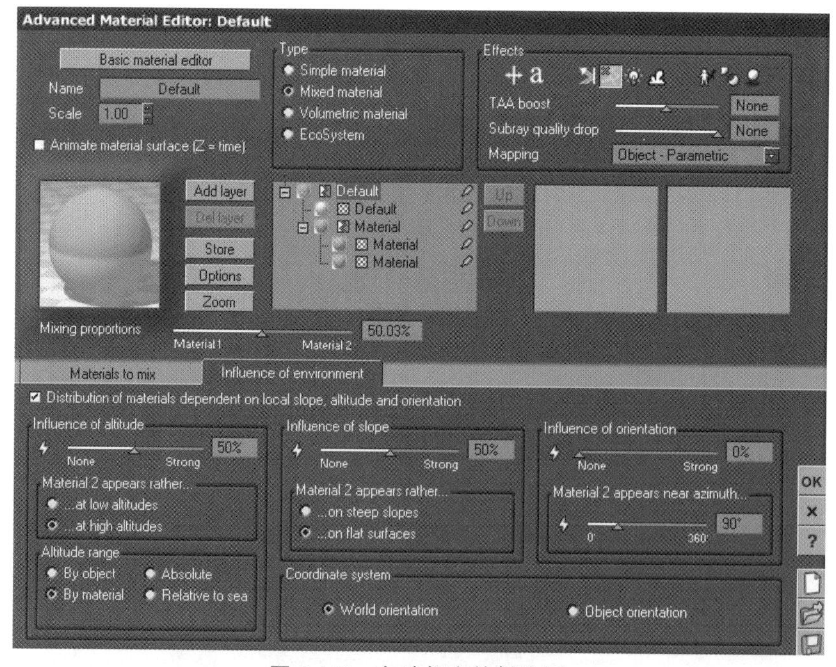

图 4-148　勾选相应的复选框

STEP 09 选择 Default 项，双击左侧的材质球，设置材质球颜色，如图4-149所示。

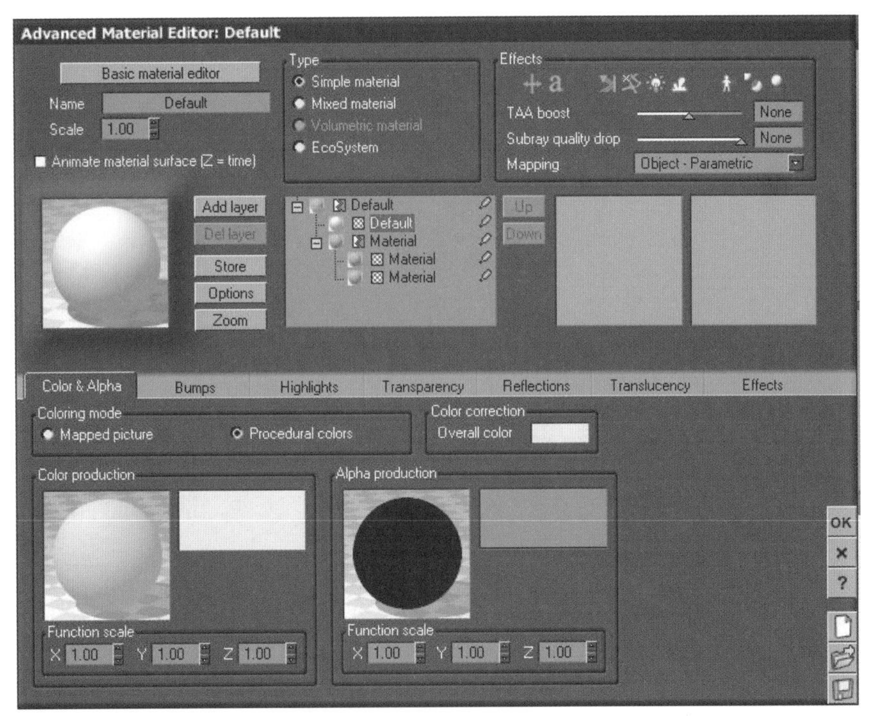

图 4-149　双击材质球

STEP 10 在材质库里选择一个红色材质赋予材质球，如图4-150所示。

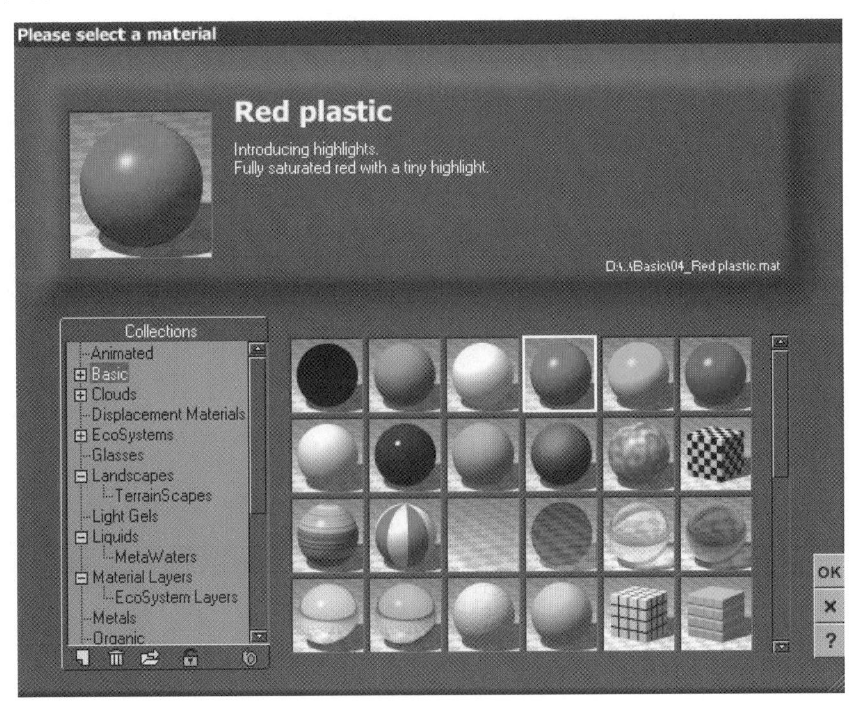

图 4-150　赋予材质球颜色

STEP 11 用同样的方法，将其他两个材质分别改为蓝色和绿色，如图4-151所示。

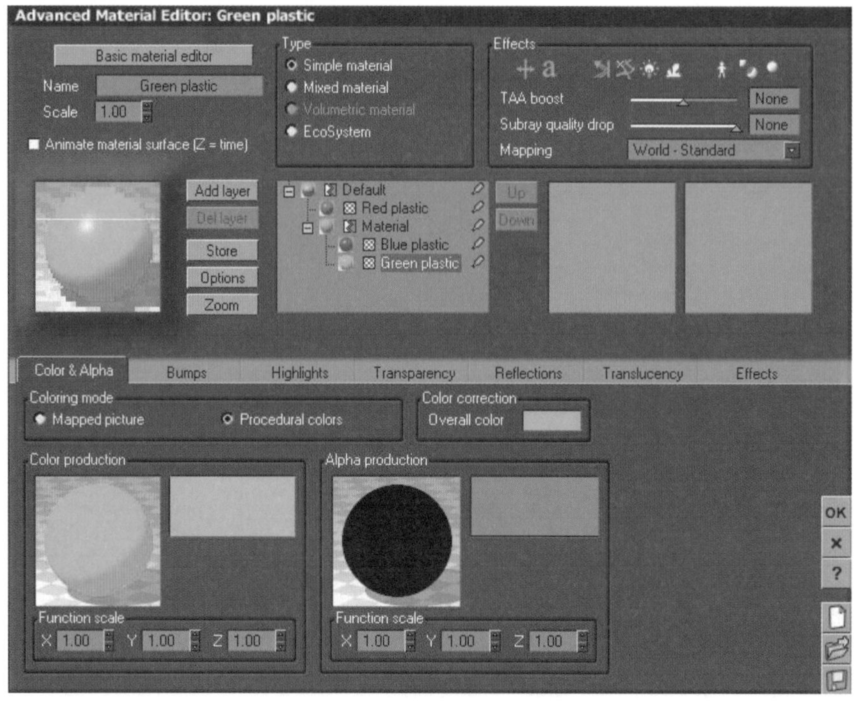

图 4-151　更改其他材质颜色

STEP 12 回到最上层级，调整混合参数 Mixing proportions Material 1 Material 2 50.03%，如图4-152所示。

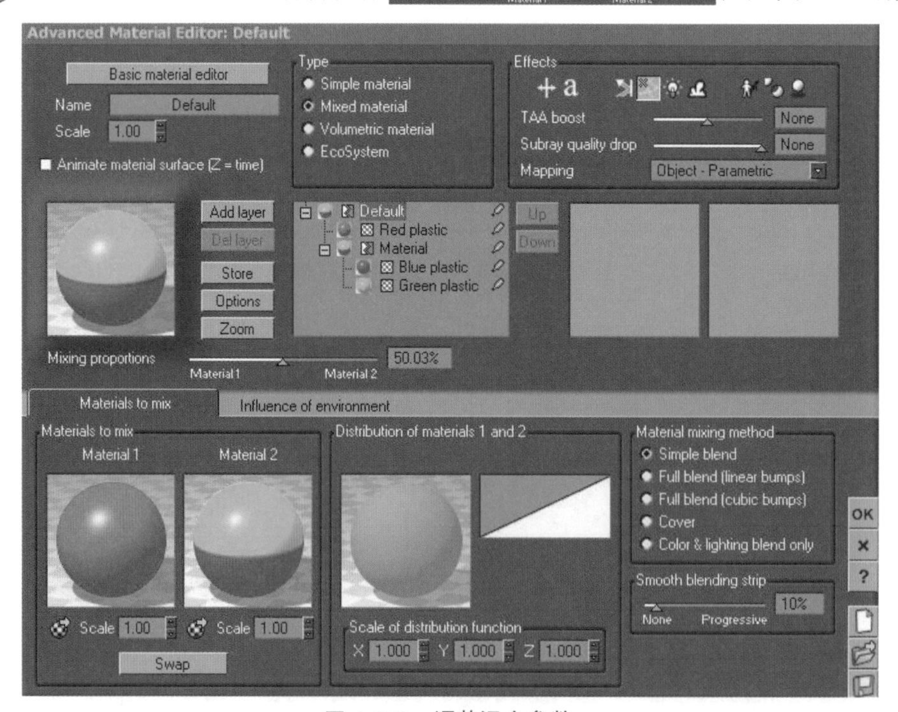

图 4-152　调整混合参数

STEP 13 调整的第一个层级的效果如图4-153所示。

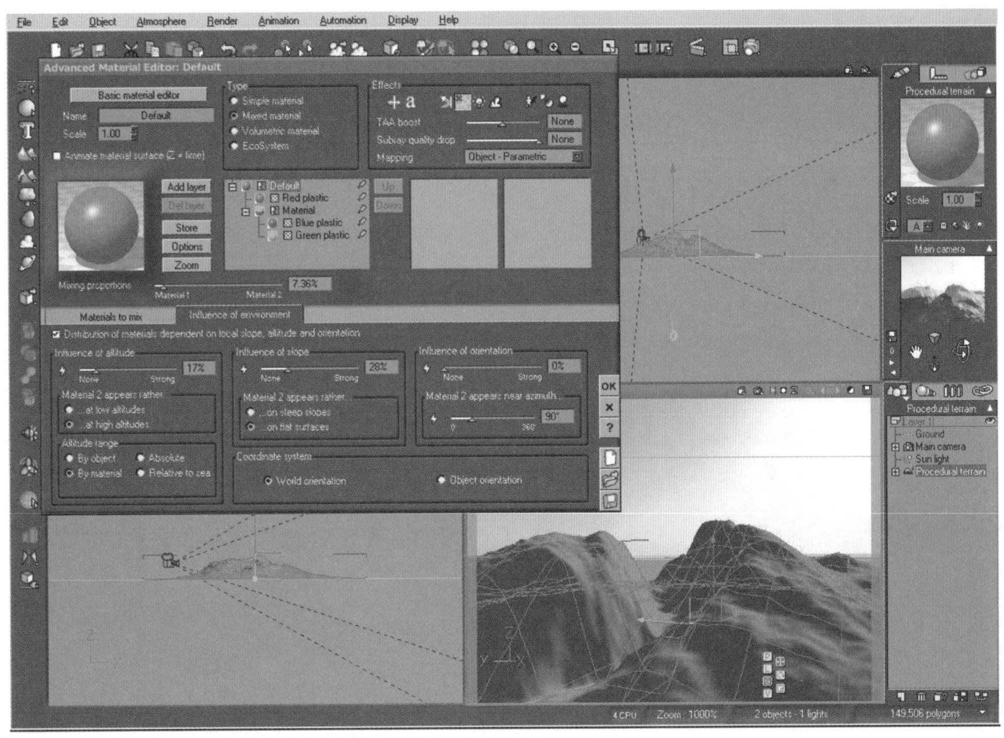

图 4-153　第一层级调整效果

STEP 14 将底下那个混合材质的分布也调整一下，如图4-154所示。

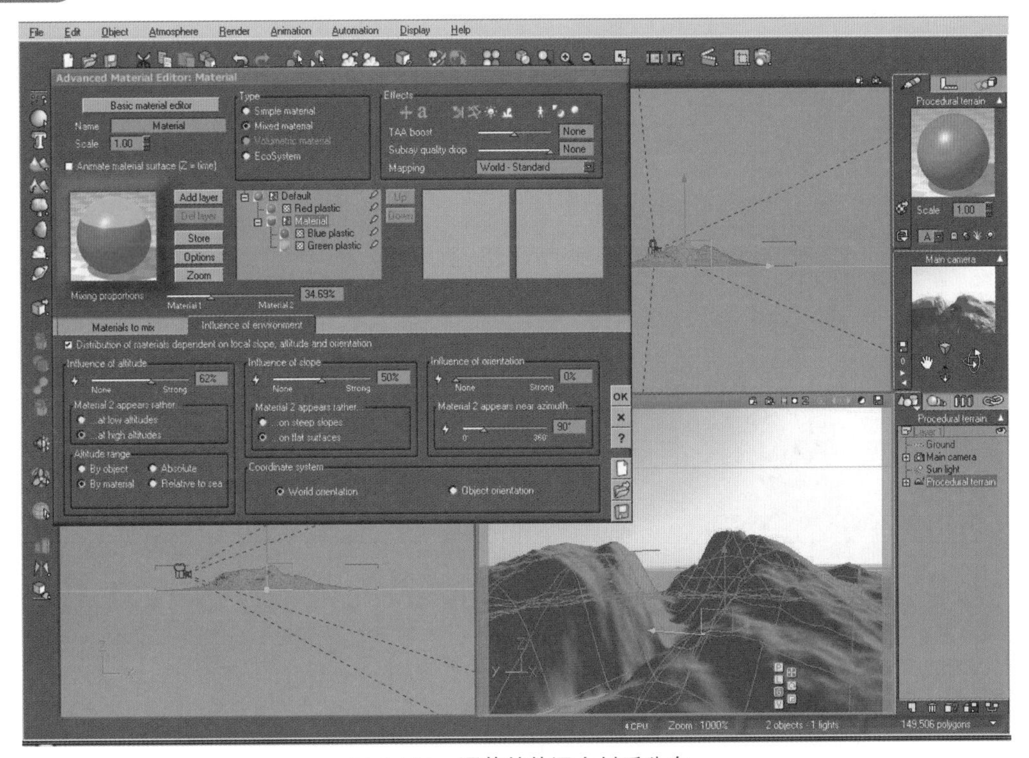

图 4-154　调整其他混合材质分布

STEP 15 对材质进行渲染一下，观察最后材质的分布情况，如图4-155所示。

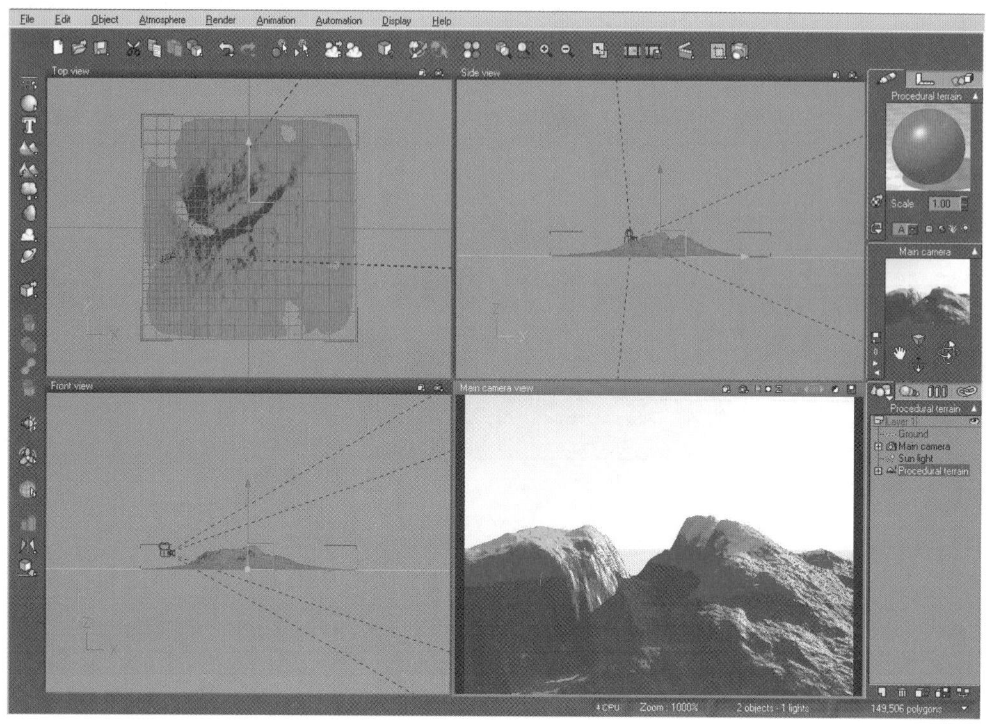

图 4-155　查看材质分布情况

STEP 16 用实际的材质来替换掉原来的单色材质，如图4-156所示。

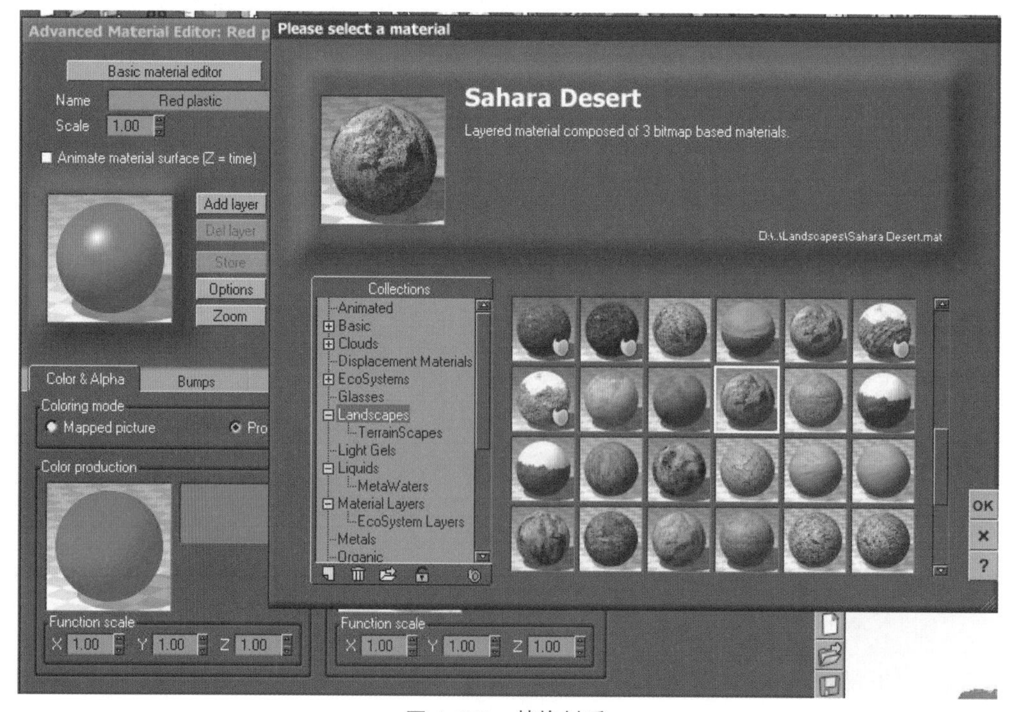

图 4-156　替换材质

STEP17 依次将所有的单色材质都换成不同的山体材质，如图4-157所示。

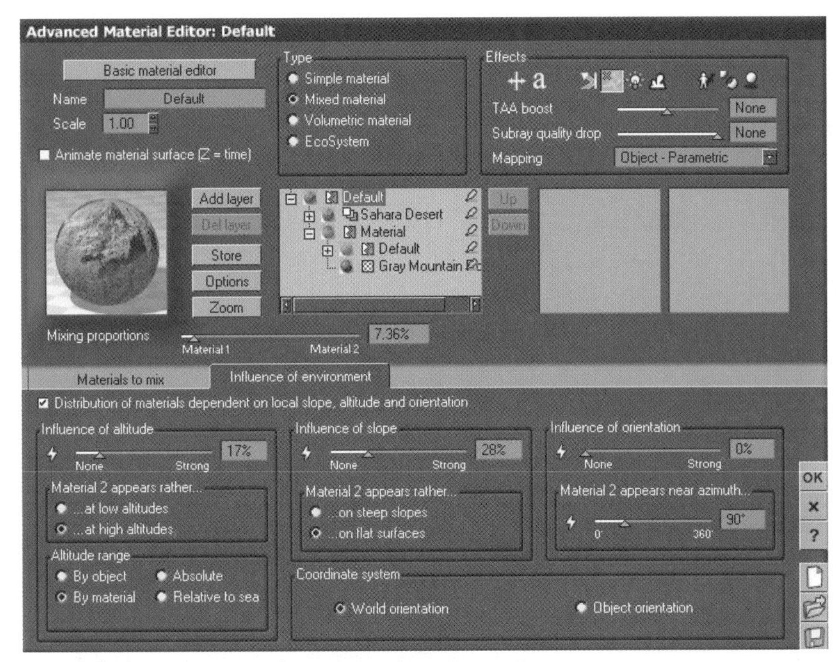

图 4-157　替换其他材质

STEP18 渲染一下现在的场景效果，对感觉不满意的可以更换材质，最终得到想要的效果，如图4-158所示。

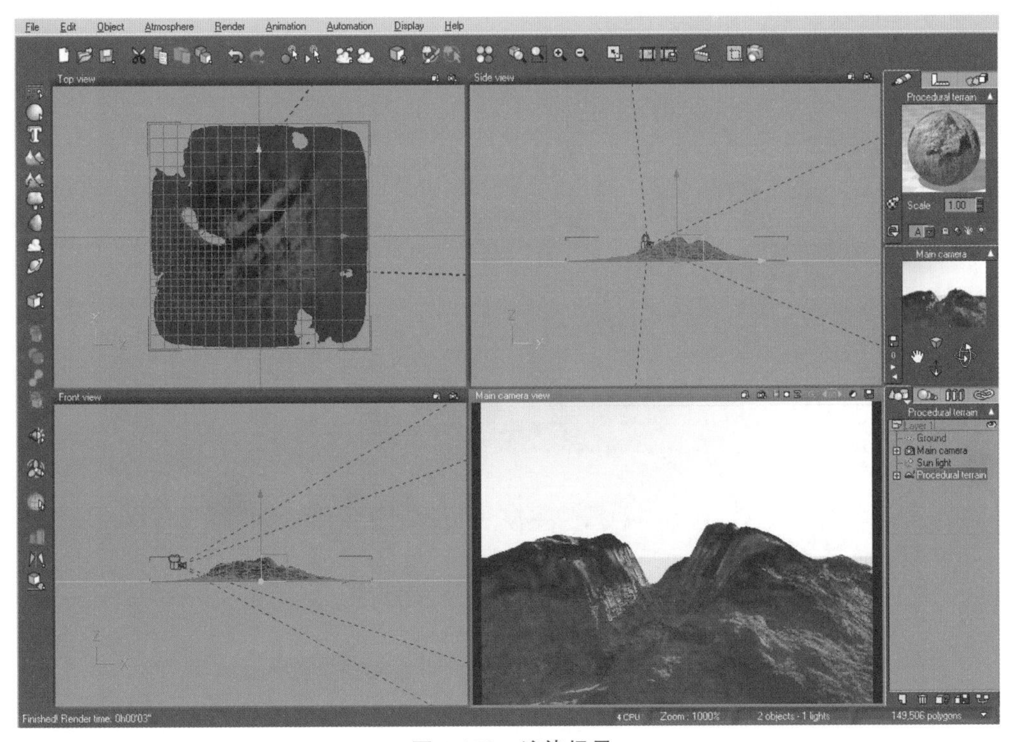

图 4-158　渲染场景

STEP 19 现在我们将地面赋予水的材质，如图4-159所示。

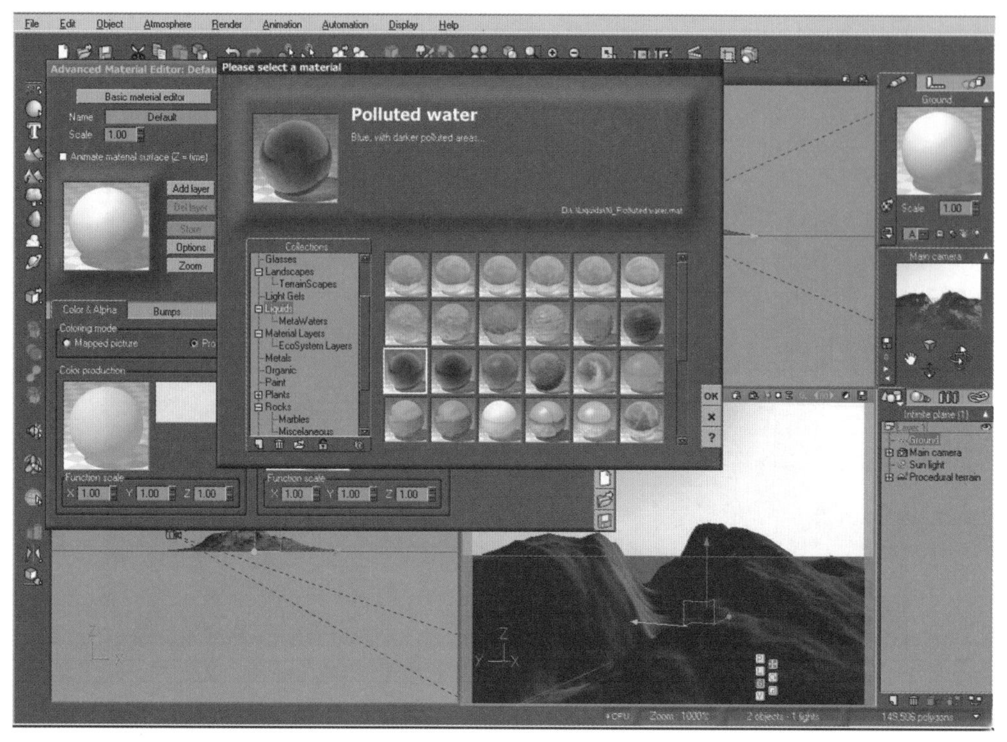

图 4-159 赋予地面材质

STEP 20 更换天空效果，如图4-160所示。

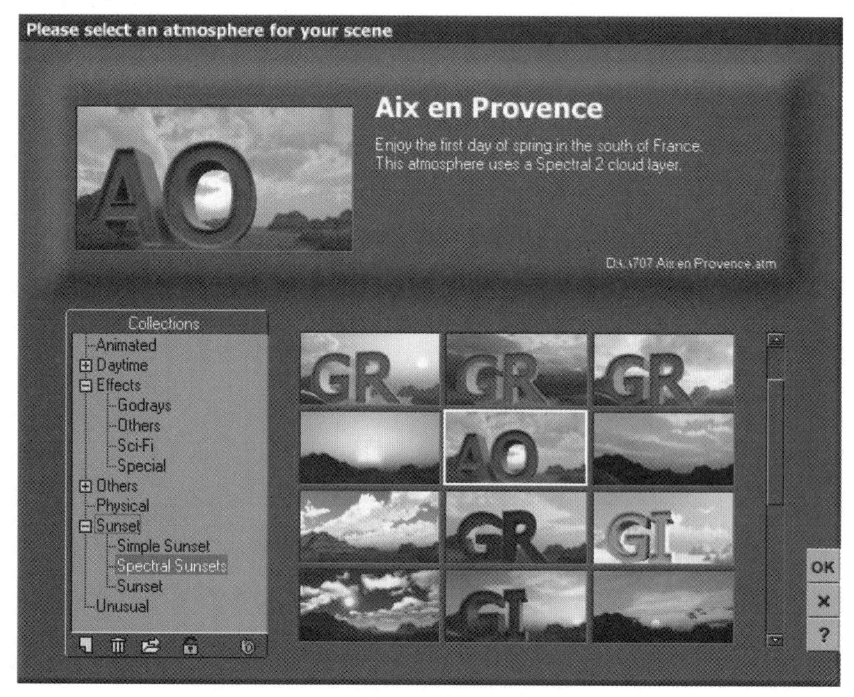

图 4-160 更换天空效果

STEP 21 设置渲染的正式参数，最后渲染场景的效果如图4-161所示。

图 4-161　最终渲染效果

第5章 Vue灯光

材质和灯光是密不可分的，Vue的灯光有7种，包括5种简单光和2种区域光（面光和发光物体）。灯光可以移动、缩放、旋转，但是无法扭曲。

5.1 基本灯光

Vue的实际灯光有六种，包括点光、方形点光、射灯、方形射灯、定向灯和面光。

可以通过在菜单栏中选择“Object（对象）”\“Add Light（添加灯光）”命令来创建相应的灯光，如图5-1所示。

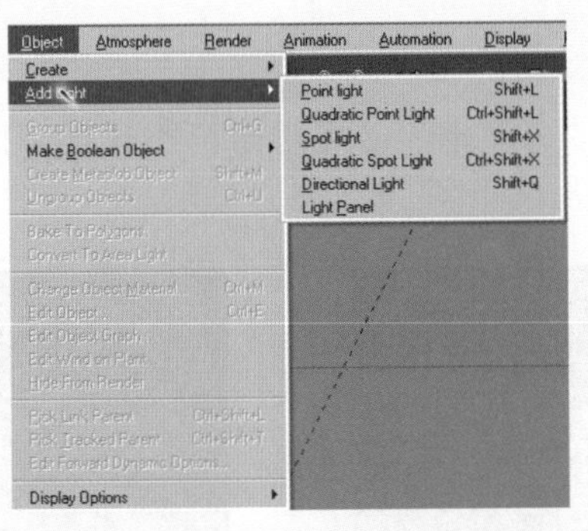

图 5-1　创建灯光

5.1.1　点光（Point light）

点光就是一种全向光，一种向四周发射没有方向的光源。下面创建了几个简单的物体，并且删除了默认的太阳光，来观察点光，如图5-2所示。

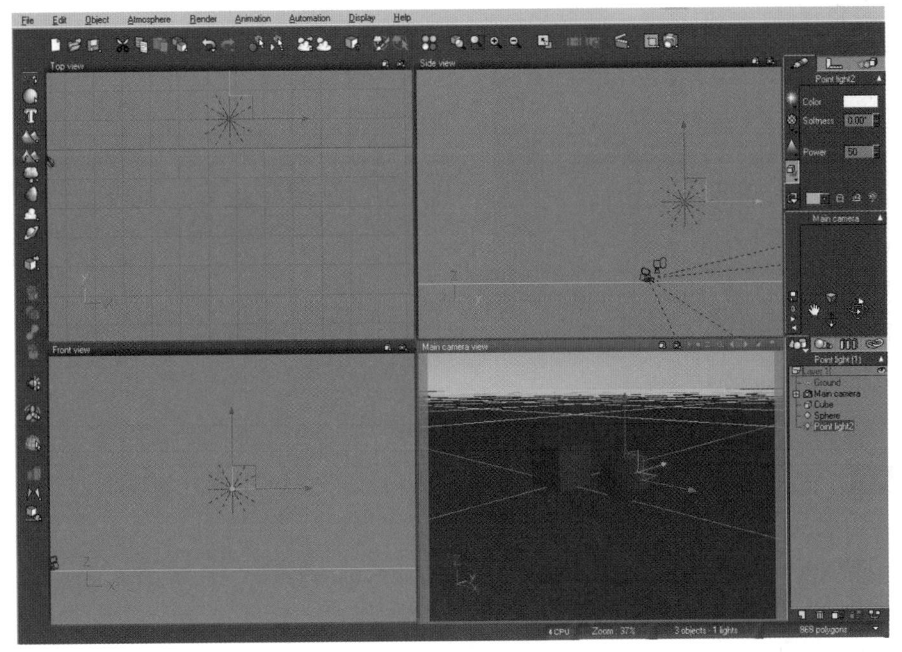

图 5-2　创建点光

点光的基本参数如图5-3所示，其中各参数的含义如下。

- Color（颜色）：设置灯光的颜色。

图 5-3　灯光的基本参数

- Softness（柔和度）：设置光影的柔和程度，变相地控制着阴影的取样程度，如图5-4所示。

柔和度为 0

柔和度为 25

图 5-4　光影的柔和程度

由图5-4中可以看出，柔和度越低阴影的效果越好。

- Power：设置灯光的强度，数值越大灯光越强，如图5-5所示。

灯光强度 50

灯光强度 200

图 5-5　灯光的强度

从左到右依次是灯光颜色改变、是否开启灯光照明效果、影响天空和排除。灯光颜色改变下拉列表中各选项及其含义如下。

- ：添加光斑效果。
- ：光效预设，用于进行一些特色的光效设置。
- ：创建体积光。

- ：设置灯光是否产生阴影。
- ：预览设置。

灯光的旋转、位置参数如图5-6所示；灯光的运动、跟踪、连接参数如图5-7所示。

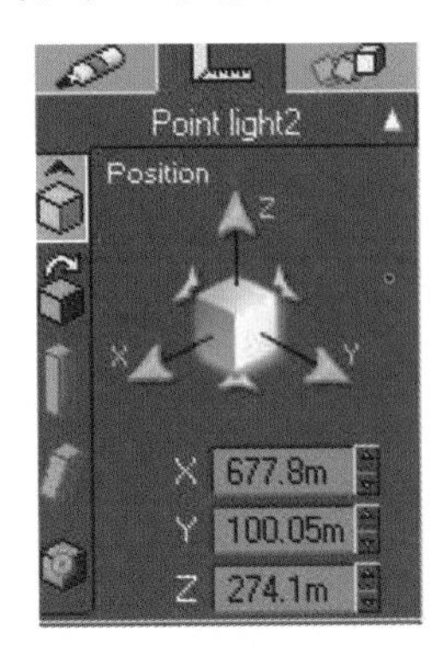

图 5-6　灯光的旋转和位置参数

图 5-7　灯光的运动、跟踪、连接参数

5.1.2　方形点光（Quadratic point light）

可以通过在菜单栏中选择“Object（对象）”\“Add Light（添加灯光）”\“Quadratic point light（方形灯光）”命令来创建方形点光，如图5-8所示。

方形点光和点光的参数相同，但光照强度衰减更快。

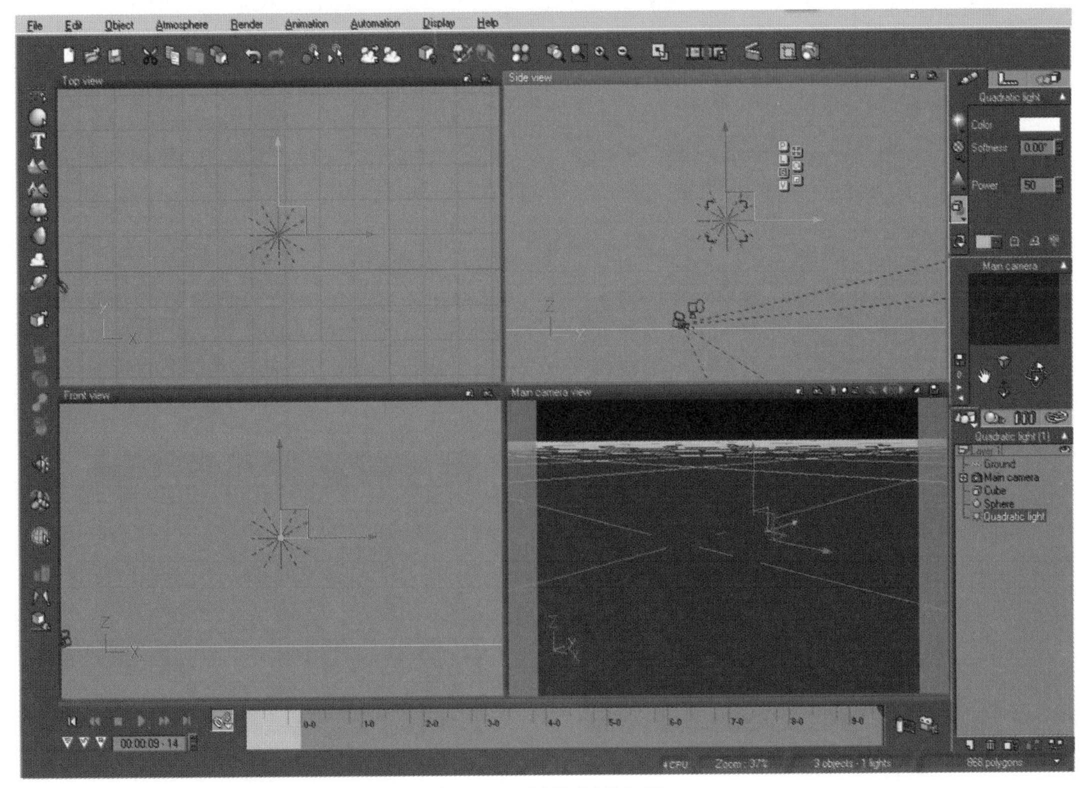

图 5-8　创建方形点光

5.1.3 射灯（Spot lights）

射灯是一种有方向的灯，如图5-9所示。

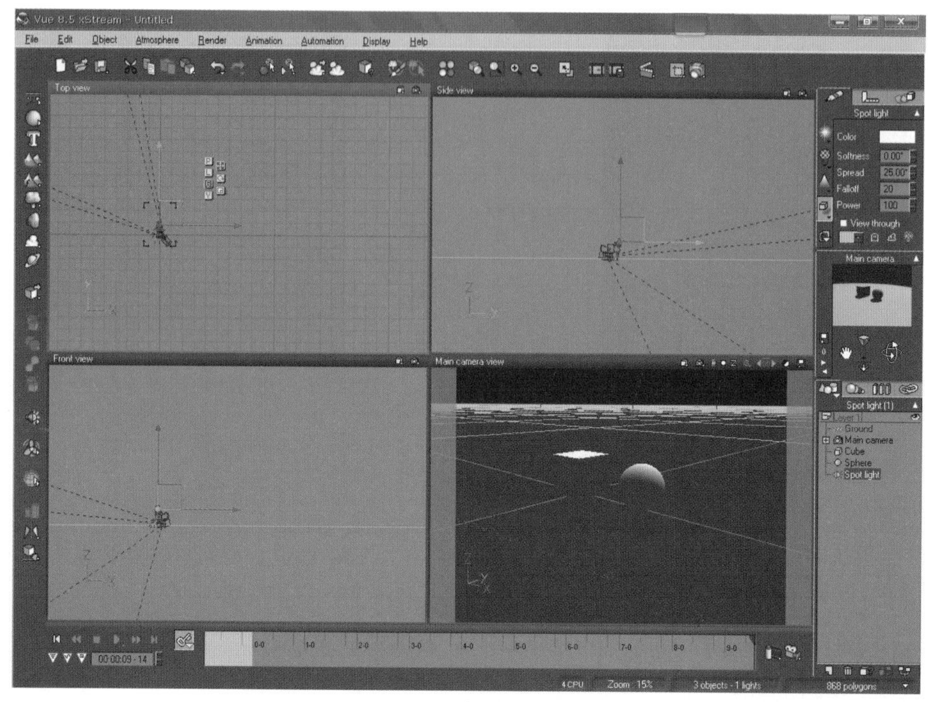

图 5-9　创建射灯

创建射灯的参数和点光略有不同，它其实多出了两个参数，如图5-10所示，这两个参数的含义如下。

- Spread（扩展）：灯光的覆盖面积大小，如图5-11所示。
- Falloff（衰减）：灯光边缘的虚实程度，如图5-12所示。

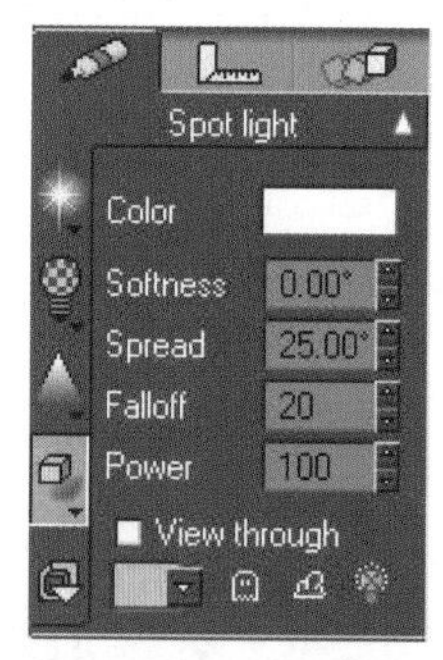

图 5-10　射灯参数

扩展 10

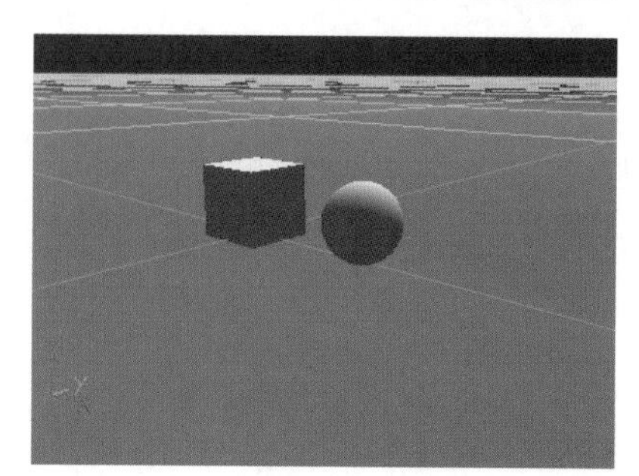

扩展 90

图 5-11　扩展效果

衰减 20

衰减 80

图 5-12　衰减效果

5.1.4　方形射灯（Quadratic Spot lights）

方形射灯参数和射灯参数一样，但是灯光的衰减更快一些，如图5-13所示。

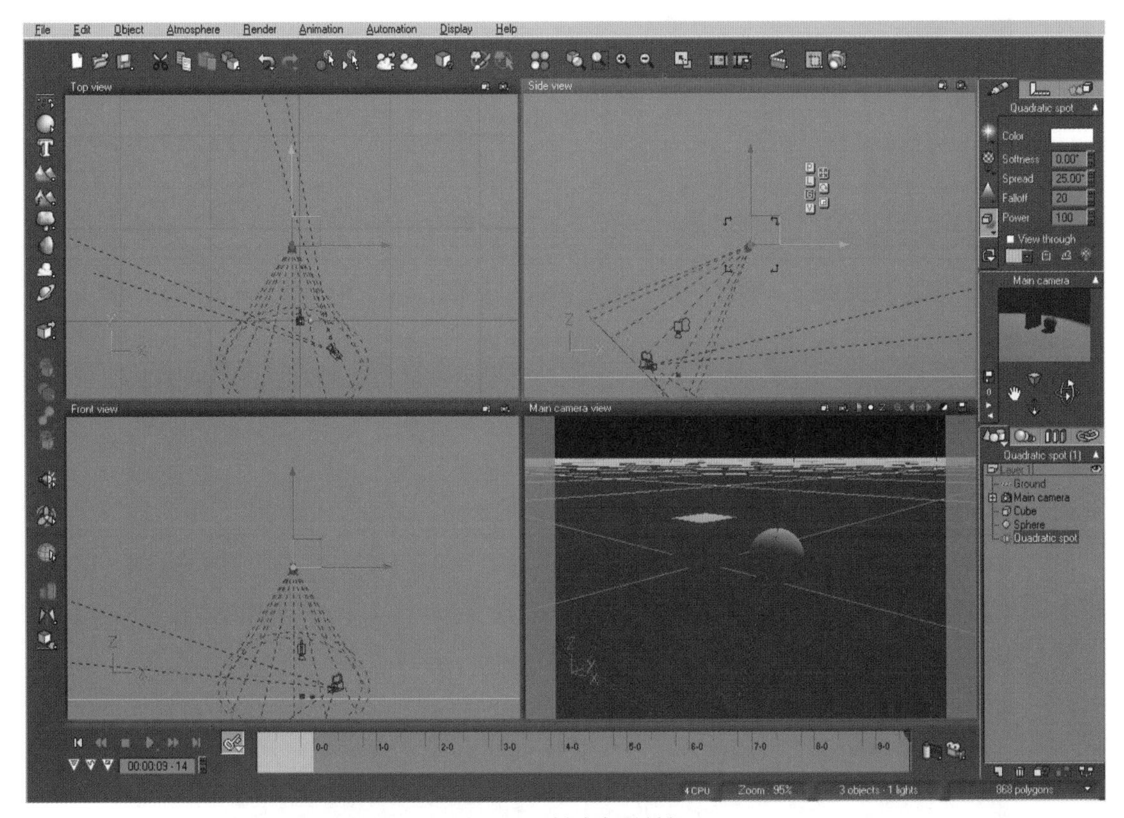

图 5-13　创建方形射灯

5.1.5　定向灯（Directional lights）

定向灯也称为无限灯光，用来模拟太阳，是灯光参数比较少的一种灯光，如图5-14所示。

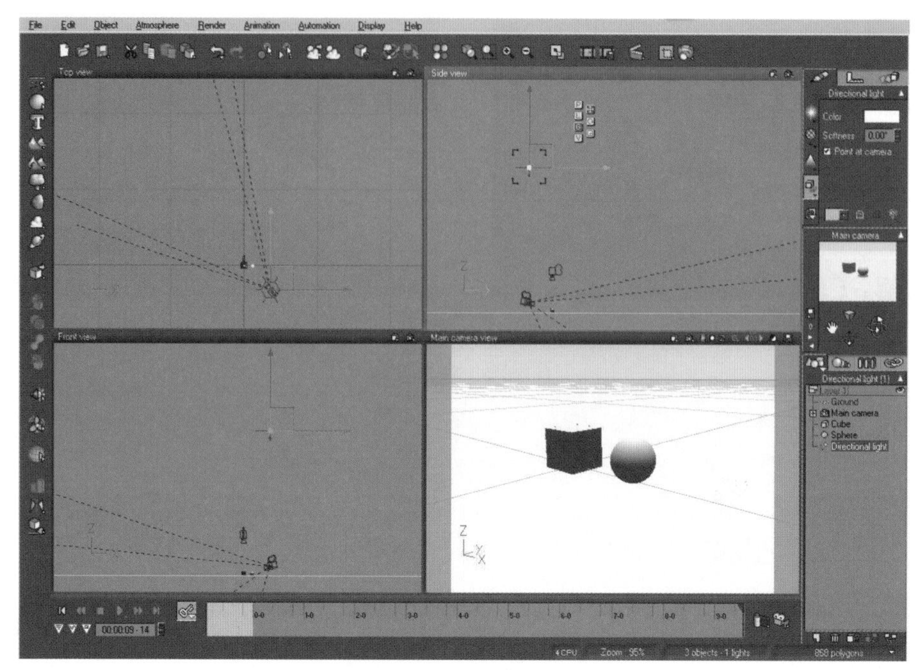

图 5-14　创建定向灯

5.1.6　面灯（Light Panel）

面灯是一个长方形的灯，光是从整个方形表面发射的，是面积光源，如图5-15所示。

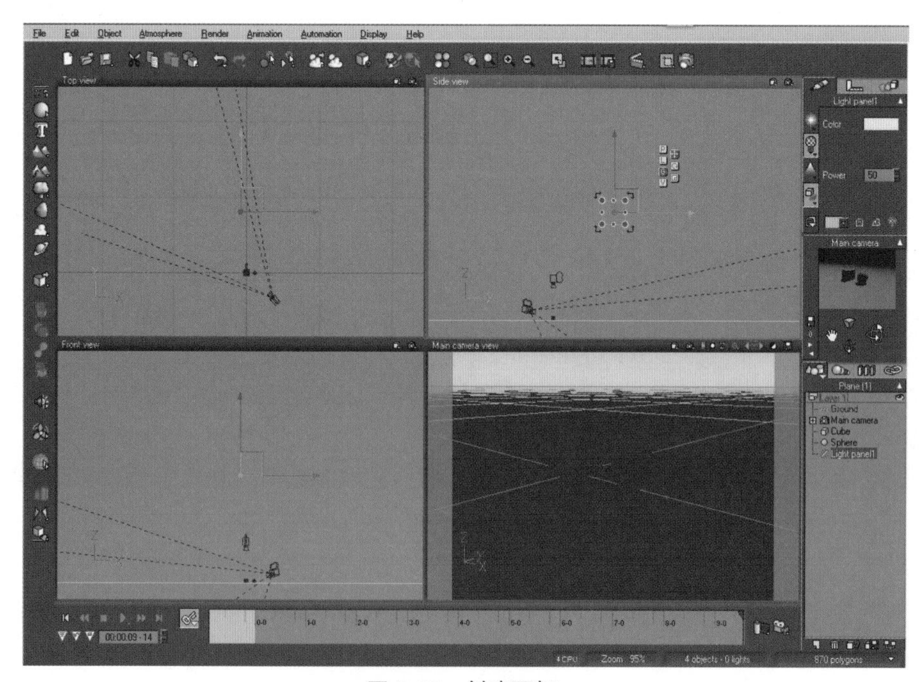

图 5-15　创建面灯

5.2 灯光编辑器

灯光编辑器也是一个非模式对话框，它由6个标签组成：Lens flares（镜头光晕）、Gel（间接照明）、Volumetric（体积）、Shadows（阴影）、Lighting（灯光）和Influence（影响），如图5-16所示。

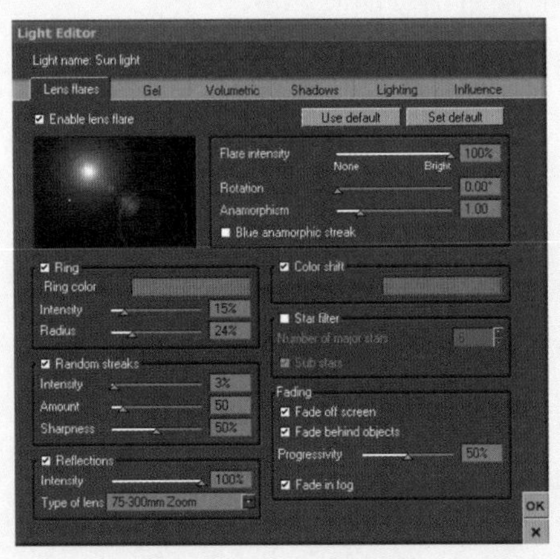

图 5-16　灯光编辑器

5.2.1　镜头光晕（Lens flares）

镜头光晕是控制镜头光斑效果的。现实镜头光晕效果是由相机的镜头形成的，而Vue的镜头光晕是用“隔膜技术”模拟的。所谓隔膜技术，是用多个不同图形的透明“膜片”叠加而成的。镜头光晕参数如图5-17所示。

1. Enable lens flares（使用镜头光晕）

- Flare intensity（光晕强度）：控制整体光晕的强度。
- Rotation（旋转）：旋转镜头光晕（必须启动星星和闪光选项）。
- Anamorphism（变形）：横向拉伸镜头光晕，值越大拉伸越强。
- Blue anamorphic streak（变形蓝条）：使蓝色椭圆化。

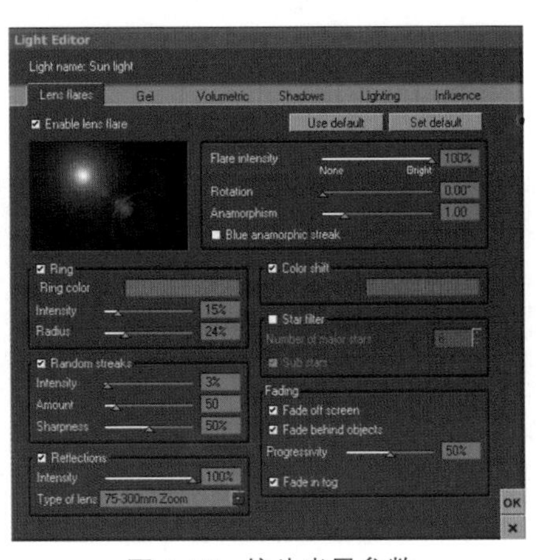

图 5-17　镜头光晕参数

2. Ring（环）

- Ring color（环颜色）：可以编辑环的颜色。
- Intensity（强度）：控制环的整体强度。
- Radius（半径）：控制环的大小。

3. Random streaks（随机闪光）

- Intensity（强度）：控制闪光的强度。
- Amount（数量）：控制随机闪光的光线量。
- Sharpness（锐度）：控制闪光的平均锐度。

4. Star filter（星光滤波器）

- Number of major stars（一些主要的星星）：最多可以有十个星级。
- Sub stars（小星组）：附加较短的星光。

5. Reflectins（反射）

- Intensity（强度）：控制光晕反射的强度。
- Type of lens（镜头类型）：选择不同类型的镜头。

6. Fading（衰减）

- Fade off screen（关闭淡出）：使镜头光晕逐渐消失。
- Fade behind objects（物体背后淡出）：对象遮挡镜头光晕。
- Progrressivity（渐进）：仅控制衰减。

7. Color shift（颜色）

该参数用于改变光晕中心向外辐射的颜色。

5.2.2 间接照明（Gel）

间接照明参数如图5-18所示，各参数的含义如下。

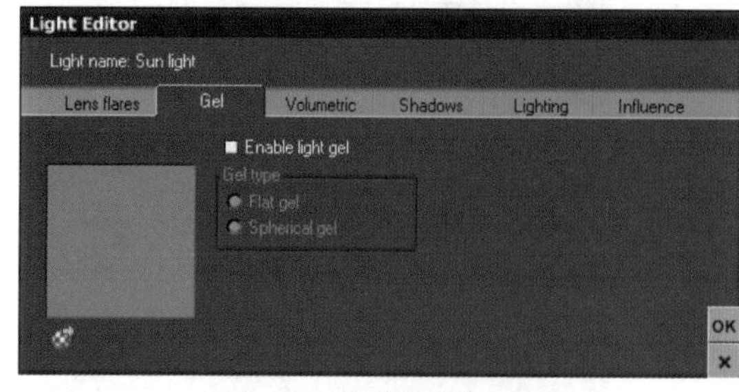

图 5-18 间接照明参数

- Enable light gel（启动灯光滤光板）：勾选该复选框，即可启动灯光滤光板。
- Gel type（滤光板类型）：设置滤光板类型。
- Flat gel（平面滤光板）：定向灯不可用。
- Spherical gel（球形滤光板）：定向灯不可用。

5.2.3 体积（Volumetric）

体积参数用于启用形成亮度的体积光束，如图5-19所示。

- Enable volumetric lighting（使用体积光）：勾选该复选框，即可启用体积光。

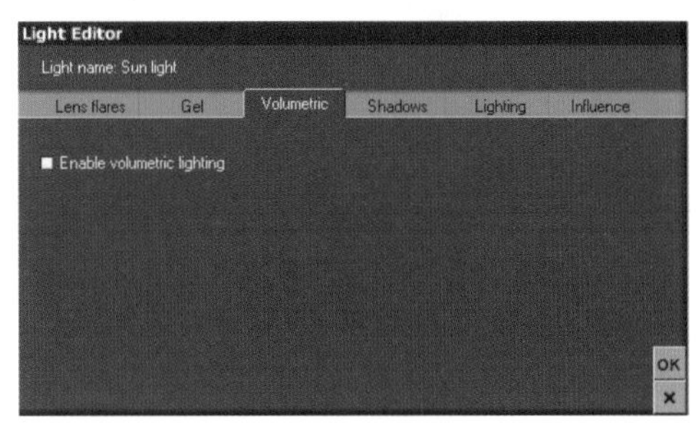

图 5-19　体积参数

5.2.4 阴影（Shadows）

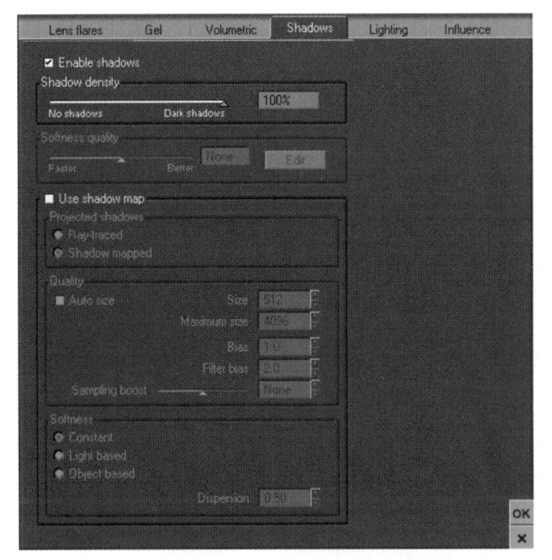

图 5-20　阴影参数

表现真实场景的效果，阴影是必不可少的，阴影参数如图5-20所示。

1. Enable shadows（启用阴影）

阴影参数的含义如下。

- Shadow density（阴影密度）：实际就是控制阴影的透明程度。
- No shadows为无阴影Dark shadows为黑阴影。

2. Softness quality（软阴影质量）

当将灯光属性面板中的“Softness（柔和）”参数设定为非零时，此项才可使用。

3. Use shadow map（使用阴影贴图）

使用阴影贴图的方式来表现场景的阴影，其参数的含义如下。

- Projected shadows（投射阴影）：选择投射阴影的方式。
  - Ray-traced（光线跟踪）：使用光线跟踪的阴影，阴影边缘较硬，其效果如图5-21所示。
  - Shadow mapped（阴影贴图）：使用阴影贴图的阴影，阴影边缘较软，其效果如图5-22所示。

图 5-21　使用光线跟踪的阴影效果

图 5-22　使用阴影贴图的阴影效果

• Quality（品质）：阴影的质量。其不同的参数设置及其渲染效果分别如图5-23和图5-24所示。

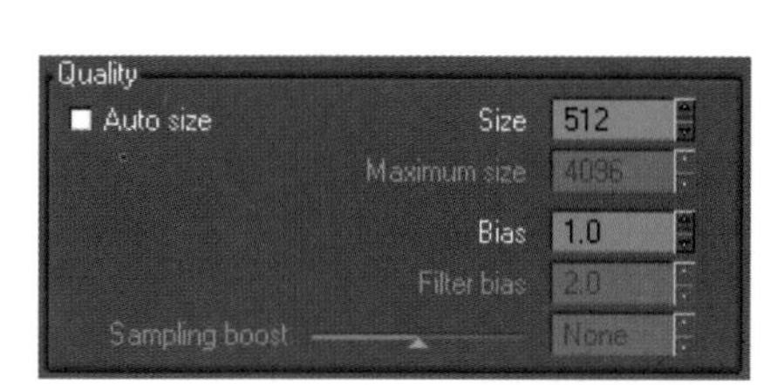

图 5-23　Quality 参数设置 1 及其渲染效果 1

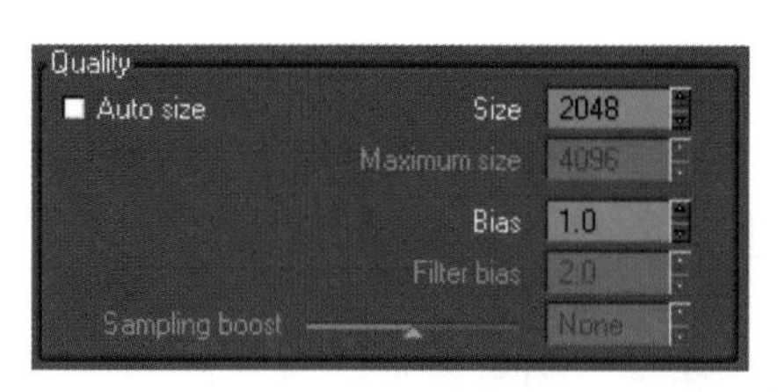

图 5-24　Quality 参数设置 2 及其渲染效果 2

➢ Auto size（自适应尺寸）：使用电脑自动设置的方式来控制阴影的质量。

• Softness（柔和）：控制阴影贴图散布的距离。

➢ Constant（恒定）：计算分散最简单和最快的方法。

➢ Light based（基于灯光）：模拟分散最强的方法。

➢ Object based（基于物体）：只能模拟物体背后的软阴影。

➢ Dispersion（分散系数）：控制分散和距离之间的尺度。

5.2.5 灯光（Lighting）

可以利用过滤器和彩色贴图来控制灯光衰减和自定义灯光颜色。灯光参数如图5-25所示，各参数的含义如下。

- Light attenuation（灯光衰减）：启动灯光衰减的方式来控制灯光的衰减变化。
  - ➢ Linear（线性衰减）：标准衰减坡面，与灯光距离成正比。
  - ➢ Quadratic（方形衰减）：正确的衰减模式，衰减强劲。
  - ➢ Custom（自定义衰减）：利用过滤器和剪切距离来实现。
  - ➢ Variable color（变色）：不仅能控制灯光的颜色，还能根据颜色控制灯光衰减的距离。

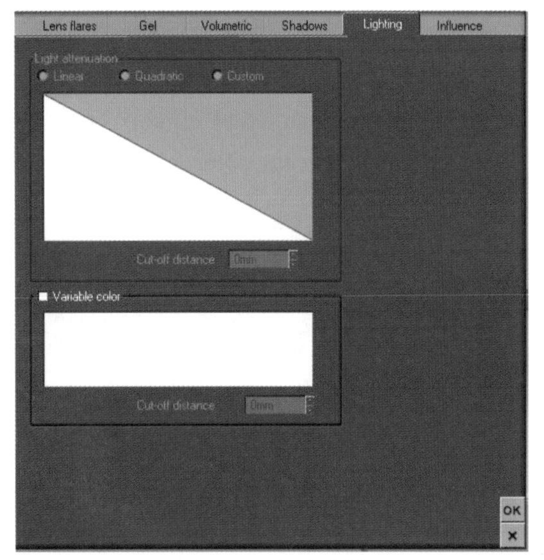

图 5-25　灯光参数

5.2.6 影响（Influence）

影响参数用于控制对象漫反射、高光反射及排除与重聚集等功能，如图5-26所示。

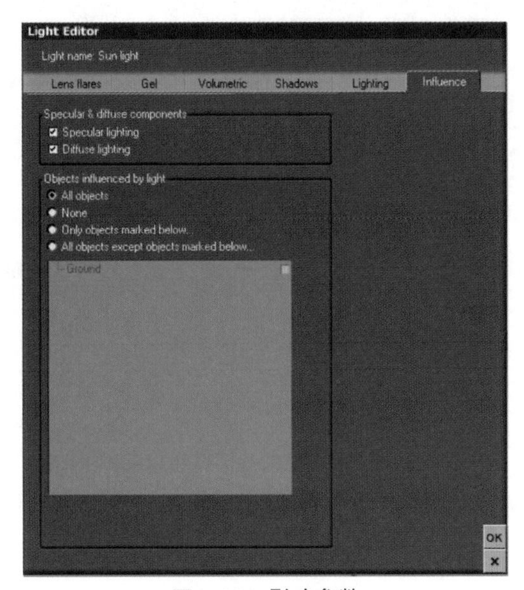

图 5-26　影响参数

1．Specular&diffuse components（高光和漫射组件）

- Specular lighting（高光照明）：照亮所有对象的高光区。
- Diffuse lighting（漫射照明）：照亮所有对象的漫反射区。

2．Objects influenced by light（受灯光影响的对象）

- All objects（所有物体）：所有物体都受灯光的影响。
- None（无）：所有物体都不受灯光的影响。
- Only objects marked below（仅勾选对象）：勾选的物体才受灯光影响。
- All objects except objects marked below（除勾选对象以外的）：不勾选的物体受灯光影响。

5.3 实例——水下世界

本节主要使用灯光来表现水下世界，并通过该实例加强对灯光的认识，特别是体积光等。

STEP 01 添加一个水面，如图5-27所示。

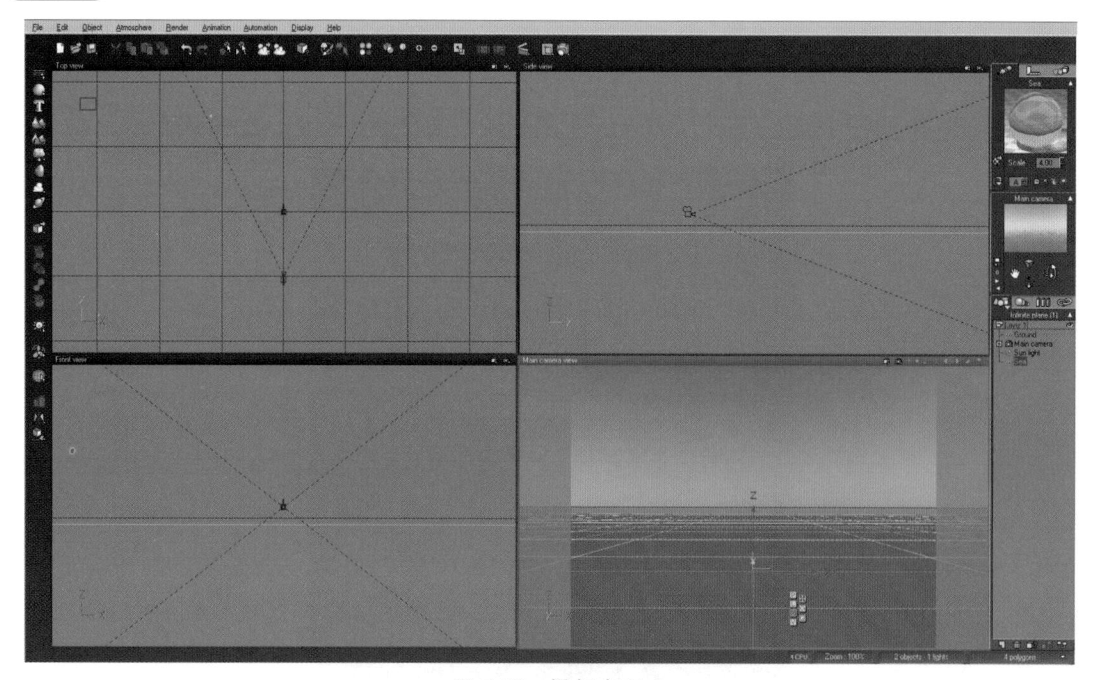

图 5-27　添加水面

STEP 02 调整水面和相机的位置，如图5-28所示。

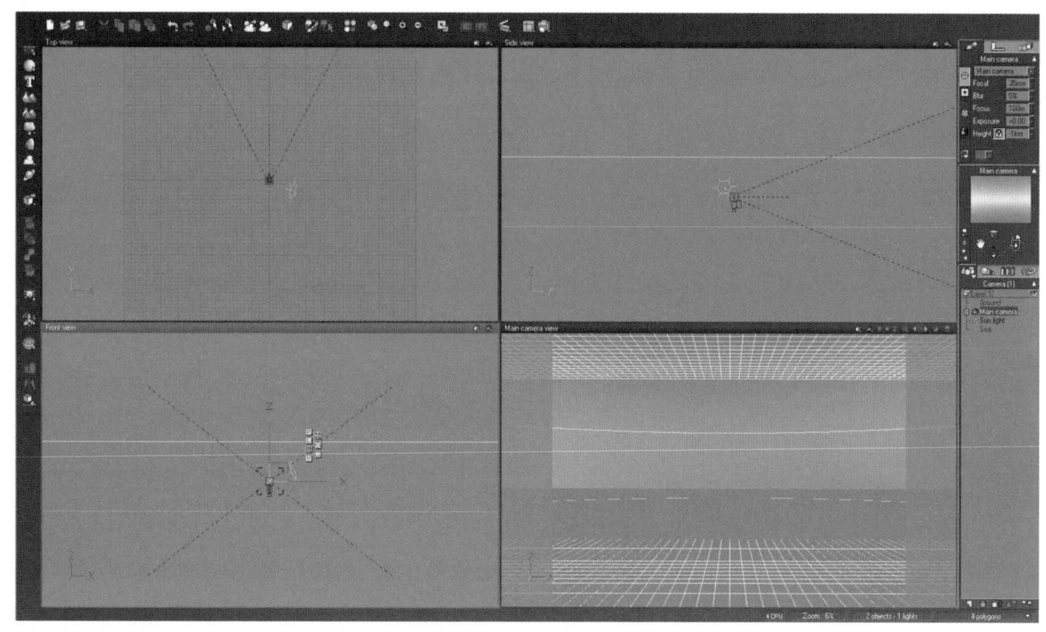

图 5-28　调整水面和相机的位置

STEP 03 按<F5>键打开大气编辑器，在“Standard model（标准模式）”下调整“Fog and Haze（雾与薄雾）”面板中“Fog（雾）”的颜色，如图5-29所示。调整后的效果如图5-30所示。

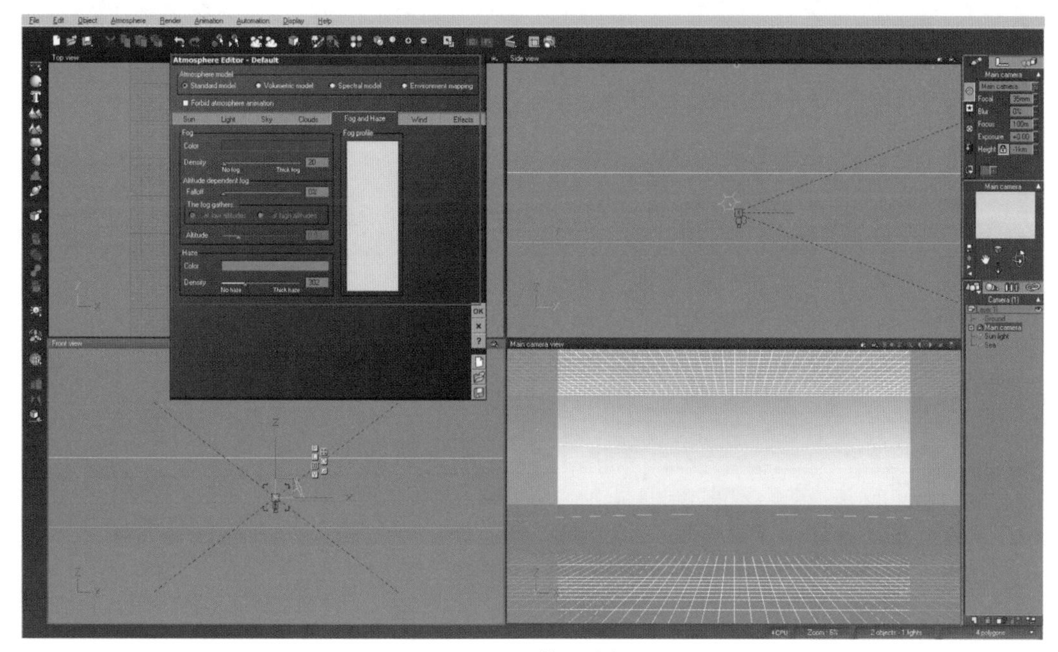

图 5-29　调整雾的颜色

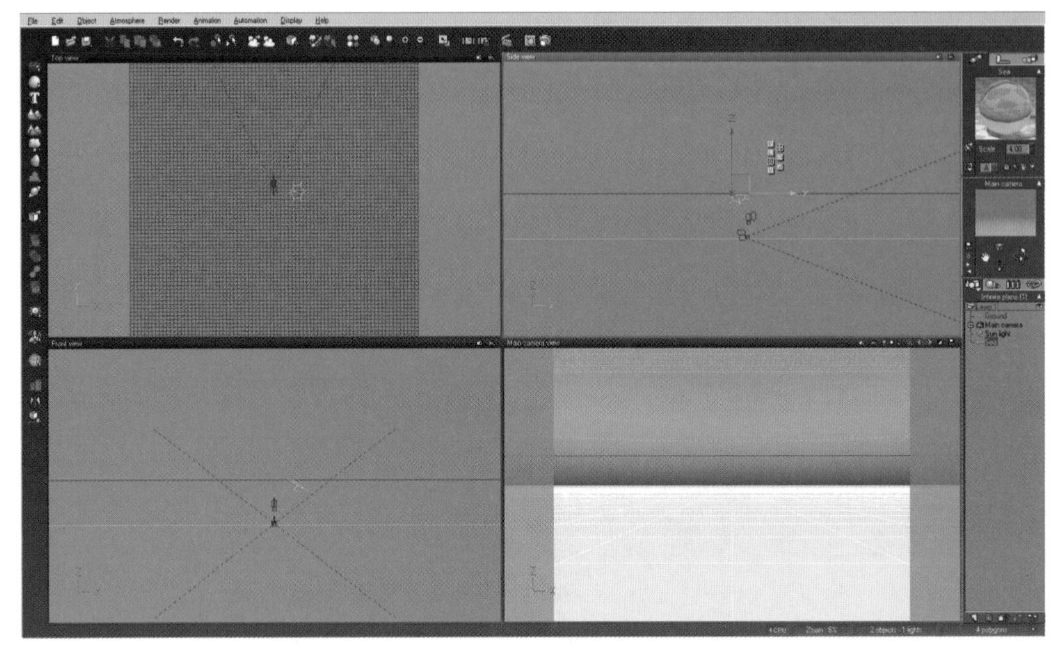

图 5-30 调整后的效果

STEP 04 添加一盏方形聚光灯，如图5-31所示。

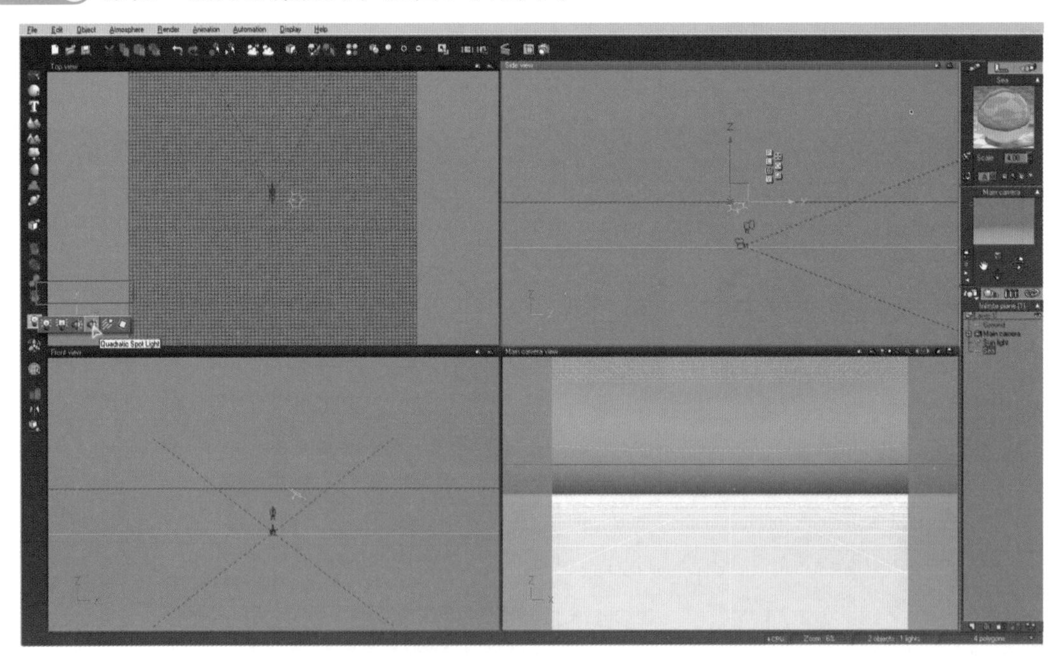

图 5-31 添加方形聚光灯

STEP 05 调整好这盏聚光灯的位置，如图5-32所示。

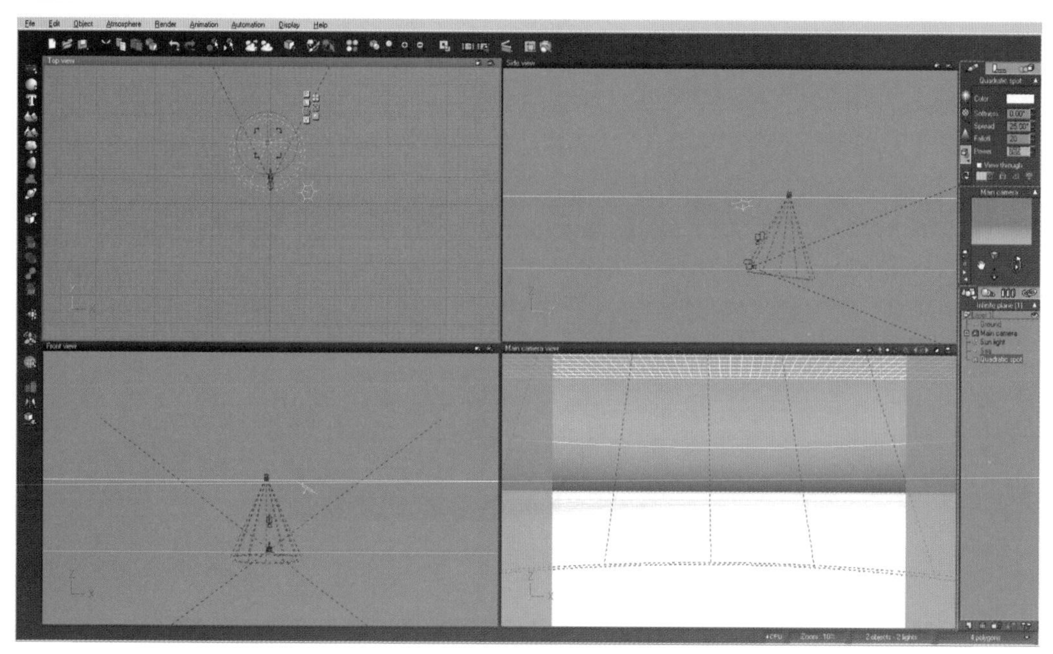

图 5-32　调整聚光灯的位置

STEP 06 设置方形聚光灯的体积光属性，如图5-33所示。

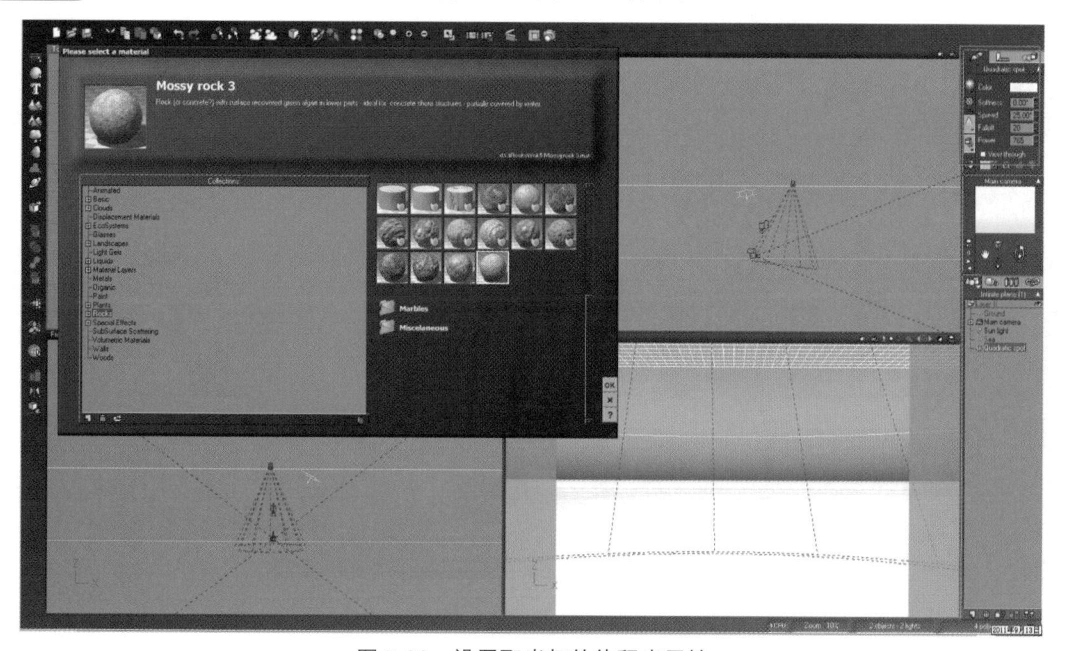

图 5-33　设置聚光灯的体积光属性

STEP 07 为灯光添加贴图，用来模拟光束效果，如图5-34所示。

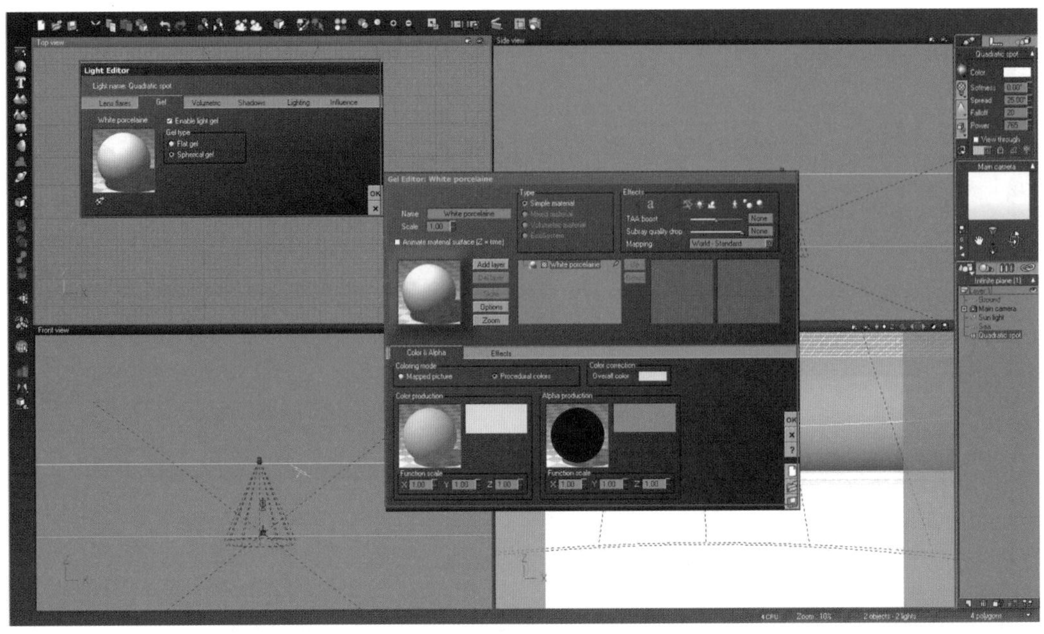

图 5-34 为灯光添加贴图

STEP 08 在如图5-35所示的位置右击，在弹出的快捷菜单中选择"Edit Function（编辑函数）"命令，打开函数编辑面板。

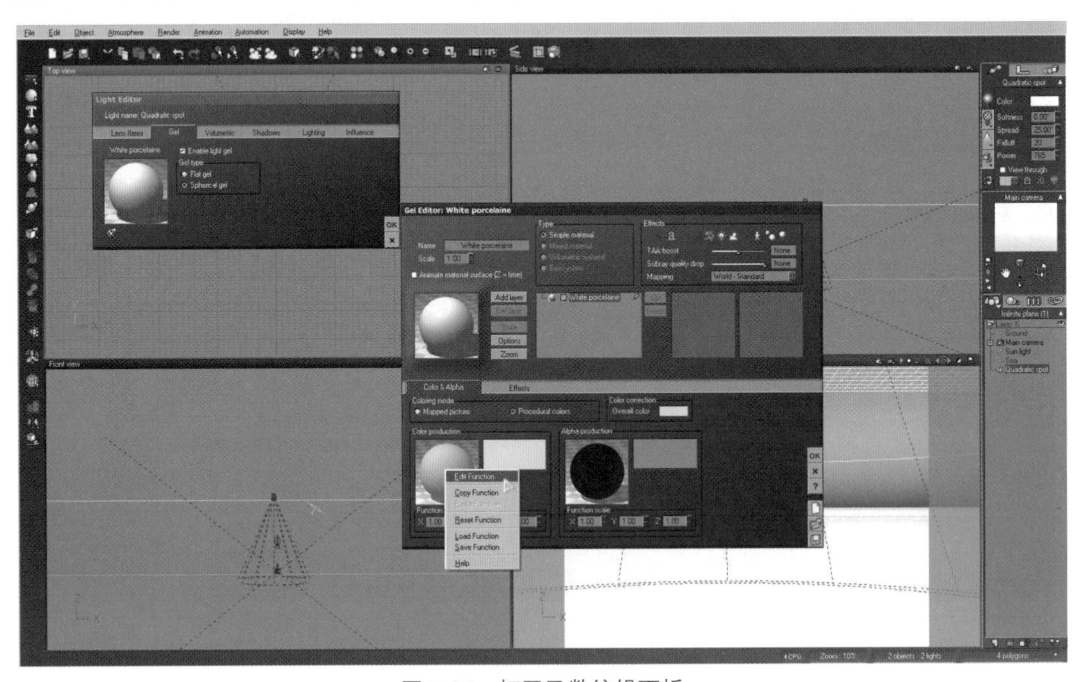

图 5-35 打开函数编辑面板

STEP 09 添加一个Texture color map（纹理贴图），如图5-36所示。

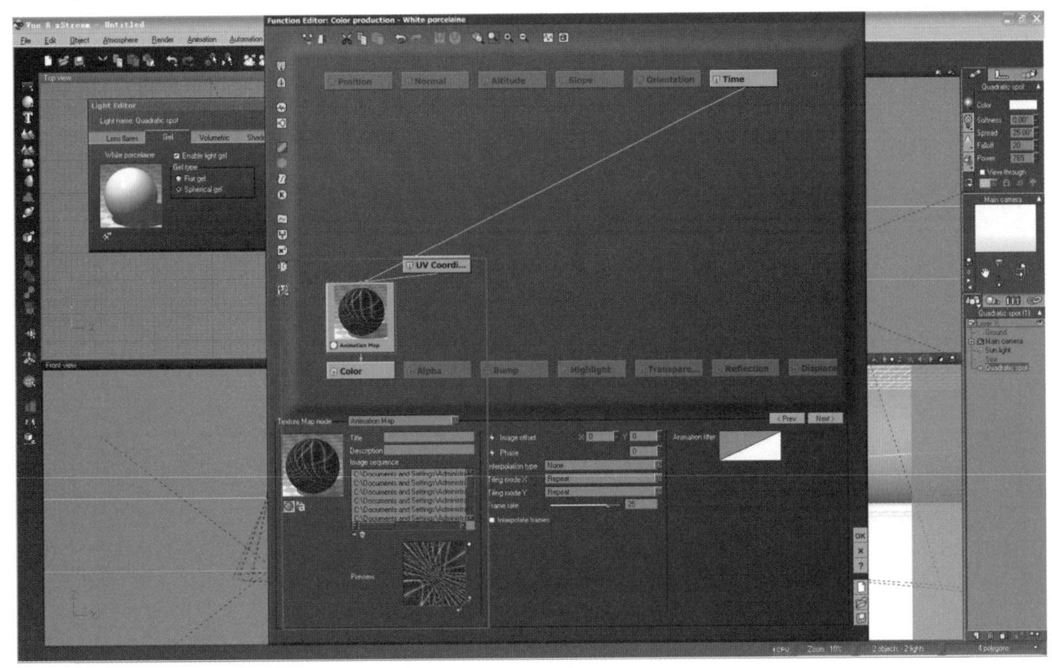

图 5-36　添加纹理贴图 1

STEP 10 为其透明效果也添加一样的纹理贴图，如图5-37所示。

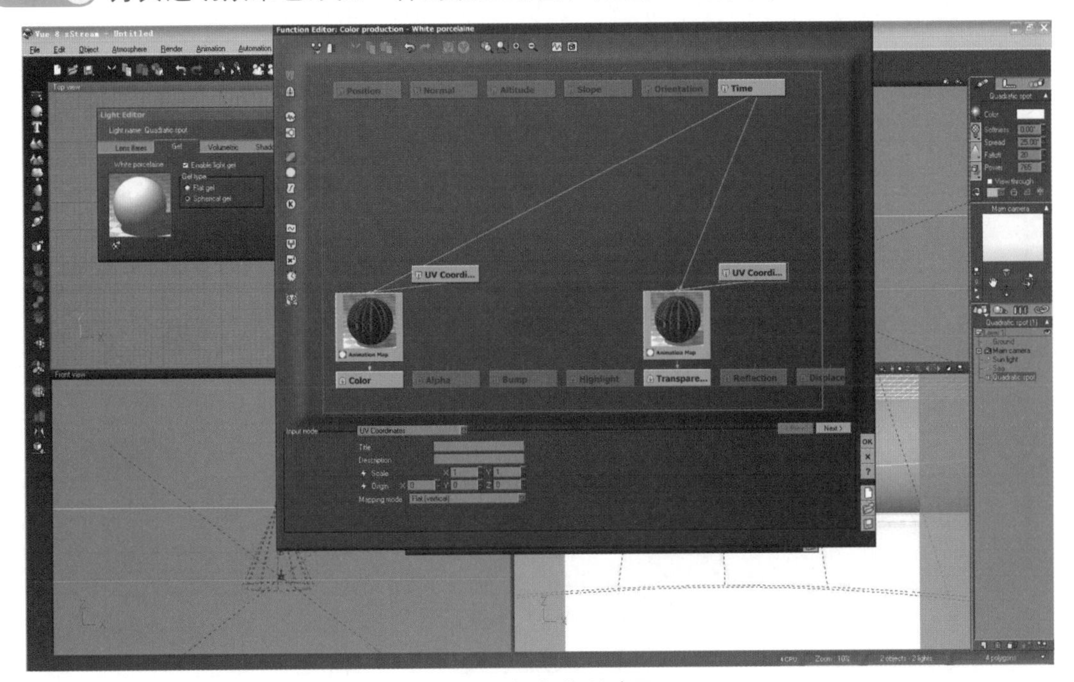

图 5-37　添加纹理贴图 2

STEP 11 添加体积光束效果，如图5-38所示。

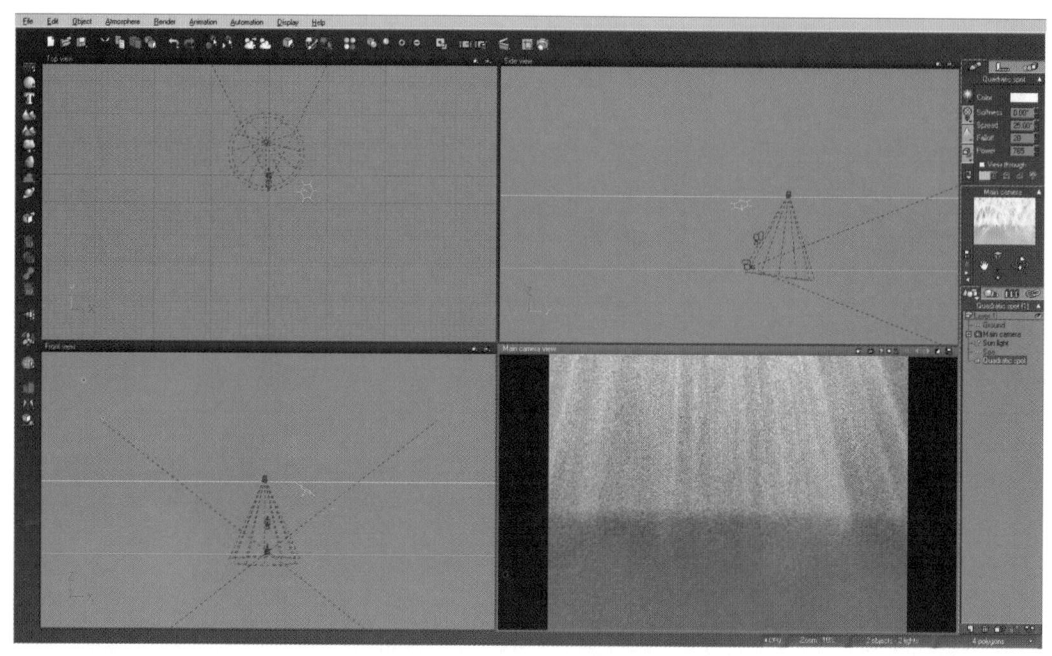

图 5-38　添加体积光束效果

STEP 12 在空白位置右击，在弹出的快捷菜单中选择“Edit Volumetric setting（编辑体积光）”命令，即可进行体积光的调整，改变它的强弱，如图5-39所示。

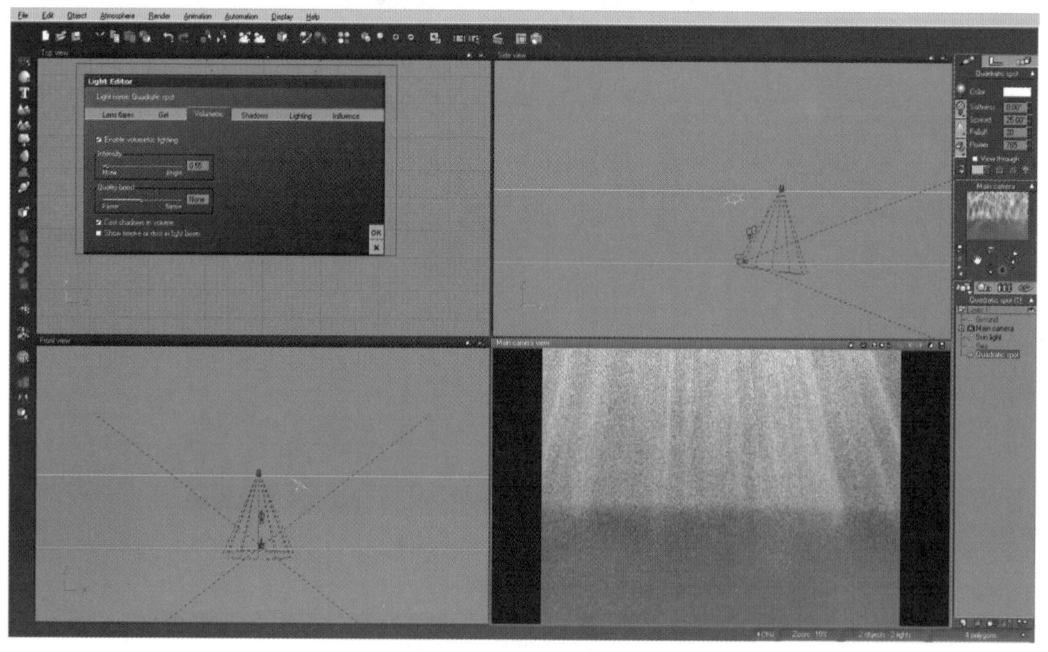

图 5-39　调整体积光

STEP 13 调整完成后，体积光最终效果如图5-40所示。

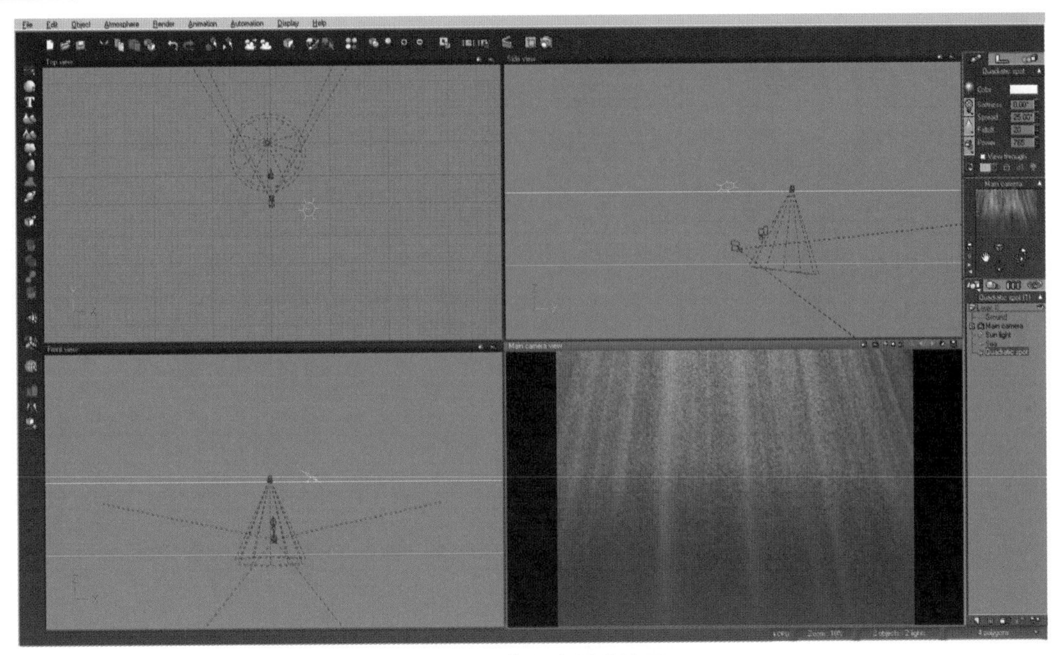

图 5-40　体积光最终效果

第6章 Vue生态系统

Vue是一个制作自然环境景观的软件，其中的植物、山石都是非常重要的组成部分。而这一切都需要Vue的生态系统来完成。本章我们就来认识一下这个生态系统的一些基本知识和常规应用。

6.1 生态画家

通过单击工具栏上的按钮进入手工绘制的生态系统，打开生态画笔面板，当然也可以通过生态系统材质打开此面板，如图6-1所示。

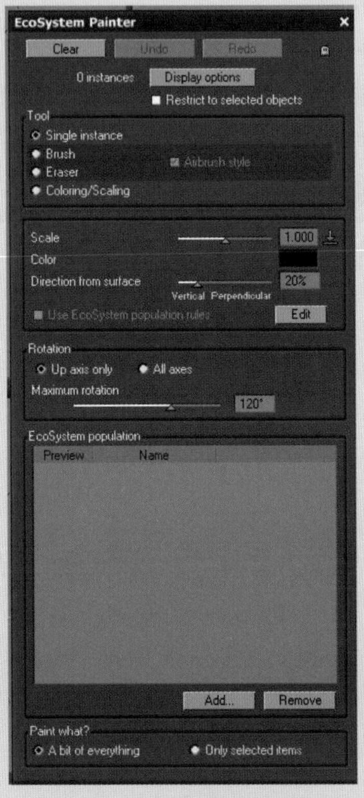

图 6-1 生态画笔面板

我们可以通过以下两个途径来访问生态画笔面板。

- 在菜单栏中选择“Edit（编辑）”\“Paint Ecosystem（绘制生态系统）”命令。
- 单击工具栏上的绘制生态系统按钮。

6.1.1 绘制生态系统

1. 笔刷工具（见图 6-2）

笔刷工具各参数的含义如下。

- Single instance（单个实例）：每次仅增加一个实例，可以绘制选择的生态物种。
- Brush（笔刷）：能成片地绘制生态系统实例。

- Eraser（橡皮擦）：清除生态系统实例，而且喷笔被自动勾选。
- Coloring/Scaling（着色/缩放）：改变生态系统实例的大小和颜色。

2．单个实例笔刷参数（见图 6-3）

单个实例笔刷参数的含义如下。

- Scale（大小）：设置笔刷大小。
- Color（颜色）：设置笔刷颜色。
- Direction from surface（至表面方向）：控制生态物种从表面生长的方向。

图 6-2　笔刷工具

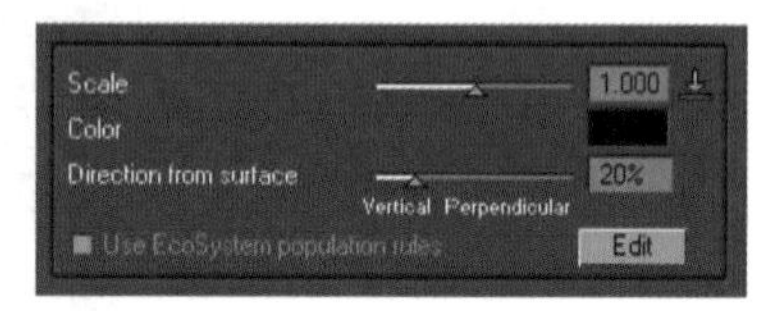

图 6-3　单个实例笔刷参数

3．笔刷参数（见图 6-4）

笔刷各参数的含义如下。

- Brush radius（笔刷半径）：设置笔刷的大小。
- Brush flow（笔刷流速）：控制加入生态系统的时间。
- Scale（比例）：定义比例的大小。
- Color（颜色）：改变加入到场景中所有生态物种的平均颜色。
- Direction from surface（至表面方向）：控制生态物种从表面生长的方向。
- Limit density（限制密度）：控制绘制生态系统的密度。

4．橡皮擦参数（见图 6-5）

橡皮擦参数的含义如下。

- Brush radius（笔刷半径）：控制笔刷的大小。
- Brush flow（笔刷流速）：控制加入生态系统的时间。

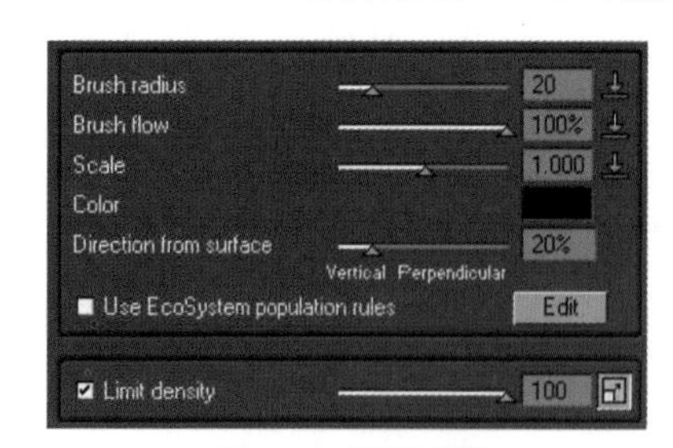

图 6-4　笔刷参数

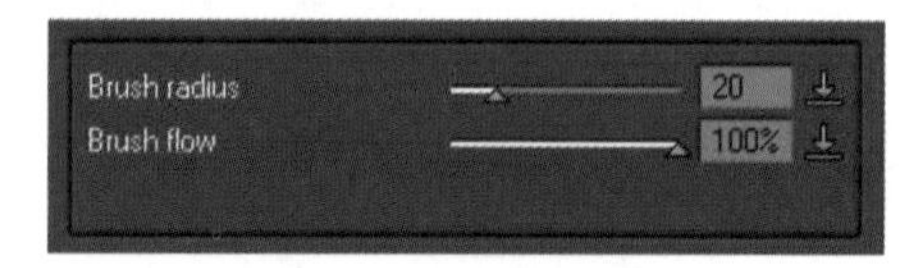

图 6-5　橡皮擦参数

5．着色 / 缩放参数（见图 6-6）

着色/缩放参数的含义如下。

- Brush radius（笔刷半径）：控制笔刷的大小。

- Coloring（颜色）：控制笔刷颜色。
- Scaling（比例）：控制生态系统的大小。

6．旋转参数（见图6-7）

旋转参数的含义如下。

- Up axis only（仅Z轴）：在Z轴上随机旋转。
- All axes（所有轴）：在所有轴上随机旋转。
- Maximum rotation（最大旋转角度）：设置场景里生态植物的最大旋转角度。

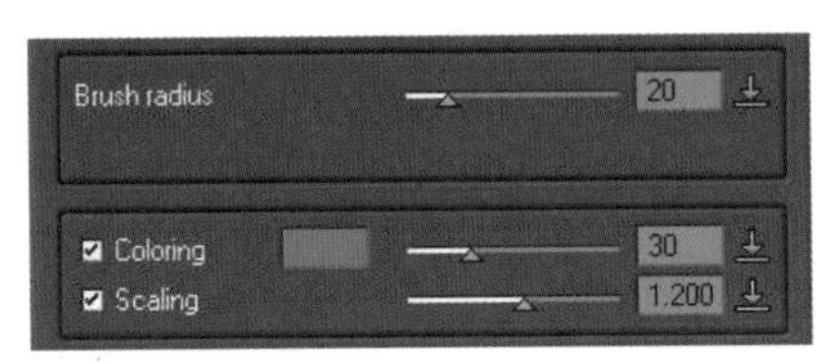

图6-6　着色/缩放参数

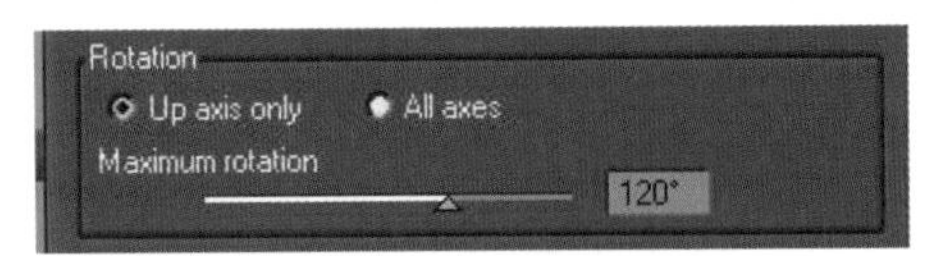

图6-7　旋转参数

7．生态族群（见图6-8）

单击“Add（添加）”按钮，可以添加Rock（岩石）、Plant（植物花草）和Object（物体，obj格式的，如建筑、人物、汽车等）。

8．应用范围（见图6-9）

应用范围参数的含义如下。

- A bit of everything（每个生态物种）：绘制所有的物种。
- Only selected items（仅选择项目）：仅绘制选择的物种。

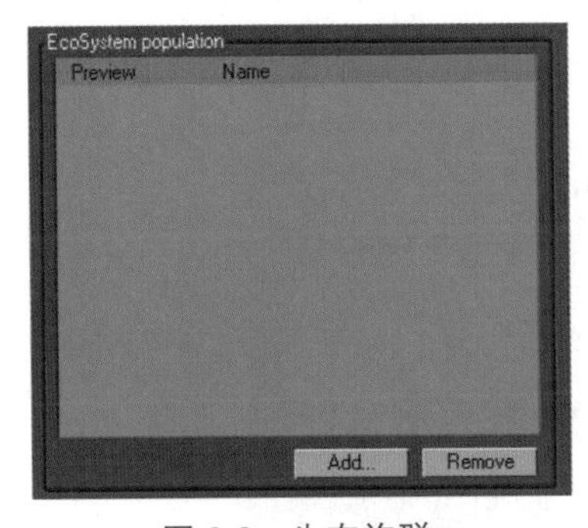

图6-8　生态族群

图6-9　应用范围

6.1.2　选择生态系统

1．访问选择生态系统

访问选择生态系统的方法有以下两种。

其一，单击工具菜栏上的选择生态系统按钮；

其二，选择菜单栏中的“Edit（编辑）”\“Select EcoSystem instances（选择生态系统实例）”命令。

2. 选择生态系统参数（见图6-10）

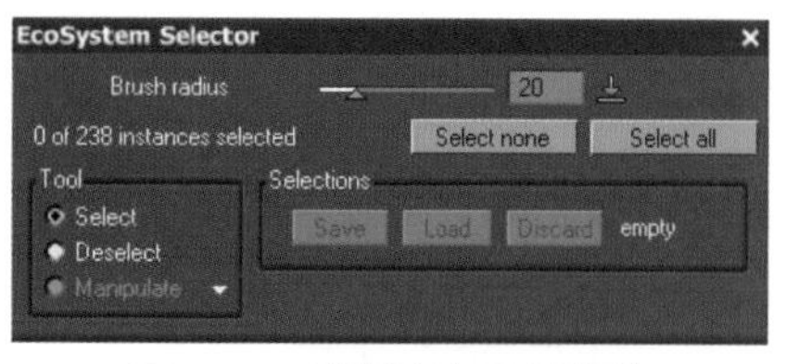

图6-10 选择生态系统参数

选择生态系统各参数的含义如下。

- Brush radius（笔刷半径）：设置笔刷的大小。
- Select none（不选择）：取消所有选择。
- Select all（选择所有）：选择所有物体。
- Tool（工具）：笔刷工具设置。
  - ➢Select（选择）：选择工具。
  - ➢Deselect（取消）：取消选择。
  - ➢Manipulate（操纵）：使用其他方式操纵。
- Selections（选择）：对选择的方式进行设置。
  - ➢Save（存储）：存储选择。
  - ➢Load（读取）：读取所存储选择。
  - ➢Discard（取消）：取消选择。

6.2 生态系统材质

生态系统材质与层材质相似，可以叠加多层生态系统材质为一个层材质，也可以使用混合材质把生态系统材质和普通材质混合在一起，如图6-11所示。

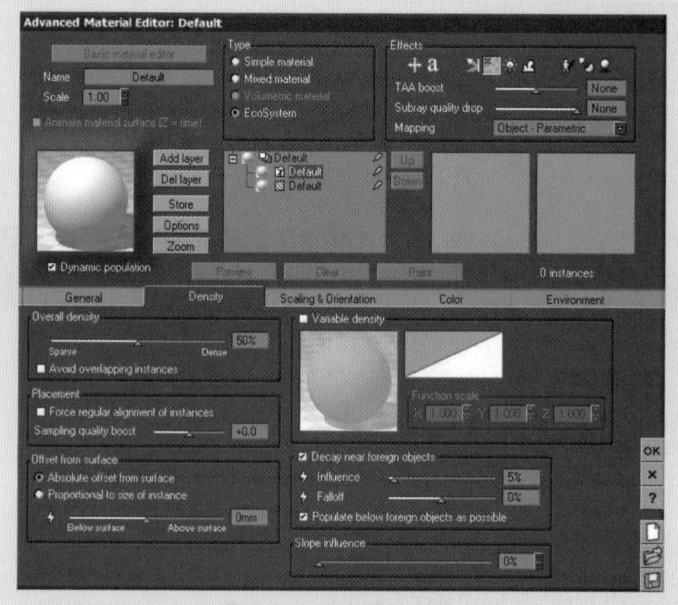

图6-11 生态系统材质

6.2.1 通用标签

生态系统材质中的通用标签如图6-12所示。

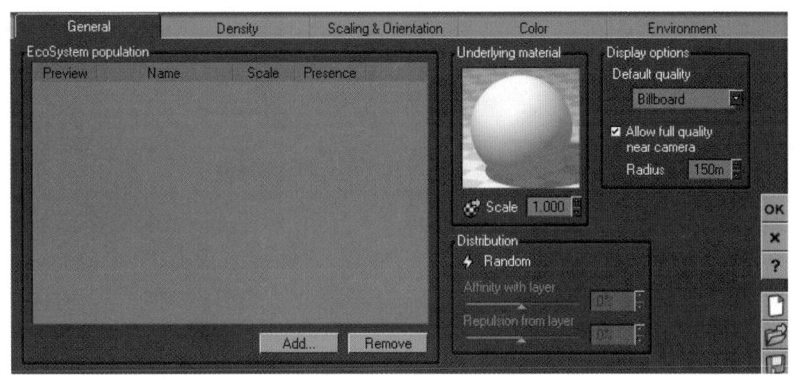

图 6-12 通用标签

1. 生态种群（见图 6-13）

生态种群参数的含义如下。

- Add（添加）：单击此按钮弹出下拉菜单，可以选择添加Rock（岩石）、Plant（植物）、Object（对象）。
- Remove（移除）：删除表中的物种。
- Preview（预览）：预览种群形状。
- Name（名字）：生态种群的名字。
- Scale（比例）：生态种群的大小。
- Presence（存在）：生态种群存在的数量。

2. 材质显示和分布（见图 6-14）

材质显示和分布参数的含义如下。

- Scale（比例）：生态种群的材质比例。
- Display Options（显示设置）：控制生态系统种群在视图中显示的方式。
- Default quality（默认质量）：默认设置。
- Allow full quality near camera（相机附近高质量）：越靠近相机的生态系统质量越高，越远的生态系统质量可以相对降低，这样可以减少对电脑的负担，而且更有利于提高大场景的制作效率。
- Distribution（分布）：设置材质分布方式。
- Random（随机）：默认的效果。
- Affinity with layer（亲和层）：调整生态系统中不同物种之间的疏密。
- Repulsion from layer（排斥层）：增加或者减少不同物种的排斥力。

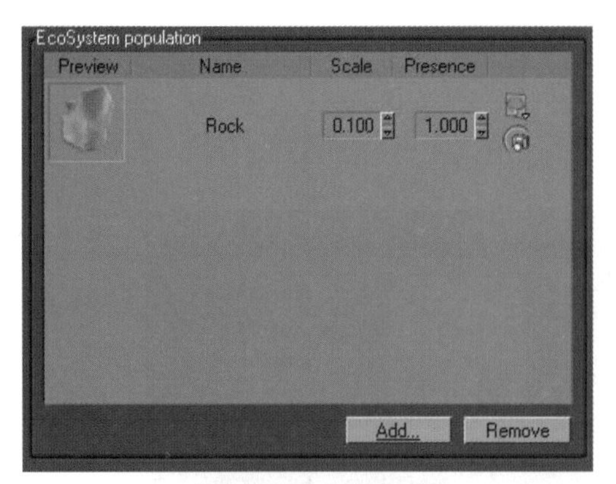

图 6-13　生态种群

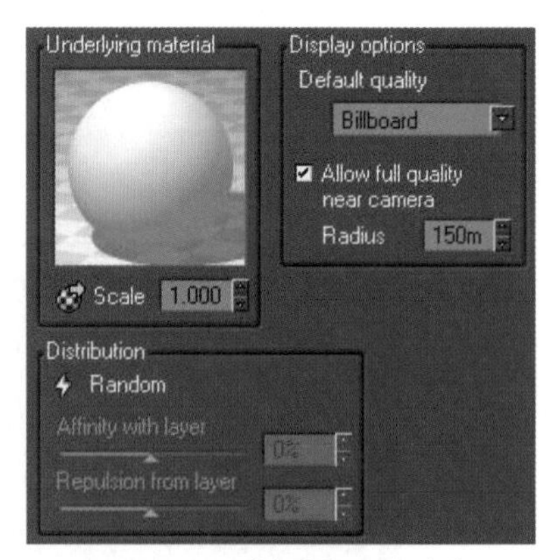

图 6-14　材质显示和分布

6.2.2　密度标签

密度标签用于控制生态种群的种植密度，如图6-15所示。

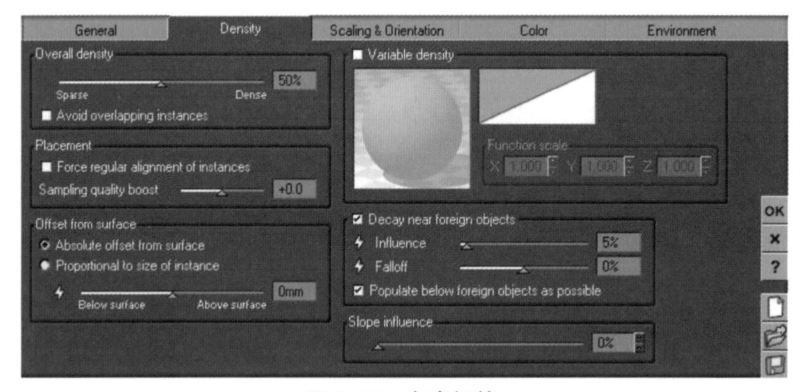

图 6-15　密度标签

1．Overall density（总体密度）

- 拖动滑块整体调整生态系统实例的数量，值越高密度越大。
- Avoid overlapping instances（避免重复实例）：勾选此复选框，可避免实例相互重叠。

2．Placement（稠密度）

- Force regular alignment of instances（强制规则调整实例）：勾选此复选框，可以消除随机安置生态系统实例。
- Sampling quality boost（采样质量）：值越高，生态系统实例分布越准确。

3．Offset from surface（从表面偏移）

使用滑块调整生态系统实例相对于对象表面的距离。

- Absolute offset from surface（表面绝对偏移）：以系统单位偏移来调整。

- Proportional to size of instance（以实例大小为比例）：偏移量与实例大小成正比来调整。

4. Variable density（可变密度）

勾选此复选框，将用函数控制对象上生态系统族群的密度。

- Fuction scale（函数规模）：控制函数的规模。

5. Decay near foreign objects（衰减异物附近）

- Influence（影响）：控制物体对生态系统密度的影响，如石头等。Influence=5%时的渲染效果如图6-16所示，Influence=70%时的渲染效果如图6-17所示。

图 6-16 Influence=5% 时的渲染效果

图 6-17 Influence=70% 时的渲染效果

- Fall off（衰减）：控制物体周围的衰减，如一个石头周围植物的分布有疏密。Fall off =0时的渲染效果如图6-18所示，Fall off =100%时的渲染效果如图6-19所示。

图 6-18　Fall off =0 时的渲染效果

图 6-19　Fall off =100% 时的渲染效果

- Populated below foreign objects as possible（植物低于物体分布成为可能）：物体周围植物的分布可以比物体本身低。

6．Slope influence（坡度影响）

影响实例在所有坡度上的分布。

6.2.3　缩放 & 取向标签

缩放&取向标签是控制生态系统实例的缩放和表面方向的标签，如图6-20所示。

1．Overall scaling（整体缩放）

整体缩放参数用于控制生态系统实例的整体比例。

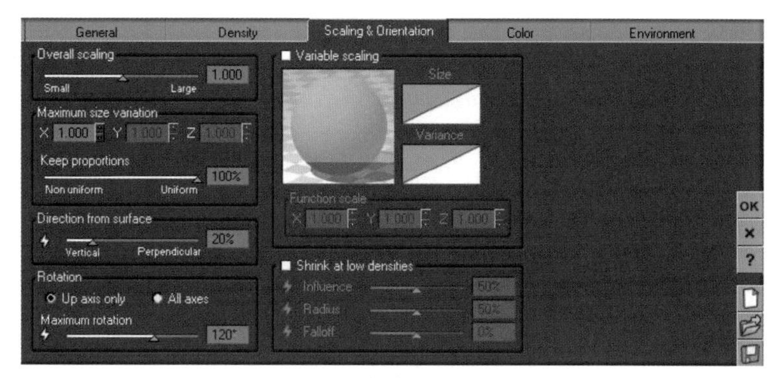

图 6-20　缩放 & 取向标签

2．Maximum size variation（最大尺寸变化）

最大尺寸变化参数用于控制生态系统实例沿每个轴的变化。

3．Direction from surface（从表面方向）

取值为0%时，实例将垂直生长；取值为100%时，实例将垂直于表面的法线生长。

4．Rotation（旋转）

- Up axis only（仅在Z轴旋转）：仅沿Z轴旋转。
- All axis（所有轴）：随机在所有轴向上旋转。

5．Variable scaling（变化缩放）

用函数和尺寸变化来控制生态系统实例的缩放，勾选该复选框前后的渲染效果如图6-21所示。

勾选前

勾选后

图 6-21　变化缩放前、后渲染效果

- Size（尺寸）：利用尺寸大小来控制生态系统实例的缩放。
- Variance（变化）：利用变化率来控制生态系统实例的缩放。
- Function scale（函数比例）：利用函数来控制生态系统实例的缩放。

6. Shrink at low densities（降低密度）

使用降低密度参数能自动降低生态系统族群的密度。

- Influence（影响）：控制减少实例的数量。
- Radius（半径）：控制影响的范围。
- Falloff（衰减）：控制大小实例的过渡。

6.2.4 颜色标签

颜色标签用于调整生态系统的颜色，如图6-22所示。

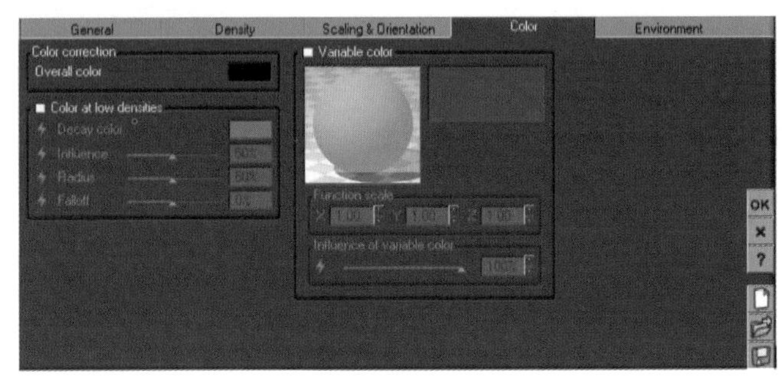

图 6-22　颜色标签

1. Color correction（颜色校正）

- Overall color（整体颜色）：控制生态系统实例的整体平均颜色。

2. Color at low densities（降低彩色密度）

降低彩色密度参数能自动微调生态系统实例整体颜色的密度。

- Decay color（衰减颜色）：微调生态系统的整体颜色。
- Influence（影响）：控制衰减的影响力。
- Radius（半径）：控制衰减的范围。
- Falloff（衰减）：影响颜色的衰减。

3. Variable color（可变颜色）

用函数和过滤器控制生态系统实例的平均颜色。

6.2.5 环境标签

当选中层材质的时候，环境标签才可用。环境标签用于控制上层材质如何出现，如图6-23所示。

1. Altitude constraint（海拔约束）

- Altitude range（高度范围）：控制该层生态族群在某一海拔出现。

- Fuzziness（top）（模糊控制高处）：控制在某海拔高度该层如何显示。
- Fuzziness（bottom）（模糊控制低处）：控制低海拔地区该层如何显示。
- Range of altitudes（高度范围）：设置用什么坐标定义高度范围。
  - By objects（通过物体）：通过物体确定高度。
  - By material（通过材质）：通过材质确定高度。
  - Absolute（绝对）：通过绝对坐标确定高度。
  - Relative to sea（相对于海平面）：相对于海平面确定高度。

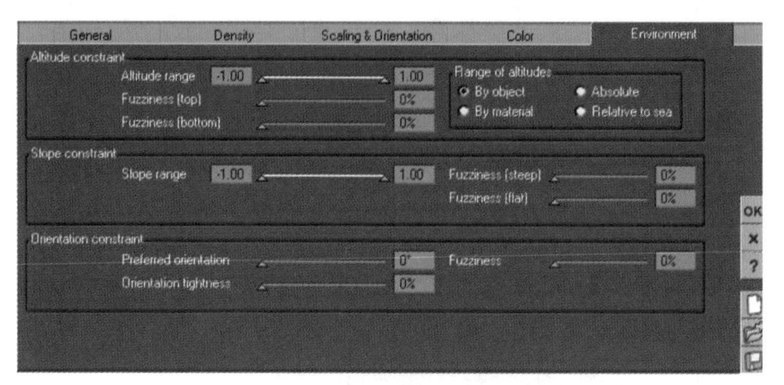

图 6-23　环境标签

2. Slope constraint（坡度约束）

- Slope range（坡度范围）：定义在某个坡度范围内显示该层。
- Fuzziness（steep）（模糊控制高处）：控制高海拔处陡坡上该层如何显示。
- Fuzziness （bottom）（模糊控制低处）：控制低海拔处的陡坡上该层如何显示。

3. Orientation constraint（方向影响）

- Preferred orientation（首选方向）：让生态系统实例最有利的方向面向用户。其不同参数设置及渲染效果分别如图6-24和图6-25所示。

图 6-24　Preferred orientation 参数设置 1 及渲染效果 1

图 6-25　Preferred orientation 参数设置 2 及渲染效果 2

- Orientation lightness（方向影响）：控制生态系统实例方向上的影响力。其不同参数设置及渲染效果分别如图6-26和图6-27所示。

图 6-26　Orientation lightness 参数设置 1 及渲染效果 1

图 6-27　Orientation lightness 参数设置 2 及渲染效果 2

- Fuzziness（模糊控制）：高值生态系统实例以择优面朝向相机，低值生态系统实例以统一立面朝向用户。其不同参数设置及渲染效果分别如图6-28和图6-29所示。

图 6-28 Fuzziness 参数设置 1 及渲染效果 1

图 6-29 Fuzziness 参数设置 2 及渲染效果 2

6.3 实例——岛屿的创建

这一节我们将通过一个实例来了解Vue生态系统的具体应用，加深对Vue生态系统的认识。

STEP 01 打开Vue软件，单击工具栏中的标准地形按钮，创建一个山体，如图6-30所示。

STEP 02 双击地形，进入地形编辑器，对山脉地形进行调整，如图6-31所示。

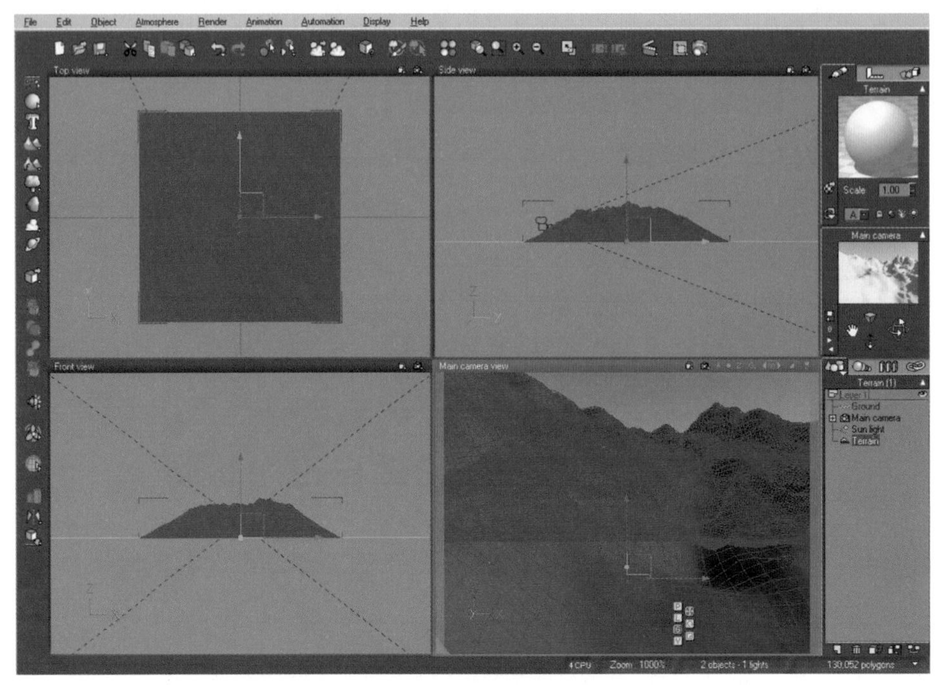

图 6-30　创建地形

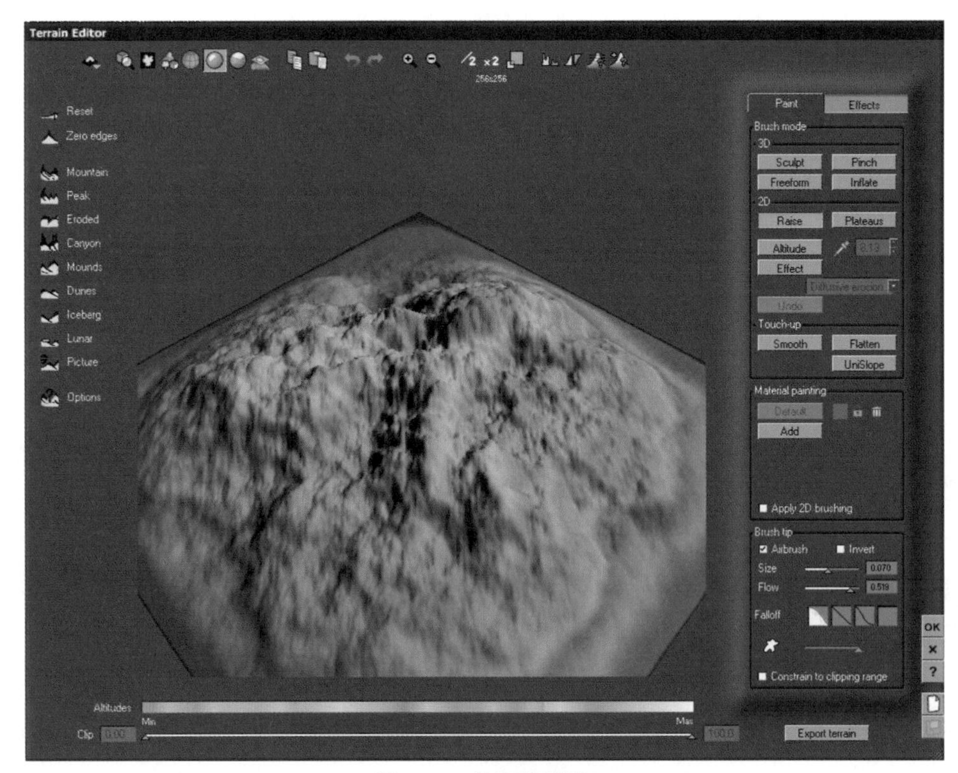

图 6-31　地形编辑器

STEP 03 单击重置按钮 Reset ，将其恢复为一个平面形态，用笔刷重新绘制山形，如图6-32所示。

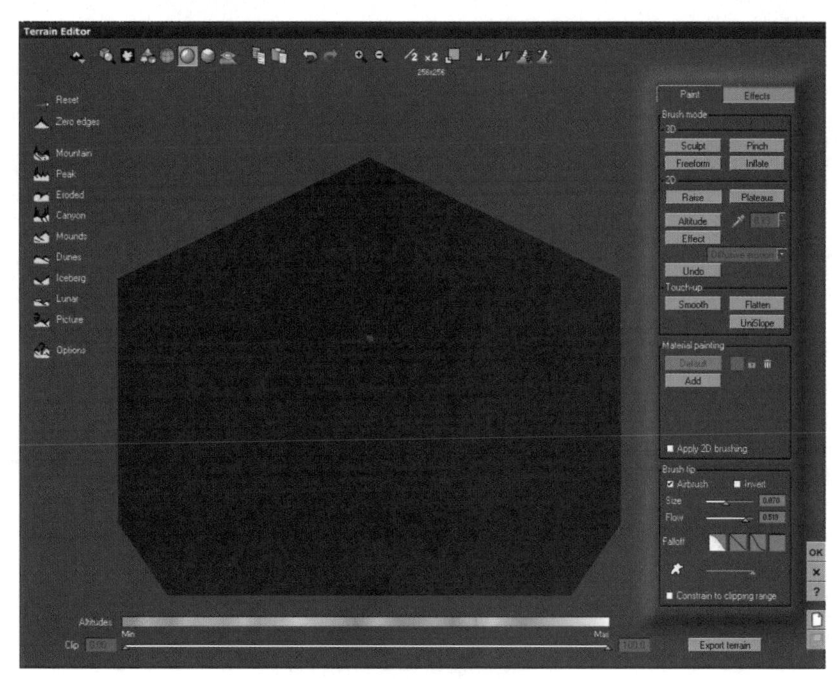

图6-32 重置山形

STEP 04 右击自定义笔刷工具，进入笔刷面板，选择Terrain20笔刷，如图6-33所示。

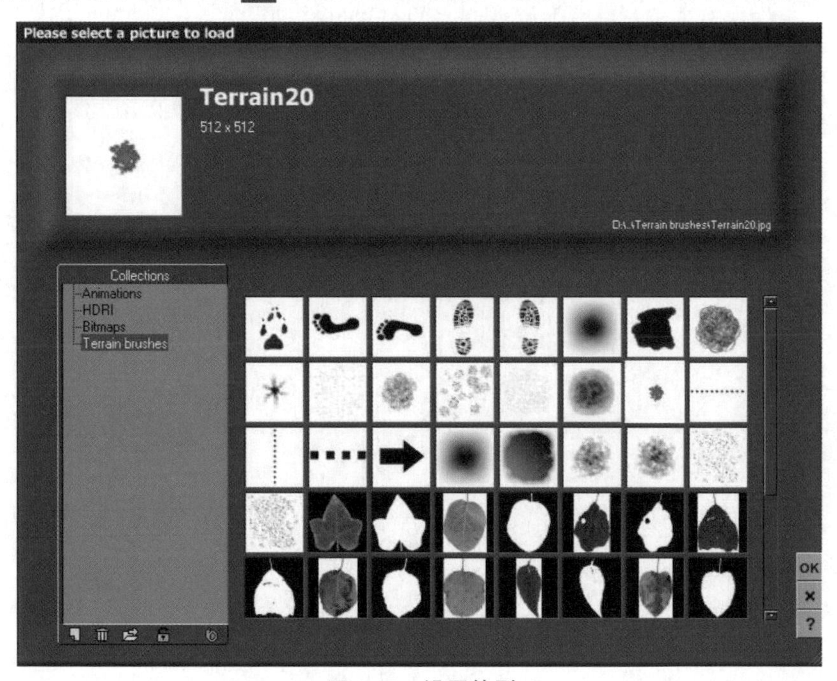

图6-33 设置笔刷

STEP 05 选择好笔刷后，开始绘制地形，最后的效果如图6-34所示。

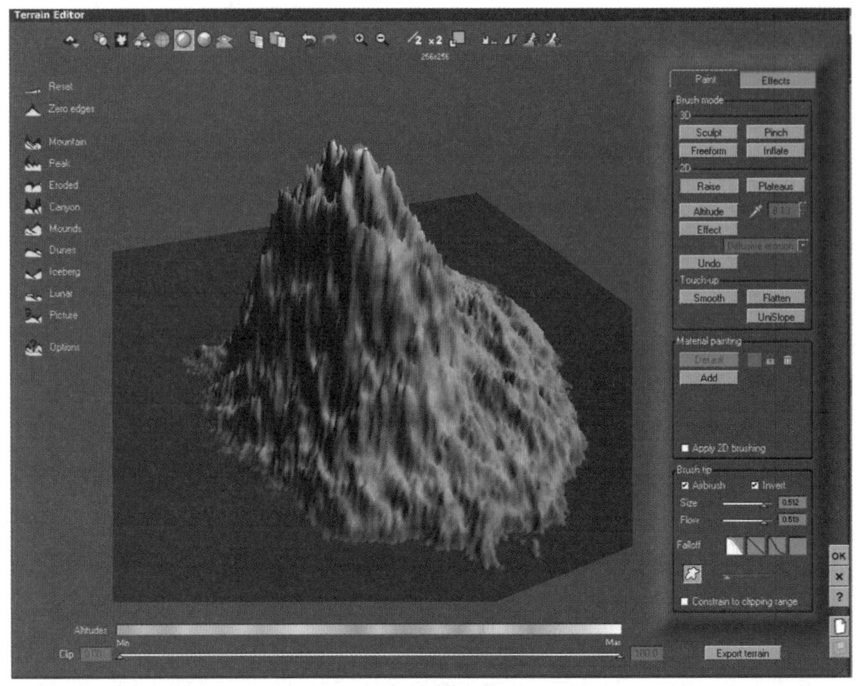

图 6-34　调整后的地形效果

STEP 06 选择剪切工具，将山形底部平整的部分剪切掉，效果如图6-35所示。

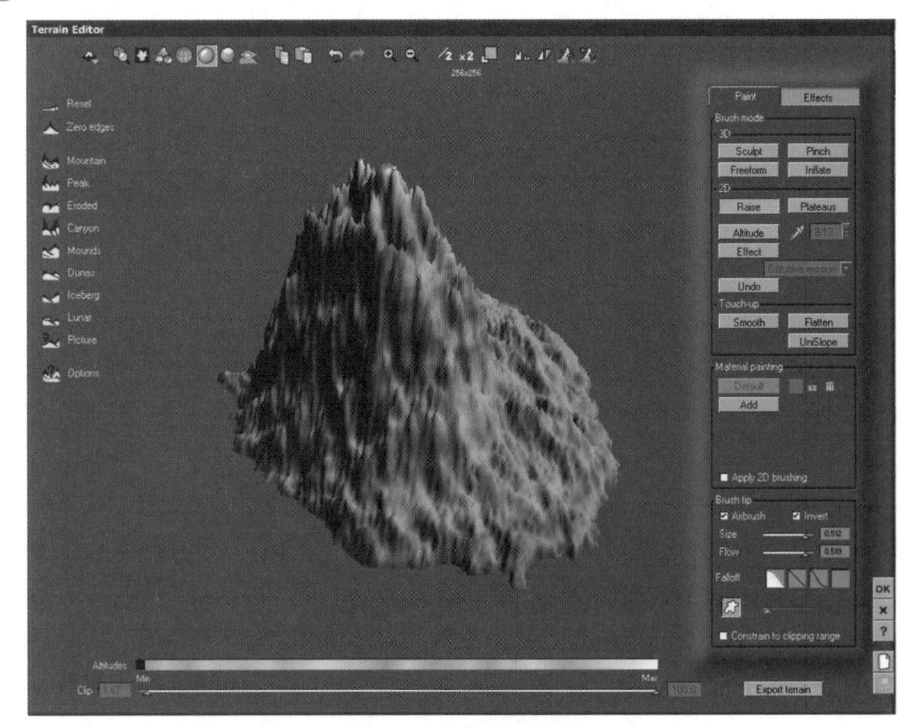

图 6-35　剪切后的效果

STEP 07 复制一个山形，然后将其旋转180°，并与原来的山形对齐，效果如图6-36所示。

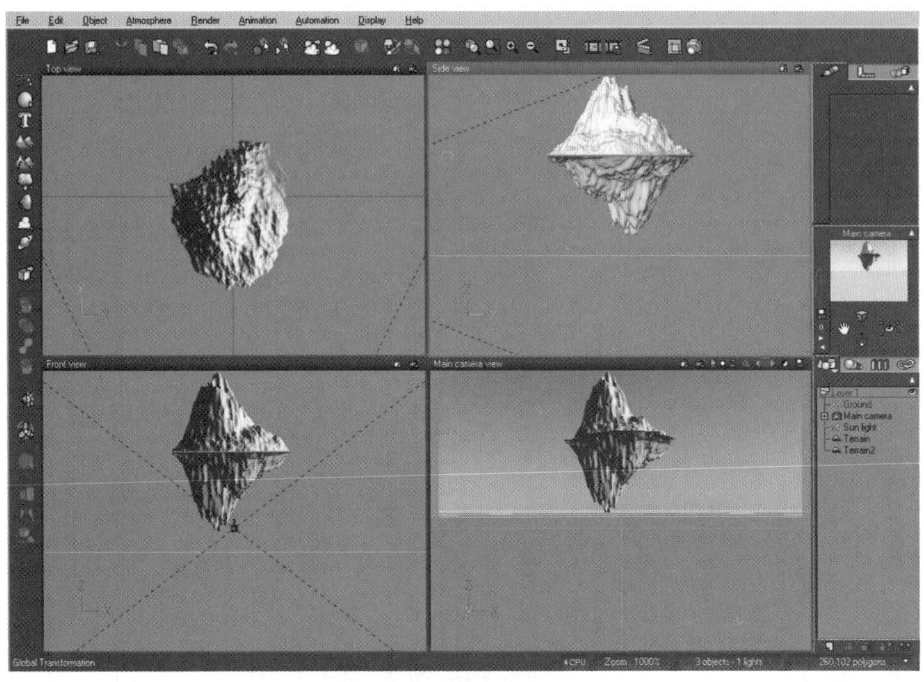

图 6-36　复制并旋转山形

STEP 08 现在两个山形太雷同，可以随意调整一下。例如将上面的山形压低一些，进入地形编辑器里进行调整，效果如图6-37所示。

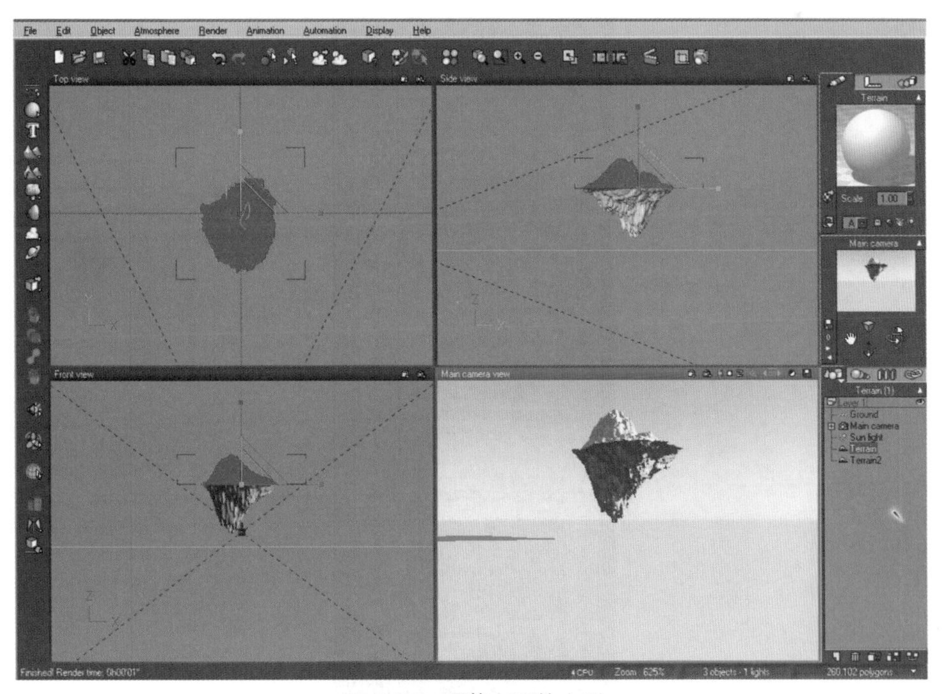

图 6-37　调整上面的山形

STEP 09 在上面的地形上添加一些小石头，选择生态画笔，进入生态画笔面板，如图6-38所示。

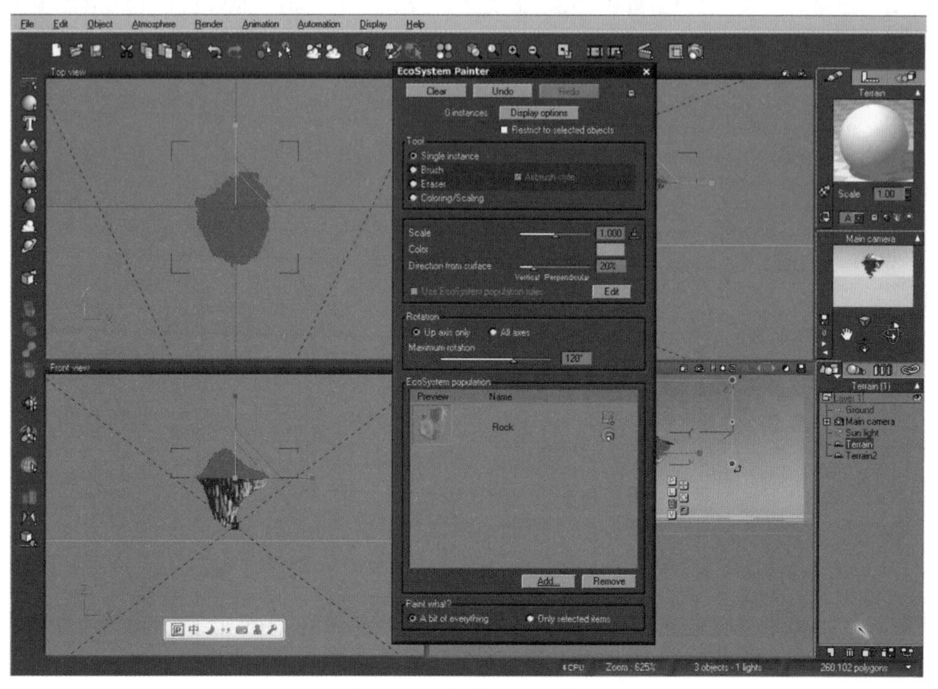

图 6-38　选择生态画笔

STEP 10 对生态画笔面板进行设置，具体参数设置如图6-39所示。

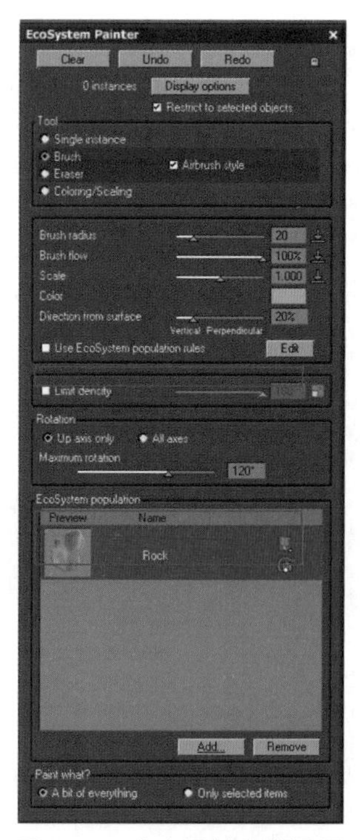

图 6-39　生态画笔参数设置

STEP 11 设置好参数后，就可以添加石头了，添加石头后的效果如图6-40所示。

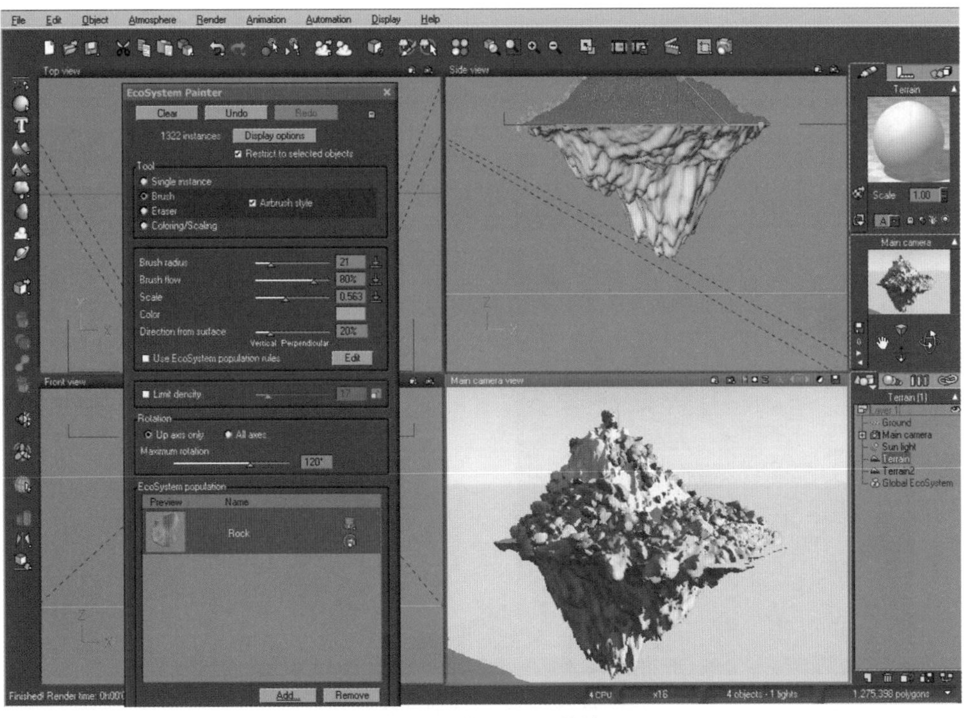

图 6-40　添加石头后的效果

STEP 12 现在通过添加草来丰富场景中的元素，调整后的效果如图6-41所示。

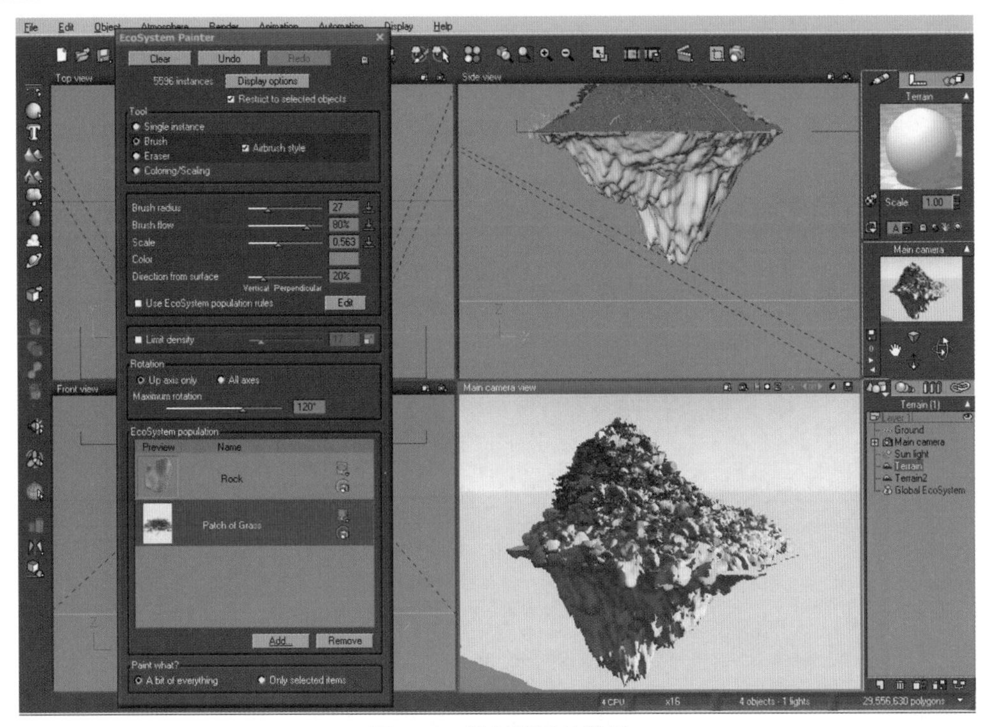

图 6-41　添加草后的效果

STEP 13 为画面添加一棵树。单击创建工具栏中的树按钮，创建一棵树，然后调整树的位置，效果如图6-42所示。

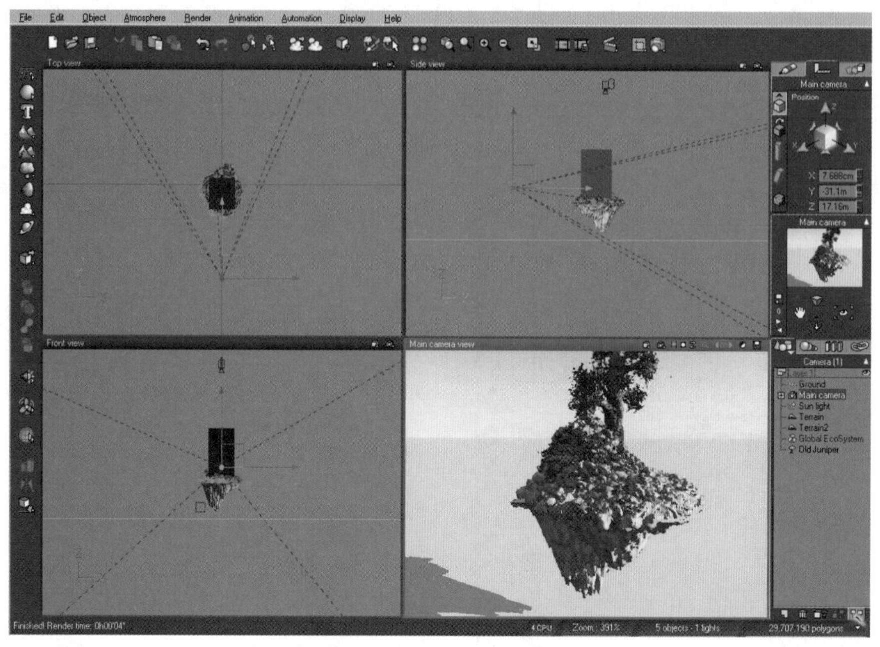

图6-42　添加树后的效果

STEP 14 对最终的画面构图进行设置，将其设为竖幅的。右击渲染工具，弹出渲染设置对话框，参数设置如图6-43所示。

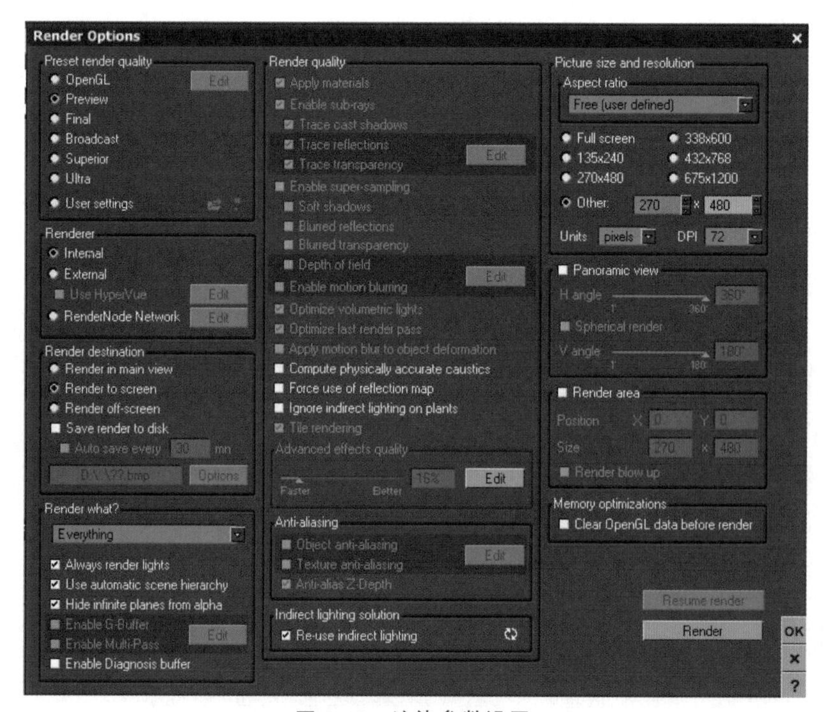

图6-43　渲染参数设置

STEP 15 重新对整个画面构图进行调整，最后的画面构图如图6-44所示。

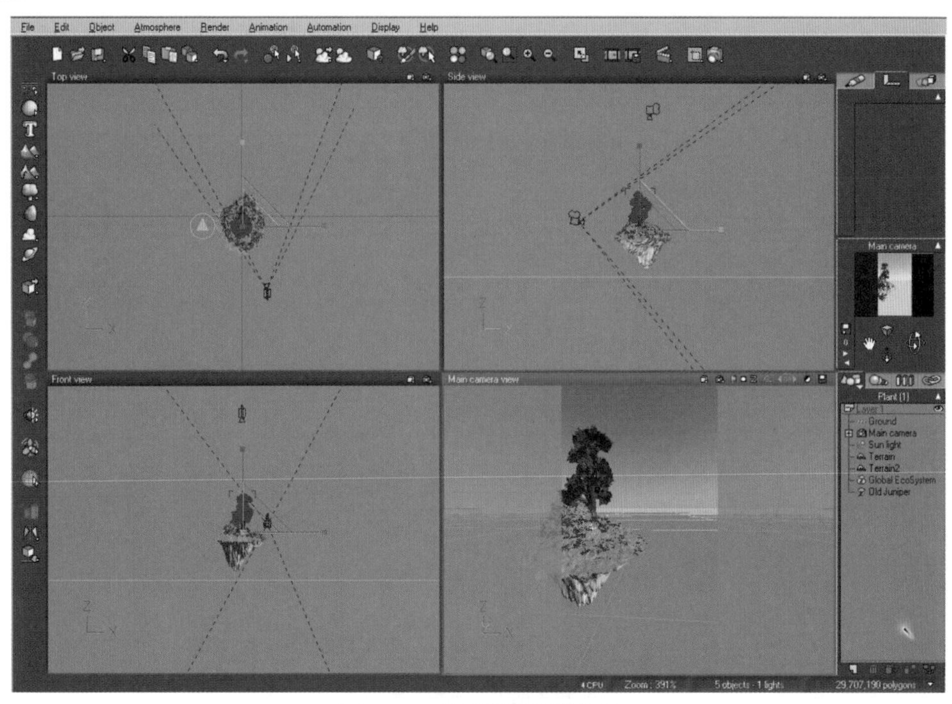

图 6-44 构图调整后的效果

STEP 16 更改大气效果。选择一个落日逆光的效果，画面效果将更好，如图6-45所示。

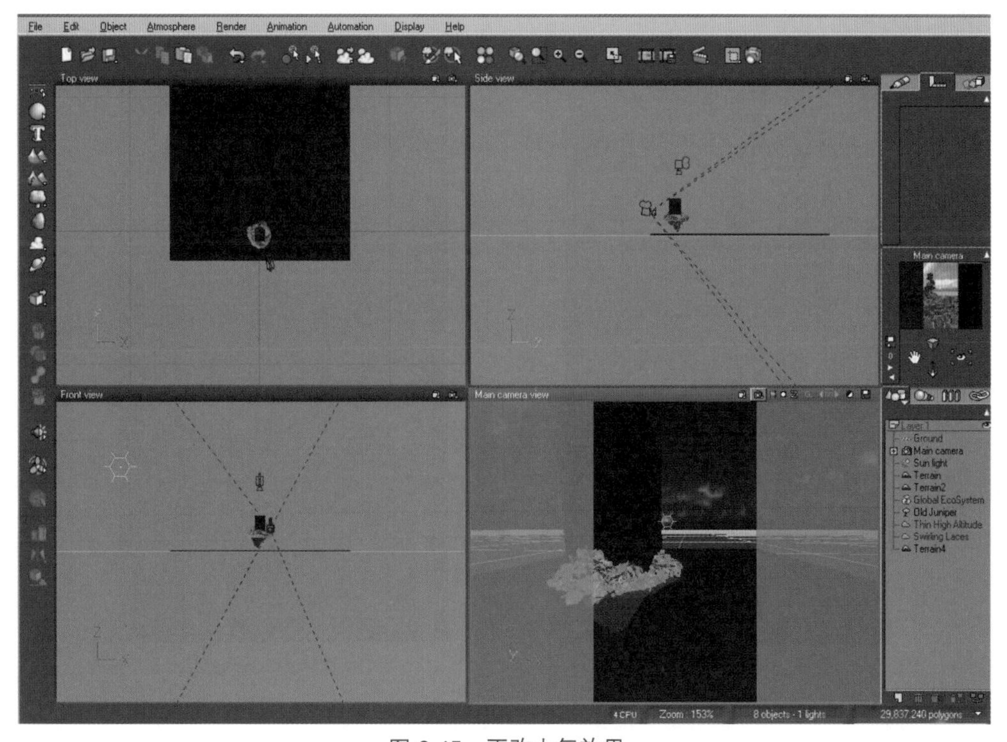

图 6-45 更改大气效果

STEP 17 为画面下部的太空再添加一个地形，并且种上树，参数设置如图6-46所示。

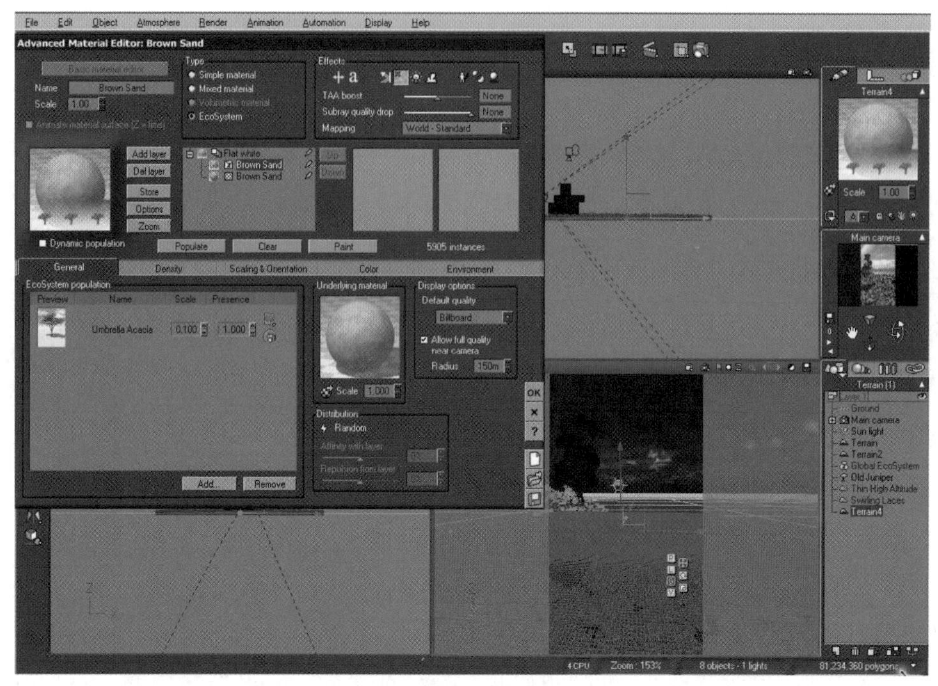

图 6-46　丰富画面

STEP 18 给地形添加材质，并把原来的地面设为水材质，然后正式渲染并观看效果，最终效果如图6-47所示。

渲染后的效果

PS 简单调整后的效果

图 6-47　最终效果

第7章 Vue动画

Vue中提供了强大的动画功能。使用Vue的动画命令，不仅能让Vue创建出奇幻的三维图像，更能创建出令人称奇的影视效果。该功能广泛运用于电影、电视和建筑领域，在电影和电视的特效制作中起到了非常重要的作用。

创建动画有如下三种方法：

其一，选择要动画的对象，然后在动画属性选项中选择动画类型；

其二，使用动画向导，按步骤操作就能轻松完成动画设置；

其三，使用时间表为对象指定动画。

7.1 动画导向

在Vue中，我们可以使用它的动画向导来帮助我们简单地创建和设计物体动画。用户所需要做的仅仅是依据动画向导中的步骤进行逐步操作，按照要求进行选项的设置就可以实现简单的动画了。

7.1.1 打开动画向导

要制作动画，就要先选择需要做动画的物体，然后打开动画向导，如图7-1所示。

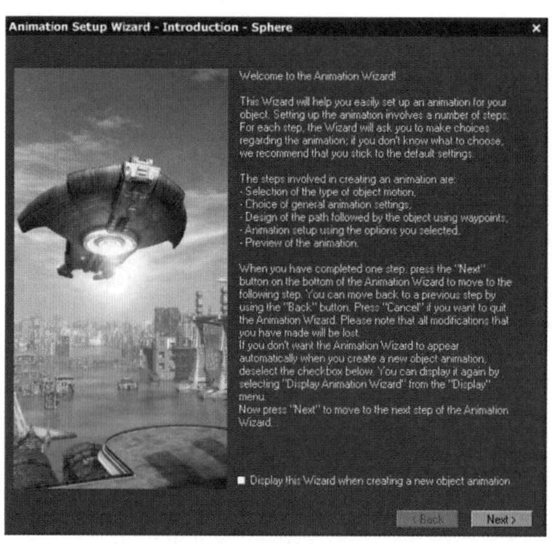

图 7-1 打开动画向导

打开动画向导的方法有以下两种。

其一，在菜单栏中选择“Animation（动画）”\“Animation wizard（动画向导）”命令。

其二，使用快捷键<Ctrl>+<F11>。

7.1.2 动画向导的步骤

动画向导包含8个步骤，这里我们简单了解一下，在以后的讲解中我们会详细讲解到每个步骤中各个选项的含义。用户可以通过在窗口中单击“Next（下一步）”按钮来进行下一步操作，或者单击“Back（返回）”按钮来返回先前的操作。

1. Introduction（简介，见图 7-2）

这是动画向导的第一步，用于介绍动画向导的功能和作用。上面有一些有关动画向导的说明文字。如果用户不希望在每次为物体创建动画的时候都出现向导，可以取消对下面的复选框的勾选。

图 7-2　简介

2．Type of Motion（运动类型，见图 7-3）

该步骤用于为物体的动画选择类型，它包含一系列精心的算法，用于模拟预置的飞行器的动力学反应。通过选择这些运输工具，用户可以自定义物体的运动。有些运输工具是空中的，它们可以相对于地面调整自己的高度；有些运输工具是地面的，会在地面上运动。用户可以从中选择自己所需要的类型。（在后面的章节中我们会详细介绍。）

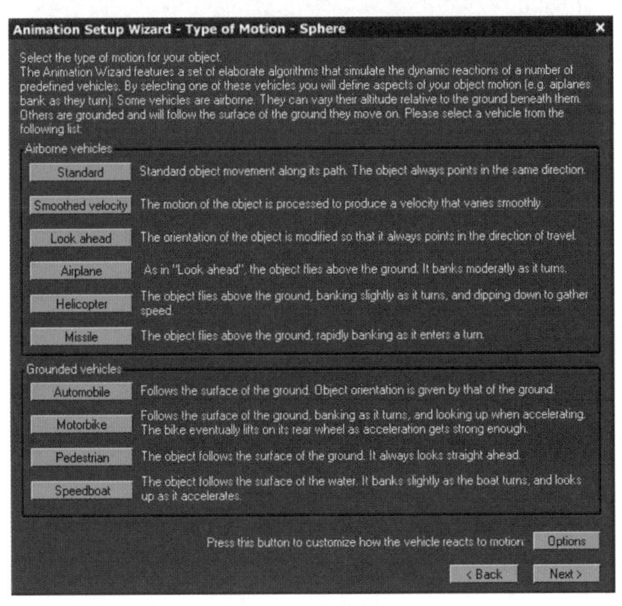

图 7-3　运动类型

3. Global Animation Settings（全局动画设置，见图 7-4）

该步骤用于设置动画的全局效果，包括循环次数、主轴和运动模式等选项，用户可以从中设置动画的一些整体效果。

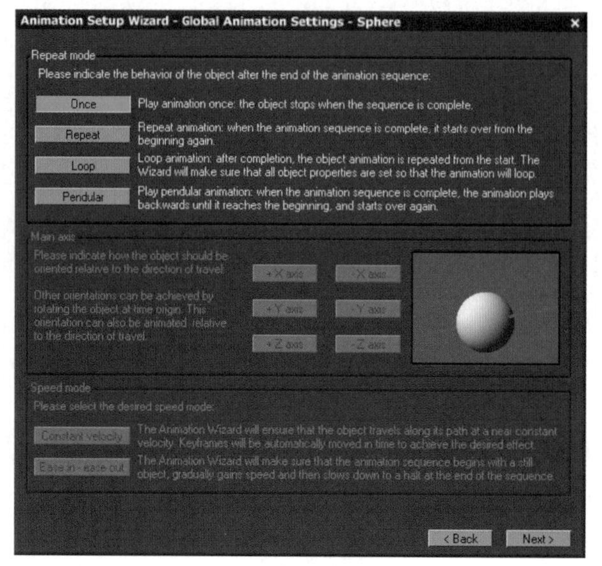

图 7-4 全局动画设置

4. Spin and Vibrate（旋转和颤动，见图 7-5）

该步骤用于设置动画中物体的旋转和颤动效果。

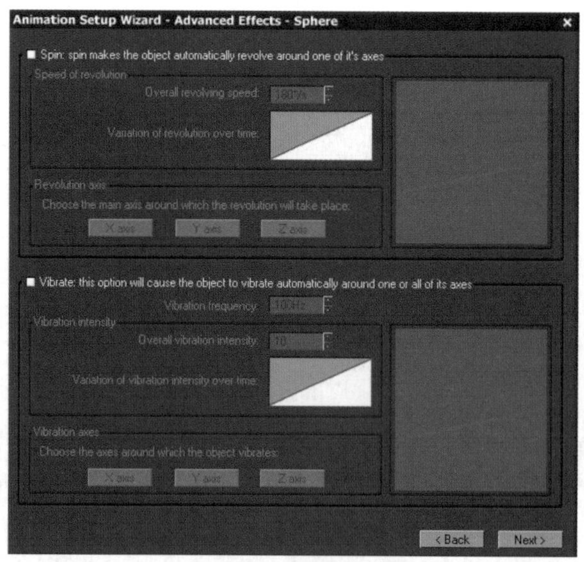

图 7-5 旋转和颤动

5. Object Path（物体路径，见图 7-6）

该步骤用于设置物体运动的路径，用户可以为物体设置运动路径，此时路径会以红色的线条在对话框中显示。另外，路径上还有一些锚点用于对其进行控制。如果用户想编辑、插入和删除锚点，可以使用对话框上对应的按钮来实现对路径的修改。

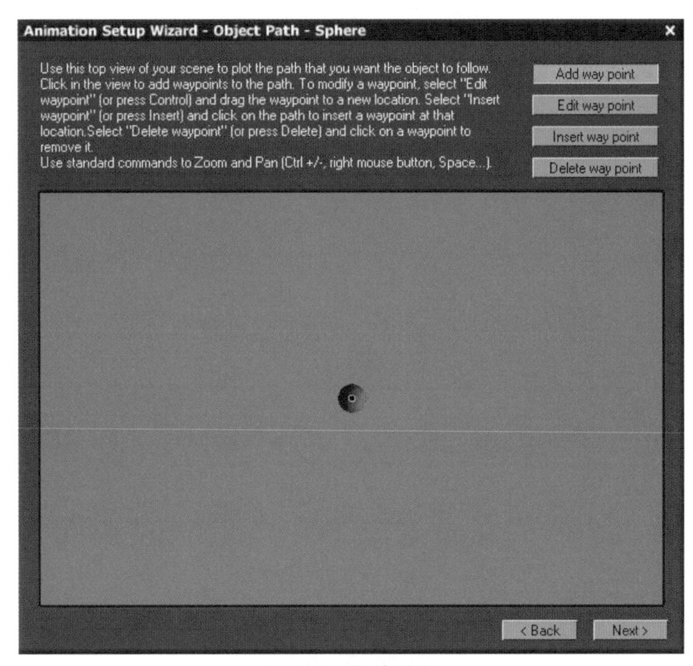

图 7-6　物体路径

6. Animation Setup（动画建立，见图 7-7）

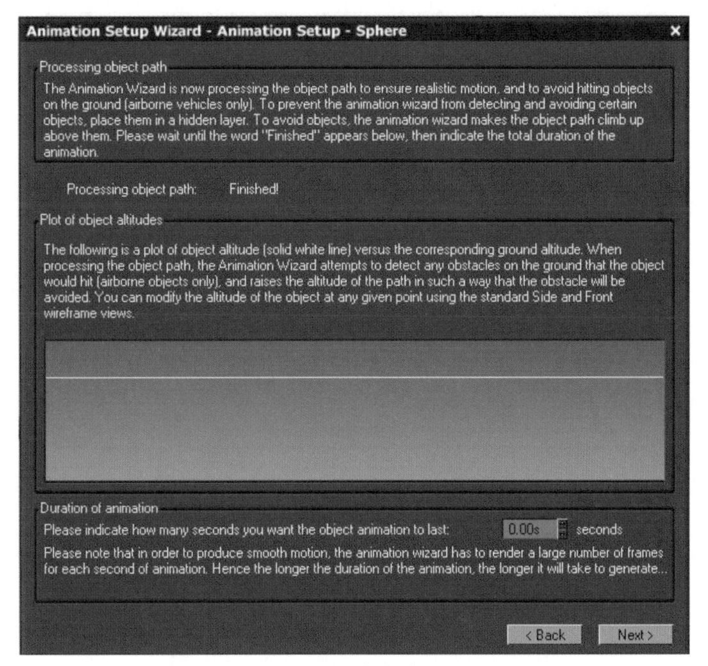

图 7-7　动画建立

该步骤用于最后建立动画效果，这个过程中完成了动画路径的实现，绘制出了动画海拔高度的平面图。另外，用户还可以设置动画的持续时间。

7. Animation Preview（动画预览，见图 7-8）

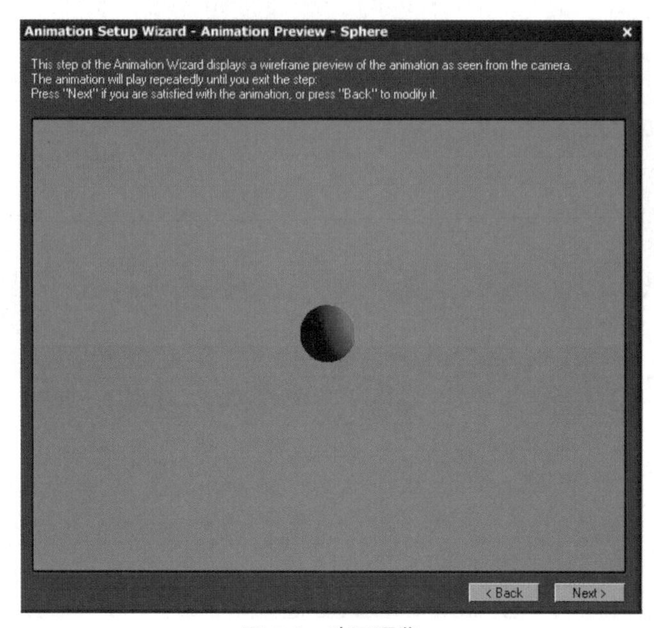

图 7-8　动画预览

8. Conclusion（结束，见图 7-9）

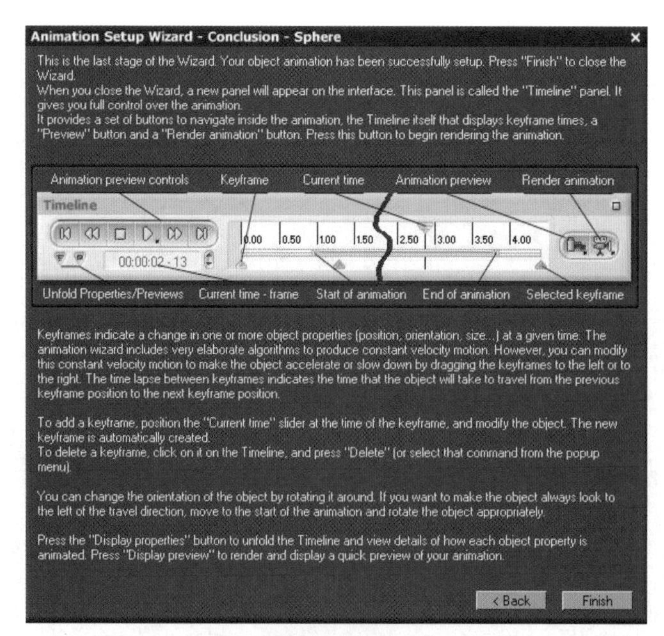

图 7-9　结束

该步骤表示动画结束，该对话框上提示用户动画已经创建完成，用户只需要单击

“Finish（完成）”按钮就可以完成动画的创建。另外，该对话框中还介绍了时间线面板的使用方法，提示用户怎么使用时间线面板来对动画进行管理。

7.1.3 全局动画设置

在Vue中，用户可以对动画的Repeat mode（重复模式）、Main axis（主轴）和Speed mode（速度模式）三个有关全局的量进行设置，如图7-10所示。下面就介绍一下这三个全局变量的功能和含义。

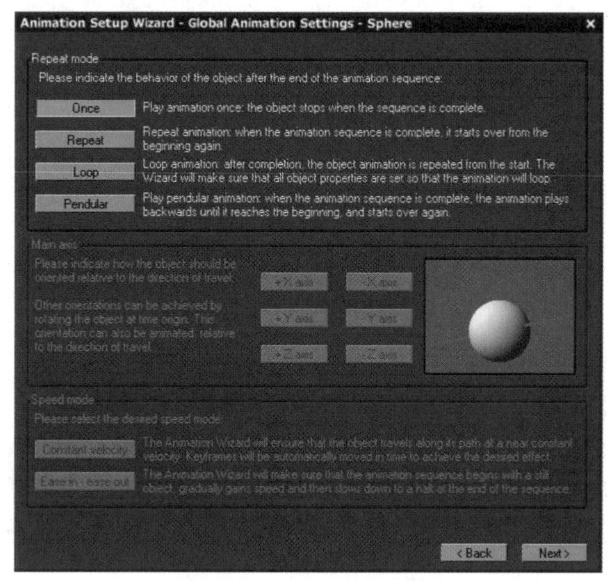

图 7-10 全局动画设置

1．Repeat mode（重复模式）

- Once（一次）：默认设置，对象动画播放完成后就停止。
- Repeat（重复）：当动画完成后，从头开始再次运动。
- Loop（循环）：在重复的基础上自动添加关键帧，以确保首尾帧衔接流畅。
- Pendular（往复）：当动画完成后颠倒运动至开始，然后再从开始正常运动。

2. Main axis（主轴）

根据运动类型设置动画对象的主轴，用于决定物体的方向是否与主轴方向一致，也可以在时间开始的时候旋转物体获得其他方向。这些方向也可以与运动方向相一致，形成动画。

3. Speed mode（速度模式）

此模式用于定义对象在路径上移动的速度。

- Constant velocity（匀速）：通过自动插入时间关键帧的方法，实现对象匀速运动。
- Ease in-ease out（缓入-缓出）：从慢慢启动到慢慢停止。

7.1.4 运动类型

Vue精心制作了一套名为“动态运动反应”的运算法则来模拟许多预置工具的动态反应，它们被称为运动类型。通过选择这些运动类型，用户可以快速定义物体运动的主要特性。它将复杂单调并且如果用手工操作要耗费相当长时间的一些运动，通过自动化处理取得了令人称奇的简单化效果。Vue提供了10种不同类型的预置动画效果，其中有些还可以通过使用动画选项对话框来进行进一步自定义，该对话框提供的物体运动类型如图7-11所示。

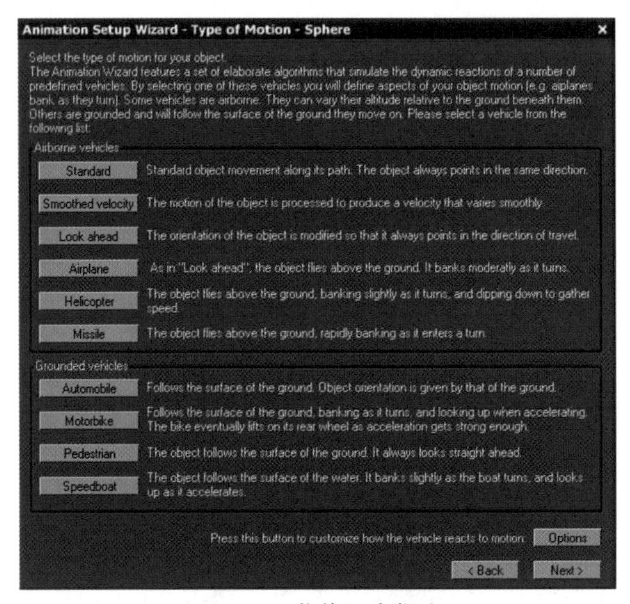

图 7-11 物体运动类型

1. Standard（标准）

物体从运动点到运动点之间以一个接近常量的速度运动，当通过运动点的时候会发生一个突然的变化，运动对物体的位置和方向没有影响。这种运动方式在多数三维软件程序中都可以找到。

2. Smoothed velocity（平滑速度）

与标准模式大体相同，运动物体的速度通过程序自动处理，用于保证在运动点之间能够平滑地加速或者减速。这种运动方式在许多三维软件程序中都可以找到。选择该运动模式的时候，会在动画工具盒中选中“Smoothed velocity（平滑速度）”复选框。

3. Look ahead（向前看）

运动物体的主轴始终指向运动的方向。用户可以使用动画向导或者动画属性标签来设置主轴所指向的方向。与“平滑速度”类型类似，速度也通过程序控制来保证平滑。选择该运动模式的时候，会在动画工具盒中同时选中“Smoothed velocity（平滑速度）”和“Look ahead（向前看）”复选框。这种运动类型在某些三维软件程序中也能够见到。

4. Airplane（飞机）

该运动类型在“Look ahead（向前看）”运动类型的基础上加上了一个自动倾斜转弯。这意味着具有“Airplane（飞机）”运动类型的运动物体当进入一个弯曲的时候会自动倾斜转弯，倾斜转弯的程度与曲线成比例。产生这种机械上精确的倾斜转弯需要一些复杂的物理运算方法。用户可以使用动画选项对话框来调整弯曲的灵敏度。

5. Helicopter（直升机）

与Airplane（飞机）类似，该类型的运动物体在转弯的时候可以按曲线的弧度自动调速。

6. Missile（导弹）

基本上与Airplane（飞机）类似，以这种类型运动的物体在转弯的时候倾斜将近90°。用户也可以通过动画选项对话框对其转弯倾斜进行灵敏度调整。

7. Automobile（汽车）

这是陆地交通工具的第一个运动类型。这种运动物体的运动方式完全接近汽车在地面上运动的模式。物体的方位一直模拟它们在地面上的运动。

8. Motorcycle（摩托车）

也遵循地面上摩托车运动的方式，转弯的时候倾斜，加速的时候抬头，当加速到一定程度的时候，后轮最终会举起来。用户也可以通过动画选项对话框来调整倾斜和加速的灵敏度。

9. Pedestrian（步行者）

运动模拟步行者步行的方式，无论它运动的地面有多么倾斜，运动者一直直着朝前看（在运动的方向上）。

10. Speedboat（快艇）

运动模拟快艇在水面上运动的方式。当转弯的时候，略微有些倾斜，当加速的时候抬头。用户也可以通过动画选项对话框来调整倾斜和加速的灵敏度。

7.2 关联和跟踪

Vue支持分级的动画。正动力学（forward dynamics）是最能简化复杂结构的一个特性，它允许用户通过将某些物体与其他物体相连接来建立一个分级的物体。当一个物体被关联起来后，修改关联物体的父级物体会自动修改关联物体，如图7-12所示。

Vue动画制作中的跟踪物体和关联物体有点类似，用户可以通过该命令让一个物体始终指向另外一个物体（父级物体）的方向。

图7-12 关联和跟踪

7.2.1 链接到（Link to）

一旦用户已经创建了一个关联，那么就可以用某种标准来修改关联物体的相对位置、方向和大小。然而，如果用户修改关联物体，被关联的物体就会在某种程度上受到影响。

用户可以将物体关联到一个组合中的某个成员，但是不能将组合中的某个成员关联到其他物体，除非被关联物体也是该组中的成员。这样就存在一个麻烦：如果用户希望调整整个多层次结构，那么就不得不调整最高级别的结构，这样关联到该物体的其他物体就会跟着调整。

如果用户希望将物体关联到其他依赖于它的物体，这样在层次结构上就需要创建一个锁定。Vue此时会侦察到这个位置，然后会在它破坏关联的时候发出警告。

链接父对象的方法有如下几种。

（1）为某对象指定动画后，从Link to --No link--链接下拉列表中选择父对象。

（2）为某对象指定动画后，单击拾取链接父对象按钮并在视图中拾取要链接的父对象。

（3）在菜单栏中选择“Objects（对象）”\“Pick link parent（拾取链接父对象）”命令，然后在视图中拾取要链接的父对象。

7.2.2 跟踪（Track）

跟踪物体直接指向被跟踪物体的中心。一旦跟踪物体被激活了，移动父级物体就会修改跟踪物体，而且保持它的方向指向父级物体的方向。同样，移动跟踪物体也会修改它的方向，并且保持它的方向指向父级物体的方向。总而言之，无论是移动跟踪物体还是移动被跟踪的物体，跟踪物体指向被跟踪物体的方向总是保持不变的。

跟踪父对象的方法有如下几种。

（1）为某对象指定动画后，从Track --No track--跟踪下拉列表中选择要跟踪的父对象。

（2）为某对象指定动画后，单击拾取跟踪父对象按钮，在视图中拾取要跟踪的父对象。

（3）在菜单栏中选择“Objects（对象）”\“Pick tracked parent（拾取追踪父对象）”命令，然后拾取父对象。

7.3 动画时间表

动画时间表是Vue动画中的动画控制面板，用于设置动画的显示、播放和控制等相关信息，也是动画的控制中心。Vue中有关动画的操作都是在这个面板中实现的，十分重要。

7.3.1 动画时间表的进入及其组成

动画时间表如图7-13所示，进入动画时间表的方法有以下几种。

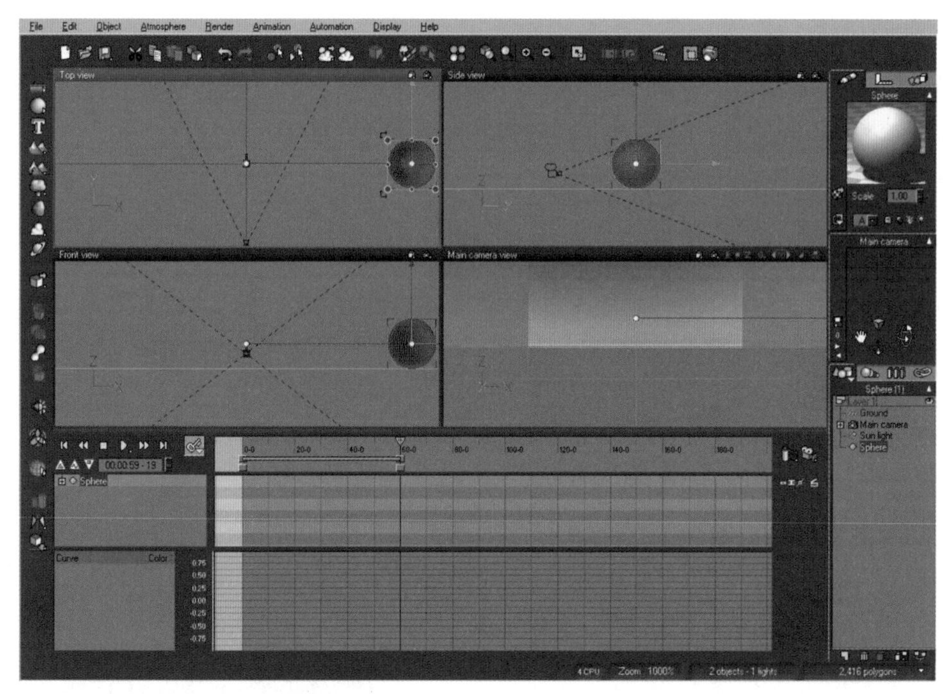

图 7-13　动画时间表

- 在菜单栏中选择“Display（显示）”\“TimeLine（时间表）”\“Display TimeLine（显示时间表）”命令。
- 按快捷键<F11>可以快速进入。
- 单击工具栏上的显示时间表/动画精灵按钮。

动画导向完成后，会自动出现时间表。动画时间表的组成如下。

- 主时间表：动画曲线面板。
- 时间表属性：定义对象的基本属性。
- 动画预览：适用于动画预览。
- Color：灯光的颜色。

7.3.2　主时间表

1．动画播放控制

- ：回到动画开始帧。
- ：回到上一个关键帧。
- ：暂停播放。
- ：播放动画。
- ：回到下一个关键帧。
- ：回到动画结束帧。

2. 自动记录

- 自动记录关键帧：自动添加关键帧。右击该按钮，弹出如图7-14所示的快捷菜单。
- Auto-keyframing（自动关键帧）：为物体自动添加关键帧。
- Add keyframe to all properties（添加关键帧所有属性）：为物体添加所有属性变化的关键帧。
- Add position keyframe（添加位置关键帧）：为物体添加位置变化的关键帧。
- Add orientation keyframe（添加方向关键帧）：为物体添加方向上变化的关键帧。
- Add size keyframe（添加缩放关键帧）：为物体添加缩放变化的关键帧。
- Add twist keyframe（添加扭曲关键帧）：为物体添加扭曲变化的关键帧。
- Add pivot keyframe（添加轴心关键帧）：为物体添加轴心变化的关键帧。
- Add material keyframe（添加材质关键帧）：为物体添加材质变化的关键帧。

3. 时间表属性（见图 7-15）

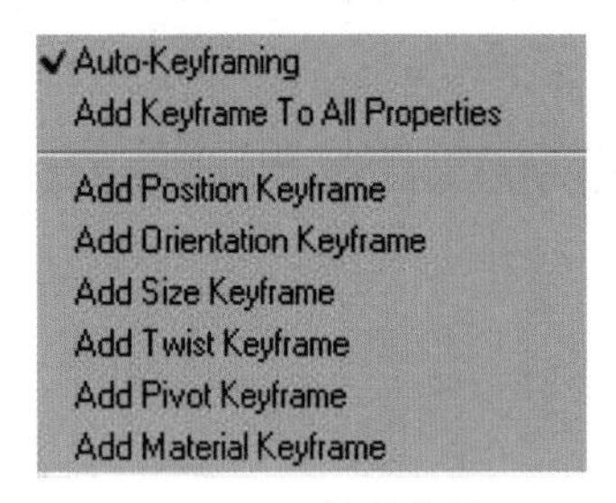

图 7-14　快捷菜单

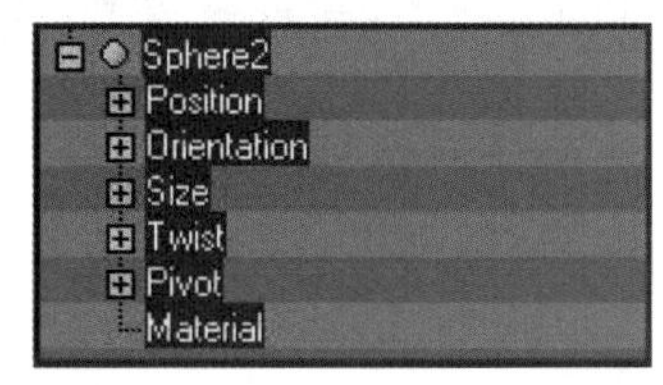

图 7-15　时间表属性

- Sphere2（物体的名称）：物体的名称便于识别和选择。
- Position（物体的位移属性）：物体有关位移的属性设置。
- Orientation（物体的方向属性）：物体有关方向的属性设置。
- Size（物体的尺寸属性）：物体有关尺寸大小的属性设置。
- Twist（物体的扭曲属性）：物体有关扭曲的属性设置。
- Pivot（物体的轴心属性）：物体有关轴心的属性设置。
- Material（物体的材质属性）：物体有关材质的属性设置。

图 7-16　动画预览选项对话框

4. 动画预览选项

右击动画时间表里的动画预览选项按钮，打开动画预览选项对话框，如图7-16所示。

- Preset render quality（预制渲染质量）：设置预渲染的质量高低。
  - ➢ OpenGL（OpenGL渲染）：以OpenGL方式渲染。
  - ➢ Preview（预览渲染）：以预览的方式渲染。
  - ➢ Final（最终渲染）：以最终出图的方式渲染。
  - ➢ Broadcast（广播渲染）：以广播级质量进行渲染。

- ➢Ultra（超级渲染）：以超级渲染质量来渲染。
- ➢User settings（用户设置）：以用户自己设定渲染质量。
- Distributed renderer（分布式渲染）：以网络联机方式来渲染。
- Preview frame rate（预览帧渲染）：以预览帧方式渲染。
- Preview size（预览尺寸）：预览尺寸大小设置。
- Save current preview（保存当前预览）：保存当前设置进行预览。

5．高级动画渲染

右击渲染动画按钮，将弹出高级动画渲染选项对话框，如图7-17所示。使用此对话框可以设置动画闪烁、逐行扫描，以及照明烘烤和像素长宽比。对话框中各主要参数含义如下。

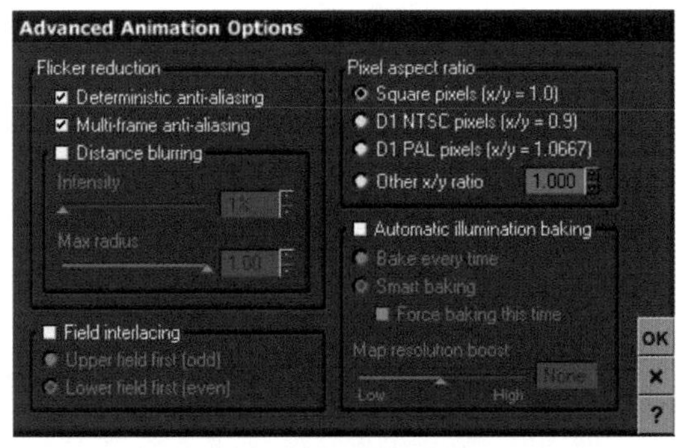

图 7-17　高级动画渲染选项对话框

- Flicker reduction（减少闪烁）：减少动画输出出现的闪烁。
  - ➢Deterministec anti-aliasing（确定抗锯齿）：打开对画面抗锯齿，提高渲染质量。
  - ➢Multi-frame anti-aliasing（多帧抗锯齿）：勾选该复选框，Vue将比较当前帧与上一帧和下一帧，检测强烈闪烁区域，集中对这些区域进行多渲染采样。只适用于渲染动画。
  - ➢Distance blurring（模糊距离）：勾选该复选框，能设定模糊的距离。
- Field interlacing（场交错）：设定输出动画的场序。
  - ➢Upper field first(odd)（先上场）：以上场优先的方式输出动画。
  - ➢Lower field first（even）（先下场）：以下场优先的方式输出动画。
- Pixel aspect ratio（像素长宽比）：画面的宽高像素比例大小。
  - ➢Square pixels（方形像素）：以方形像素的方式输出。
  - ➢D1 NTSC pixels（D1 NTSC像素）：以NTSC制式输出。
  - ➢D1 PAL pixels（D1 PAL像素）：以PAL制式输出。
  - ➢Other x/y ratio（其他像素比）：以其他像素比的方式输出。
- Automatic illumination baking（自动照明烘烤）：勾选该复选框，渲染动画前自动烘烤所有的网格对象。
  - ➢Bake every time（每次烘烤）：选中该单选钮，每次开始渲染动画时再次烘烤亮度。
  - ➢Smart baking（智能烘烤）：选中该单选钮，将检查现场所有的网格烘烤质量达到动画所期望的品质。

➢ Force baking this time（强制烘烤）：勾选该复选框，将对现场所有的网格对象将重新计算亮度。

➢ Map resolution boost（提高贴图分辨率）：控制烘烤过程中的整体质量。

6．动画工具箱

选择动画对象并按下动画工具箱按钮，即可打开动画工具箱面板，如图7-18所示。工具箱面板中各主要参数含义如下。

- Selected motion（选择运动模式）：选择运动的类型。
  ➢ Look ahead（注视）：对象主轴总朝向目标对象。
  ➢ Smoothed velocity（平滑速度）：自动处理速度，能确保顺利加速或减速。
- Repeat mode（重复模式）：设置动画的重复模式。
  ➢ Animate once（一次）：设置动画只重复一次。
  ➢ Repeat animation（重复动画）：设置动画重复播放。
  ➢ Loop animation（循环动画）：以循环的方式重复动画。
  ➢ Pendular animation（往复动画）：以往复的方式重复动画。
- Path display options（路径演示方式）设置运动路径的运动及显示方式。
  ➢ Persstent path（持续路径）：在路径上持续不断地运动。
  ➢ Show as ribbon（显示为带状）：运动路径以带状的方式显示。
  ➢ Show tanqents（显示切线）：运动路径以切线的方式显示。Spin（自转）：下面参数与动画导向的高级效果的设置相同。
- Spin（自转）：下面的参数与动画导向的高级效果的设置相同。
- Vibrate（振动）：下面的参数与动画导向的高级效果的设置相同。

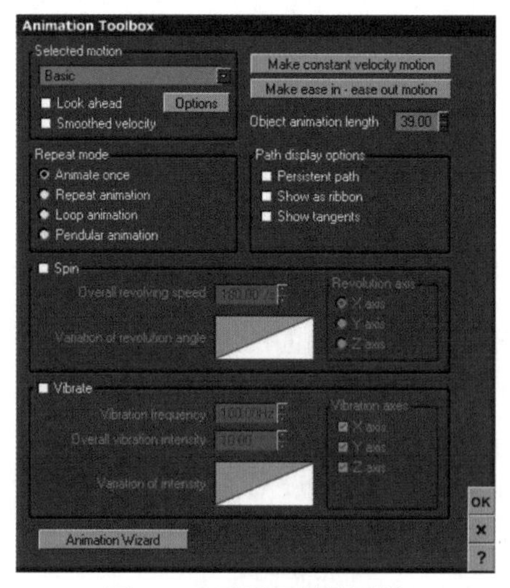

图7-18　动画工具箱面板

7．动画路径

从左到右分别为持续路径、显示带状路径和显示路径切线。

7.4 渲染动画

当动画设置完成后，我们就可以进入最后一道工序将其渲染出来，单击动画时间表里的渲染动画按钮，将弹出动画渲染选项对话框，如图7-19所示。

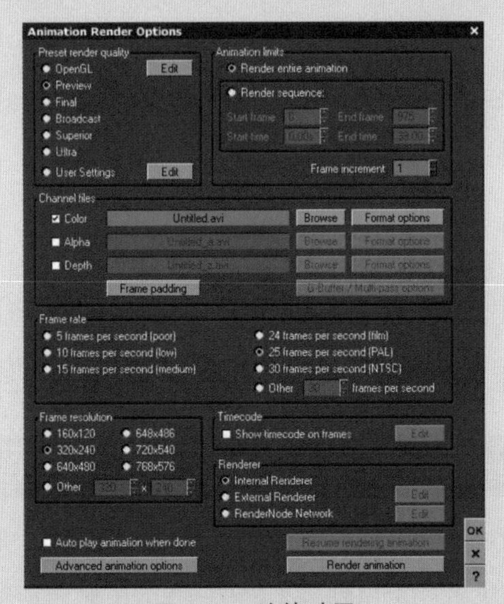

图 7-19 渲染动画

1. Preset render quality（预设渲染质量）

- OpenGL：用OpenGL快速渲染。
- Preview（预览）：默认设置。质量和速度都很好。
- Final（最终）：能正确处理所有功能，最终渲染时使用。
- Broadcast（广播）：为动画设置的最佳模式。
- Superior（高级）：类似广播渲染模式，能调整和改进质量。
- Ultra（超级）：最好的渲染模式。
- User Settings（用户设置）：用户自定义模式。

2. Animation limits（动画限制）

- Render entire animation（渲染整个动画）：渲染整个动画场景。
- Render sequence（渲染序列）：以序列的方式渲染动画。
  - Start frame（起始帧）：设定从哪一帧开始渲染。
  - End frame（结束帧）：设定从哪一帧结束渲染。
  - Start time（开始时间）：设定动画的开始时间。
  - End time（结束时间）：设定动画的结束时间。

3. Channel files（通道项）

设置输出的颜色、Alpha和景深的格式。

4. Frame resolution（帧分辨率）

用于定义输出的文件尺寸大小。

5. Frame rate（帧速率）

用于定义动画的制式，比如常规的PAL、NTSC等。

6. Timecode（时间码）

设置在帧上显示时间码。

7. Render（渲染）

- Internal render（内部渲染）：以内部渲染的方式渲染动画。
- External renderer（外置渲染）：以外置渲染的方式渲染动画。
- Rendernode network（网络渲染）：以网络联机渲染的方式渲染动画。

7.5 实例——制作飞机和坦克动画

下面通过制作简单的飞机和坦克动画来说明在Vue中制作动画的基本流程和方法。只要掌握了这个基本流程，制作Vue的动画就不是难事了。

STEP 01 打开Vue，选择导入工具，导入一个飞机模型，如图7-20所示。

图 7-20　导入飞机模型

STEP 02 调整好飞机的位置，如图7-21所示。

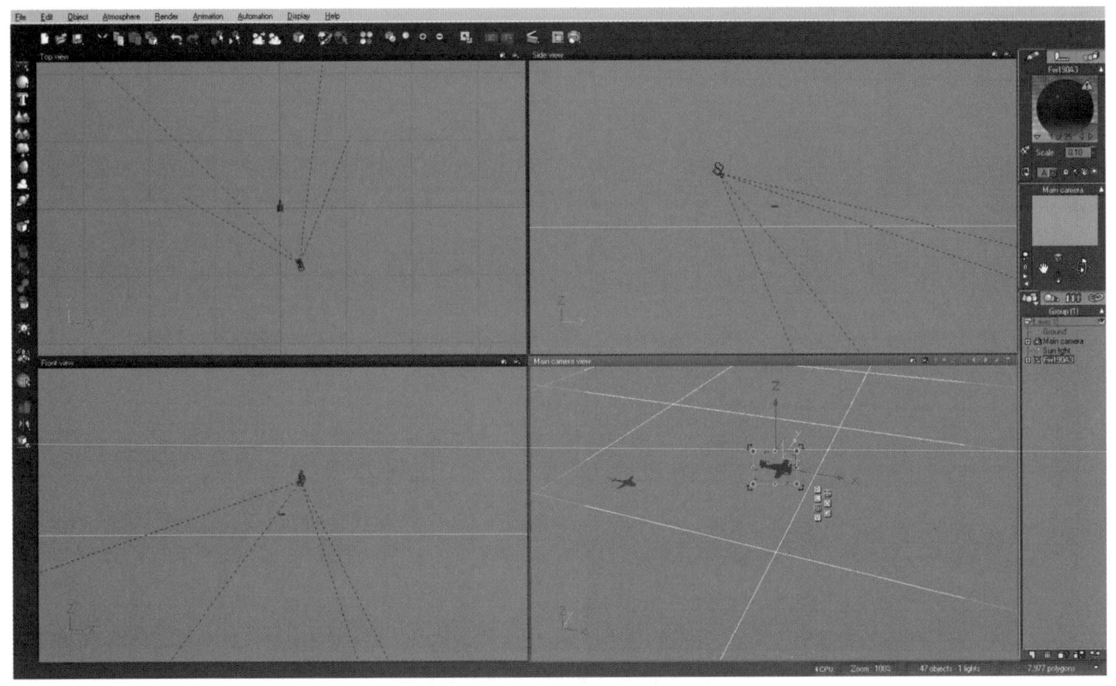

图 7-21　调整飞机的位置

STEP 03 按<F11>键打开时间线面板，如图7-22所示。

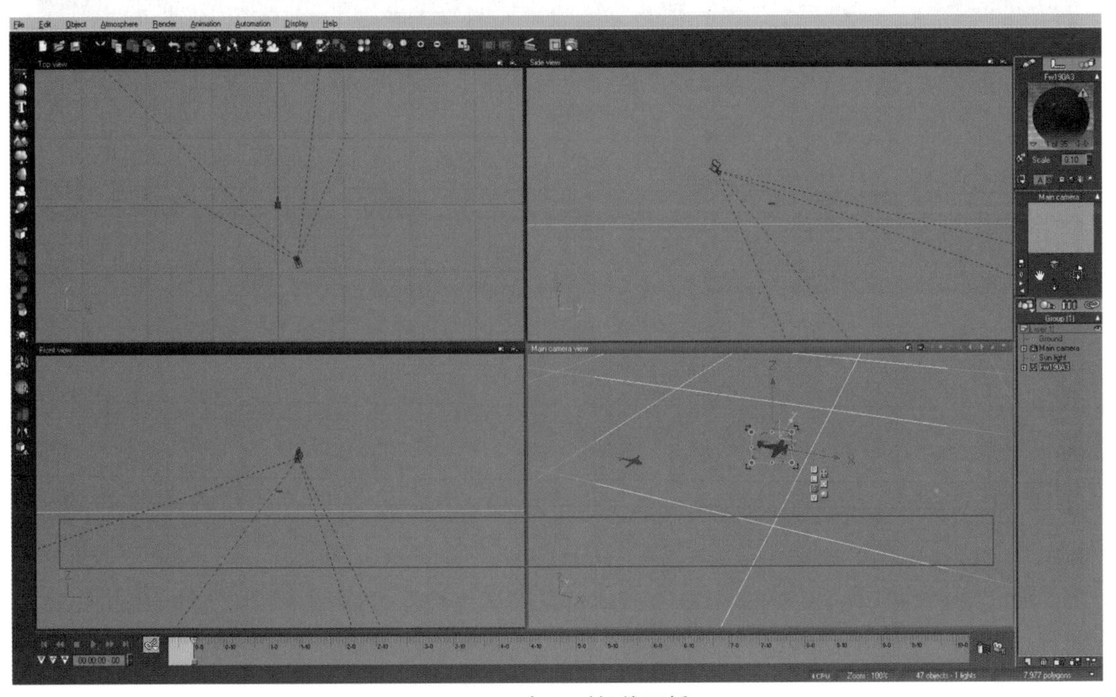

图 7-22　打开时间线面板

STEP 04 制作飞机的位移动画，它是自动记录关键帧的动画，只需选择某一帧，再移动飞机就可以了，如图7-23所示。

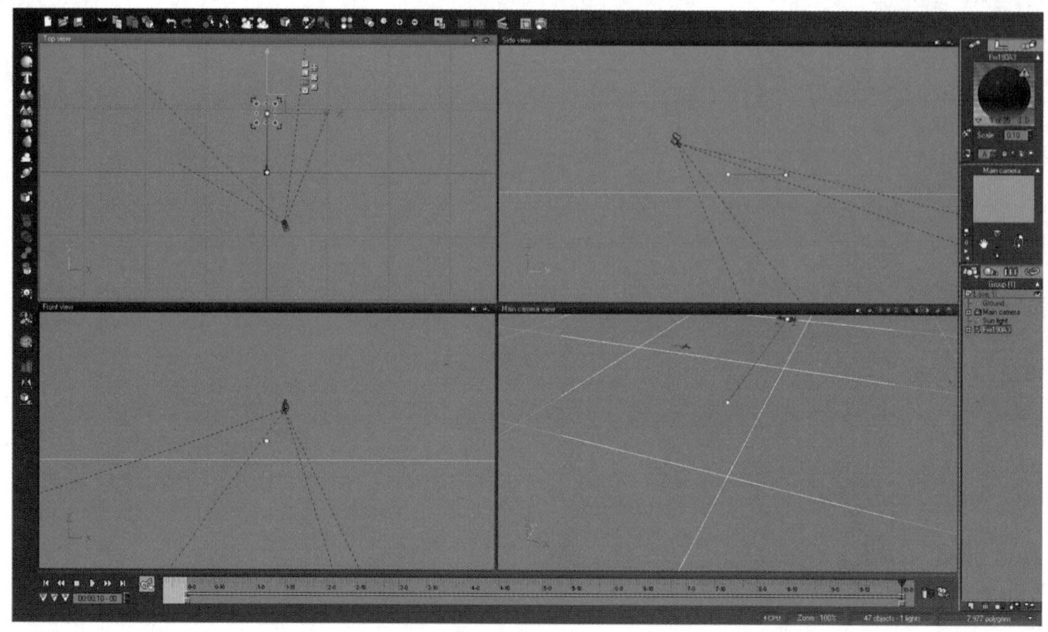

图 7-23　制作飞机的位移动画

STEP 05 添加中间关键帧，如图7-24所示。

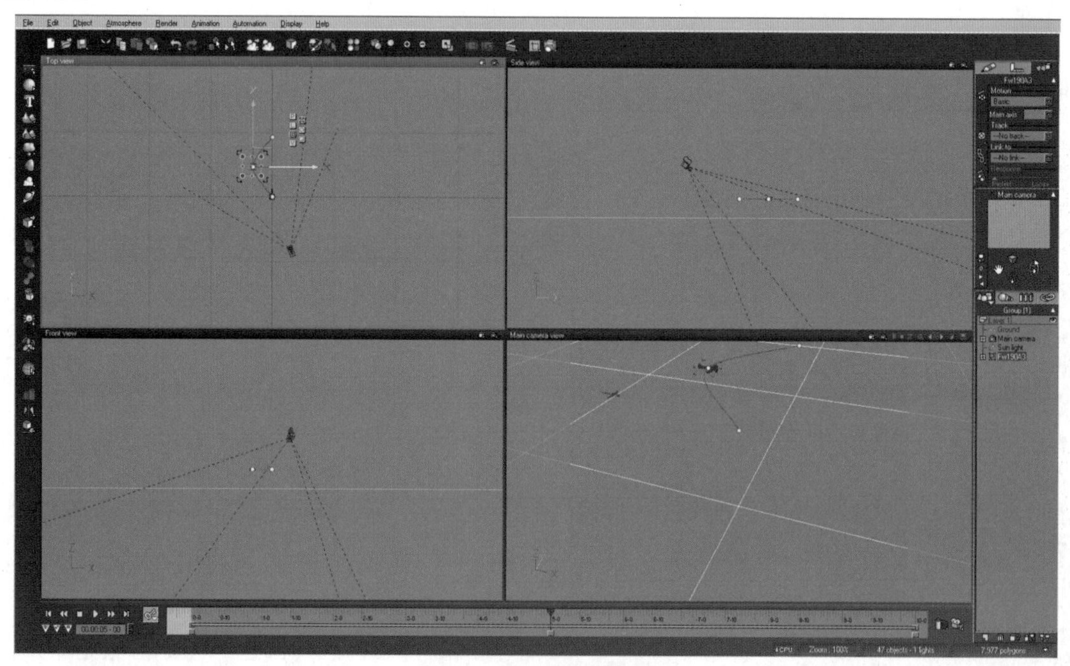

图 7-24　添加中间关键帧

STEP 06 观察现在的飞机动画，感觉运动不对，飞机在转弯的时候没有产生相对应的运动，如图7-25所示。

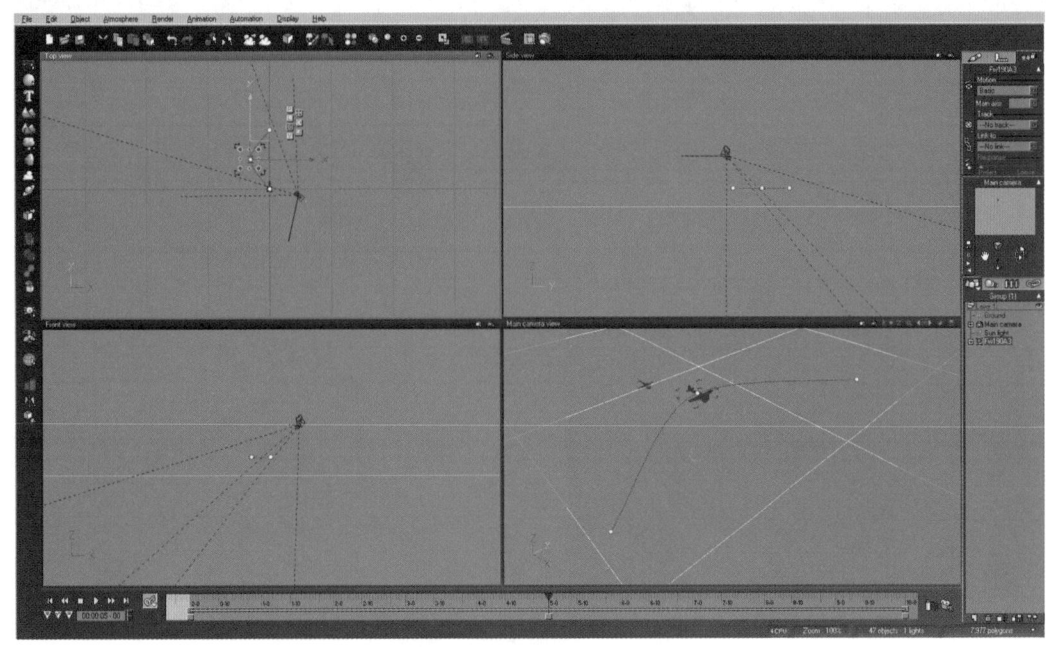

图 7-25　观察飞机动画

STEP 07 选择飞机运动类型为Airplane，如图7-26所示。

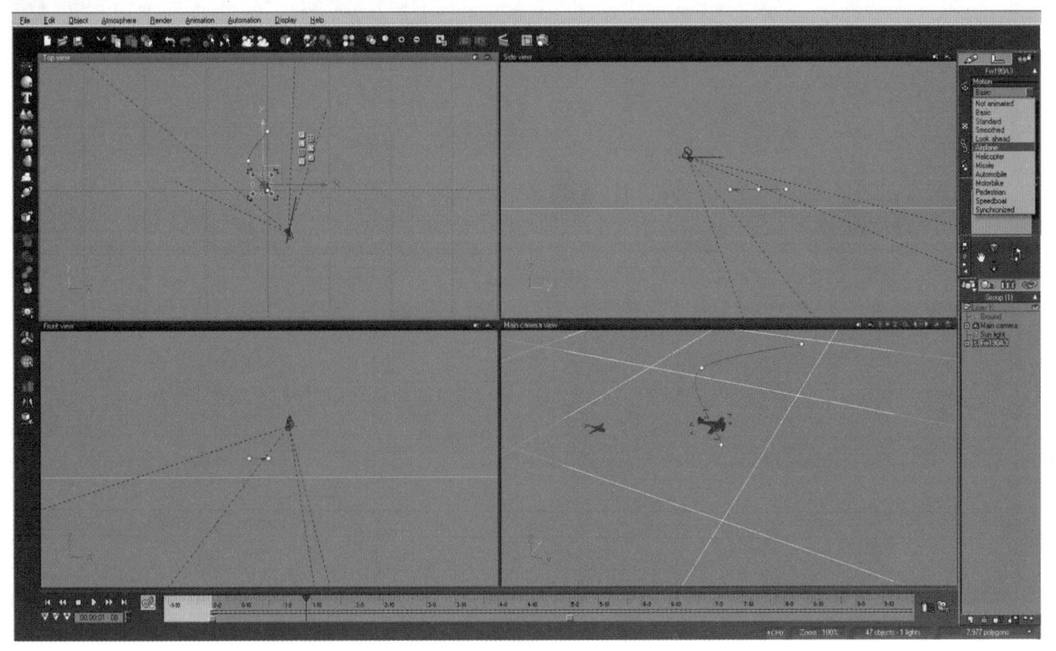

图 7-26　选择飞机运动类型

STEP 08 如果飞机的朝向不对，可以调整其运动轴向，如图7-27所示。

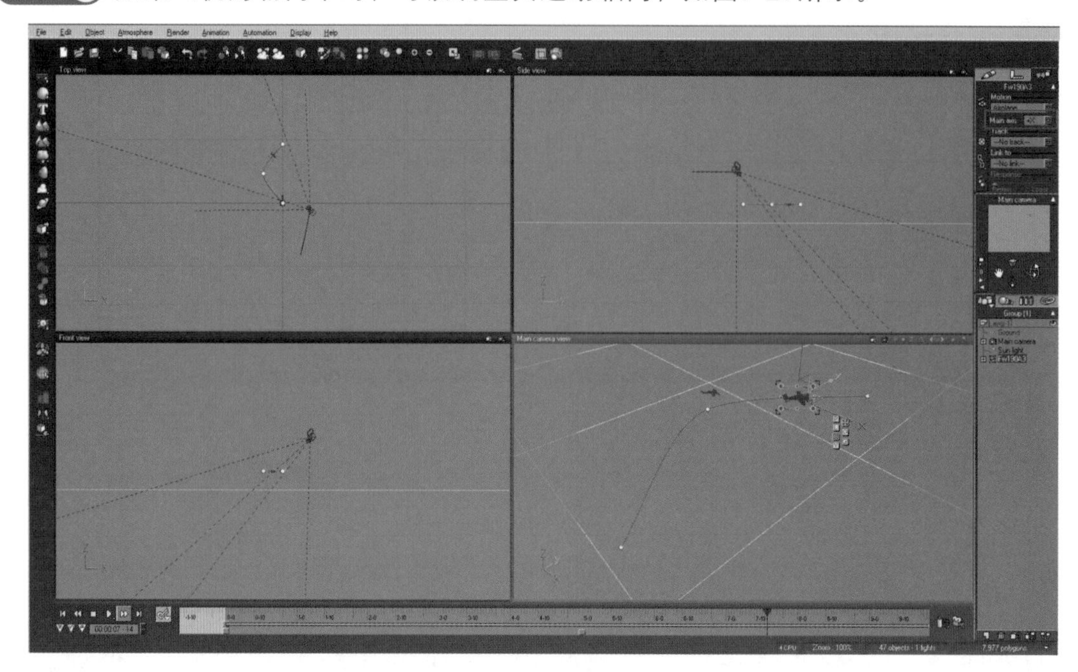

图 7-27　调整飞机运动轴向

STEP 09 添加标准山形，如图7-28所示。

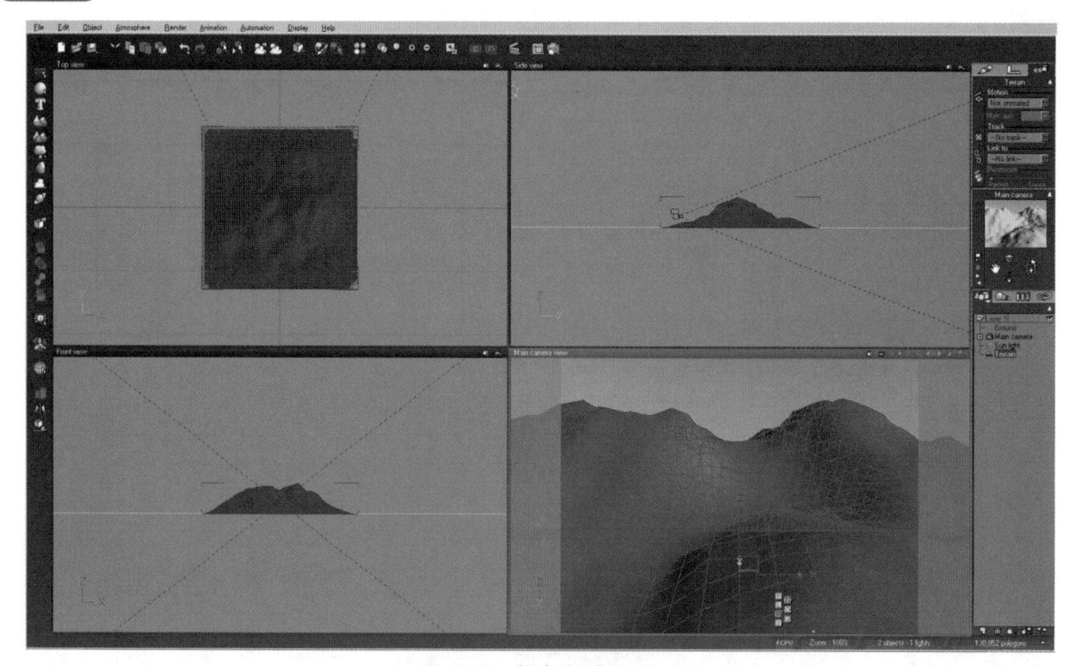

图 7-28　添加标准山形

STEP 10 在添加的标准山形上右击，在弹出的快捷菜单中选择“Edit object（编辑物体）”命令，进入地形编辑器，如图7-29所示。

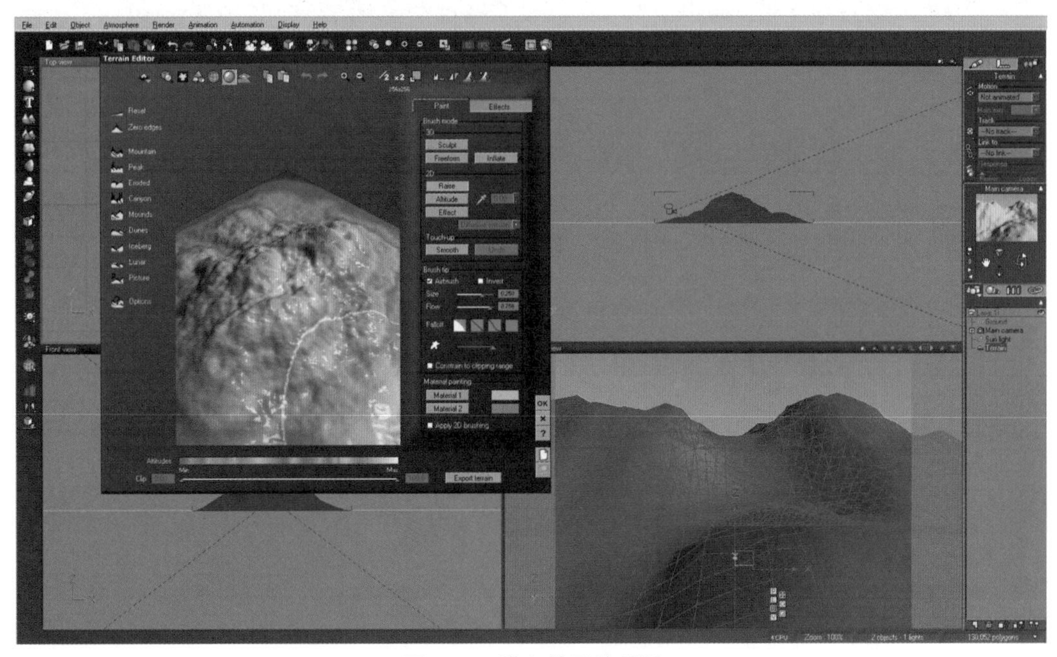

图 7-29　进入地形编辑器

STEP 11 使用笔刷，调整山形效果，如图7-30所示。

图 7-30　调整山形效果

STEP 12 调整地形效果，如图7-31所示。

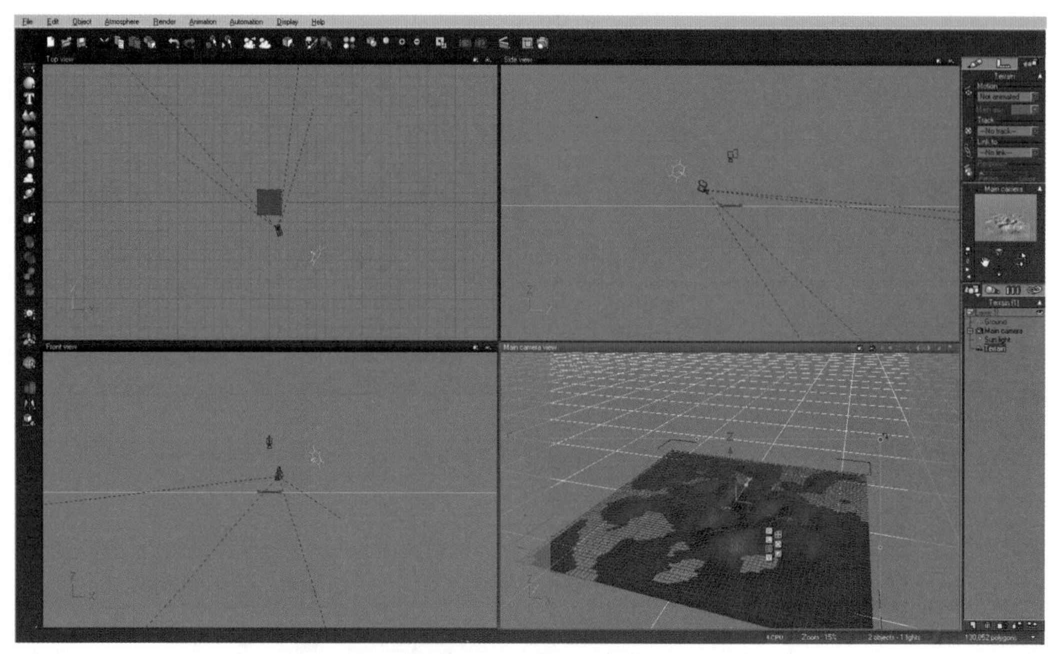

图 7-31　调整地形效果

STEP 13 选择导入工具，导入一个坦克模型，如图7-32所示。

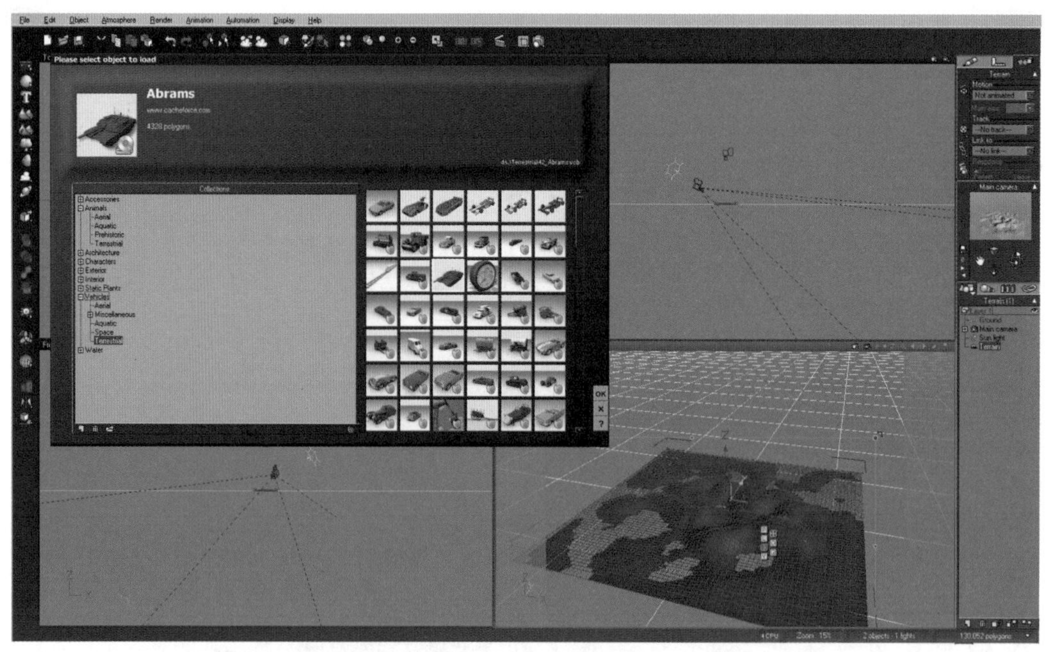

图 7-32　导入坦克模型

STEP 14 使用缩放工具，调整坦克的大小比例，如图7-33所示。

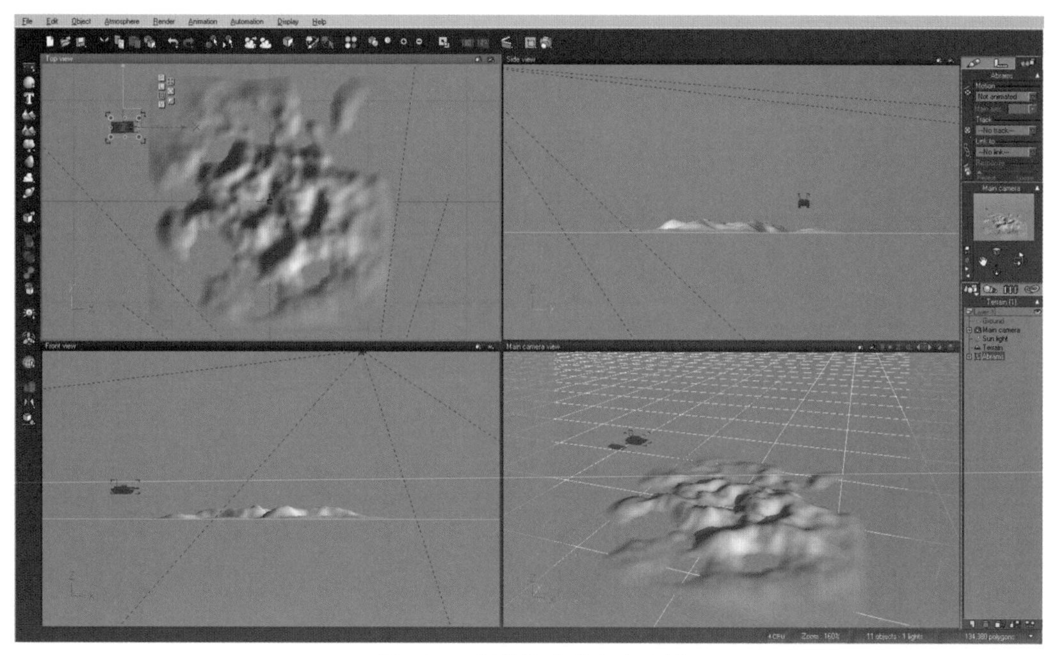

图 7-33　调整坦克的大小比例

STEP 15 使用对齐地面工具，将坦克对齐到地面，如图7-34所示。

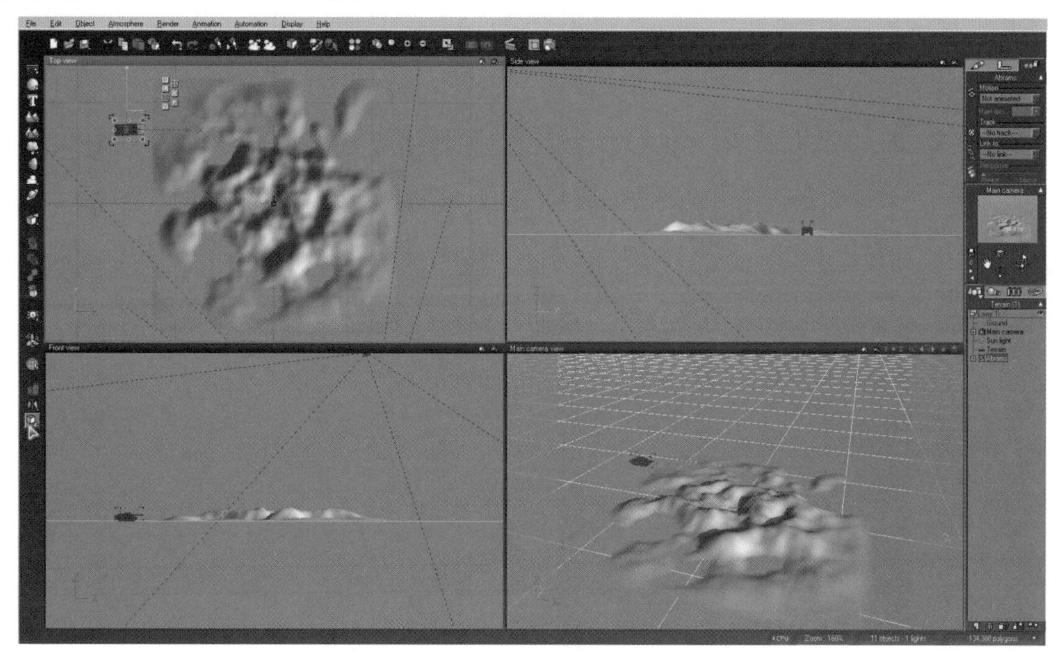

图 7-34　将坦克对齐到地面

STEP 16 按<F11>键打开时间线面板，如图7-35所示。

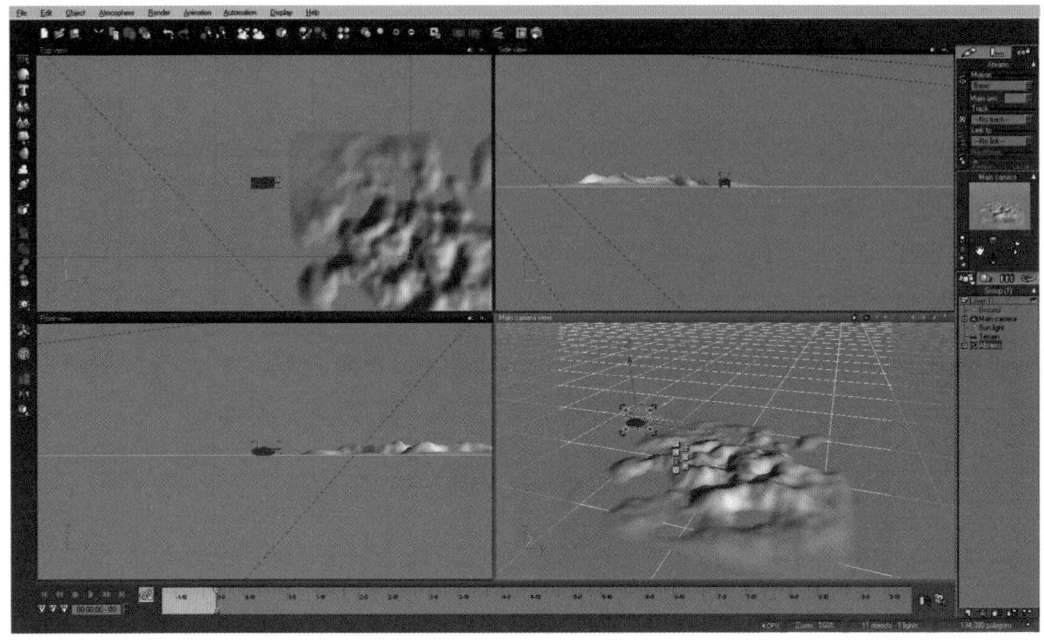

图 7-35　打开时间线面板

STEP 17 参照飞机位移动画的制作方法，制作坦克的位移动画，如图7-36所示。

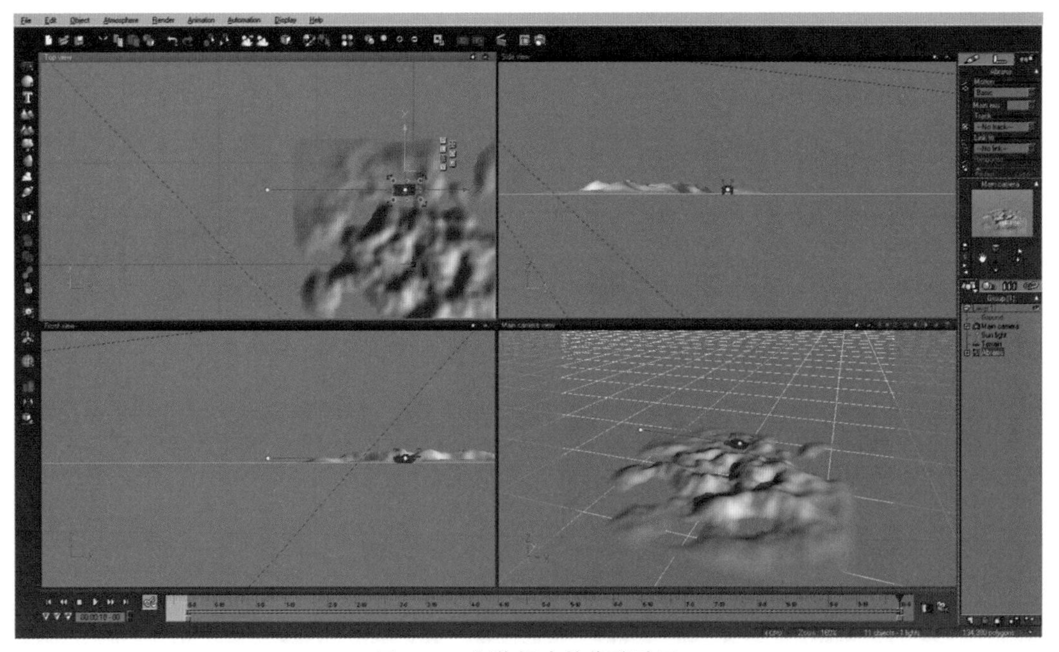

图 7-36　制作坦克的位移动画

STEP 18 选择坦克的运动类型为Automobile，这样坦克在不平整的地面上运动时也会产生相应的上下运动，更符合真实的运动效果，如图7-37所示。

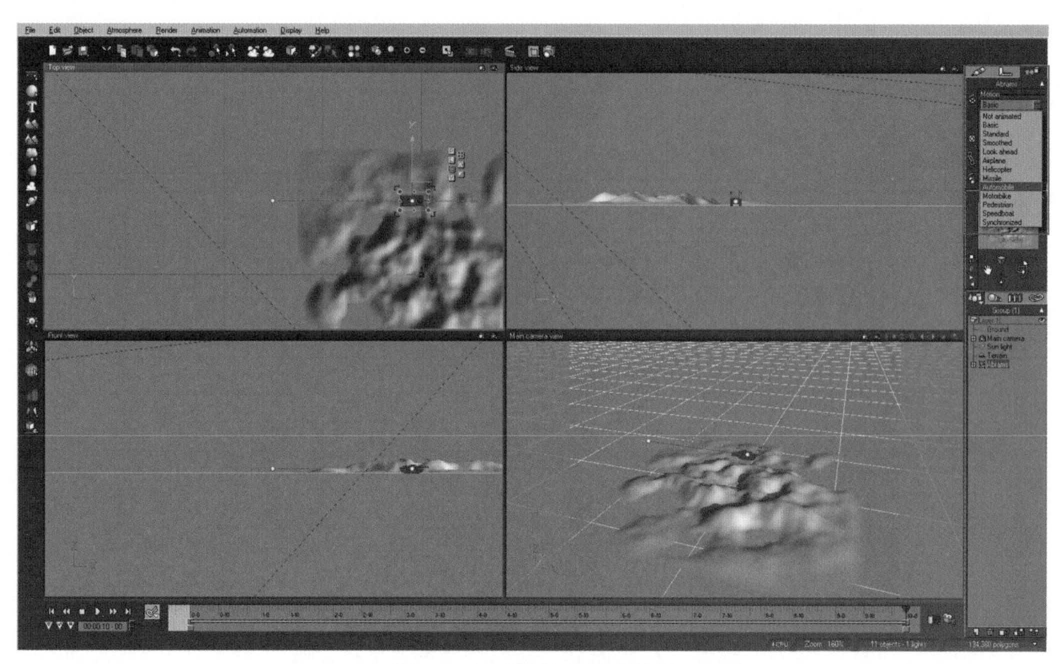

图 7-37　选择坦克运动类型

最终动画效果如图7-38所示。

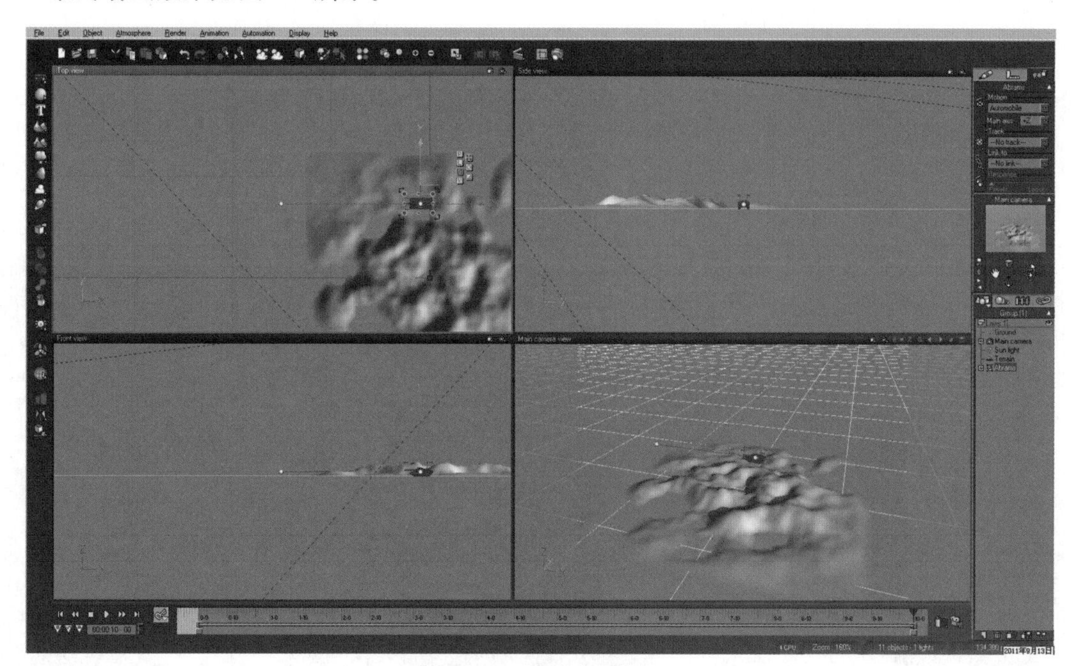

图 7-38　最终动画效果

第8章 Vue函数编辑器

函数是三维景观软件Vue的材质视觉质量的关键因素。函数在产生一个依赖于位置的值时是非常重要的(例如，在材质中表示一个依赖于位置的透明度)。函数允许用户将空间上的点与0到1之间的某个数值相对应。

通过在预览窗口中右击，在弹出的快捷菜单中选择“Edit function（编辑函数）”命令，即可打开函数编辑器，如下图所示。

8.1 基本概念

函数编辑器也是非模式对话框，输入节点位于顶端，输出节点位于底部，中间是当前材质的节点。输入和输出节点不能删除，也不能调换位置。

8.1.1 输入节点类型

Vue中的输入节点类型如图8-1所示，各类型的含义如下。

图 8-1 输入节点类型

- Position（位置）：该输入节点产生一个代表函数赋值点位置的矢量值。
- Normal（法线）：该输入节点产生一个代表函数赋值点指向表面的方向。
- Altitude（海拔）：该输入节点产生一个信息，它的值与函数赋值点的高度成比例。
- Slope（坡度）：该输入节点产生一个信息，它的值与函数赋值点的斜面成比例。
- Orientation（取向）：该输入节点产生一个信息，它的值位于-1到1之间，依赖于函数赋值点指向表面的方位角。

8.1.2 输出节点

输出节点的名称和类型依赖于从函数获得的值（也就是函数的目的是什么）。例如，如果用户正在编辑一个程序地形的地形高度，那么输出值就会被标上“海拔”，那么通过函数产生的值就会被用来生成程序地形的海拔。

通常情况下，函数输出数据的类型是一个数值（一个浮点值），但是某些情况下函数也能够输出颜色（例如，在编辑程序材质的颜色函数时）。如果用户想要使用一个能够输出指定数值的颜色，SmartGraph（快速图表）就会自动添加一个节点，用于将颜色转变为亮度值。

8.1.3 多重输出和主输出

在某些情况下，函数可以输出多重数据通道。这只是为用户从一个简单的程序材质中编辑函数等情况服务的。在这种情况下，函数编辑器会为材质所有不同的通道（颜色、凹凸、透明度等）显示输出节点。用户可以重复利用图标中的一部分来同时生成多个通道的输出，以代替复制图标中的部分（例如，用户可以将颜色和凹凸输出设置为同一节点）。

如果函数编辑器中具有几个输出节点，那么，其中有一个就是主输出。在函数图表中只有一个主输出。主节点是与进入函数编辑器时的通道相对应的输出。例如，如果用户通过编辑颜色生成函数来进入函数编辑器，那么主输出就是颜色输出；但是如果用户通过编辑凹凸生成函数进入函数编辑器，那么主输出就是凹凸输出，而不是颜色输出。

主输出与其他类型的输出节点显示方式不同，即使它是在没有被选择的情况下（或者与这个输出关联的节点没有被选择）。如果用户按下“Save（保存）”按钮，只有与主输出关联的图表部分会被保存。保存的函数会在视觉函数浏览器中显示，与其他预置的函数类似。默认情况下，函数是放置在“Functions（函数）”文件夹下的。这意味着它们会出现在视觉函数浏览器的“Personal（个人）”收藏夹中。同样，如果用户使用“Load（载入）”功能载入一个新的函数到函数编辑器中，或者在对话框中单击“New（新建）”按钮，只有与主输出相关的部分会被取代（或者移除）。

8.1.4 数据类型

函数编辑器中的数据类型可以分为以下四类。

1. Number(数值)

这是一个浮点值，是函数图表中典型的输出。杂点节点和碎片节点产生数值。

2. Color(颜色)

这是颜色节点的典型输出。如果用户正在编辑一个材质的颜色通道，函数就可以输出一个数值（在这种情况下，数值就会使用一个彩色图在函数外被转变为颜色），或者直接生成一个颜色（在这种情况下，材质编辑器中的彩色图是不可用的）。

3. Texture Coordinates(纹理匹配)

这是一个二维矢量，用于表示函数赋值点的纹理匹配。这是来自Projection（发射）节点的典型输出。

4. Vector(矢量)

这是由三个数字组成的一组数，用于表示空间的位置或者方向。通常情况下，位置和正常输入都是矢量，其中位置表示函数赋值点的位置（被转换为依赖于被选映射模式的相应的对等系统），而正常输入是函数赋值点所在位置所指向的对象表面的方向。

8.1.5 连接

连接是将不同的节点连接起来形成一些线。连接代表着穿越图表的数据流，数据始终是从上至下，从顶部（输入）到底部（输出）。如果一个节点比另外一个节点高，那么可以知道它已经通过程序运算了。

连接的颜色表示通过连接的数据类型。

- 蓝色连接线：数值（如杂点输出）。

- 绿色连接线：颜色信息。
- 紫色连接线：纹理匹配。
- 红色连接线：矢量数据（如位置）。
- 灰色连接线：未定义数据类型。

8.2 界面简介

函数编辑器的界面包括工具栏、节点工具栏、函数图表、节点/链接等主要内容。

8.2.1 工具栏

函数编辑器中的工具栏如图8-2所示。

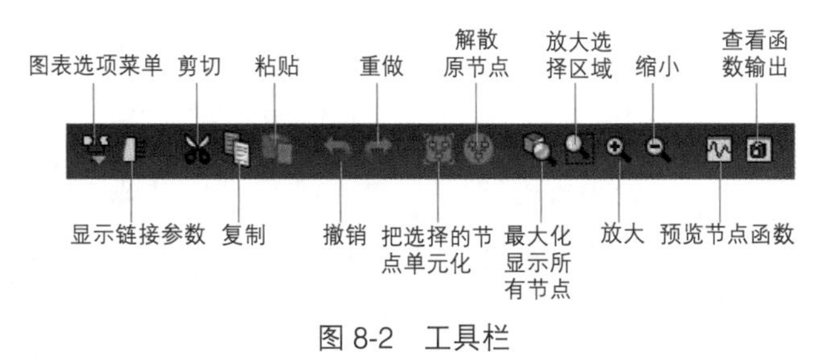

图 8-2　工具栏

8.2.2 节点工具栏

函数编辑器中的节点工具栏如图8-3所示，其中各按钮的含义如下。

图 8-3　节点工具栏

- 键入节点：创建各种输入节点。
- 输出节点：创建一个输出节点。
- 噪波节点：创建一个噪波节点。
- 分形节点：在噪波的基础上反复噪波，能产生大范围的细节。
- 颜色节点：调节复杂的颜色贴图。
- 纹理贴图节点：多用于烘焙展开贴图。
- 过滤器节点：输入一个信号，并输出另一个信号。
- 常数节点：一个类型的常量节点。
- 湍流节点：输入向量并返回一个向量。
- 组合节点：可以合并所有类型的节点。

- 数学节点：执行所有不同类型数据之间的转换。
- 动态节点：主要用于连接对象的属性。
- 载入元节点：从硬盘加载一个元节点。

8.3 噪波节点

在三维景观设计软件Vue中，详细了解噪波节点，能够帮助我们充分利用函数来实现需要的效果，也可为Vue的高级使用打下坚实的基础。噪波节点参数设置如图8-4所示。

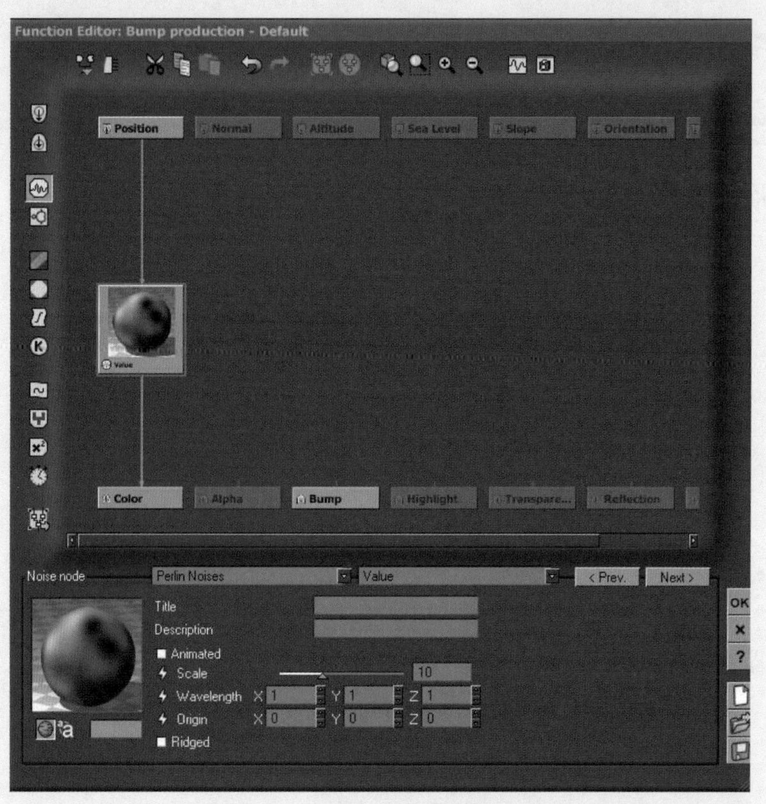

图 8-4　噪波节点参数设置

8.3.1　通用参数

Vue中的噪波节点通用参数如图8-5所示。

- Scale（规模）：控制噪波的整体规模。
- Wavelength（波长）：控制X、Y、Z轴的值。
- Origin（原点）：设置笛卡尔坐标系的原点。

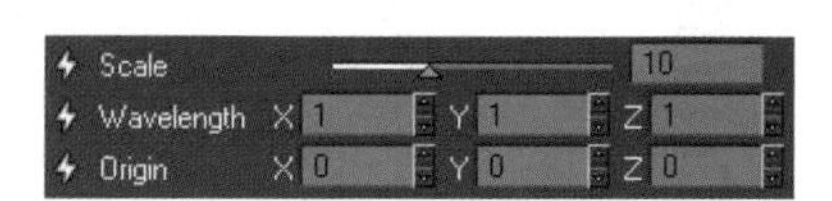

图 8-5　通用参数

8.3.2 噪波类型

Vue中的噪波类型如图8-6所示。

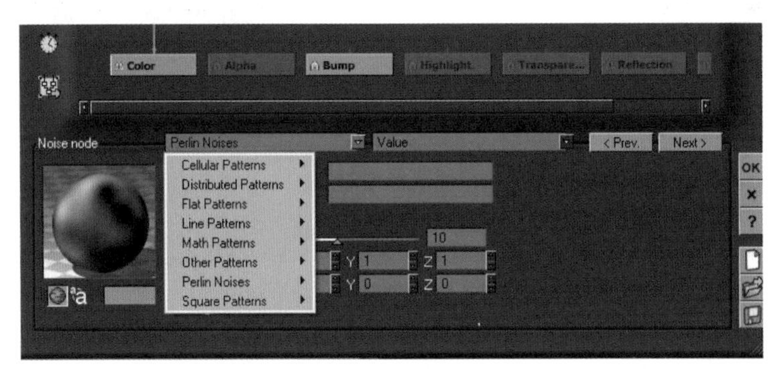

图 8-6　噪波类型

1. Cellular Patterns（蜂窝式，如图 8-7 所示）

该子菜单中包括Chipped（碎片）、Crystals（晶体）、Pebble noise（鹅卵石噪波）、Drought（干旱）、Voronoi（Voronoi图）、Voronoi（Altitude）［Voronoi图（海拔）］和Voronoi（Generalized）［Voronoi图（一般）］等7个选项。

2. Distributed Patterns（分布式，如图 8-8 所示）

该子菜单中包括Round Samples（圆形图案）、Round Samples（2D）［圆形图案（2D）］、Square Samples（方形图案）和Square Samples（2D）［方形图案（2D）］等4个选项。

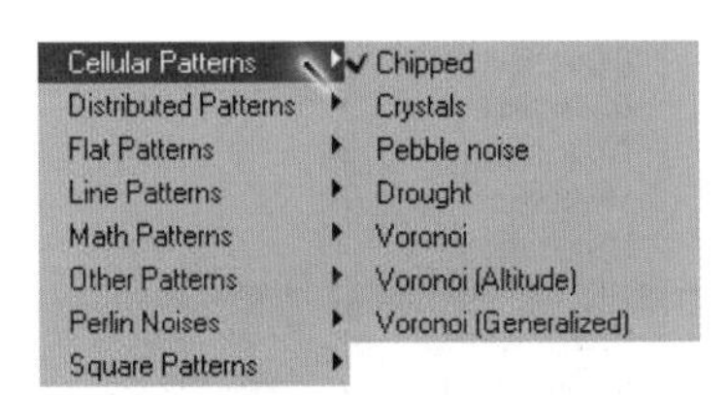

图 8-7　蜂窝式

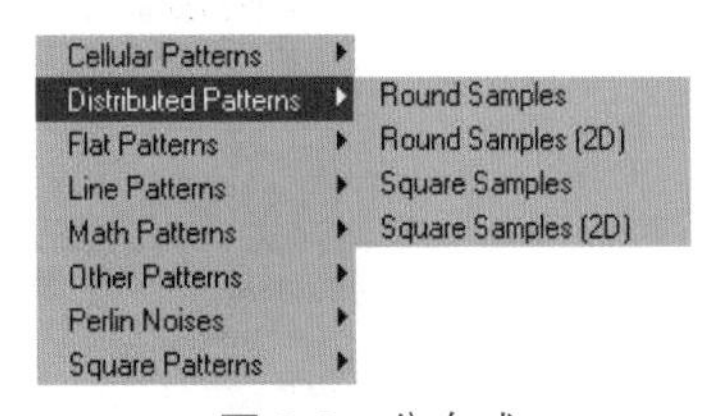

图 8-8　分布式

3. Flat Patterns（平板式，如图 8-9 所示）

该子菜单中包括Varying Blocks（多样块）、Clumps（团块）和Water cress（波光）三个选项。

4. Line Patterns（线性式，如图 8-10 所示）

该子菜单中包括Lines（线）、Fabric（织品）、Cracks（裂缝）和Sparse cracks（稀疏裂缝）四个选项。

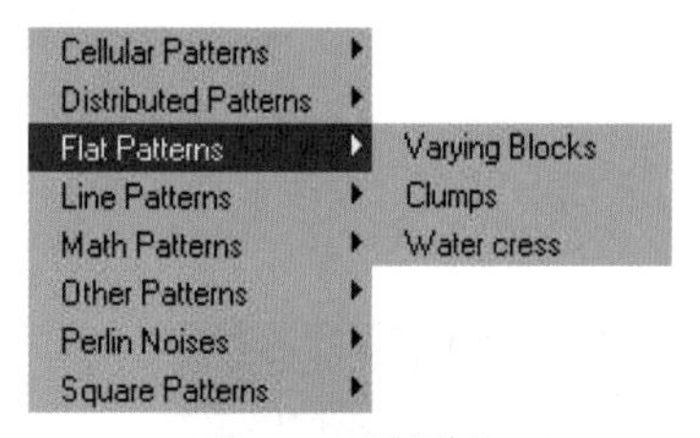

图 8-9　平板式

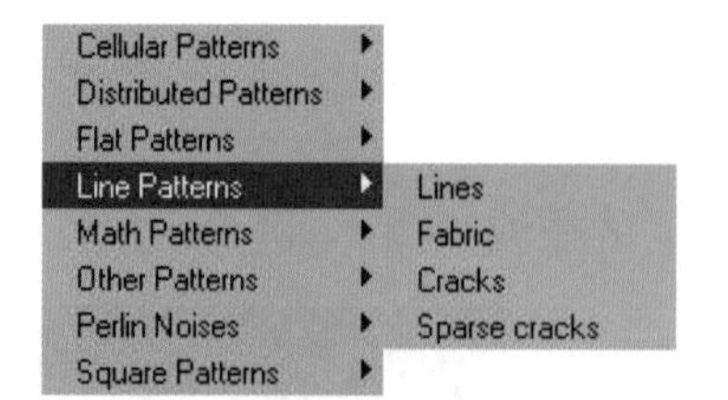

图 8-10　线性式

5. Math Patterns（数学模式，如图 8-11 所示）

该子菜单中包括Onion（洋葱）、Wavelet（微波）、Step（台阶）、Step（smooth）［台阶（光滑）］、Tooth（rectangular）［齿（方形）］、Tooth (triangular)［齿（三角形）］、Tooth（Gaussian）［齿（高斯）］、Radial sine（径向正弦）、Triangular（三角）、Leopard（豹皮）、Saw teeth（锯齿）、Water Wave（水波）、Spiral（螺旋）和Rectangular（矩形）等几个选项。

6. Other patterns（其他模式，如图 8-12 所示）

该子菜单中包括Dots（点）、Water（calm）［水（平静）］、Water（Rough）［水（粗）］和Granite（花岗岩）等4个选项。

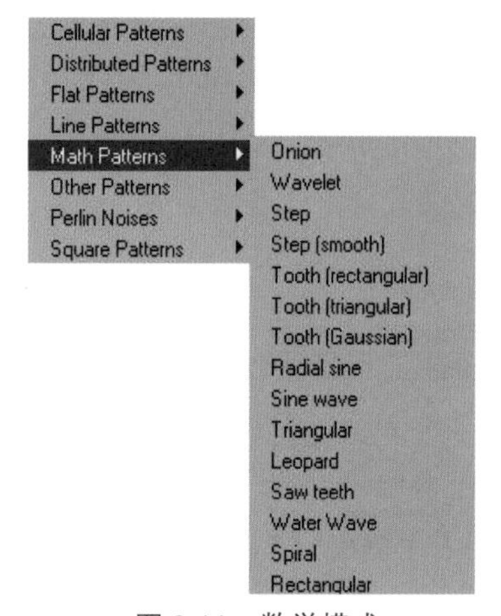

图 8-11　数学模式

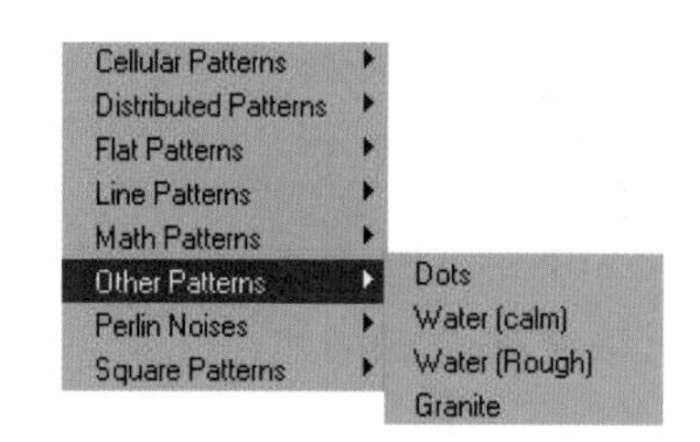

图 8-12　其他模式

7. Perlin Noises（佩尔林噪波，如图 8-13 所示）

该子菜单中包括Value（线性）、Gradient（梯度）、Gradient amplitude（梯度倍增）、Value-Gradient（数值梯度）、Value-Gradient（Variable）［数值梯度（可变）］、Noise（linear）［噪波（线性）］、Linear-Value-Gradient（噪波数值梯度）、Linear-Value-Gradient（Variable）［噪波数值梯度（可变）］和Terrain Perlin Noise（地形佩尔林噪波）等几个选项。

8．Square Patterns（矩形图案，如图 8-14 所示）

该子菜单中包括Random altitudes（随机高度）、Squares（正方形）、Squares（Pairs）［正方形（双）］、Stones（石头）、Square blobs（正方形泡）和Square stones（正方形石头）等6个选项。

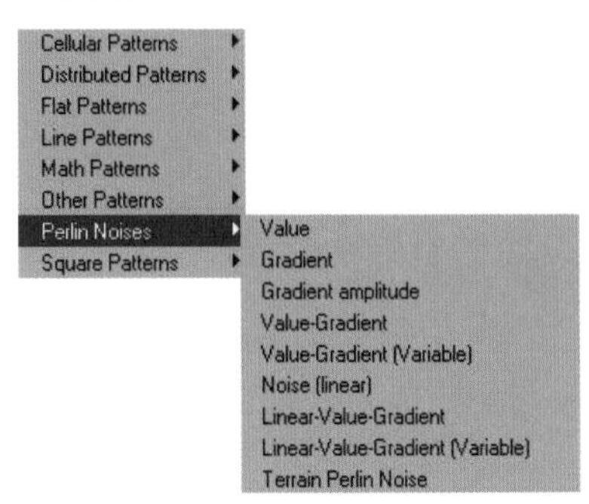

图 8-13　佩尔林噪波

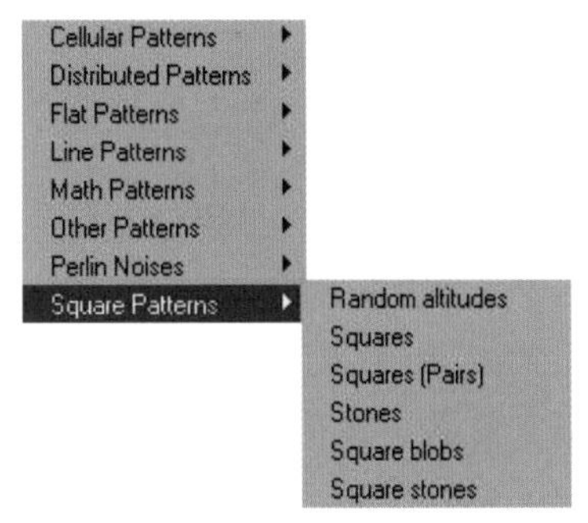

图 8-14　矩形图案

8.4 分形节点

分形节点的工作原理是重复不同频率、幅度的基本噪波，形成更复杂、更丰富的分形噪波。分形噪波节点比噪波节点生成速度要慢些。分形节点参数如图8-15所示。

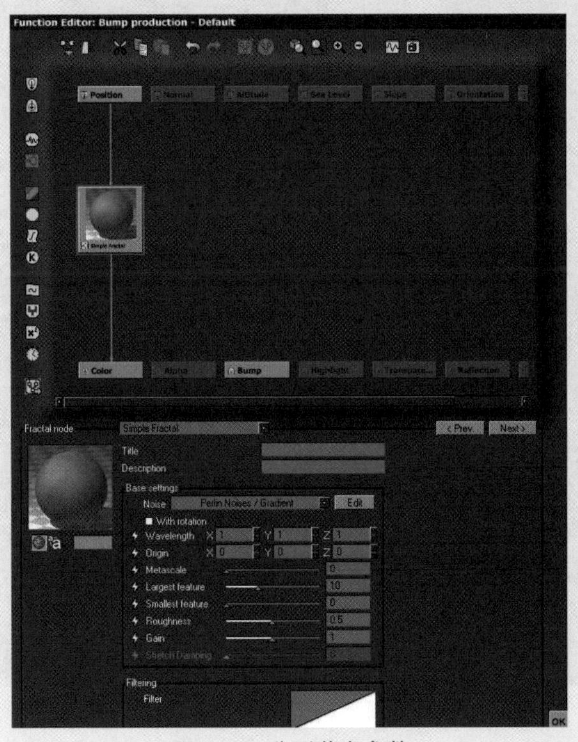

图 8-15　分形节点参数

1. Base settings（基本设置）

基本设置参数包括Wavelength（波长）、Origin（原点）、Metascale（总比例）、Largest features（最大特征）、Smallest features（最小特征）、Roughness（粗糙度）、Gain（增益）和Stretch Damping（延伸衰减）等。

2. Filter（过滤器）

过滤器参数及其含义如下。

- Filter（过滤器）：过滤器是定义高度的。
- Creep in（缓入）：控制过滤器信号与分形信号的混合比例。
- Min（最小）：最小值。
- Max（最大）：最大值。

3. 分形类型

Vue函数中的分形类型如图8-16所示，包括Open Ocean（广阔海洋）、Basic Repeater（基本重复）、Simple Fractal（简单分形）、Grainy Fractal（木纹分形）、Terrain Fractal（地形分形）、Fast Perlin Fractal（快速佩尔林分形）、Variable Roughness Fractal（可变粗糙度分形）、Variable Noise Fractal（可变噪波分形）和Three Noise Fractal（噪波分形三）。

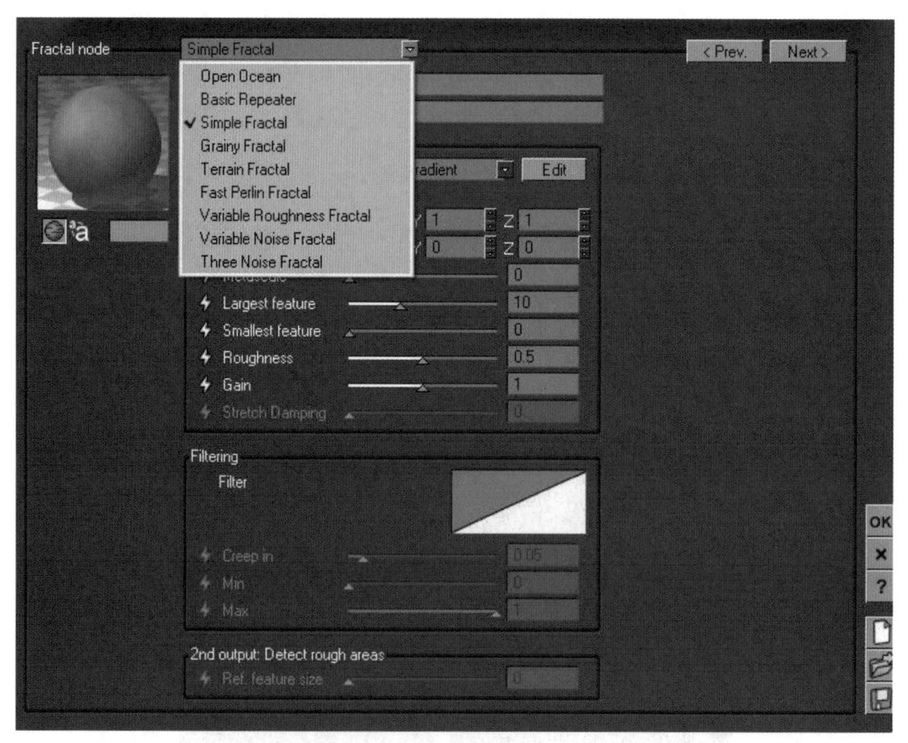

图8-16　分形类型

8.5 颜色节点

颜色节点可以修改传递给它的颜色，如图8-17所示。

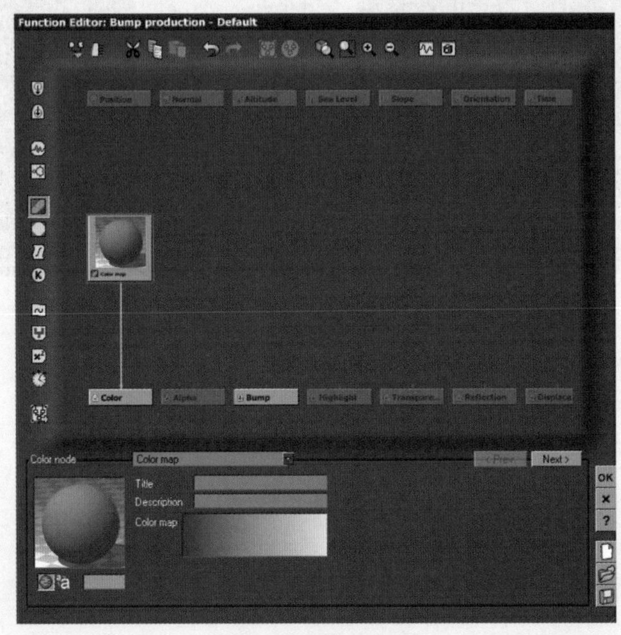

图 8-17　颜色节点

8.5.1　颜色校正（Color Correction）

Vue中的颜色校正参数如图8-18所示，包括Gamma（伽马）、Gain（增益）、Brightness（亮度）、Contrast（对比度）、HLS Shift（色相亮度饱和度）、HLS Color Shift（颜色）、Filter（过滤器）、Perspective（透视）和Color Blender（颜色混合）等参数。

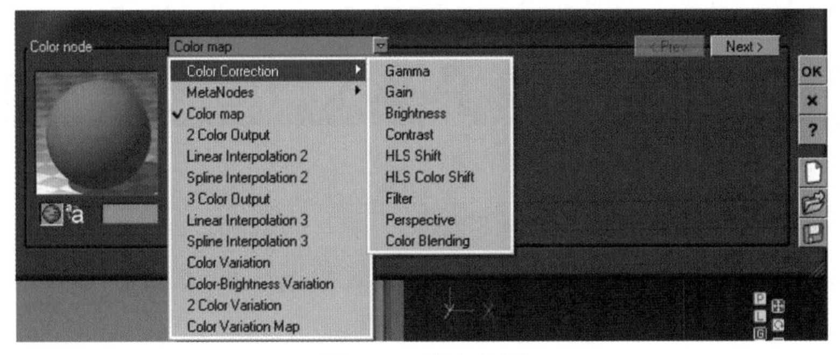

图 8-18　颜色校正

8.5.2 金属节点（MetaNodes）

Vue中的金属节点如图8-19所示，各节点参数的含义如下。

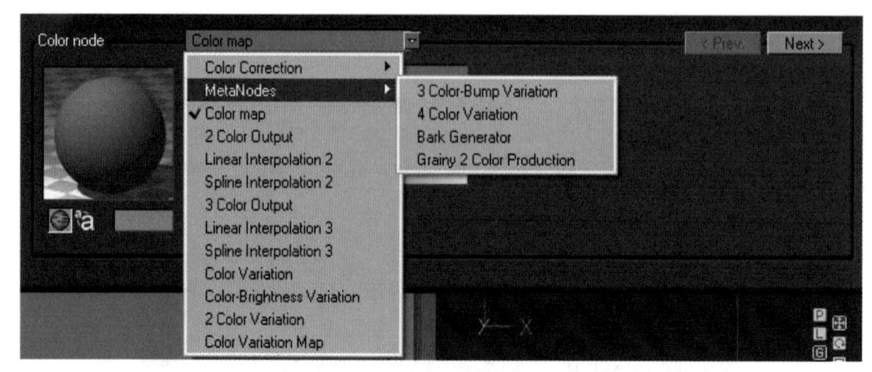

图 8-19 金属节点

- 3Color-Bump Variation：三色凹凸变化。
- 4Color Variation：四色变化。
- Bark Generator：树皮产生。
- Grainy 2 Color Production：灰度二色。

8.5.3 其他类型

其他类型颜色节点参数的含义如下。

- 2 Color Output：二色输出。
- Linear Interpolation 2：线性差值2。
- Spline Interpolation 2：样条差值2。
- 3 Color Output：三色输出。
- Linear Interpolation 3：线性差值3。
- Spline Interpolation 3：样条差值3。
- Color Variation：颜色变化。
- Color-Brightness Variation：颜色亮度变化。
- 2 Color Variation：二色变化。
- Color Variation Map：颜色变化贴图。

8.6 纹理贴图节点

纹理贴图节点是用来映射到对象上的贴图。

8.6.1 纹理贴图类型

Vue中的纹理贴图类型如图8-20所示，各类型参数的含义如下。

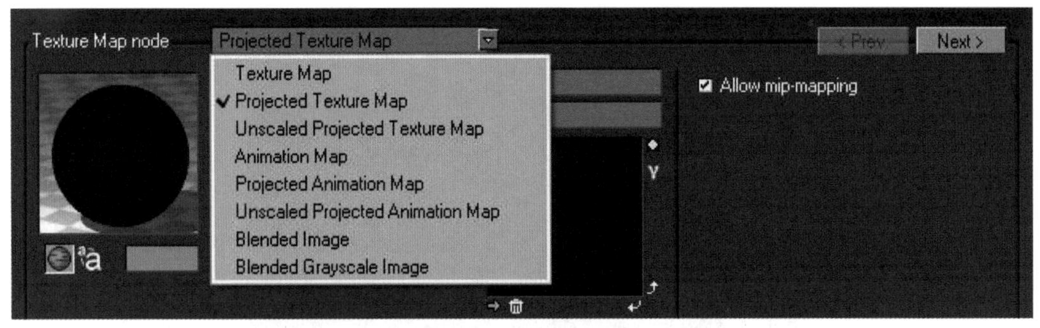

图 8-20　纹理贴图类型

- Texture Map：纹理贴图。
- Projected Texture Map：投影纹理贴图。
- Unscaled Projected Texture Map：非比例投影纹理贴图。
- Animation Map：动态贴图。
- Projected Animation Map：投影动态贴图。
- Unscaled Projected Animation Map：非比例投影动态贴图。
- Blended Image：混合图像。
- Blended Grayscale Image：混合灰度图像。

8.6.2　基本参数

Vue纹理贴图中的基本参数如图8-21所示，各参数的含义如下。

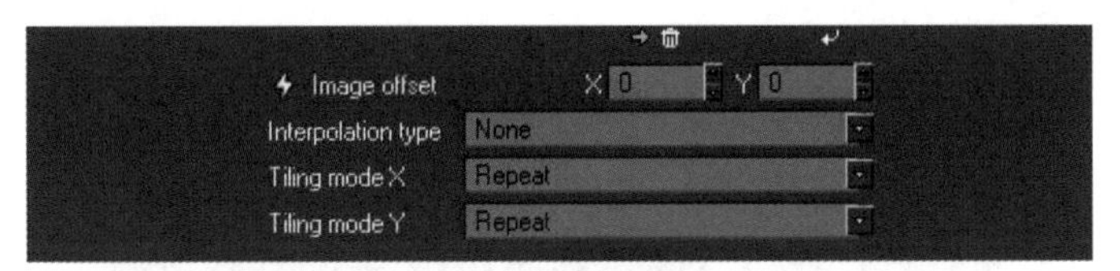

图 8-21　基本参数

- Interpolation type：差值类型。
- Tiling mode X：重复模式X。
- Tiling mode Y：重复模式Y。

8.7 UV 坐标节点

UV坐标节点用于转换当前位置为纹理坐标，如图8-22所示，其中部分参数含义如下。

- Scale（规模）：沿两条轴线定义纹理贴图的整体规模。
- Origin（原点）：定义投影的原点。
- Mapping mode（映射模式）：定义节点转换3D坐标为2D纹理贴图坐标的方法。

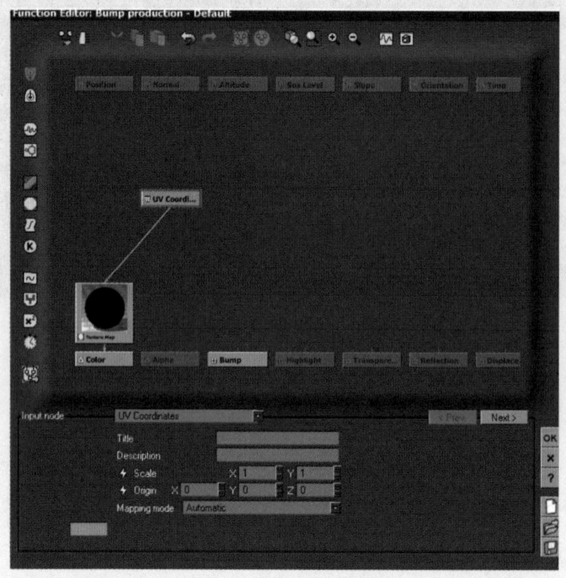

图 8-22　UV 坐标节点

8.8 过滤器节点

Vue中的过滤器参数如图8-23所示。

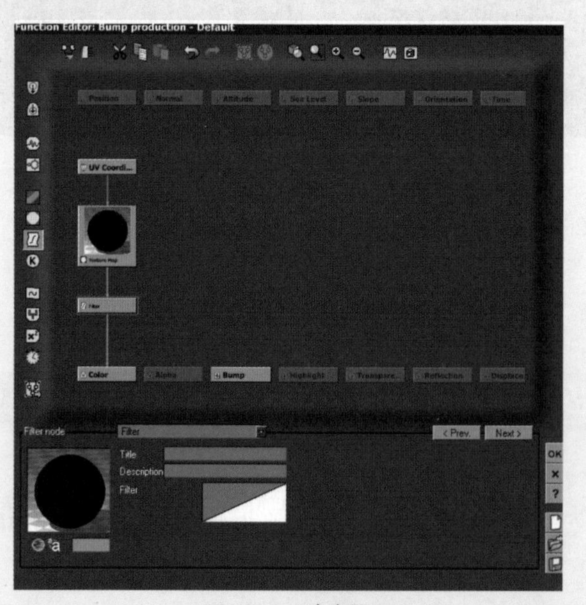

图 8-23　过滤器

8.8.1 环境敏感过滤器（Environment Sensitive Filters）

Vue中的环境敏感过滤器如图8-24所示，其中包括Altitude（海拔）、Slope（坡度）、Altitude and Slope（海拔和坡度）、Orientation（方向）、Environment（环境）和Patches（斑块）等几个参数。

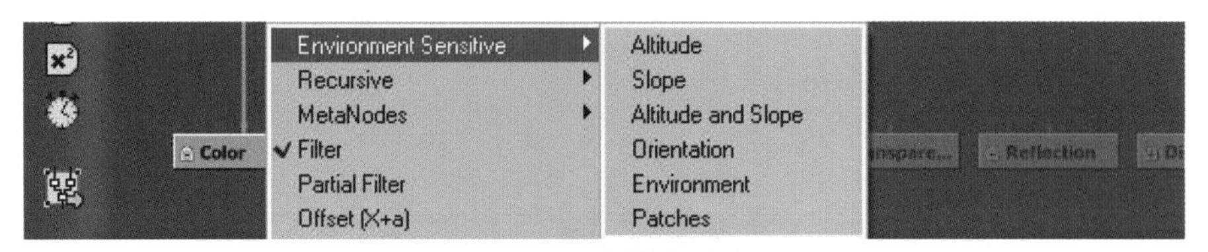

图 8-24 环境敏感过滤器

8.8.2 其他类型

Vue中的其他节点类型如图8-25所示，各类型参数的含义如下。

- Recursive：循环。
- MetalNodes：金属节点。
- Filter：过滤器。
- Partial Filter：局部过滤器。
- Offset（X+a）：偏移。
- Opposite(-X)：相反。
- Multiply(aX)：相乘。
- Divide（X/a）：除以。
- Brightness-Contrast（aX+b）：亮度对比度。
- Parabolic（aX^2+bX+c）：抛物线。
- Absolute：绝对。
- Gamma：伽马。
- Bias：偏差。
- Gain：增益。
- Power：力量。
- Gaussian：高斯。
- Floor：基数。
- Ceiling：压制。
- Clamp：压紧。
- Clip：修剪。
- Smooth Clip：平滑修剪。

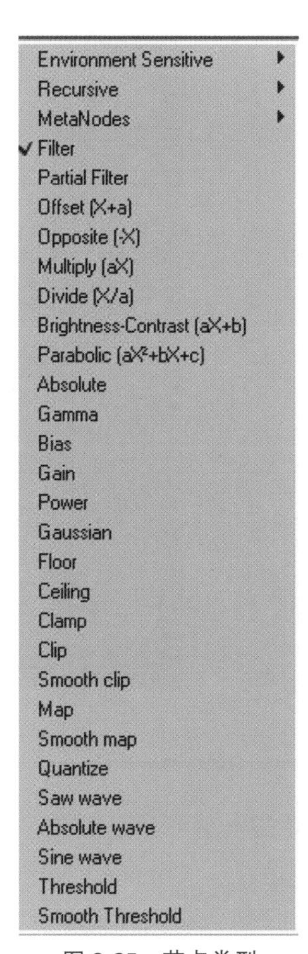

图 8-25 节点类型

- Map：贴图。
- Smooth Map：平滑贴图。
- Quantize：量化。
- Saw wave：锯波。
- Absolute wave：绝对波。
- Sine wave：正弦波。
- Threshold：极限。
- Smooth threshold：平滑极限。

8.9 常量节点

Vue中的常量节点参数如图8-26所示。此节点不重复任何输入。

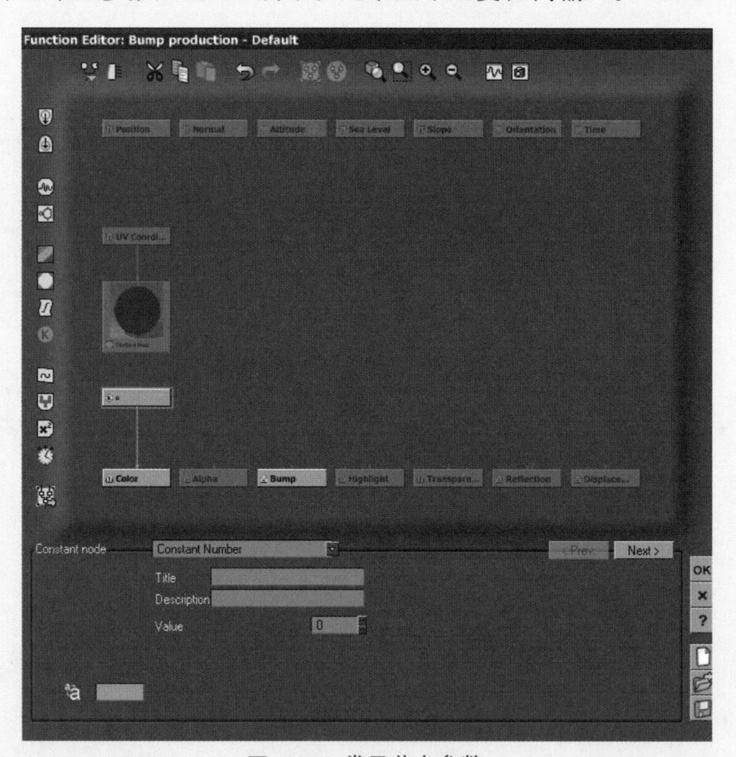

图 8-26　常量节点参数

常量节点类型如图8-27所示其参数包括Connectable Constant（常数）、Constant Color（常数颜色）、Constant Number（常数数字）、Constant Texture（常数贴图）、Constant Vector（常数矢量）、Boolean Number（布尔数字）和Random Constant Number（随机常数）等。

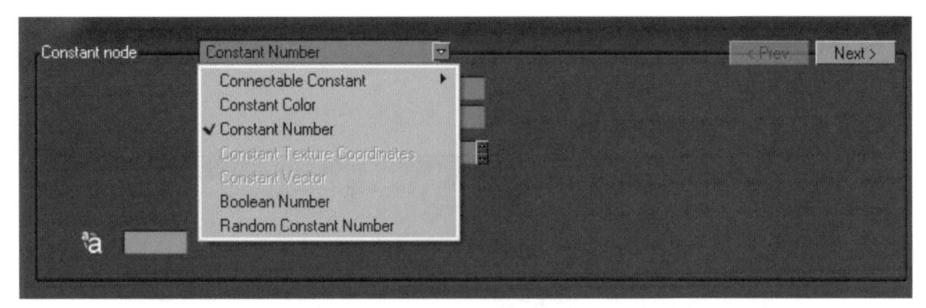

图 8-27　常量节点类型

8.10 其他节点

8.10.1　湍流节点

湍流节点和分形节点非常相似，主要区别是，湍流节点能在三个方向上创造湍流效果。虽然湍流节点也以噪波分形为基础，但湍流的计算时间长。湍流节点参数如图8-28所示。

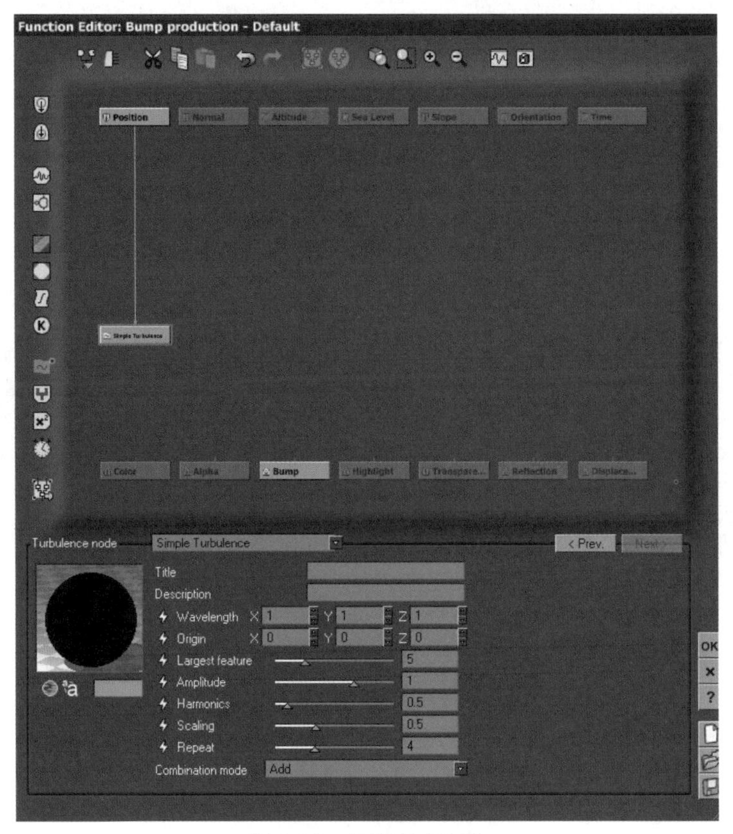

图 8-28　湍流节点参数

8.10.2 组合节点

组合节点用于将多个输入合并为一个输出，如图8-29所示。

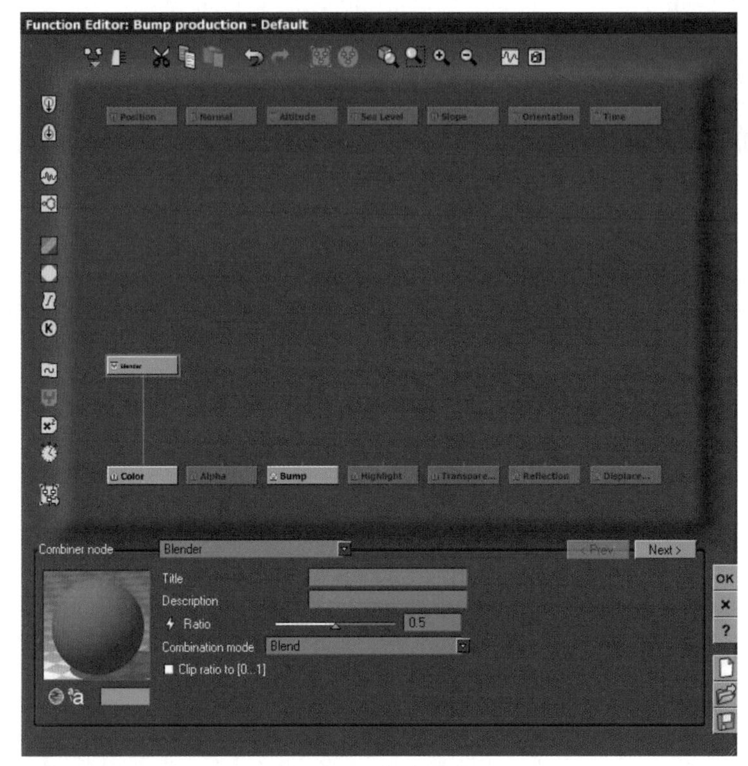

图 8-29 组合节点

组合节点的类型如图8-30所示，各类型参数的含义如下。

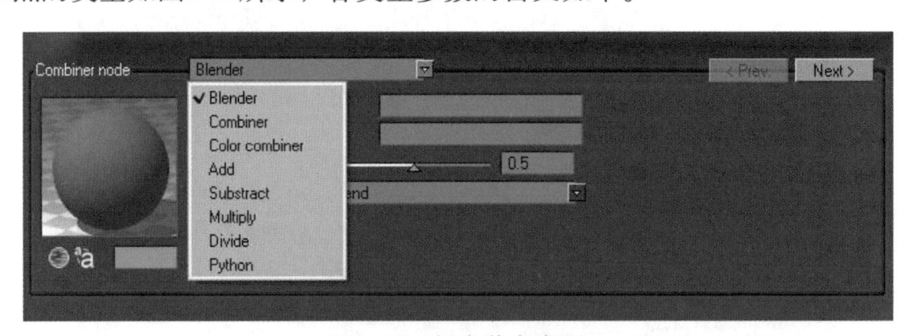

图 8-30 组合节点类型

- Blender（混合）：值的平均值。
- Combiner（合路）：只能操作数字。
- Color combiner（颜色合路）：只适用于颜色。
- Add（增加）：值相加。
- Substract（相减）：第二个输入值减去第一个输入值。
- Multiply（相乘）：值相乘。
- Divide（分离）：值分离。

- Python（排森）：一种方式。

8.10.3 数学节点

数学节点不用于日常使用的图表操作，如图8-31所示。

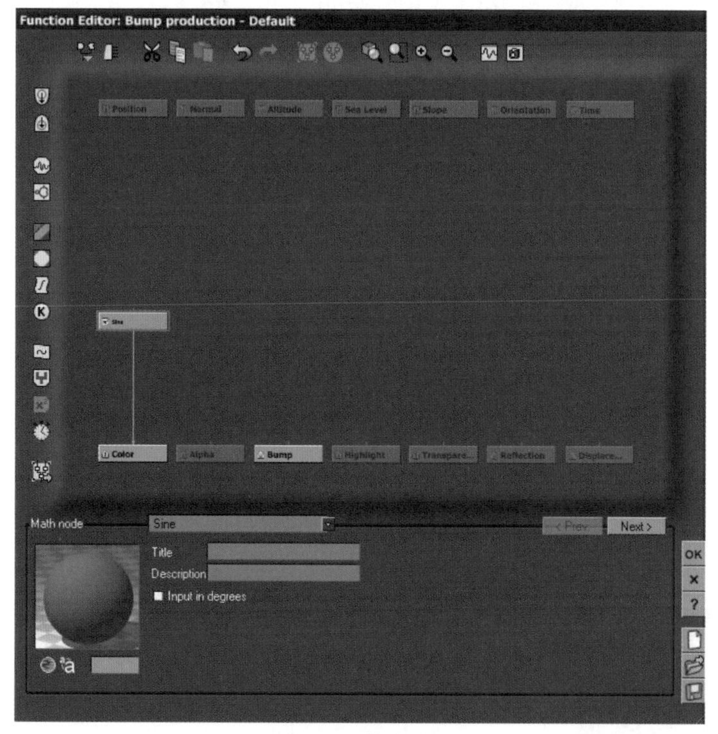

图 8-31 数学节点

数学节点类型如图8-32所示，参数包括Conversions（转换）、Vector Operations（向量运算）、Sine（正弦）、Arc Cosine（弧余弦）、Floor：基底、Fractional Part（小数部分）、Invert（倒数）、Power（力量）、Square Root（平方根）和Multiply（相乘）等。

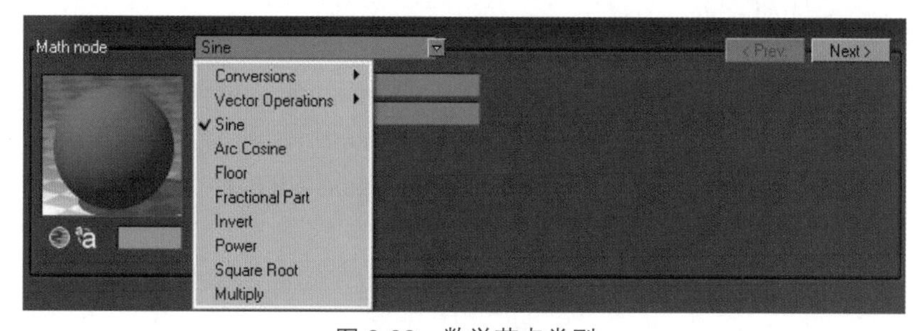

图 8-32 数学节点类型

8.10.4 动态节点

动态节点用于控制对象属性之间的关系，如图8-33所示。

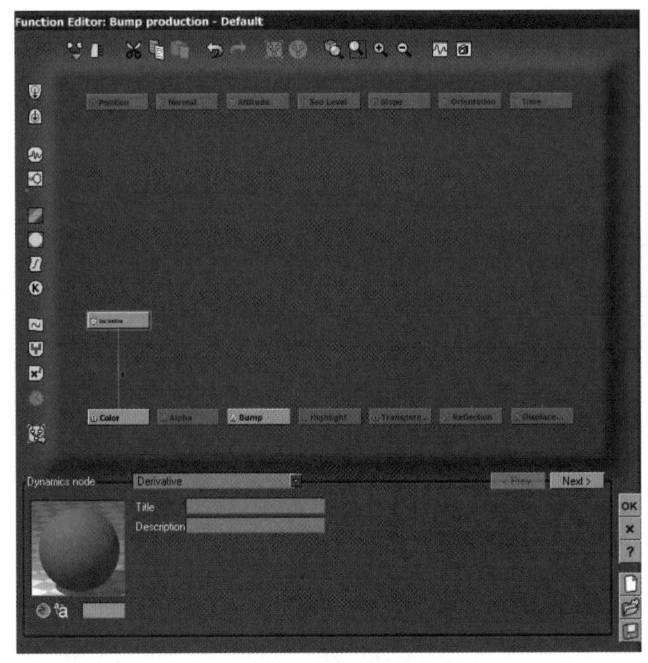

图 8-33　动态节点

动态节点类型如图8-34所示，各类型参数的含义如下。

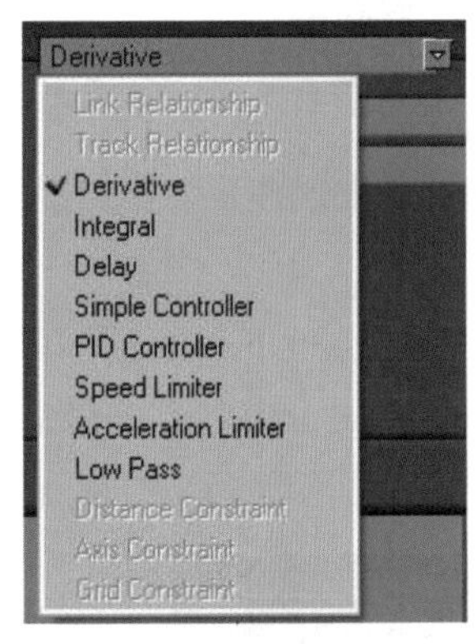

图 8-34　动态节点类型

- Link Relationship：链接关系。
- Track Relationship：跟踪关系。
- Derivative：异数。
- Integral：积分。
- Delay：延迟。
- Simple Controller：简单控制。
- PID Controller ：PID控制。
- Speed Limiter：速度限制。
- Acceleration Limiter：加速限制。
- Low Pass：低通过。
- Distance Constraint：距离约束。
- Axis Constraint：轴约束。
- Grid Constraint：网格约束。

8.11　实例——制作山形

要制作比较复杂的真实山形，必须应用函数来配合。这里，我们举一个简单的例子来学习函数在山形制作中的应用。

STEP 01 打开一个已调整了的基本山形，如图8-35所示。

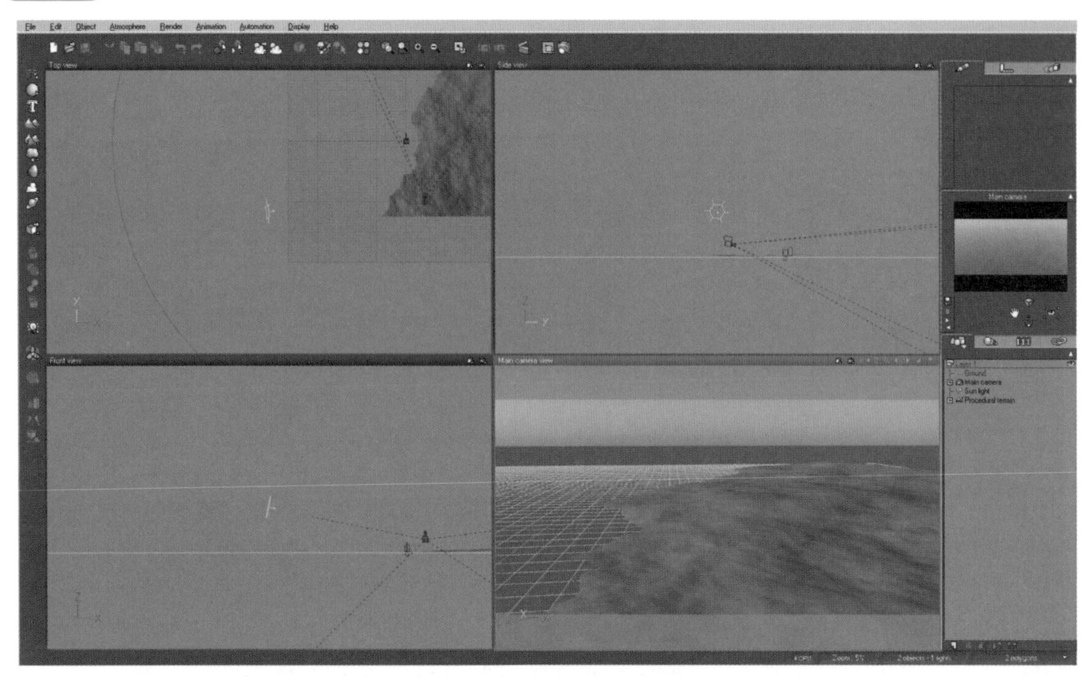

图 8-35　打开基本山形

STEP 02 选择山形并右击，在弹出的快捷菜单中选择“Edit object（编辑物体）”命令，打开地形编辑器，如图8-36所示。

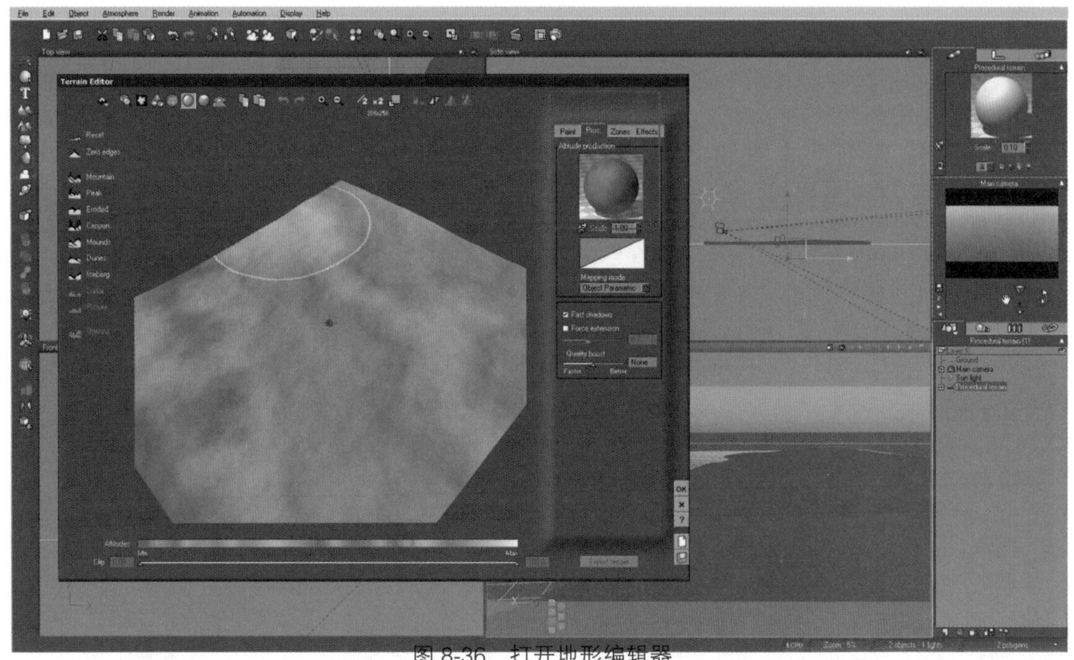

图 8-36　打开地形编辑器

STEP 03 在右上角的球体处右击，在弹出的快捷菜单中选择“Edit function（编辑函数）”命令，打开函数编辑器，如图8-37所示。

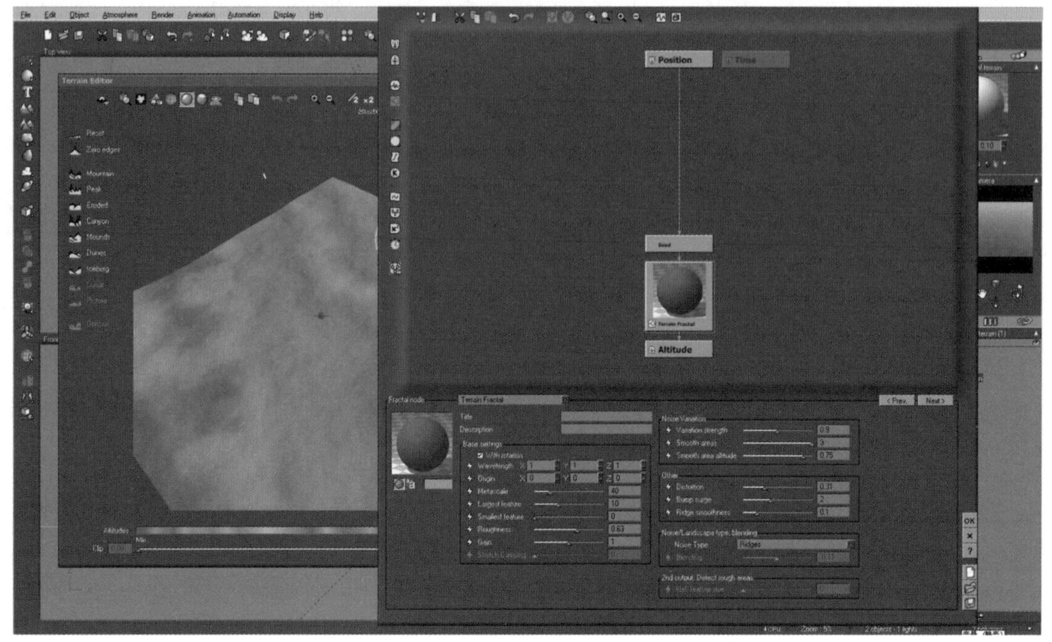

图 8-37　打开函数编辑器

STEP 04 将分形的类型改为“Terrain Fractal”，可以更细致地调整山形，如图8-38所示。

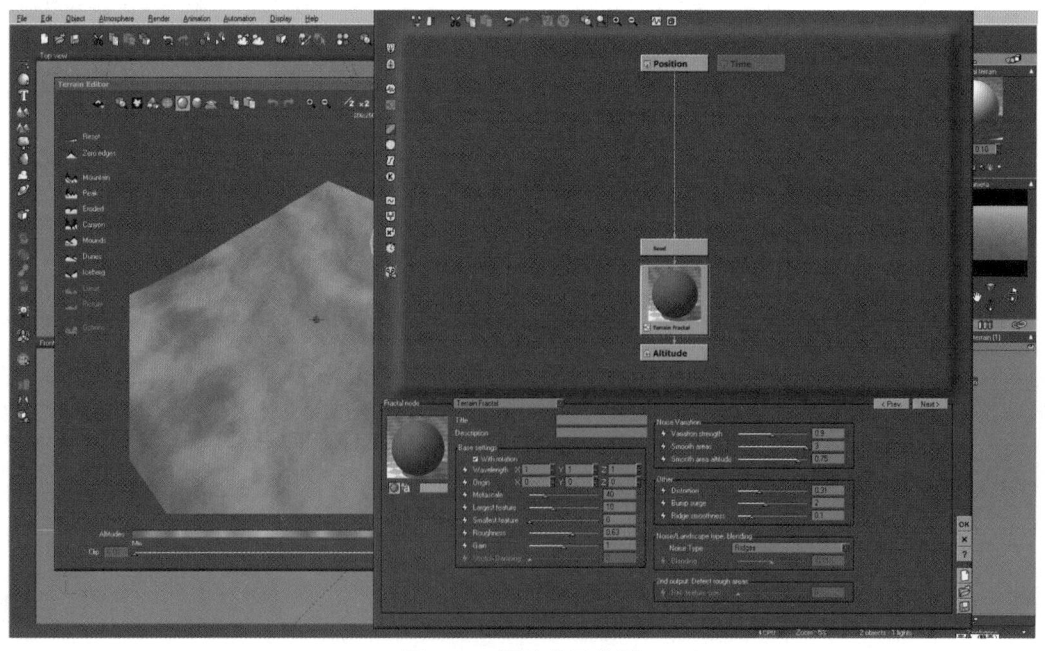

图 8-38　更改分形类型

STEP 05 将“Metascale（山形比例）”值设为2，“Largest feature（最大属性）”值设为0.2，这样可以让山形的变化更多，如图8-39所示。

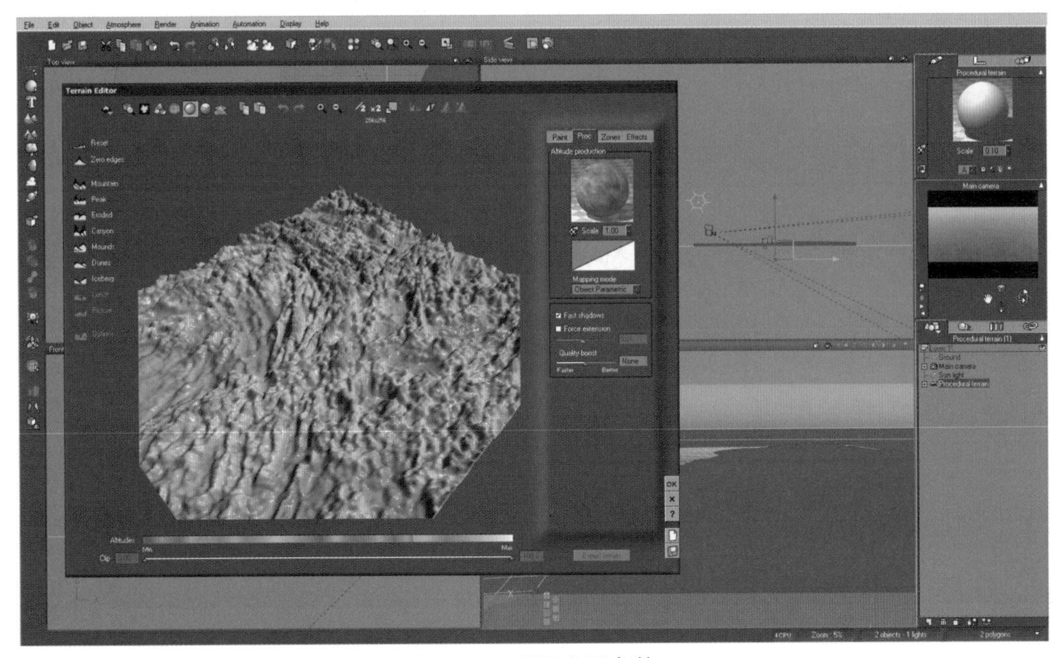

图 8-39　设置山形参数

STEP 06 改变“Wavelengh（波形强度）”的“x”值为4；并取消勾选“WithRotation（与旋转关联）”复选框，这样做的目的是将山形调整为条状，如图8-40所示。

图 8-40

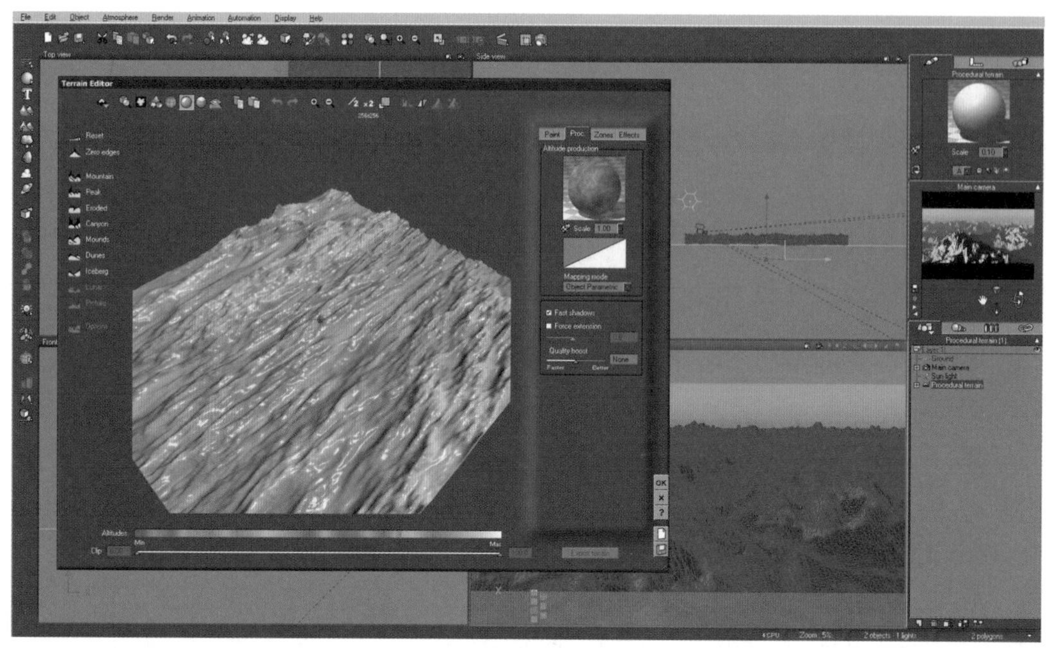

图 8-40　更改山形形状

STEP 07 为了使表面的起伏平缓，将“Roughness（不平整度）”改为0.2，如图8-41所示。

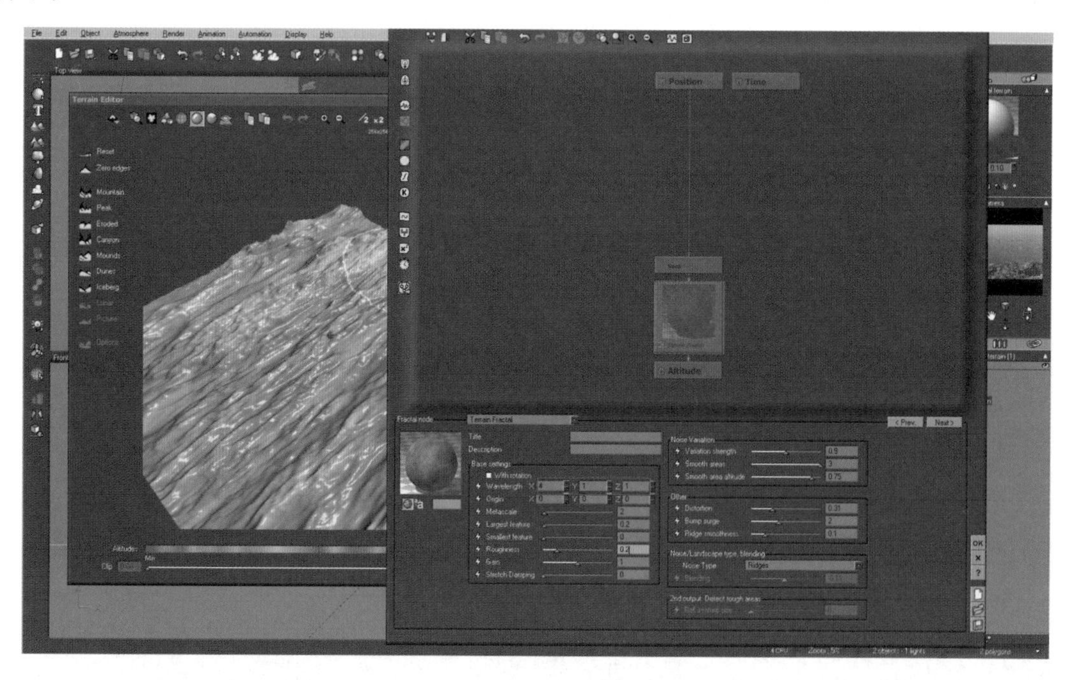

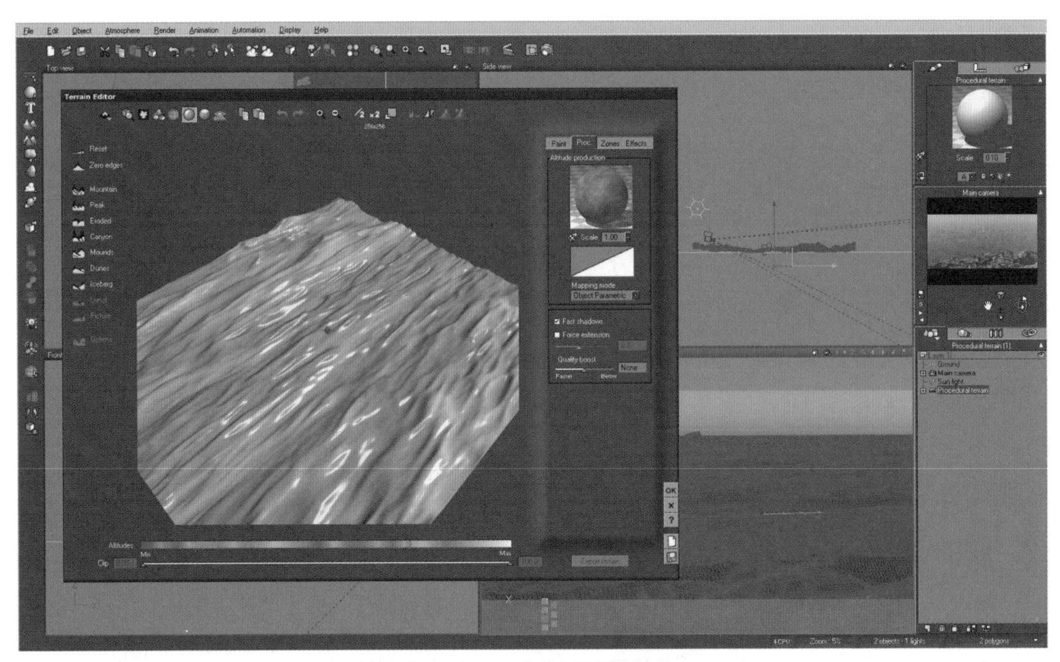

图 8-41　更改表面不平整度

STEP 08 为了加强地形变化的细节，调整“Noise Variation”参数，如图8-42所示。

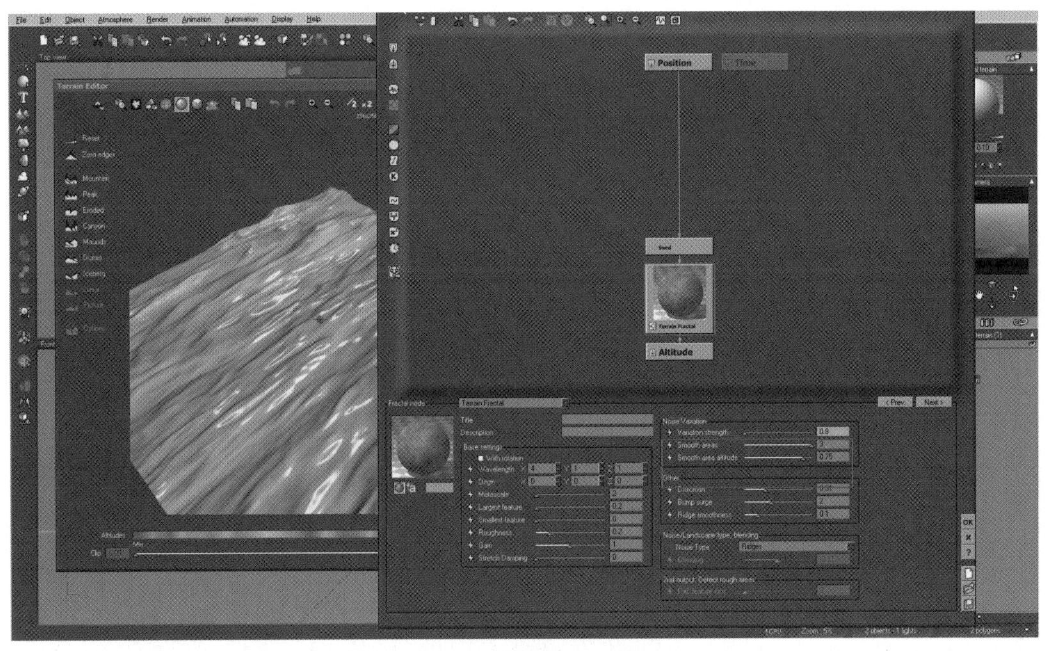

图 8-42

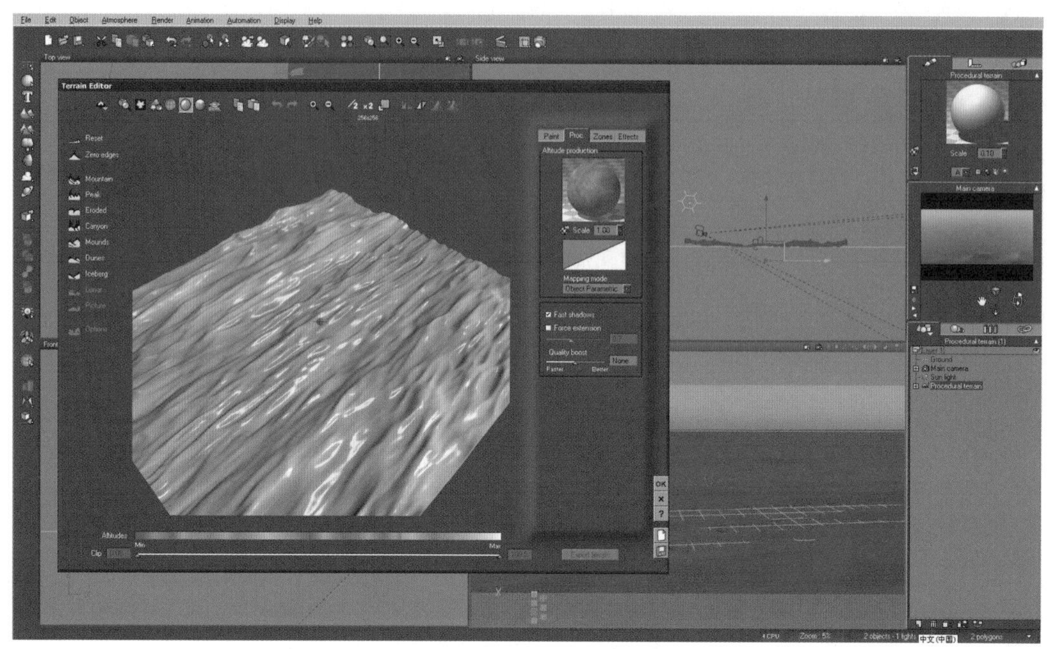

图 8-42　增加地形变化细节

STEP 09 最后再调整一下其他参数，如图8-43所示。

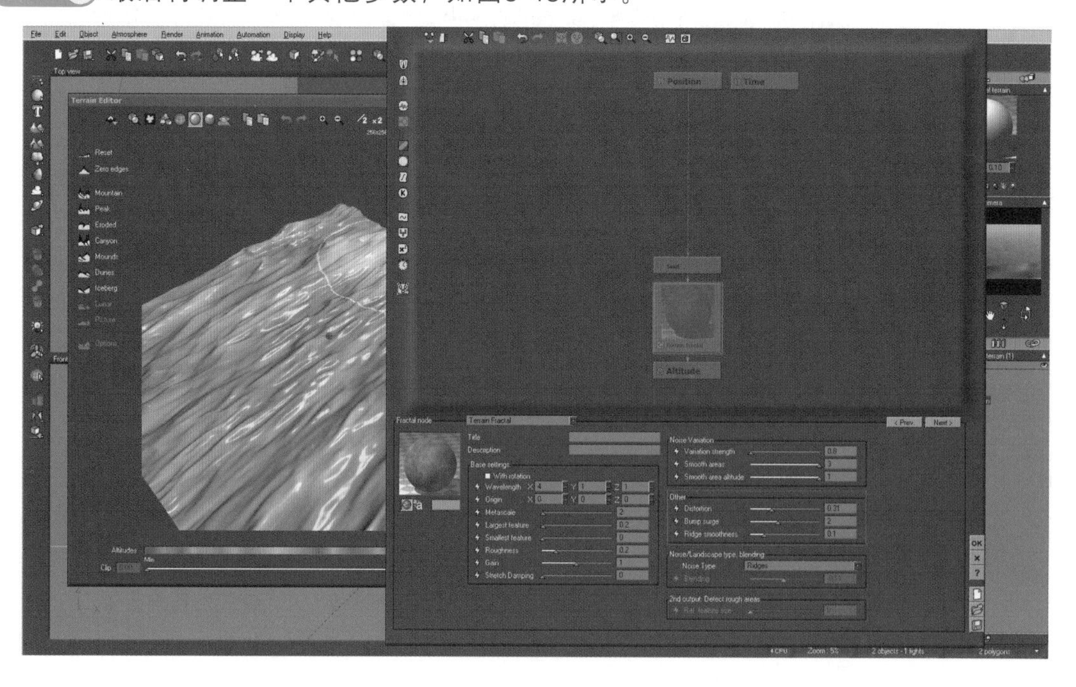

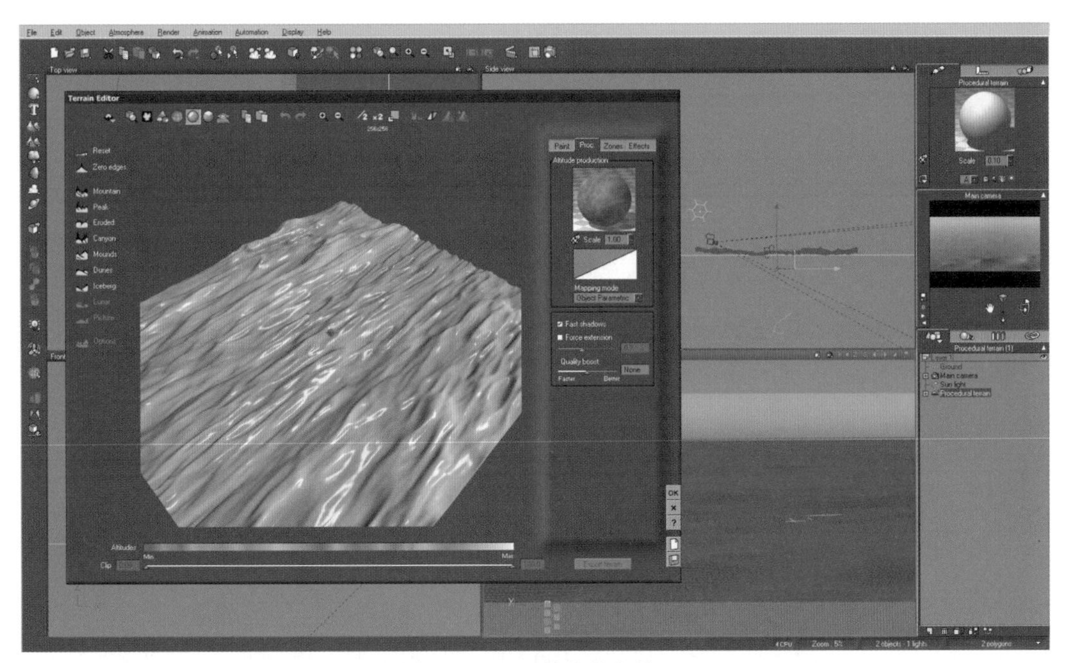

图 8-43　调整其他参数

STEP 10 调整好参数后，渲染效果如图8-44所示。

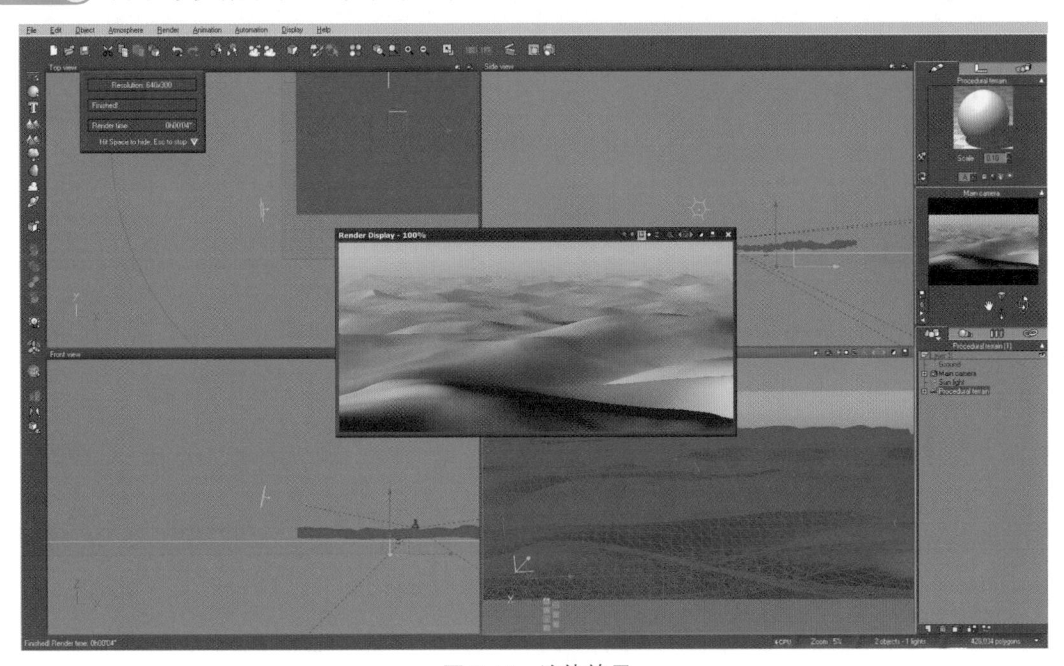

图 8-44　渲染效果

STEP 11 改变山形的材质，如图8-45所示。

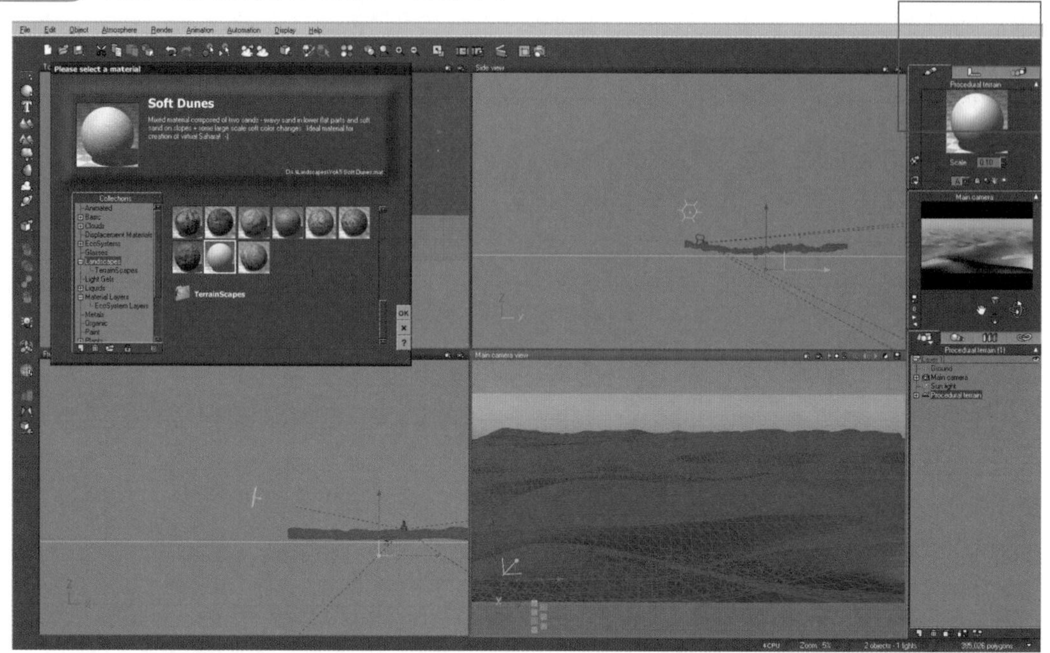

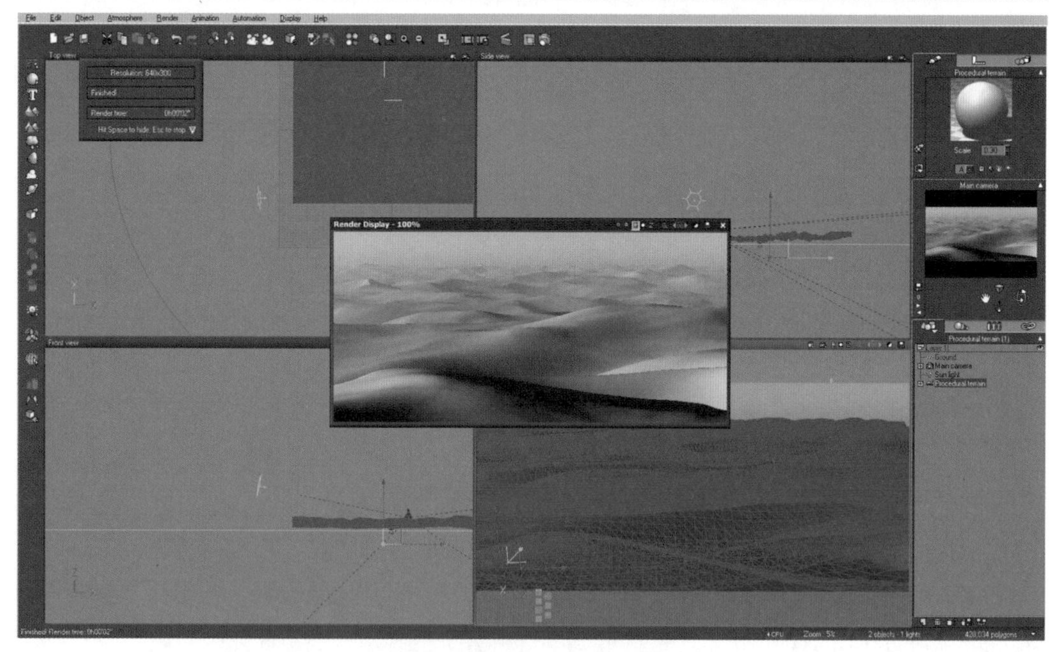

图 8-45　改变山形的材质

STEP 12 改变材质的比例为10，这样地形的材质就比较像沙漠效果了，如图8-46所示。

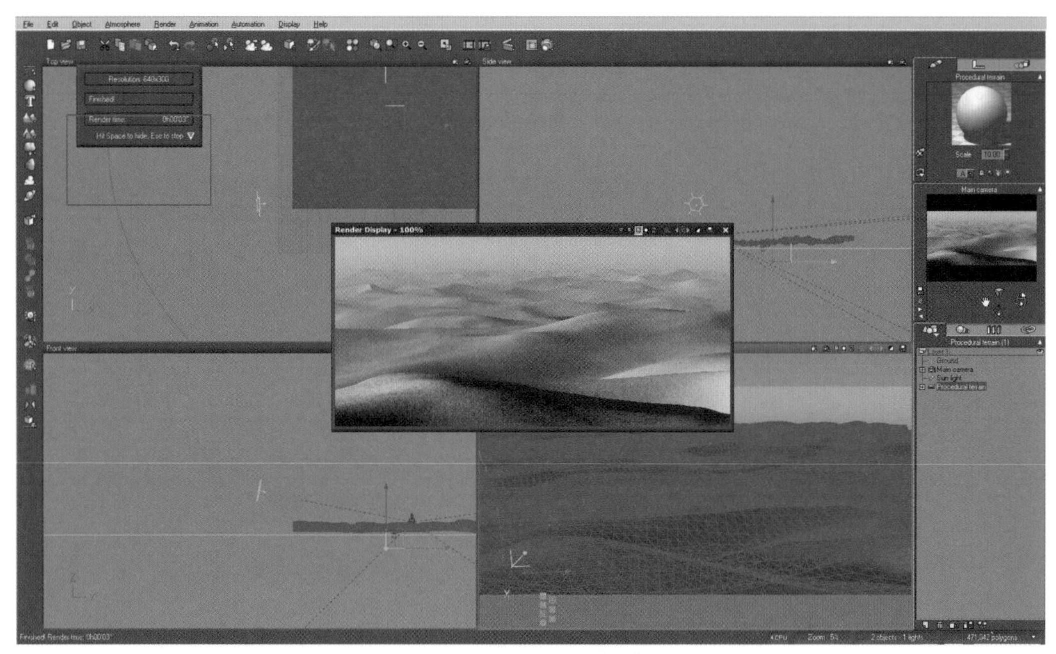

图 8-46　改变材质比例

STEP 13 将灯光的模式改为“Global radosity（全局光能传递）”，如图8-47所示。

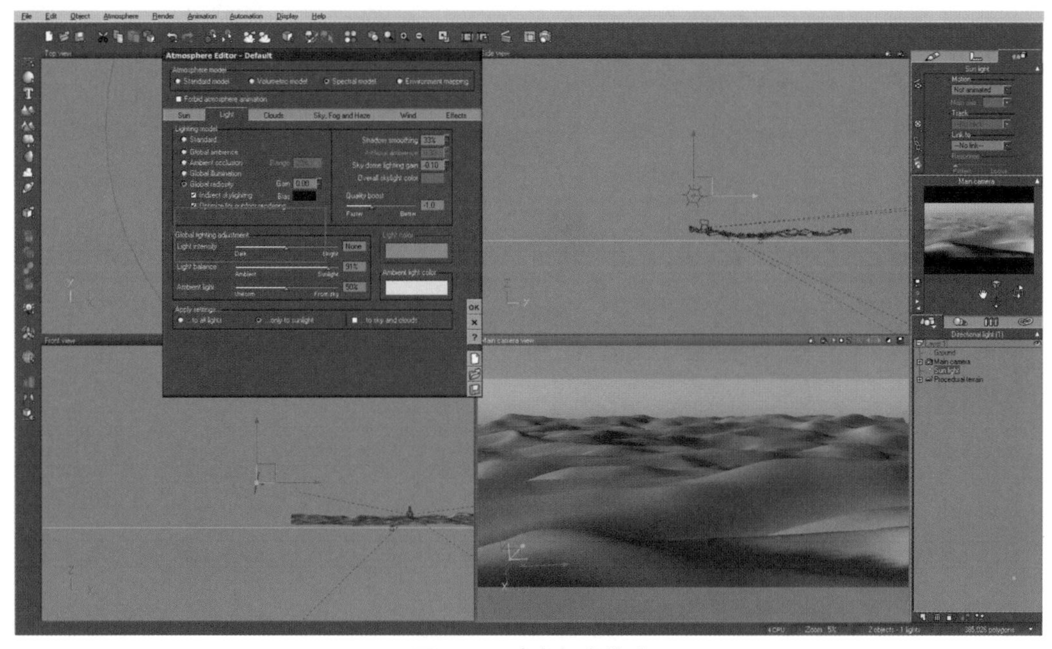

图 8-47　改变灯光模式

STEP 14 改变灯光的“Softness（柔和度）”为4，如图8-48所示。

图 8-48　改变灯光的柔和度

STEP 15 最终渲染效果如图8-49所示。

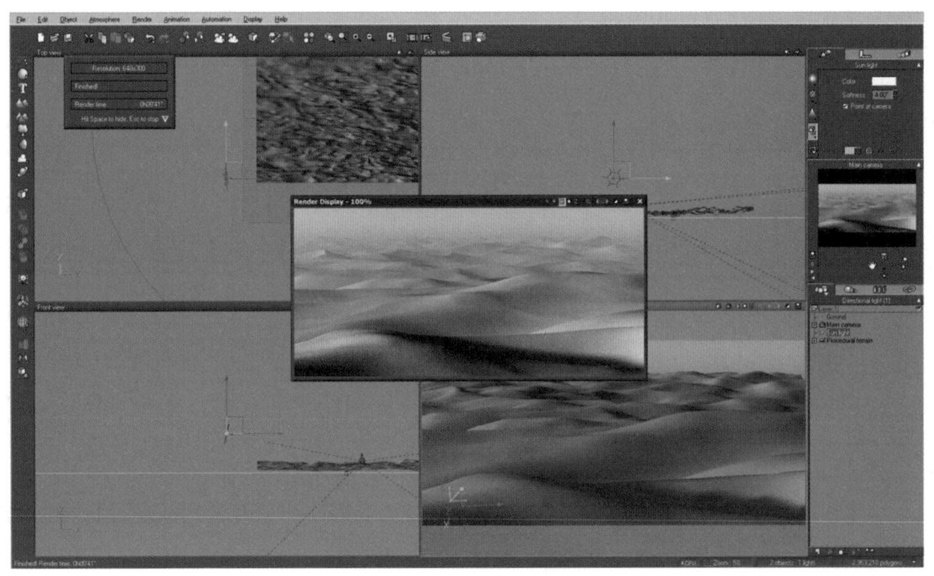

图 8-49　最终渲染效果

8.12 实例——制作大雪山

在本实例中，我们将通过函数编辑器来制作一个雪山的模型。利用函数来制作山体是Vue特有的一种建模方式，也是制作复杂山体非常有效的手段。

STEP 01 打开一个场景，如图8-50所示，这个场景中只有一个基本的山体。渲染的效果如图8-51所示。

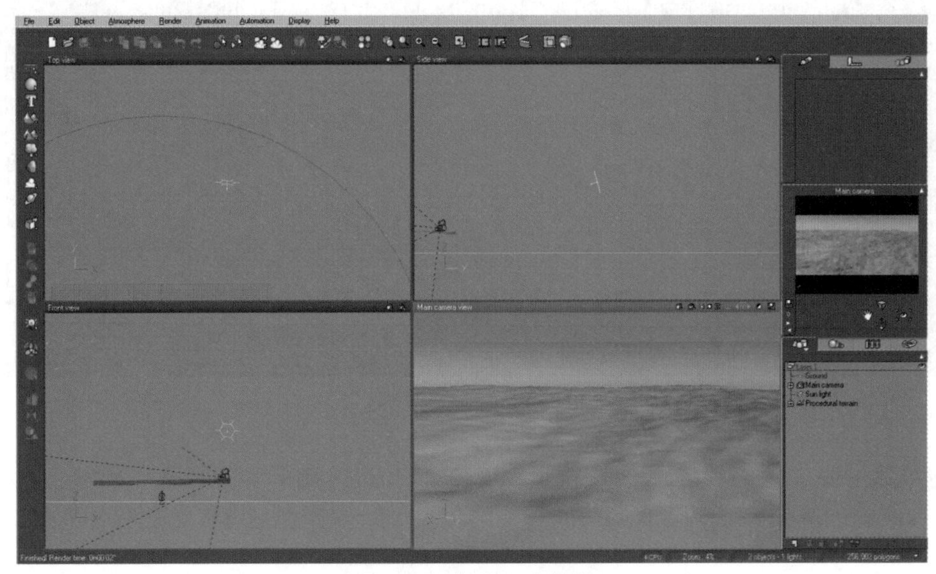

图 8-50　打开一个场景

图 8-51　基本山体渲染效果

STEP 02 选择山体，双击进入地形编辑器，如图8-52所示。

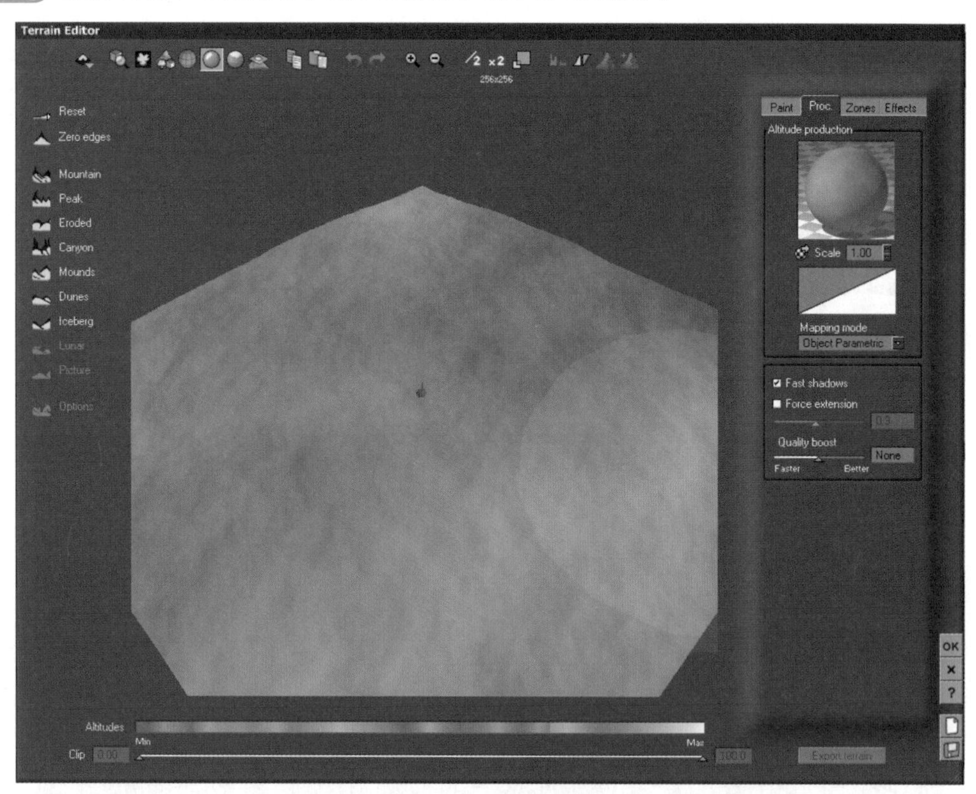

图 8-52　地形编辑器

STEP 03 选择右上角的球体，右键单击，在弹出的快捷菜单中选择“Edit Function”命令，进入函数编辑器，如图8-53所示。

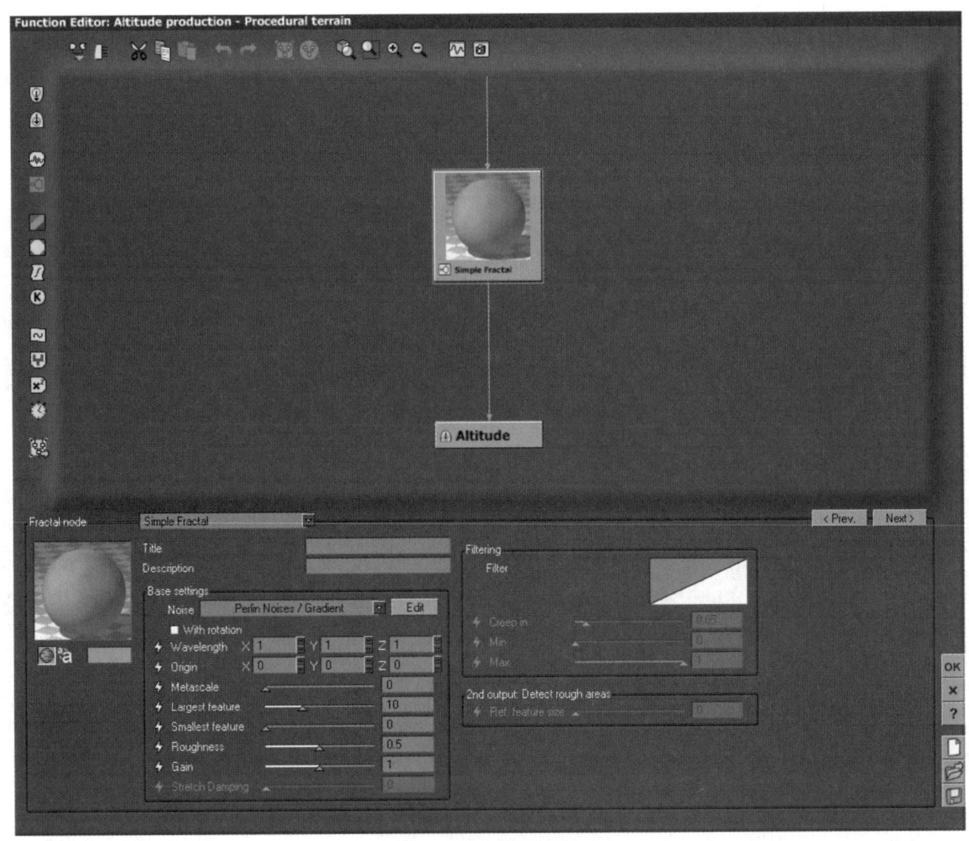

图 8-53　函数编辑器

STEP 04 在“Fractal node”分型节点上选择“Terrain Fractal（地形分型）”（此节点主要用于创建自然地山形），如图8-54所示。

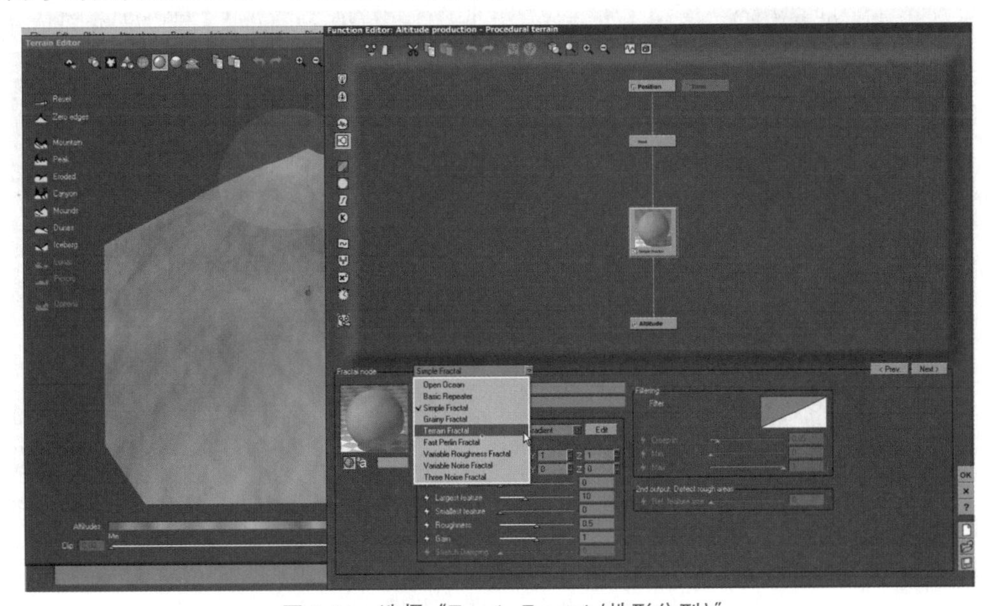

图 8-54　选择“Terrain Fractal（地形分型）”

STEP 05 设置“Gain（增益，控制地形输出的整体幅度）”为3；Roughness“（粗糙度，控制分型的整体粗糙度，越大越粗糙）”为0.65；“Largest feature（最大特征，控制噪波分型的细节，越大越无细节）”为3；“Metascale（总比例，控制整个噪波的比例）”为12，如图8-55所示。

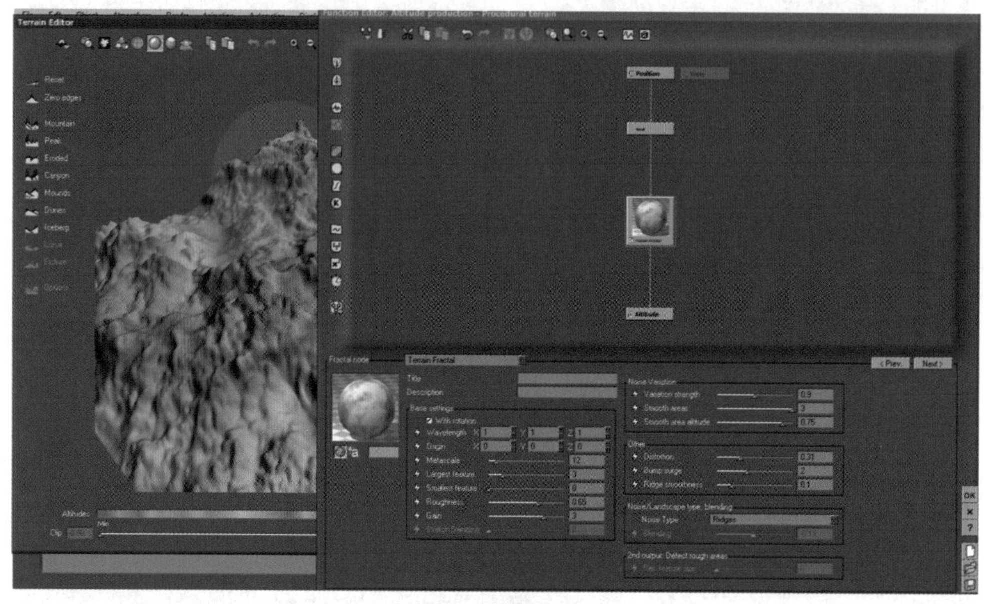

图 8-55　调整山形 1

STEP 06 修改“Distortion（畸变，控制地形的突变，使地形产生更多的变化）”为0.75；“Bump surge（凹凸波涛，影响地表的颠簸程度）”为2.78；“Ridge smoothness（脊光滑，控制地表山脊的光滑程度）”为0.065，如图8-56所示。

图 8-56　调整山形 2

此时，山形基本上调整好了，调整好的山形如图8-57所示，渲染效果如图8-58所示。

图 8-57　调整好的山形

图 8-58　山形渲染效果

STEP 07 接下来调整材质效果。右键单击右上角的材质球，在弹出的快捷菜单中选择"Edit Material"命令，进入材质编辑器，如图8-59所示。

STEP 08 双击左上角的球体，为其添加一种"Rocks/Grey Rock"的岩石材质，如图8-60所示。现在的山形效果如图8-61所示。

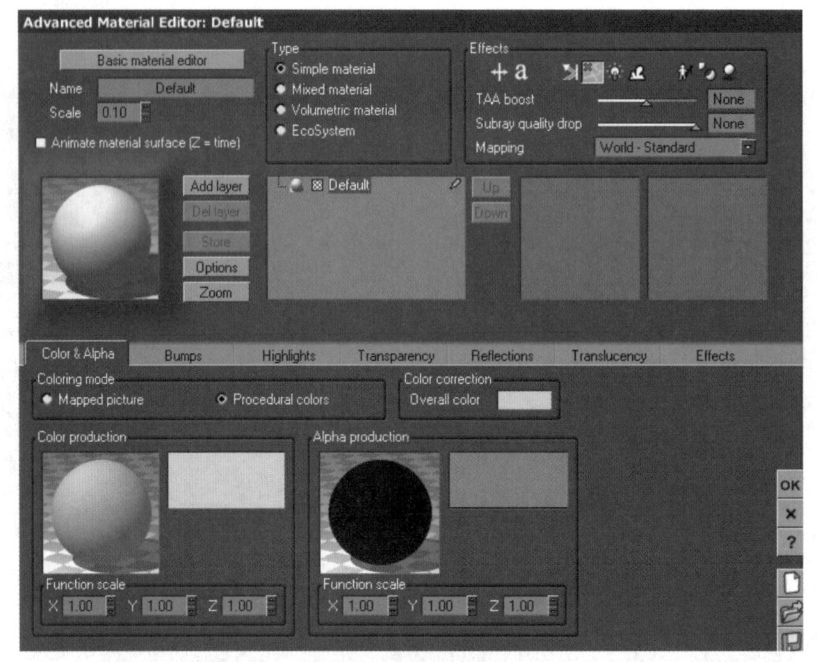

图 8-59　材质编辑器

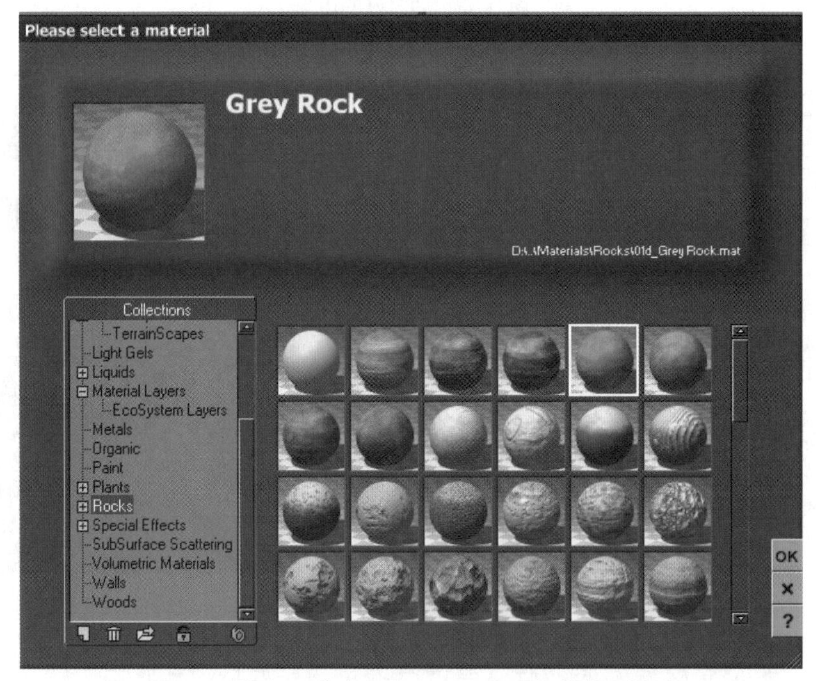

图 8-60　添加一种“Rocks/Grey Rock”的岩石材质

STEP 09 为其添加雪的材质。进入材质编辑器，单击“Add layer”按钮添加图层，在弹出的菜单中选择“Landscapes/Snow（雪材质）”，如图8-62所示。

图 8-61　添加“Rocks/Grey Rock”岩石材质后的山形效果

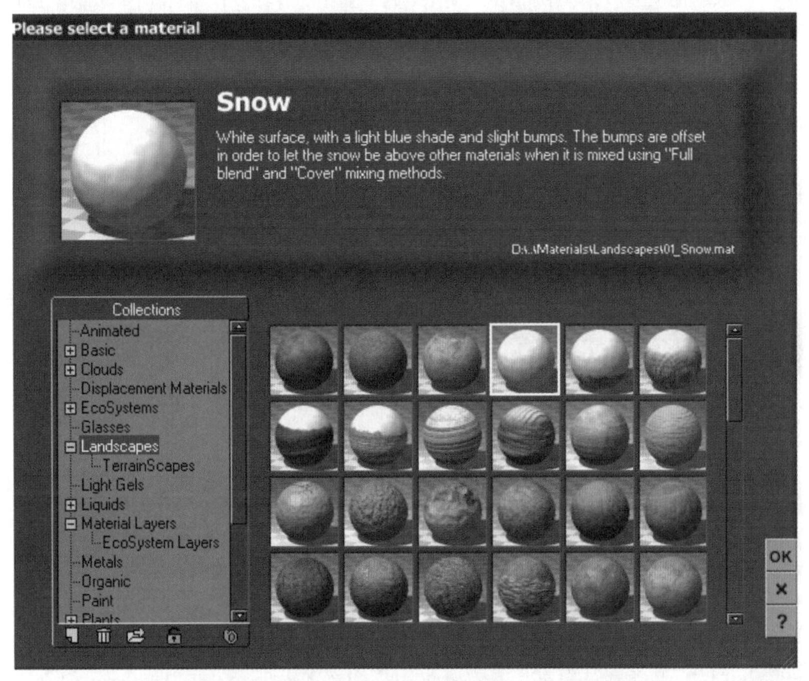

图 8-62　添加“Landscapes/Snow”雪材质

STEP 10 设置本层的“Alpha boost”（控制雪的材质出现在的海拔初始位置），为0，如图8-63所示。

STEP 11 单击“Environment（环境）”面板，设置“Slope Range（坡度范围，控制坡度的范围大小）”为0.57～1，“Fuzziness(steep)（陡峭的模糊，控制陡峭的硬度）”为2%，如图8-64所示。

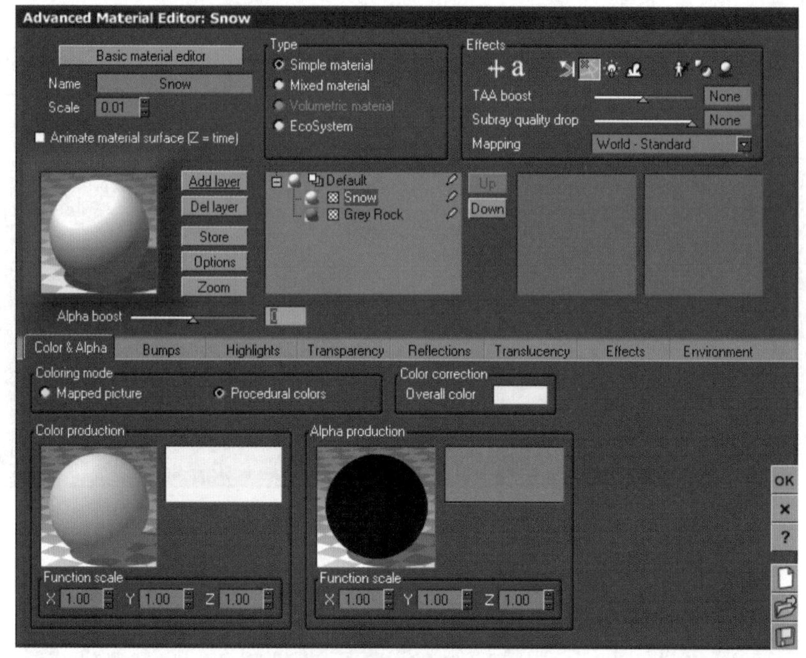

图 8-63　设置本层的“Alpha boost”值

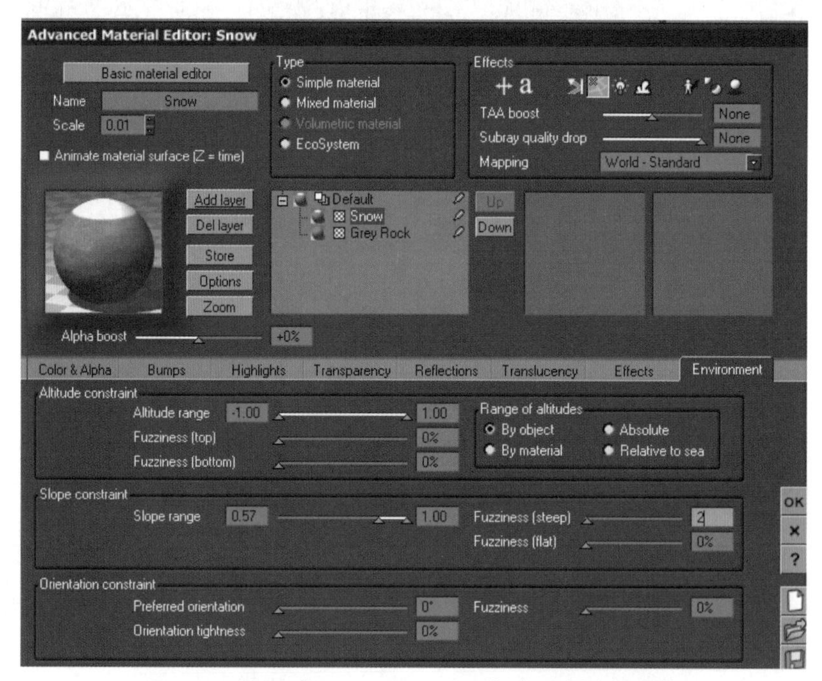

图 8-64　设置“Environment（环境）”面板中的参数

此时，雪的渲染效果如图8-65所示。

图 8-65　雪的渲染效果 1

STEP 12 此时，感觉山脉的质感和雪的质感的对比度没有拉开，我们重新进入材质编辑器中进行调整。选择“Grey Rock”岩石材质，调整“Overall color”滑动条使它颜色更深，如图8-66所示，渲染效果如图8-67所示。

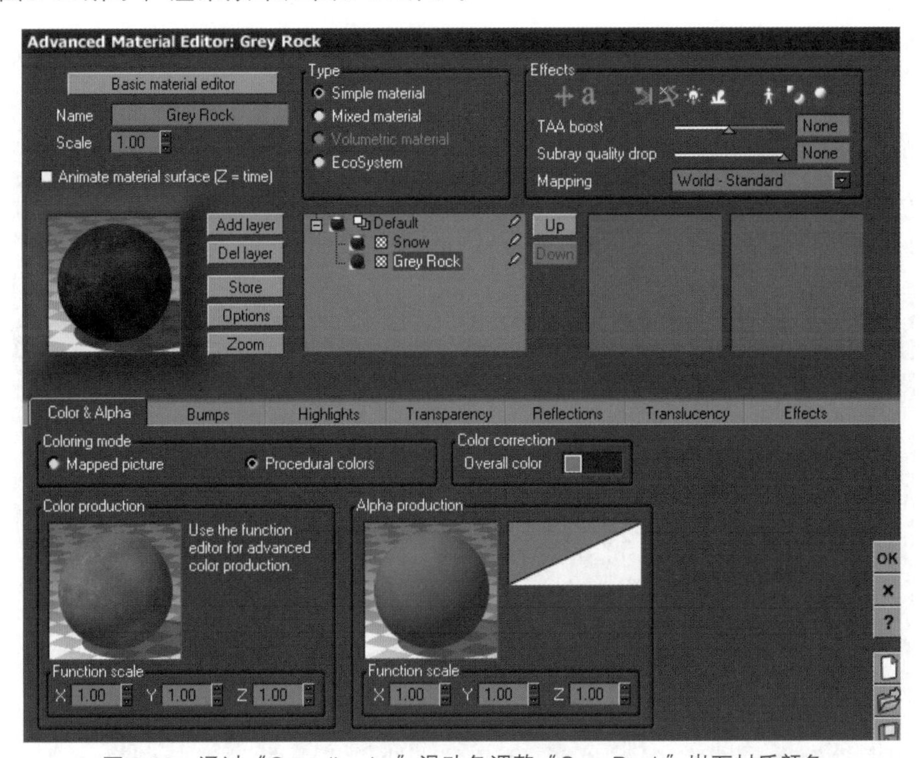

图 8-66　通过“Overall color”滑动条调整“Grey Rock”岩石材质颜色

图 8-67　岩石材质渲染效果

STEP 13 此时，感觉若是给雪来点自发光效果感觉会更好。进入“Snow”的层级，选择“Effects”面板，将“Luminous（自发光）”选项的值调整为8，如图8-68所示。此时的雪有了光感，渲染效果如图8-69所示。

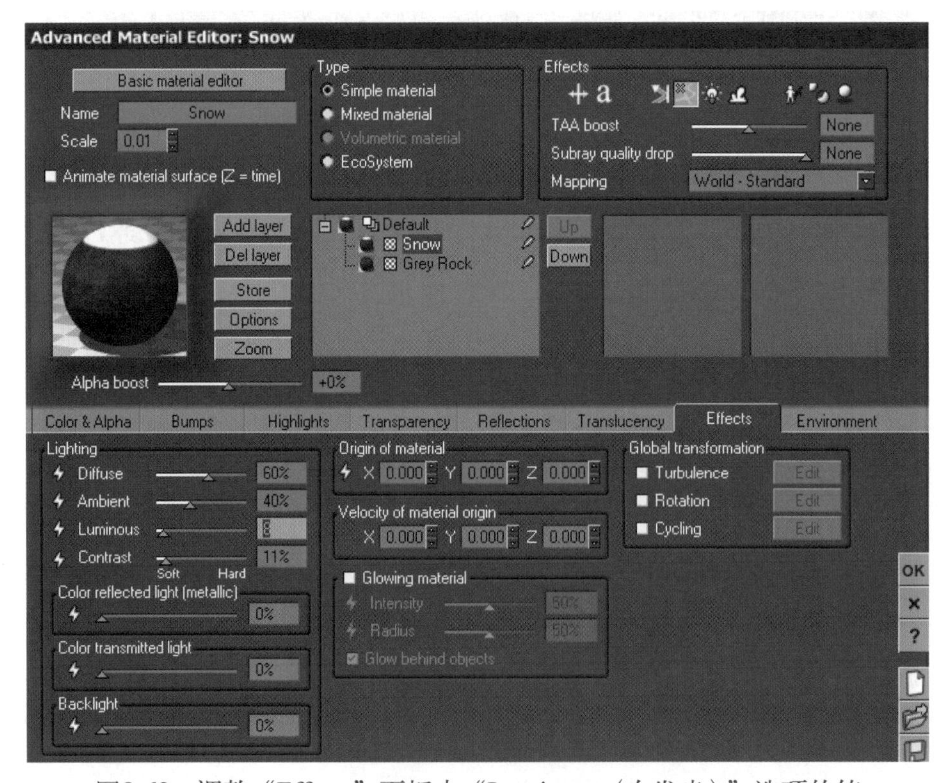

图8-68　调整“Effects”面板中“Luminous（自发光）”选项的值

图 8-69　雪的渲染效果 2

STEP 14 此时，感觉太阳光太硬，可以将其调整得柔和些。选择灯光，设置“Softness（柔和度）”为3，如图8-70所示。调整好后的渲染效果如图8-71所示。

图 8-70　通过设置 Softness（柔和度）调整太阳光柔和度

STEP 15 最后，按<F4>键进入大气编辑器，选择“Light”面板，在其中选择“Lighting model（灯光模式）”为Global radiosity（全局光能传递），如图8-72所示。这样打开全局光，场景效果更加真实。

图 8-71　调整太阳光柔和度后的渲染效果

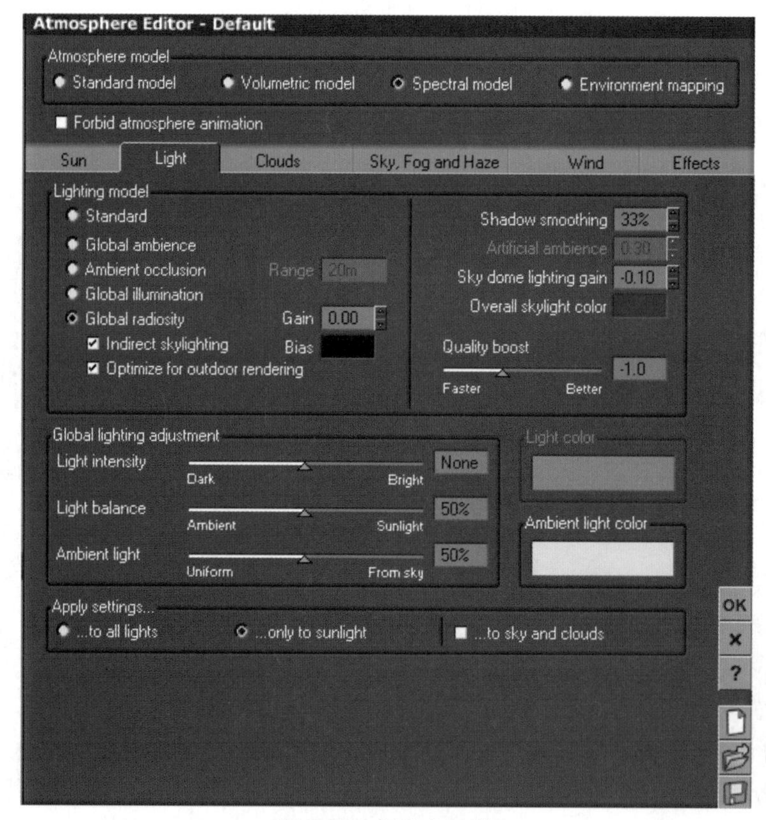

图 8-72　打开全局光

STEP 16 按<Ctr>+<F9>组合键进入渲染参数设置页面，将“Preset render quality”设置为Final，将“Aspect ratio（渲染比例）”设置为Widescreen（16:10）1024×640，如图8-73所示。

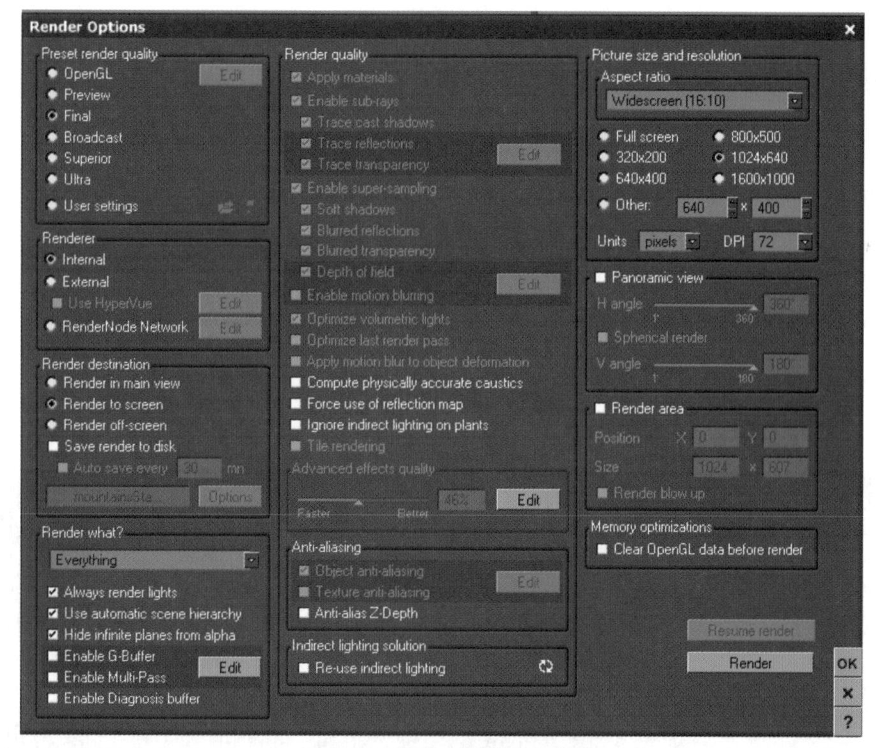

图 8-73 渲染参数设置页面

此时，大功告成，最终渲染效果如图8-74所示。

图 8-74 大雪山的最终渲染效果

8.13 实例——制作荒漠

在本实例中，我们将通过函数编辑器来制作荒漠中湖水的材质。函数不仅可以用来进行建模，也可以用于制作复杂的材质效果，是想要食用Vue制作真实效果所必须要掌握的知识点。

STEP 01 打开一个场景，如图8-75所示，这个场景中有一个制作好了山体，还有水面。渲染效果如图8-76所示。

图 8-75　打开一个场景

图 8-76　基本场景渲染效果

STEP 02 右键单击右上角的球体，如图8-77所示。在弹出的快捷菜单中选择"Edit Material"命令，就可以进入材质编辑器，如图8-78所示。

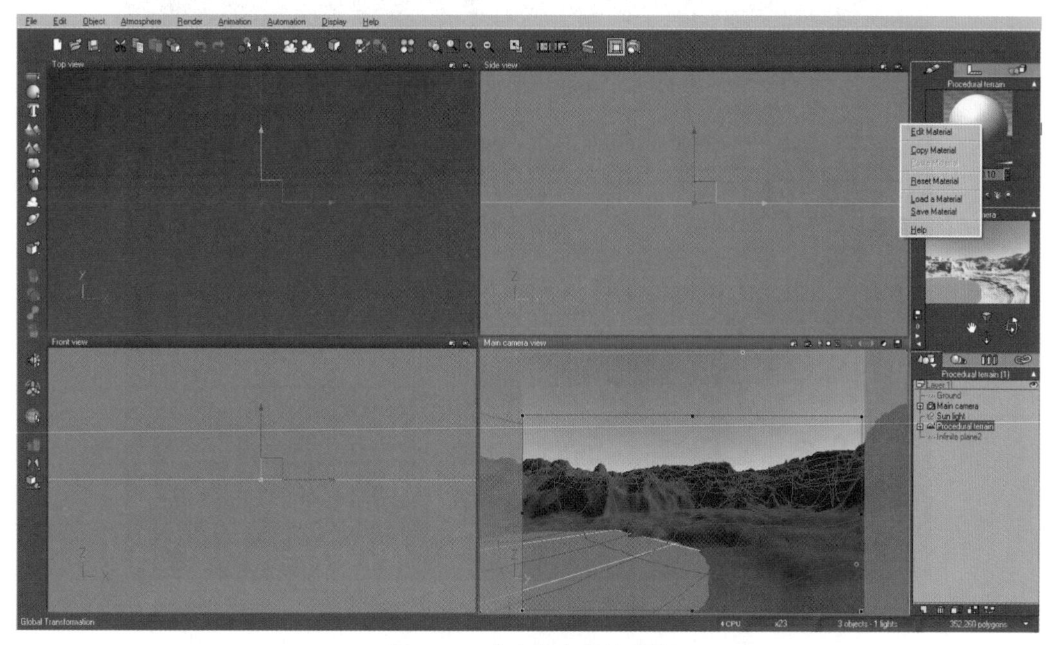

图 8-77　右击右上角的球体

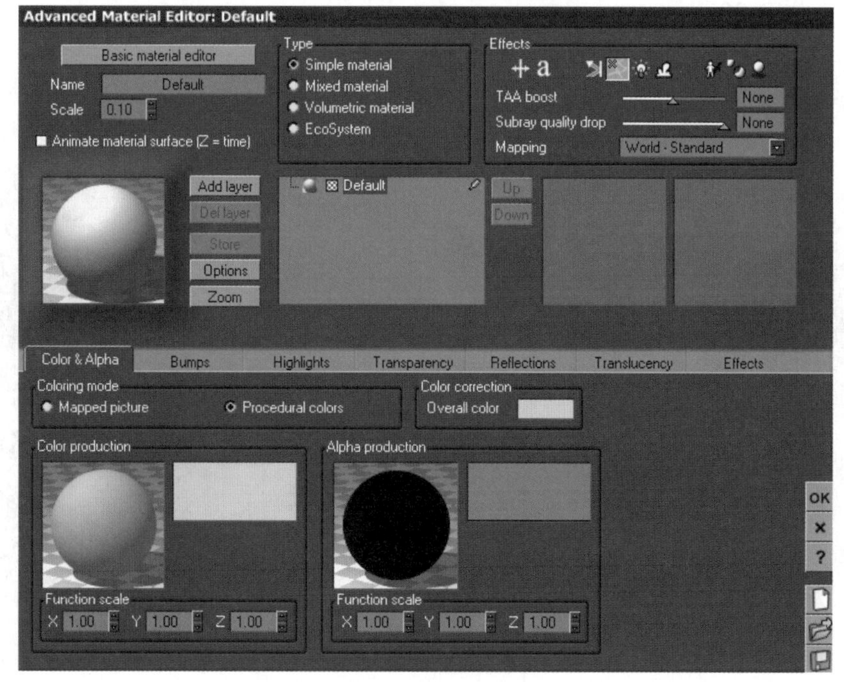

图 8-78　材质编辑器

STEP 03 选择"Mapped picture（纹理贴图）"，点击右下角的▒，为其添加一张准备好的地形材质贴图，如图8-79所示。

图 8-79　准备材质贴图

STEP 04 将其贴图坐标从 Mapping World - Standard 更改为 Mapping Object - Parametric ；现在的渲染效果如图8-80所示。

图 8-80　更改贴图坐标后的渲染效果

STEP 05 此时出现了一些硬边，感觉不自然。调整“Image scale”中的X=0.2、Y=0.2，如图8-81所示，然后再进行渲染，结果如图8-82所示。

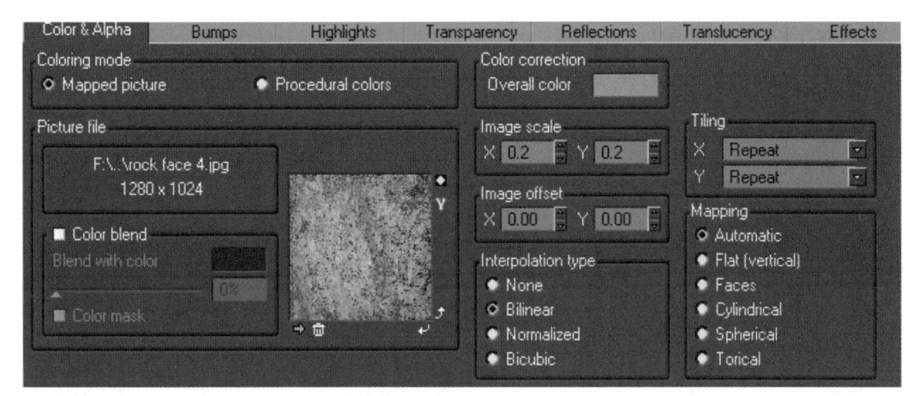

图 8-81　调整“Image scale”中的 X=0.2、Y=0.2

图 8-82　调整“Image scale”中的 X、Y 值后的渲染效果

STEP 06 为了表现真实，为其再添加一层贴图。选择“Add Layer/Material Layers/Large Scale Rock3”，如图8-83所示。

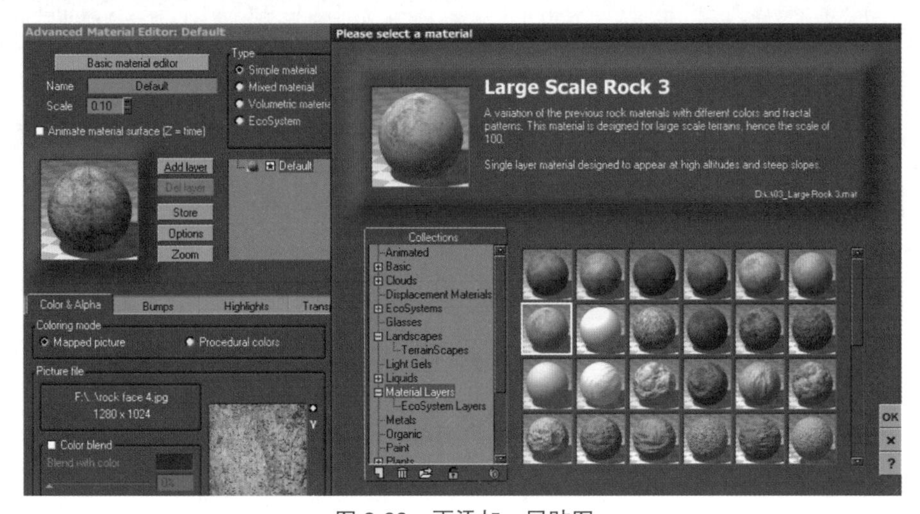

图 8-83　再添加一层贴图

STEP 07 在“Environment（环境）”面板中调整“Slop range（陡坡）”的范围为-1～1，“Fuzziness(steep)”为0，“Fuzziness(Flat)”为0，如图8-84所示。现在的效果渲染如图8-85所示。

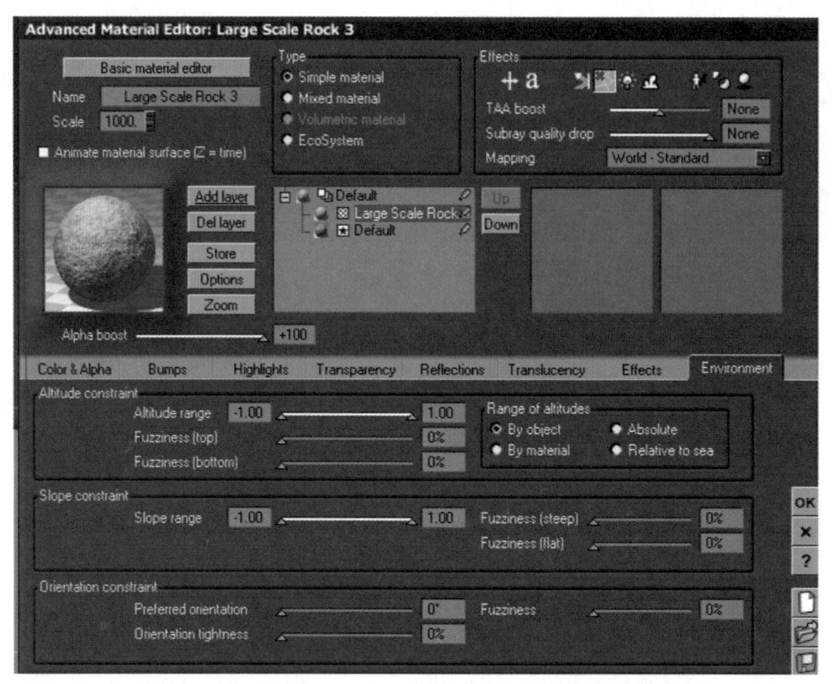

图 8-84　在“Environment（环境面板）”中调整相关参数

图 8-85　在“Environment（环境面板）”中调整相关参数后的渲染效果

STEP 08 原先的材质基本被覆盖了，调整“Alpha Boost”的值为-30，此时的渲染效果如图8-86所示。

图 8-86　调整“Alpha Boost”的值为 -30 后的渲染效果

STEP 09 现在感觉颜色太浅，选择“Color & Alpha（颜色）”面板，将Overall color调为深色，如图8-87所示，此时的渲染效果如图8-88所示。

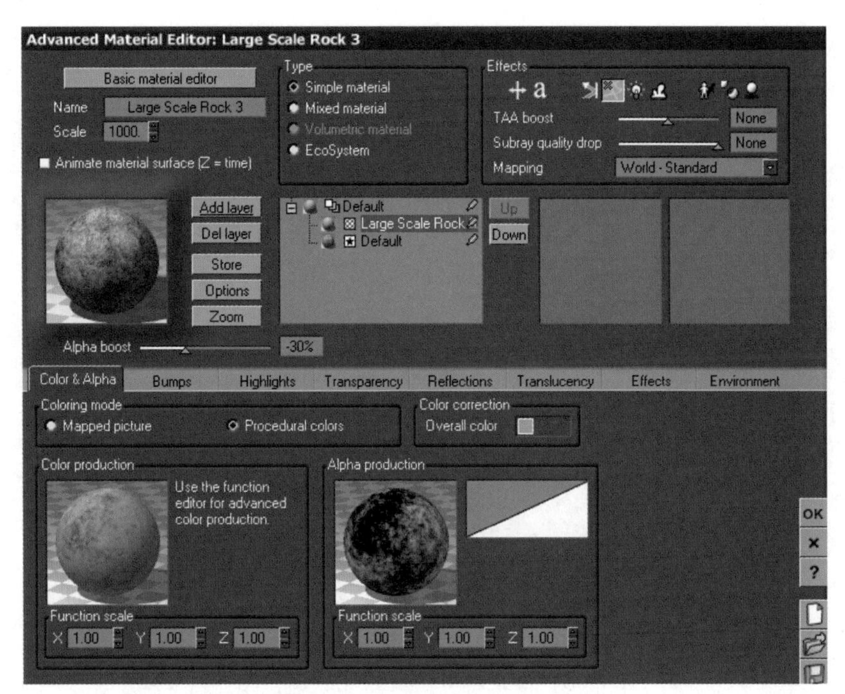

图 8-87　改变 Overall color 的颜色

现在，山形材质调节得差不多了。

STEP 10 调节水的材质。进入材质编辑器，选择“Transparency（透明）”面板，将

"Global transparency（全局透明）"设为100；将"Refraction index（折射率）"设为1.33（水的物理折射率），如图8-89所示。此时的渲染效果如图8-90所示。

图 8-88　改变 Overall color 颜色后的渲染效果 .

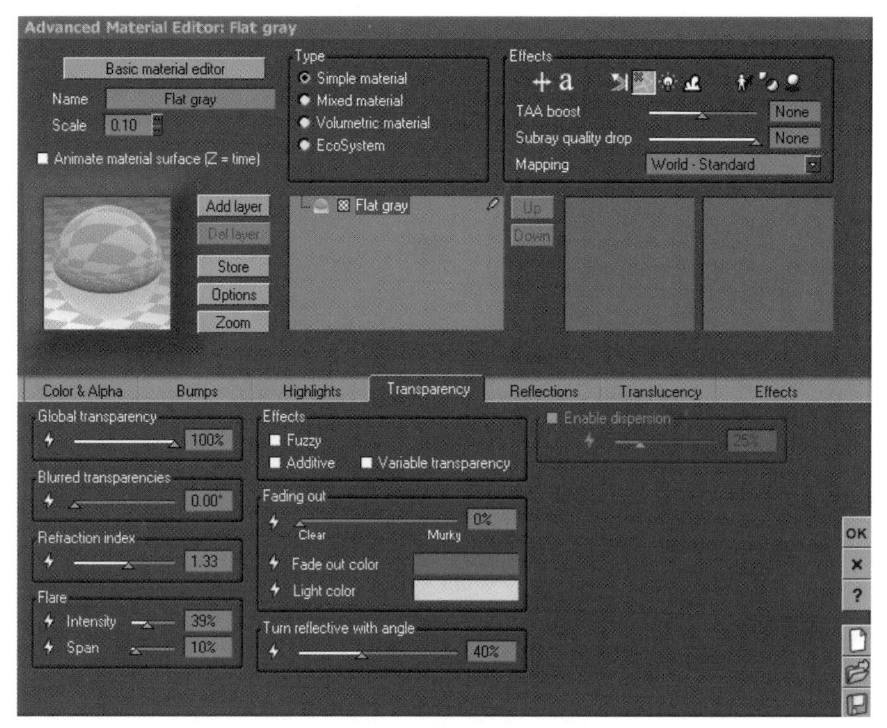

图 8-89　调节水的材质

STEP 11 此时水太清澈了，我们需要调整Fading out（衰减）为80，此时的渲染效果如图8-91所示。

图 8-90　调节水的材质后的渲染效果

图 8-91　Fading out 值后的渲染效果

STEP 12 调整Turn reflective with angle的值为60，渲染效果如图8-92所示。

图 8-92　调整 Turn reflective with angle 值后的渲染效果

STEP 13 更改水的颜色，设置“Fade out color”的值为R=97、G=91、B=69，此时的渲染效果如图8-93所示。

图 8-93　更改水的颜色后的渲染效果

STEP 14 为水面添加水波纹的效果。选择“Bumps（凹凸）”面板，右键单击材质球，在弹出的快捷菜单中选择“Edit Function”命令，如图8-94所示，进入函数编辑器，如图8-95所示。

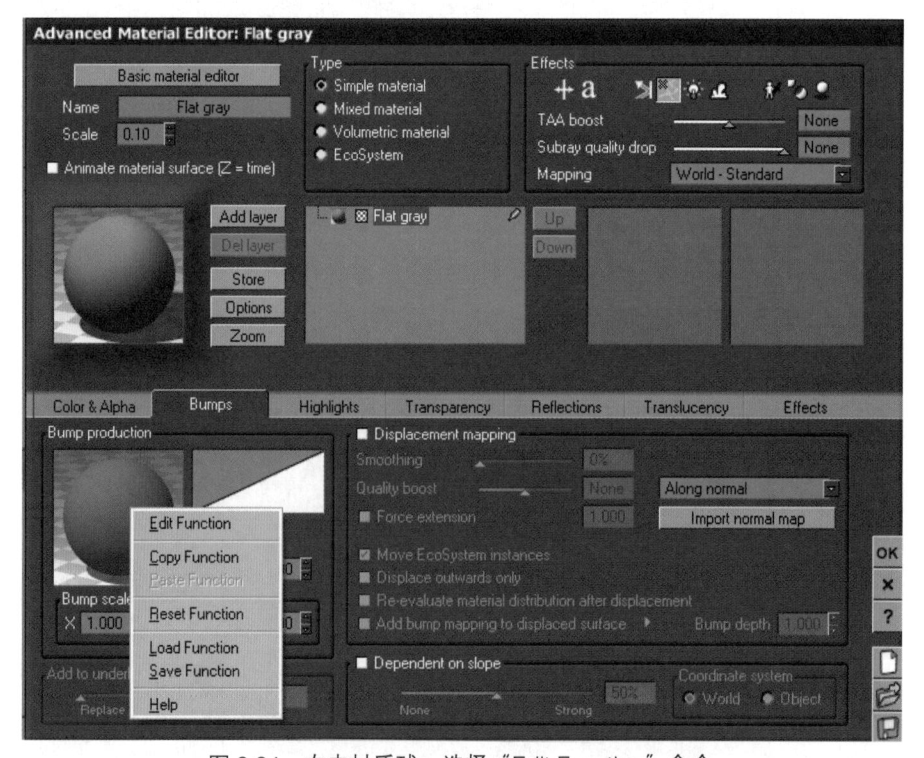

图 8-94　右击材质球，选择“Edit Function”命令

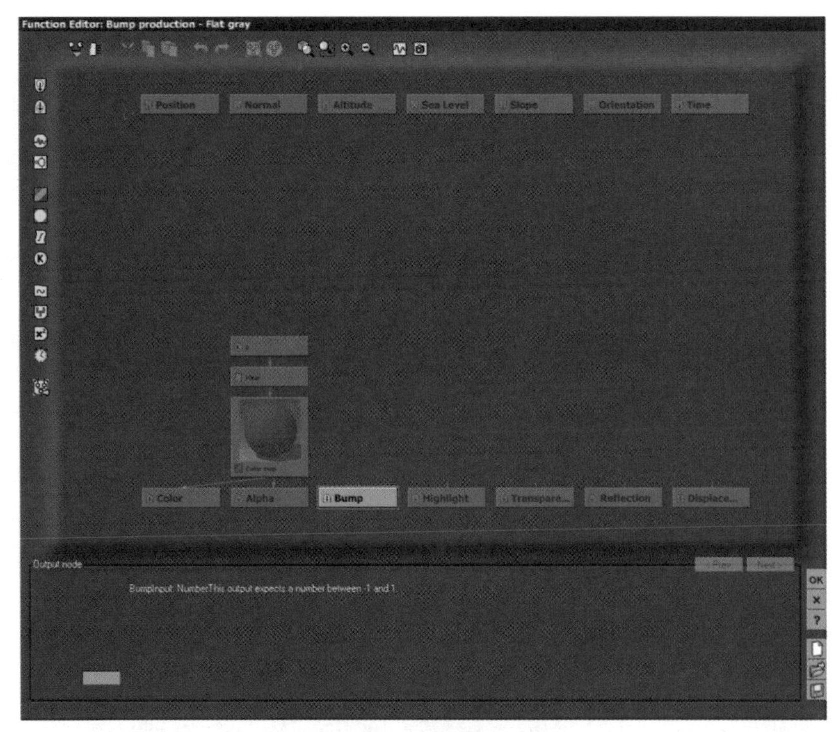

图 8-95　函数编辑器

STEP 15 为Bump（凹凸）添加“Add noise（添加噪波）”节点，如图8-96所示。

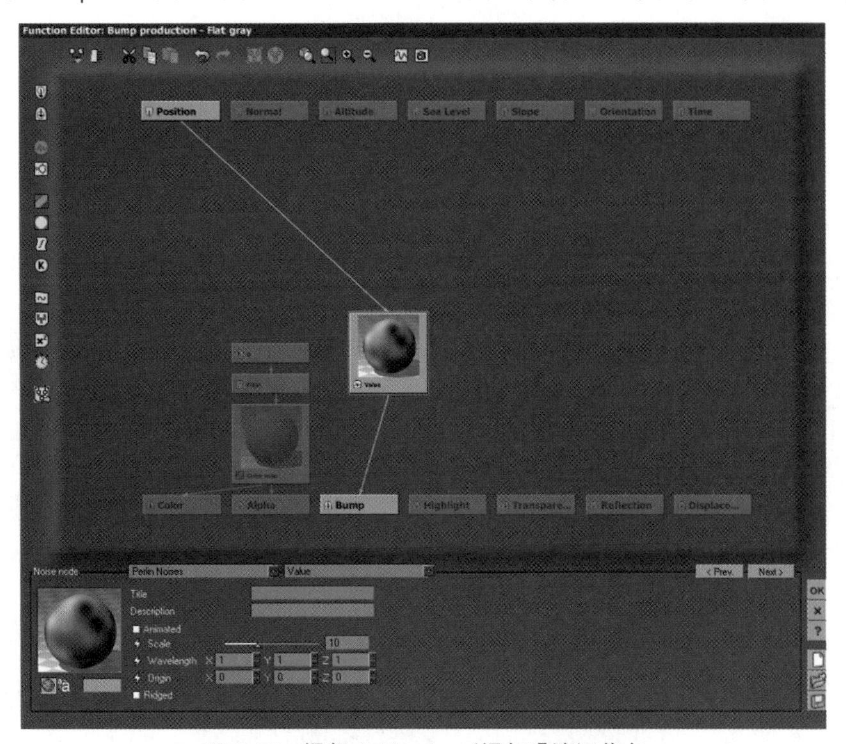

图 8-96　添加 Add noise（添加噪波）节点

STEP 16 更改噪波的类型为Other Patterns/Water(calm)这种水纹的噪波，如图8-97所示。

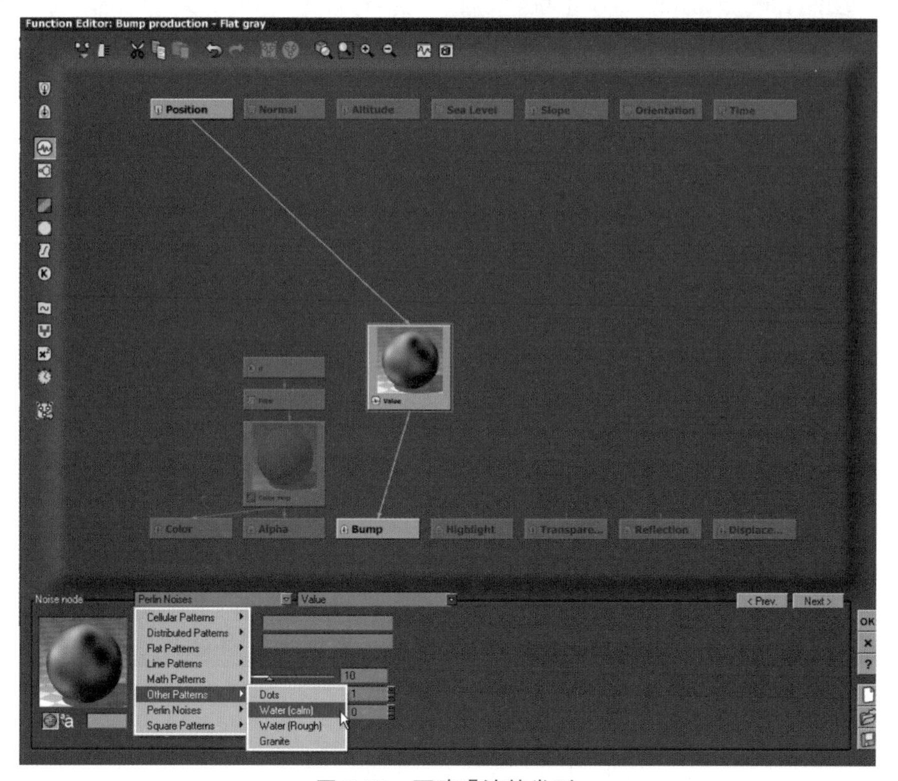

图 8-97　更改噪波的类型

STEP 17 点击鼠标所指之处Function Output Observer（编辑器输出），在弹出的面板中设置“Scale”的值为0.03。现在的渲染效果如图8-98所示（为了观察凹凸的效果，我们把原来材质的透明属性关闭了）。

图 8-98　调整 Scale 的值后的渲染效果

STEP 18 为了添加更多细节，点击鼠标所指之处为其添加一个节点，如图8-99所示。

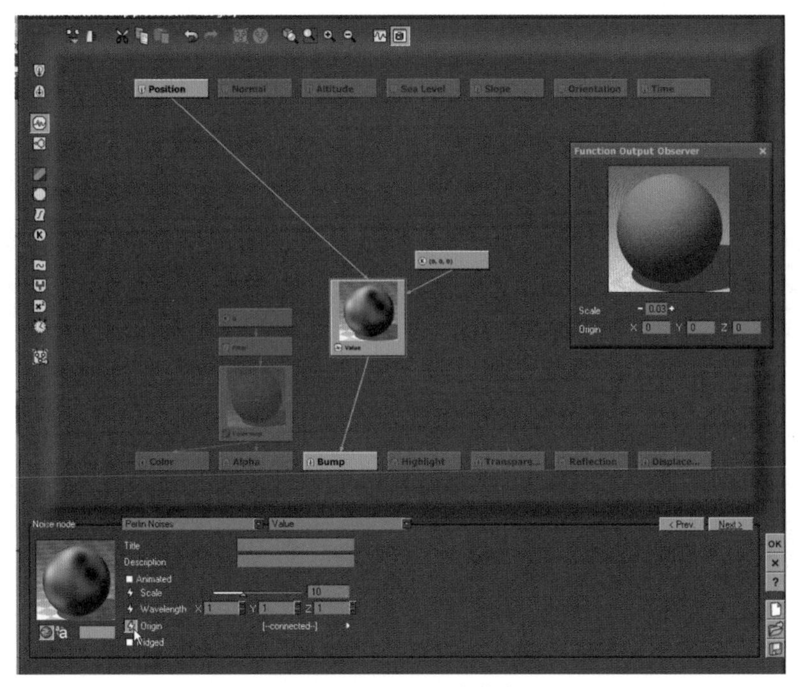

图 8-99　添加一个节点

STEP 19 点击鼠标所指之处，为新节点添加“Simple Turbulence（简单湍流）”的节点，如图8-100所示。

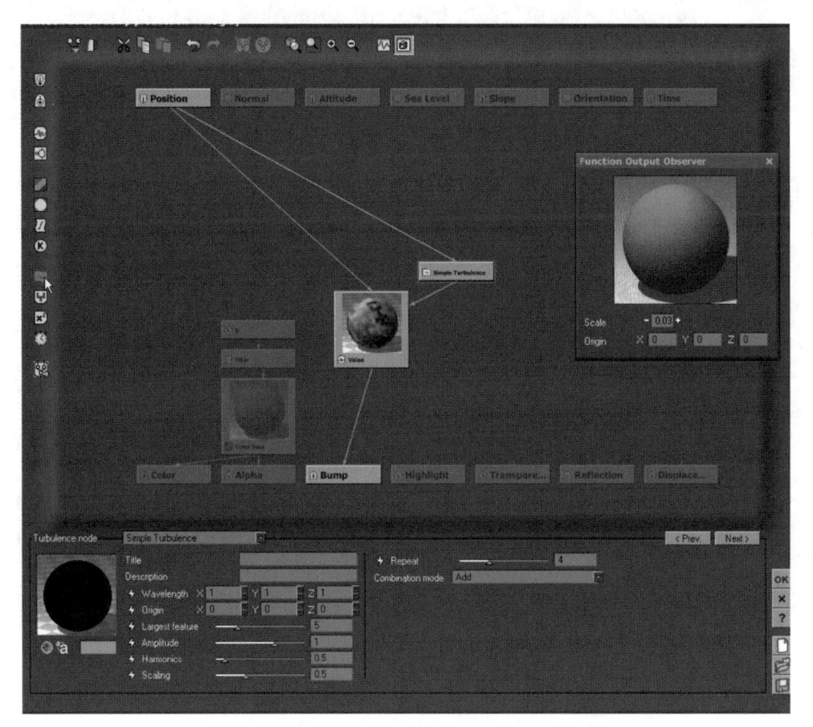

图 8-100　添加 Simple Turbulence 节点

STEP 20 调整“Simple Turbulence（简单湍流）”中的参数“Amplitude”为4、“Harmonics”为1、“Scaling”为1，渲染效果如图8-101所示。

图 8-101　调整“Simple Turbulence（简单湍流）”中的参数后的渲染效果

STEP 21 更改凹凸的强度，使“Depth”的值为0.05，如图8-102所示。

图 8-102　更改凹凸的强度

STEP 22 恢复透明的属性，使“Global Transparency”的值为100，如图8-103所示。

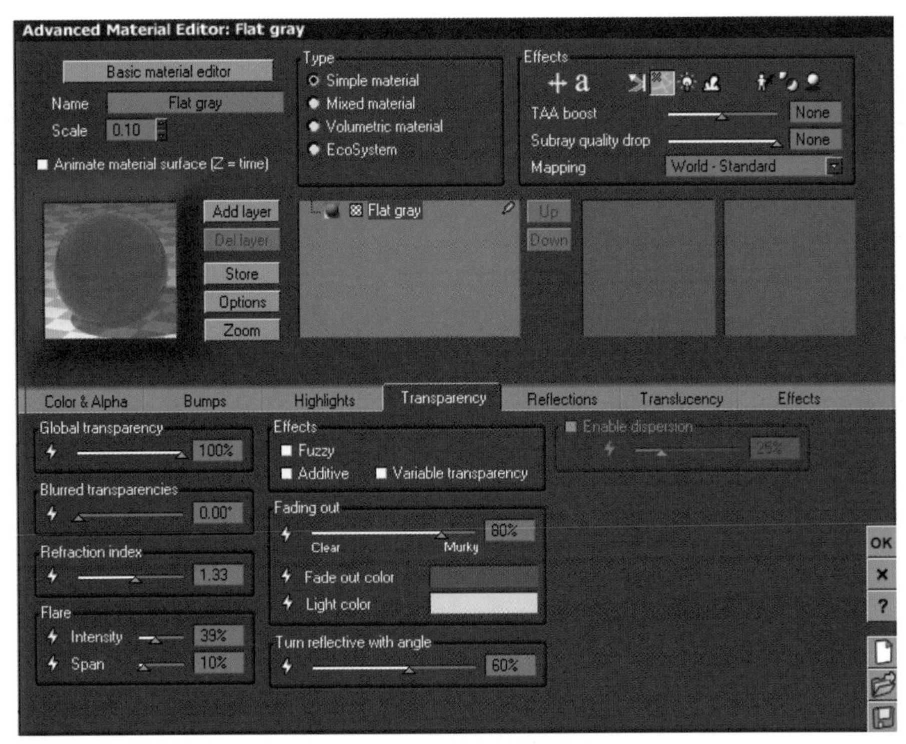

图 8-103　恢复透明的属性

STEP 23 现在渲染的效果如图8-104所示。

图 8-104　渲染效果

STEP 24 感觉现在的水面和陆地缺乏一个缓冲区。再次回到地形材质，为其再添加一层贴图Add Layer/Material Layer/Sand Flat，如图8-105所示。

图 8-105　添加一层贴图

STEP 25 设置参数："Alpha boost"为0、"Altitude range"为201m～204m、"Range of altitudes"为absolute、"Fuzziness（top）"为1%、"Fuzziness（bottom）"为1%、Slope range为0.64～1，如图8-106所示。此时的渲染效果如图8-107所示。

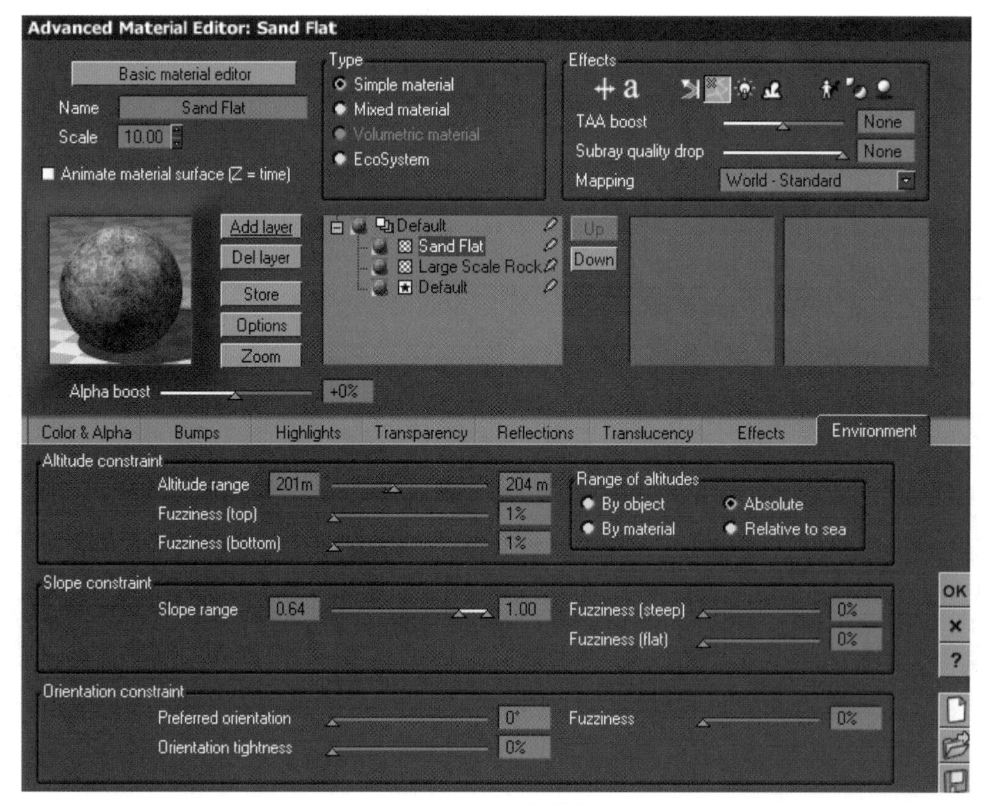

图 8-106　设置参数

图 8-107　设置参数后的渲染效果

STEP 26 按F4键打开大气编辑器，选择“Lighting model（灯光模式）”为Global radiosity（全局光能传递），如图8-108所示。

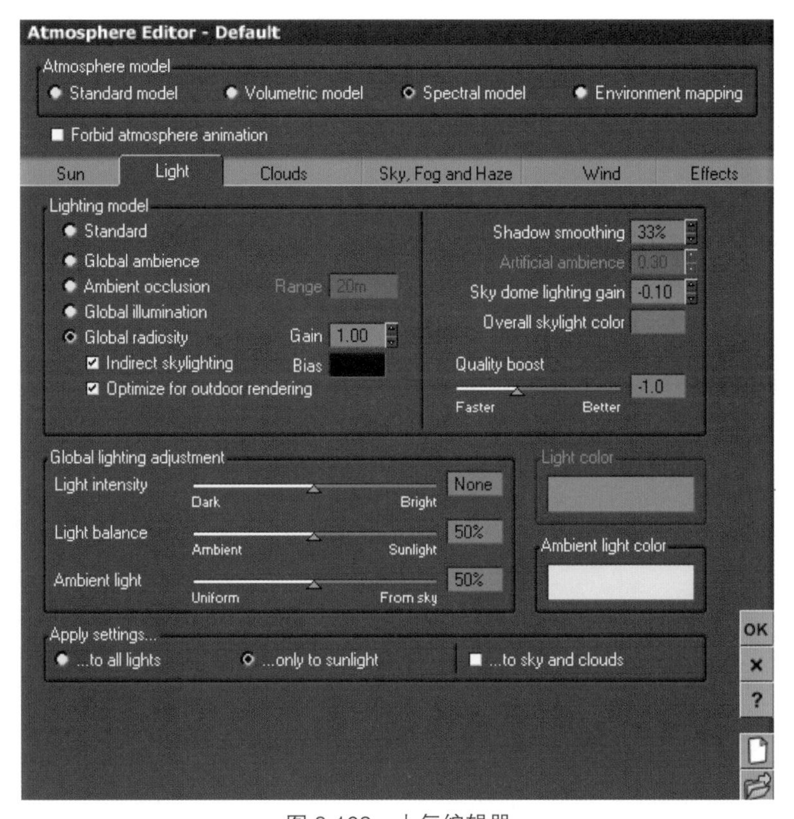

图 8-108　大气编辑器

STEP 27 现在就可以进行最后的渲染，渲染的效果最终将真实的场景展现在我们面前，如图8-109所示。

图 8-109　最终渲染效果

第9章 Vue综合实例

本章将通过几个综合实例来加强对Vue最常用的地形编辑器、材质编辑器、生态系统、函数编辑器等的认识，读者可以对如何使用Vue来制作场景有更进一步的理解和认识。当然，关键的是大家能把这些知识点用活，并且将其运用到以后的动画制作中。

9.1 雪树（Snow Tree）

本节的实例主要介绍如何通过调整，把一个简单材质的植物变成一个冬天的材质，以深入了解Vue材质编辑器的应用。

9.1.1 创建程序山体

首先打开Vue软件，单击左侧创建工具栏中的“Procedural Terrain（程序山体）”按钮，这样就在场景里创建了一个山体，如图9-1所示。

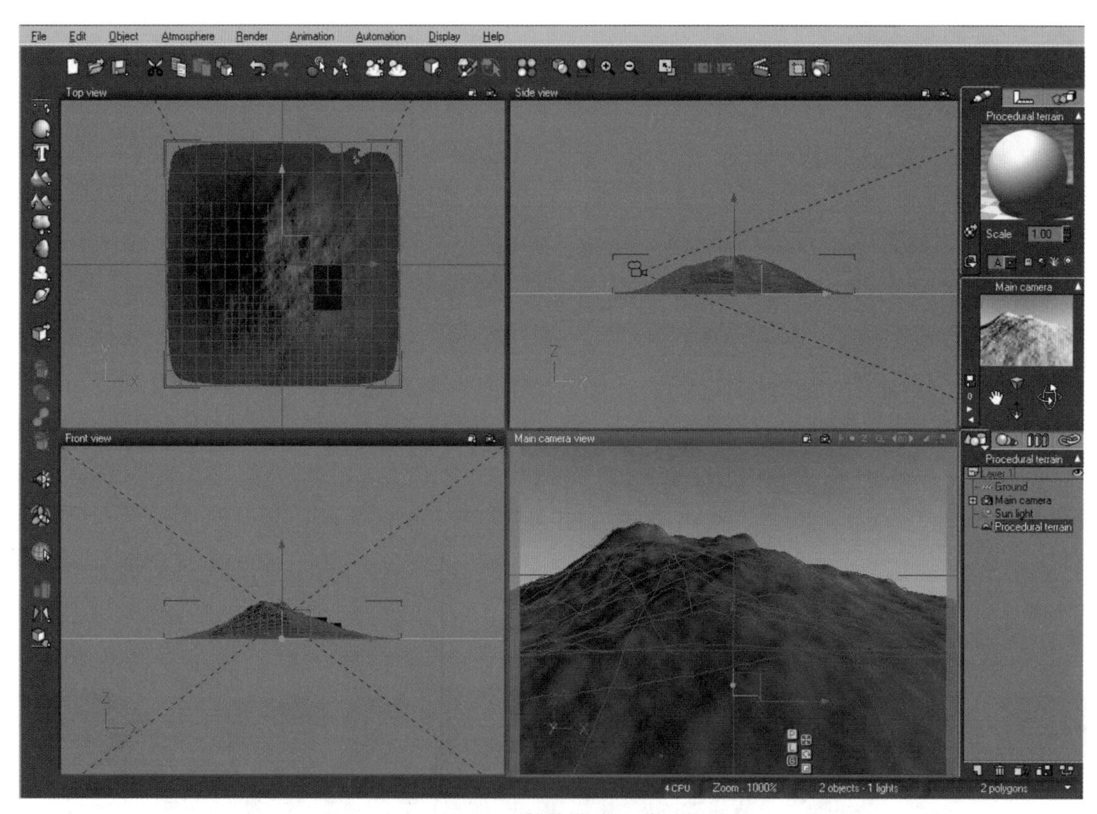

图 9-1 创建程序山体

9.1.2 编辑程序山体

双击山体就可以进入地形编辑器，单击Zero edges按钮，即可得到如图9-2所示的效果。

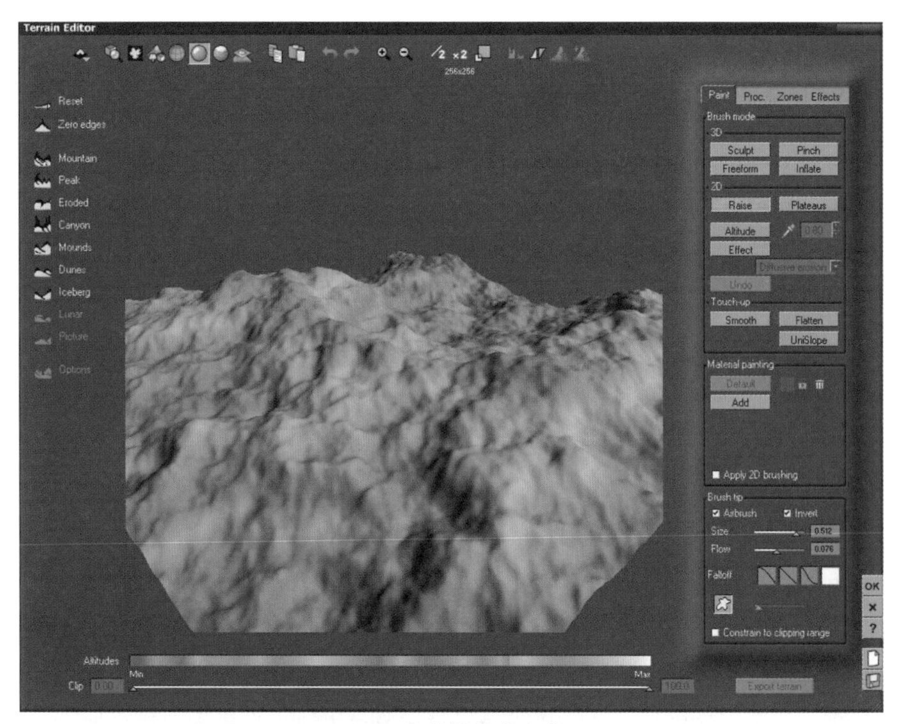

图 9-2　编辑程序山体

9.1.3　确定画面构图

编辑好山体后，我们可以调整相机来确定最后的画面构图，调整效果如图9-3所示。

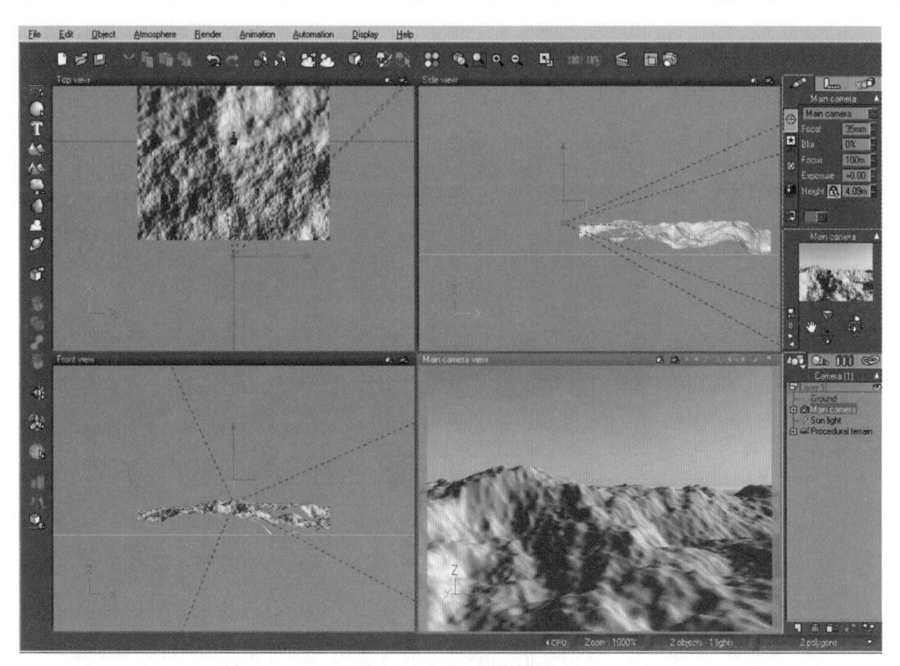

图 9-3　确定画面构图

9.1.4 山体基本材质

双击右上角的材质球，进入材质编辑器，再双击材质编辑器中的材质球，选择一种岩石材质，如图9-4和图9-5所示。

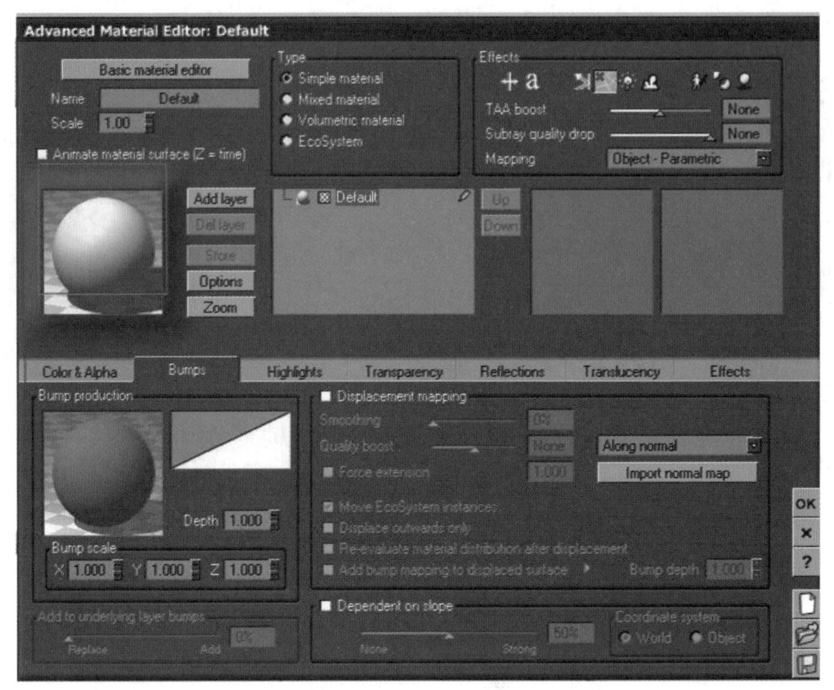

图 9-4 材质编辑器

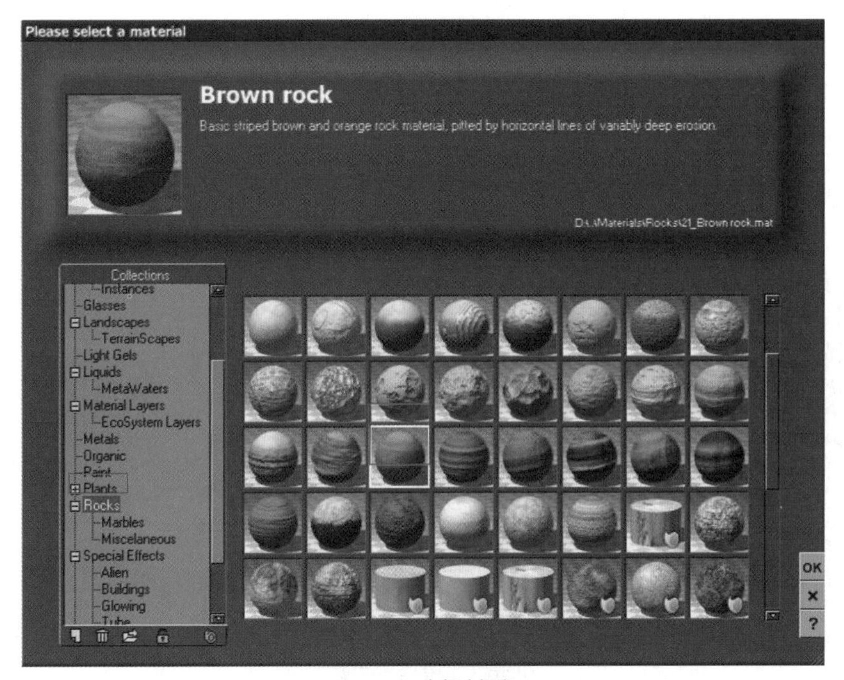

图 9-5 选择材质

9.1.5 调整渲染参数并渲染

右击上侧工具栏中的“Render（渲染）”按钮，进入渲染设置面板，设置好相关参数后，可以试渲一下基本的材质效果，如图9-6和图9-7所示。

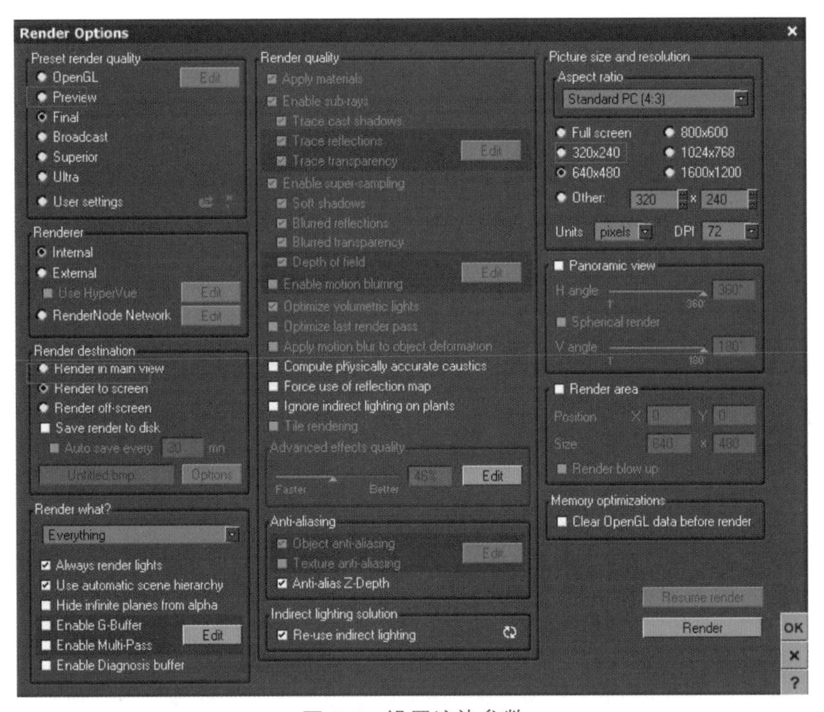

图 9-6 设置渲染参数

图 9-7 试渲效果

9.1.6　细调材质

重新进入材质编辑器，单击“Add layer（添加图层）”按钮，为材质添加一层雪材质，如图9-8所示。

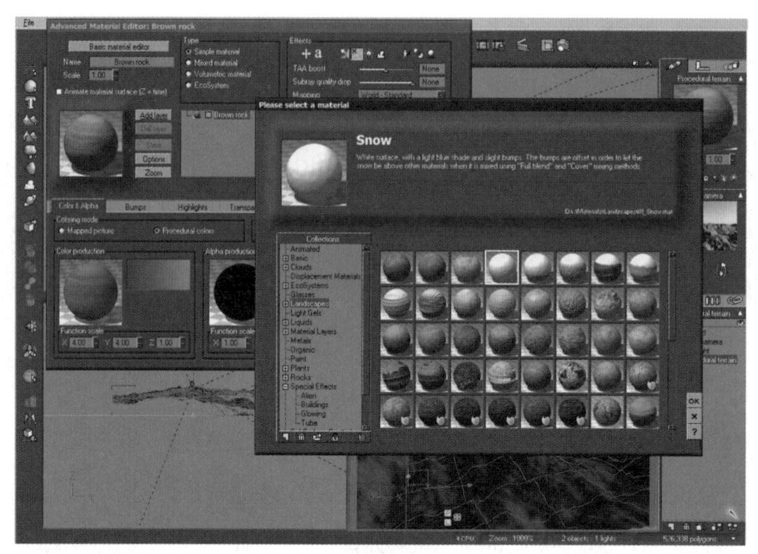

图 9-8　添加雪材质

9.1.7　调整比例

调整好两种材质的比例，如图9-9所示，最后调整好的效果如图9-10所示。

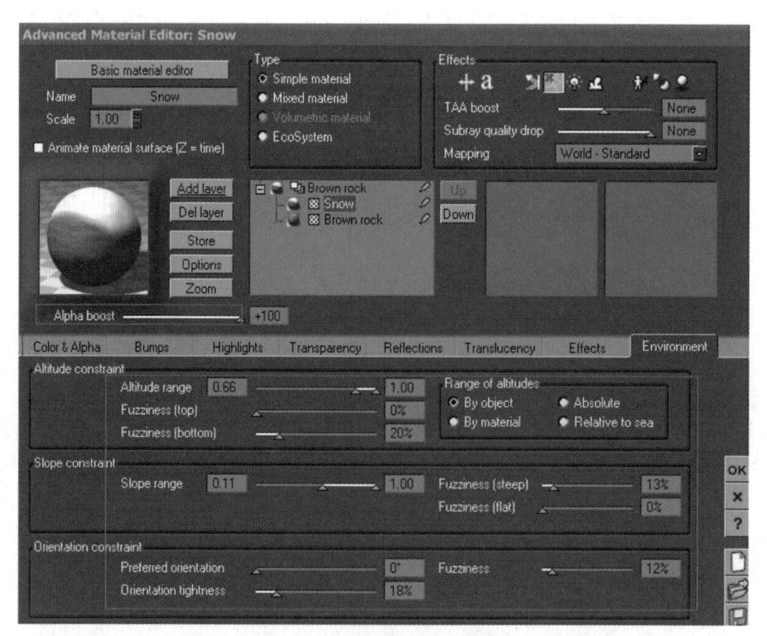

图 9-9　调整材质比例

图 9-10　调整比例后的渲染效果

9.1.8　添加生态系统

下面为山形添加生态系统。选择“EcoSystem（生态系统）”单选钮，然后选择添加一种树木，如图9-11所示。在菜单栏中选择“Animation（动画）”\“Animation wizard（动画向导）”命令，就可以打开动画向导。

图 9-11　添加生态系统

9.1.9 调整生态系统的参数

调整一下生态系统的参数，主要是调整如图9-12～图9-14所示的参数，最后调整好的效果如图9-15所示。

图 9-12 生态系统参数 1

图 9-13 生态系统参数 2

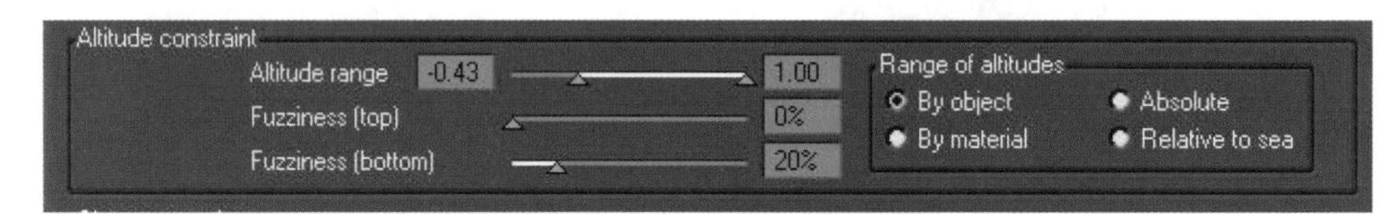

图 9-14 生态系统参数 3

图 9-15 调整好的效果

9.1.10 改变树的材质

单击材质层级选择树的材质，双击进入调整界面，如图9-16所示。

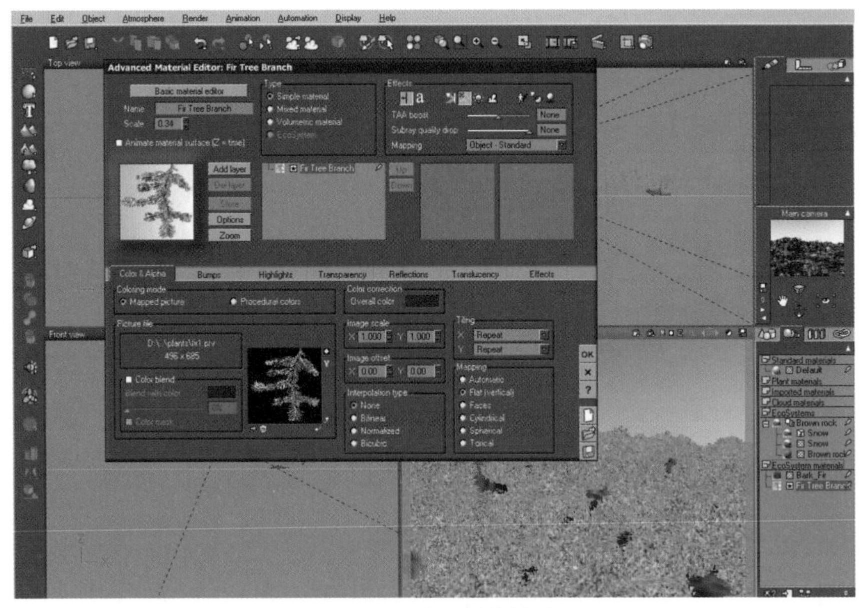

图 9-16　进入树的材质

9.1.11　调整树的材质参数

调整树的参数，具体参数设置如图9-17和图9-18所示。

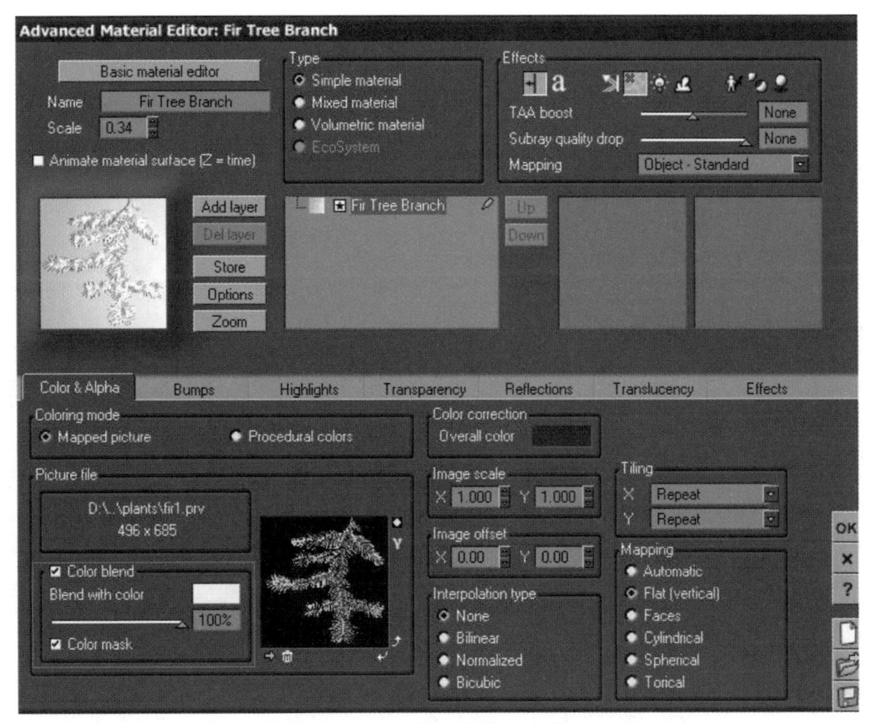

图 9-17　调整树的材质参数 1

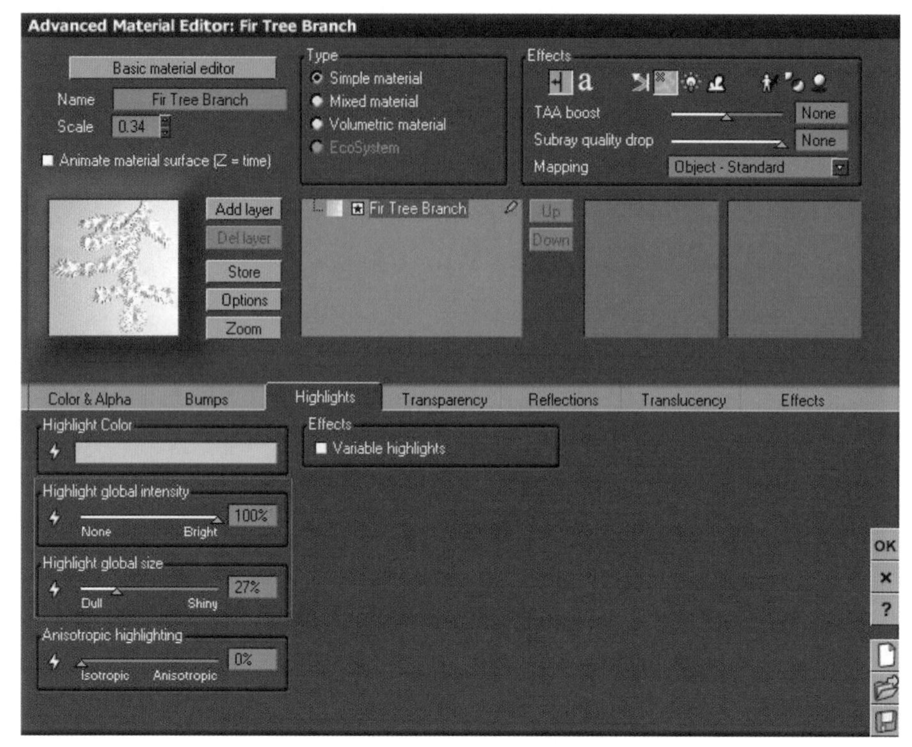

图 9-18　调整树的材质参数 2

9.1.12　调整后的渲染效果

前面我们调整了树的参数，将其变成了冬天的感觉，渲染后的效果如图9-19所示。

图 9-19　调整材质后的效果

9.1.13 最终渲染效果

现在我们改变一下天空的效果，就可以进行最终的效果渲染了，最终效果如图9-20所示。

图 9-20 最终效果

9.2 海岛泡沫（Island Foam ）

本节中的实例主要讲解如何调整海面材质，如何表现海面冲击海岛的泡沫材质，以进一步掌握高级材质中的混合材质调整。

9.2.1 创建山体

首先打开Vue软件，单击左侧工具栏中的标准地形按钮，创建一个基本的标准山形，如图9-21所示。

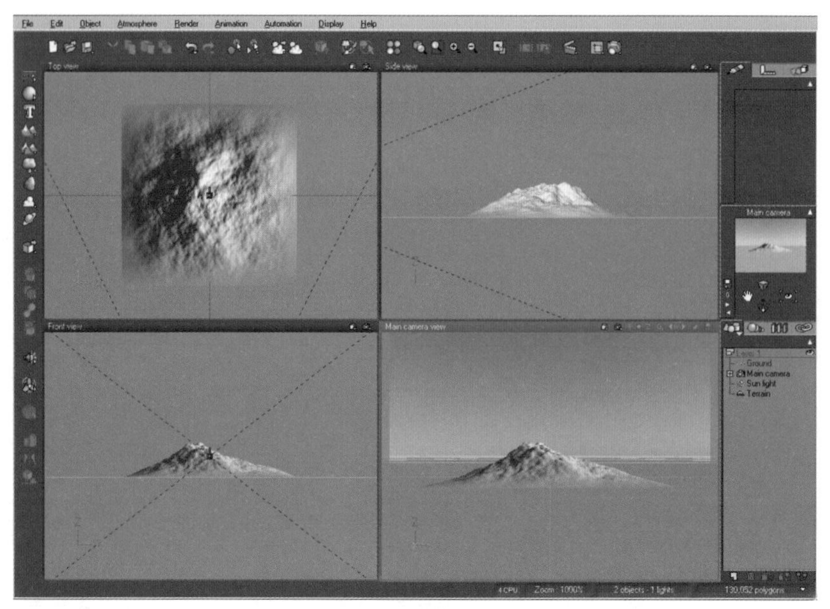

图 9-21　创建基本山形

9.2.2　修改山形

STEP 01 双击山体，进入地形编辑器，如图9-22所示。

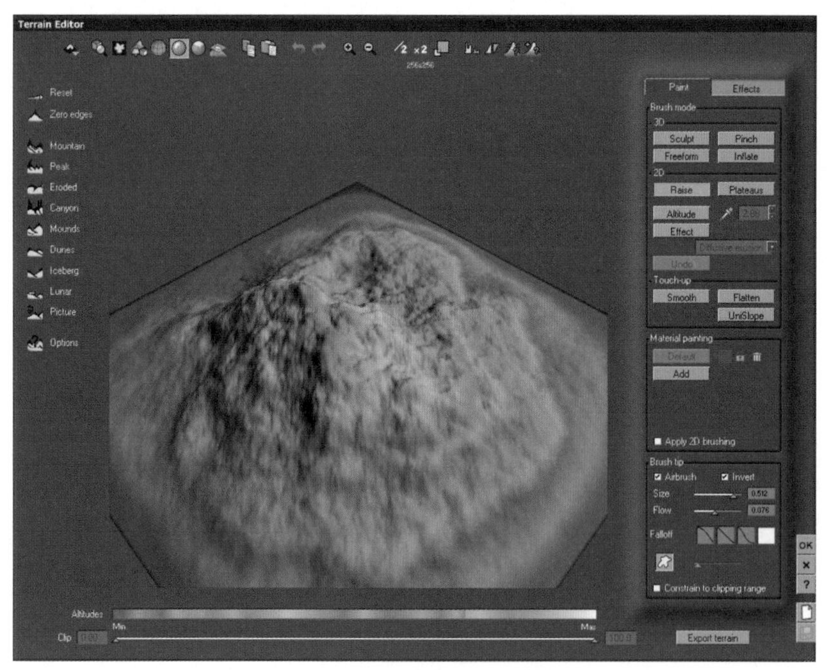

图 9-22　地形编辑器

STEP 02 单击左侧工具栏中的设置按钮 Options，调整Altitude distribution（地形分布），如图9-23所示。

STEP 03 在地形分布图标上右击，在弹出的快捷菜单中选择“Edit Filter（编辑过滤器）”命令，如图9-24所示。

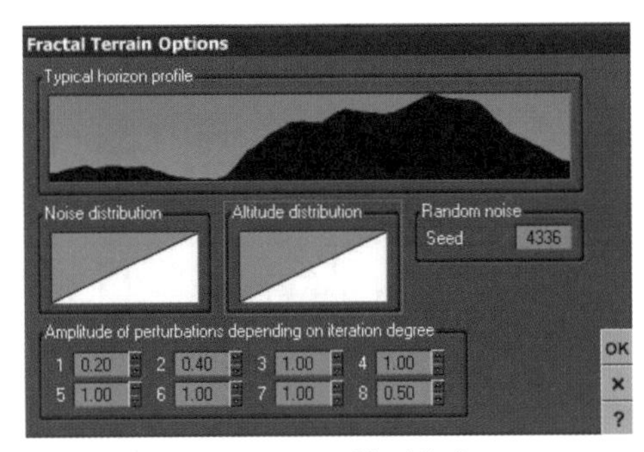

图 9-23　地形分布

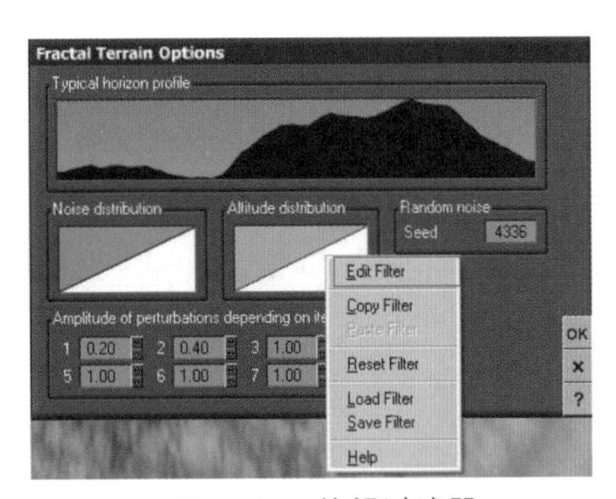

图 9-24　编辑过滤器

STEP 04 调整过滤器成如图9-25所示的效果

STEP 05 单击“OK”按钮，可以看到调整后的效果，如图9-26所示。

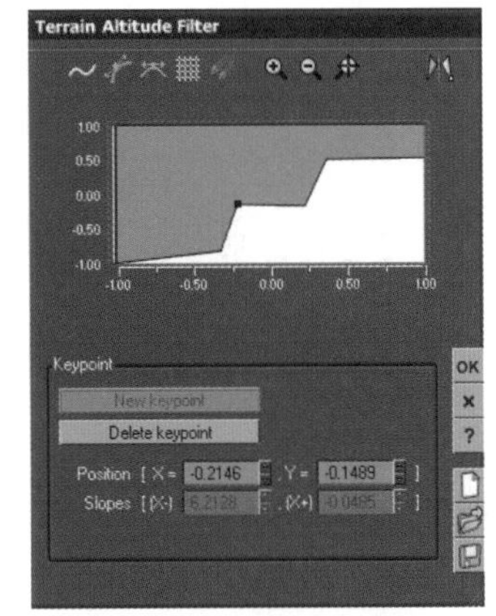

图 9-25　调整过滤器

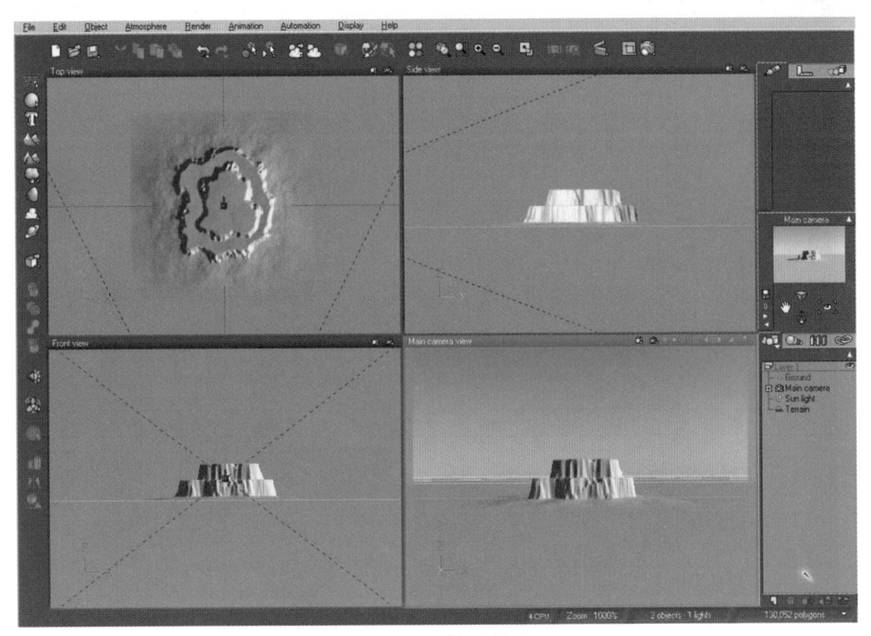

图 9-26　调整后的效果

9.2.3 设置山体材质

STEP 01 选择相机并调整好构图角度，如图9-27所示。

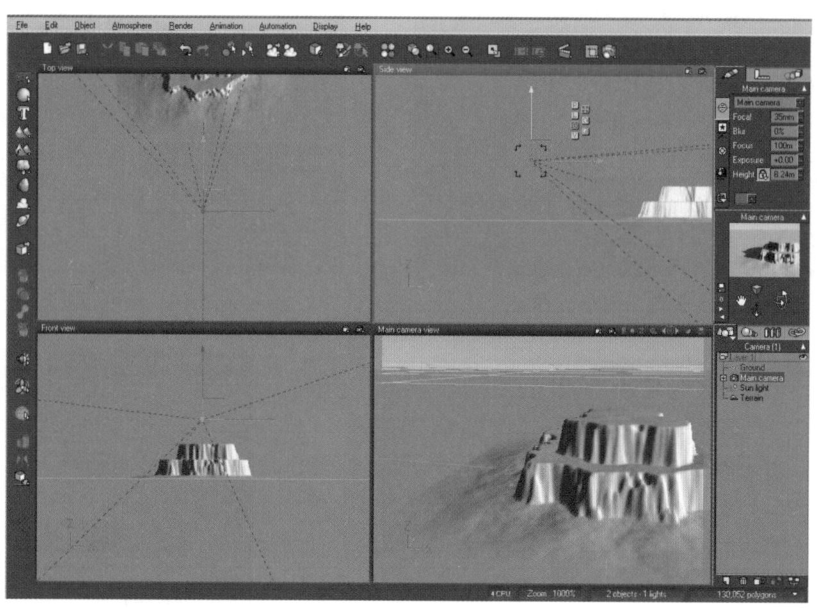

图 9-27 调整相机

STEP 02 双击左上角的材质球，进入材质编辑器，点选“Mixed material（混合材质）”单选钮，如图9-28所示。

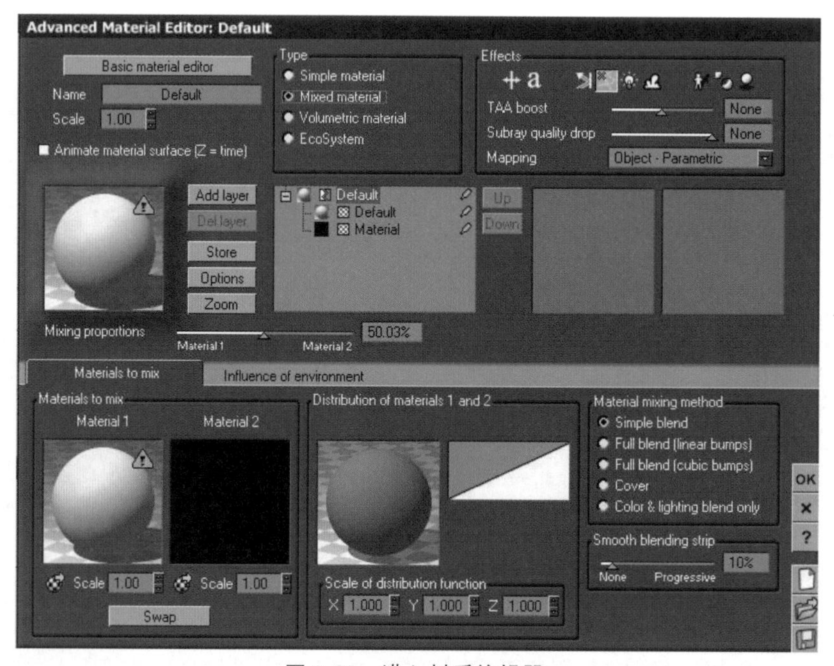

图 9-28 进入材质编辑器

STEP 03 勾选“Influence of environment（影响环境）”标签下的复选框，如图9-29所示。

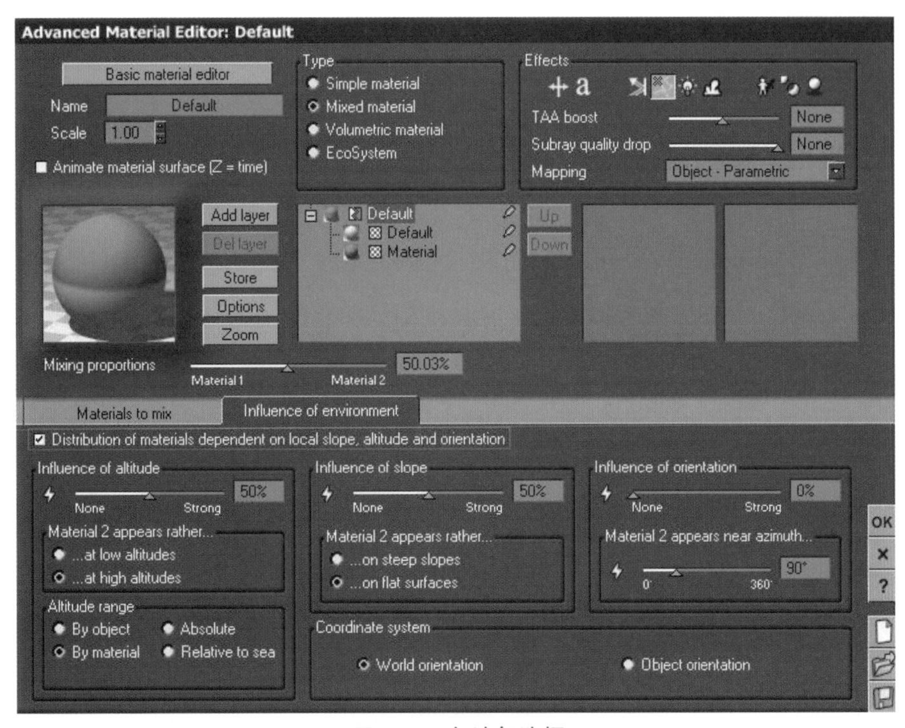

图 9-29　勾选复选框

STEP 04 调整两种材质的分布，如图9-30所示。

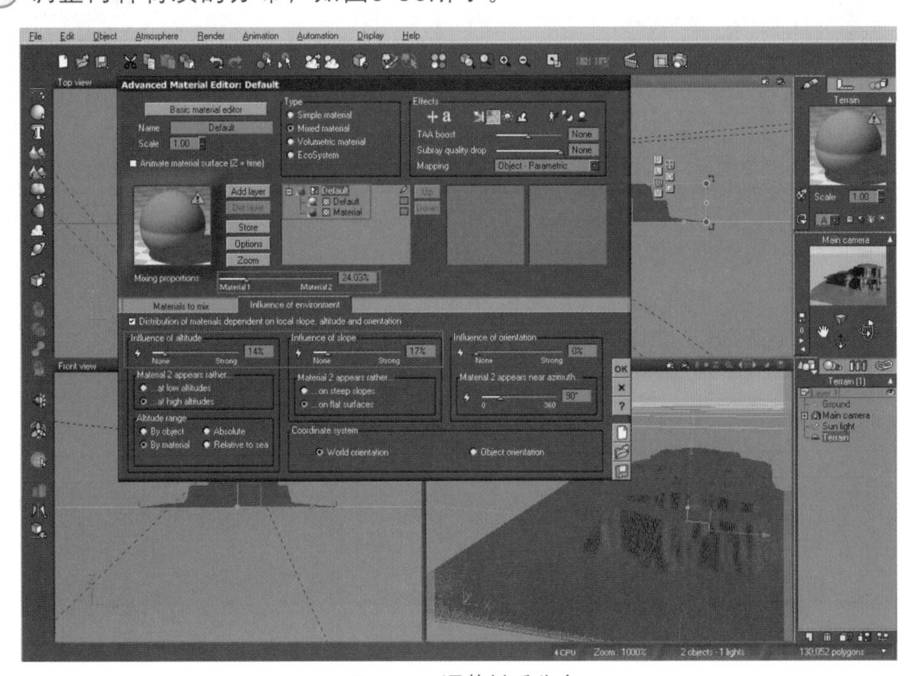

图 9-30　调整材质分布

STEP 05 材质1选择一种Wed sand的预设山体材质，材质2选择一种Paths in the sand的预设山体材质，如图9-31所示。

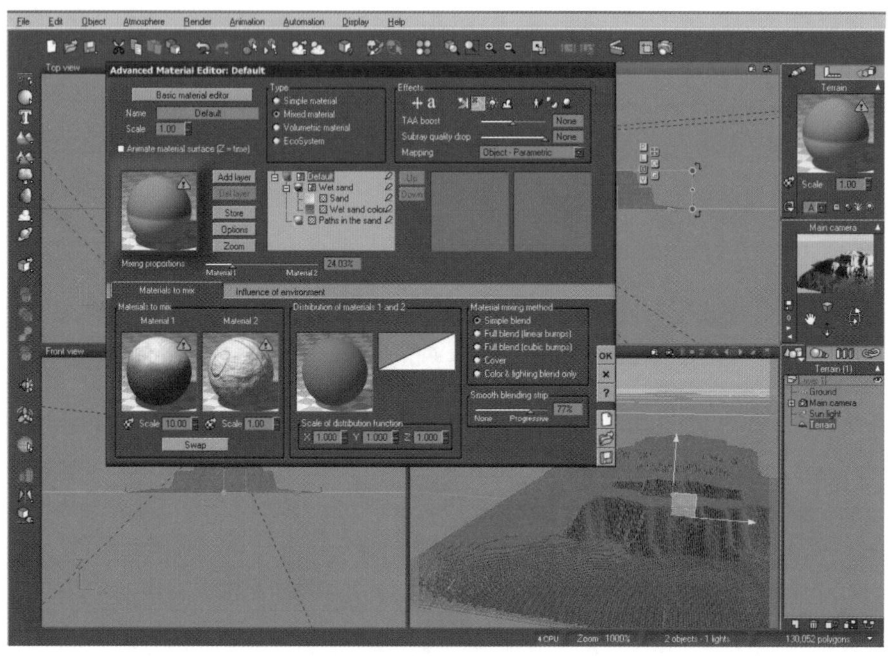

图 9-31 选择山体材质

STEP 06 将Ground（地面）的材质也赋予Wed sand的山体预设材质，如图9-32所示。

图 9-32 地面材质

9.2.4 水面材质

STEP 01 单击左侧工具栏中的水面工具图标，创建一个水面，如图9-33所示。

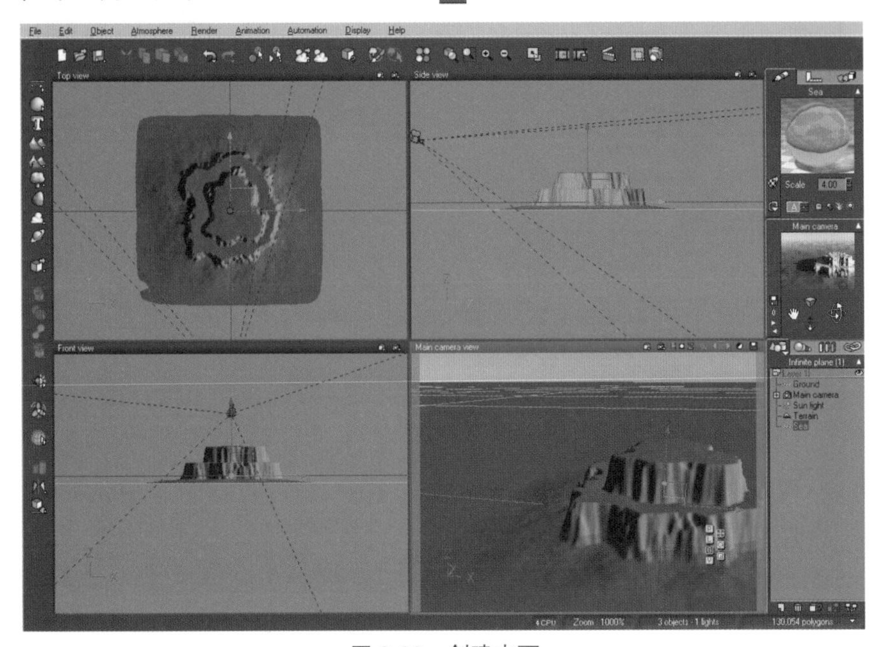

图 9-33 创建水面

STEP 02 修改水材质，如图9-34所示。

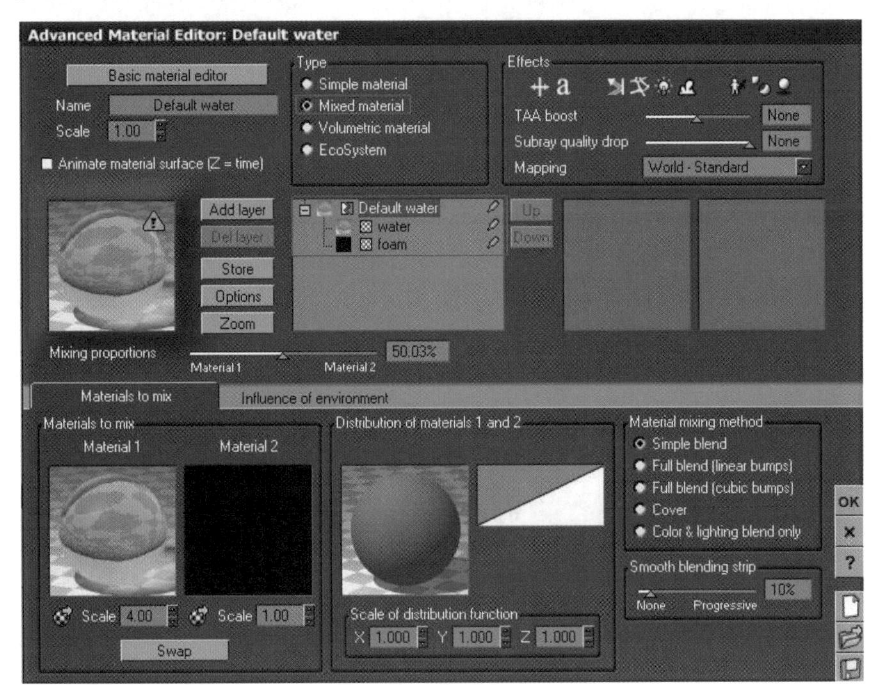

图 9-34 水材质调整

STEP 03 将Foam（泡沫）材质赋予一种预制的Milk（乳液）材质，如图9-35所示。

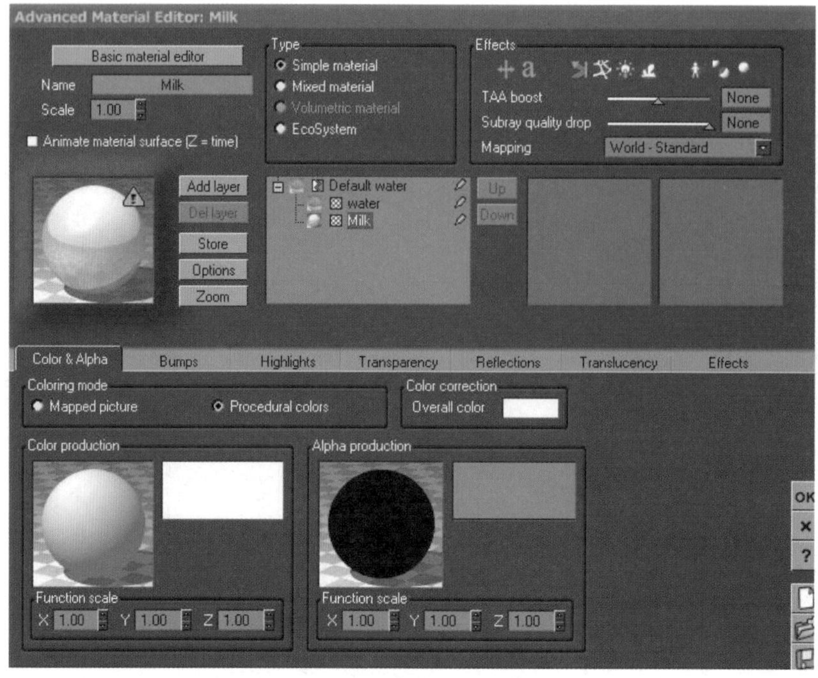

图 9-35 泡沫材质调整

STEP 04 调整一下原来的水材质的颜色深度，如图9-36所示。

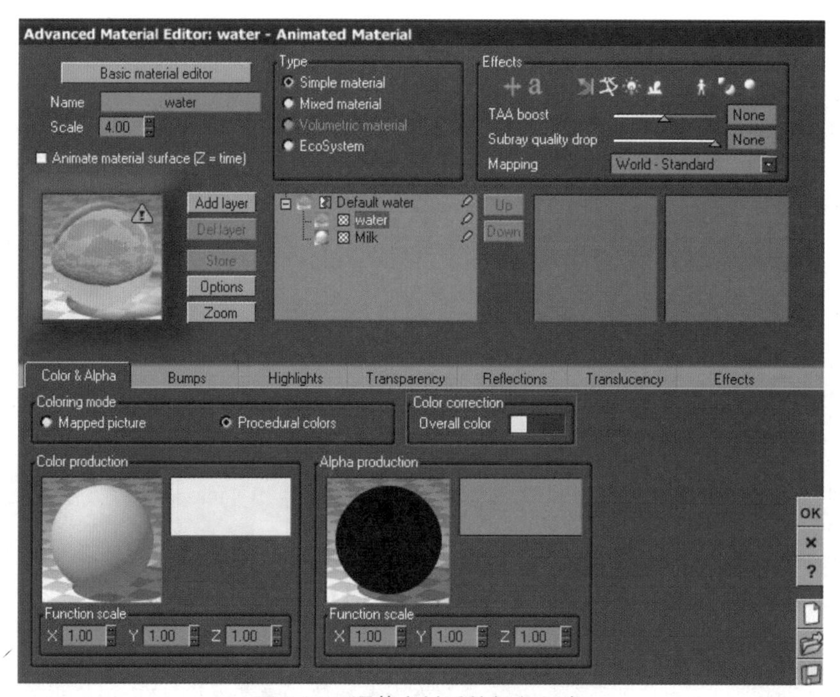

图 9-36 调整水材质的颜色深度

STEP 05 调整泡沫和水的分布，如图9-37所示。

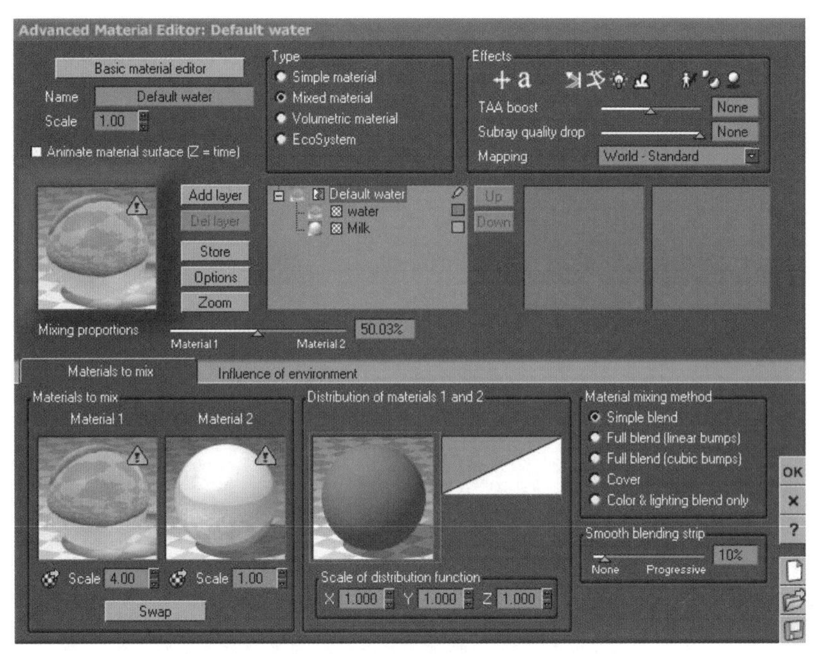

图 9-37　调整水的分布

STEP 06 在混合材质球上右击，在弹出的快捷菜单中选择"Edit functions（编辑函数）"命令，进入函数编辑器，如图9-38所示。

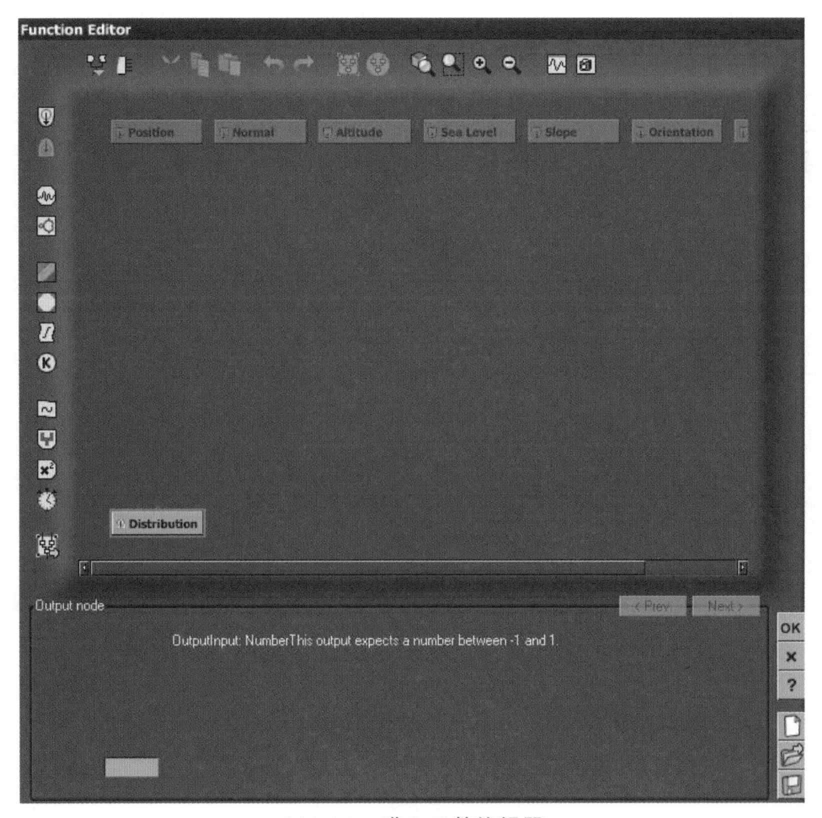

图 9-38　进入函数编辑器

STEP 07 选择函数的输出为Distance to object below，添加Filter（过滤），选择Map（贴图）方式，调整好参数后如图9-39所示。

图 9-39　调整函数编辑器

STEP 08 渲染现在的场景，效果如图9-40所示。

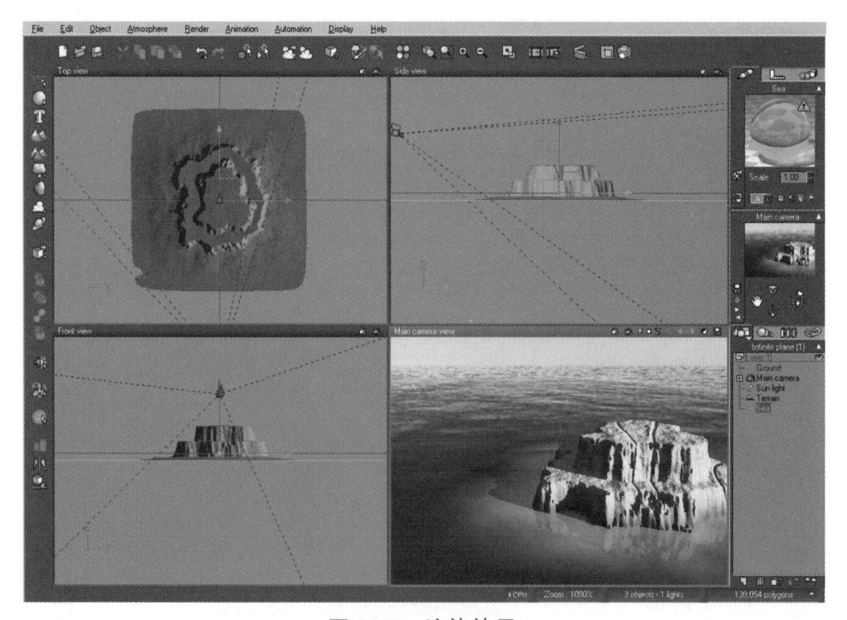

图 9-40　渲染效果

9.2.5　添加生态系统

STEP 01 单击上侧工具栏中的生态画笔工具，进入生态画笔面板，如图9-41所示。

STEP 02 在顶视图中绘制生态系统，如图9-42所示。

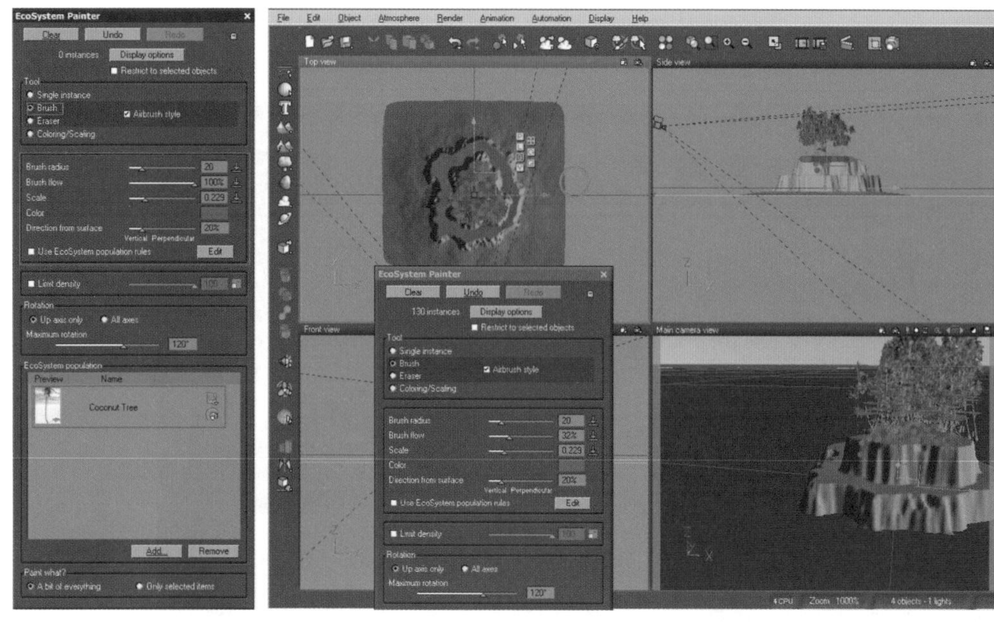

图 9-41　生态画笔面板　　　　图 9-42　绘制生态系统

STEP 03 渲染场景，现在的效果如图9-43所示。

图 9-43　渲染效果

9.2.6 最后的调整

STEP 01 更换天空效果，如图9-44所示。

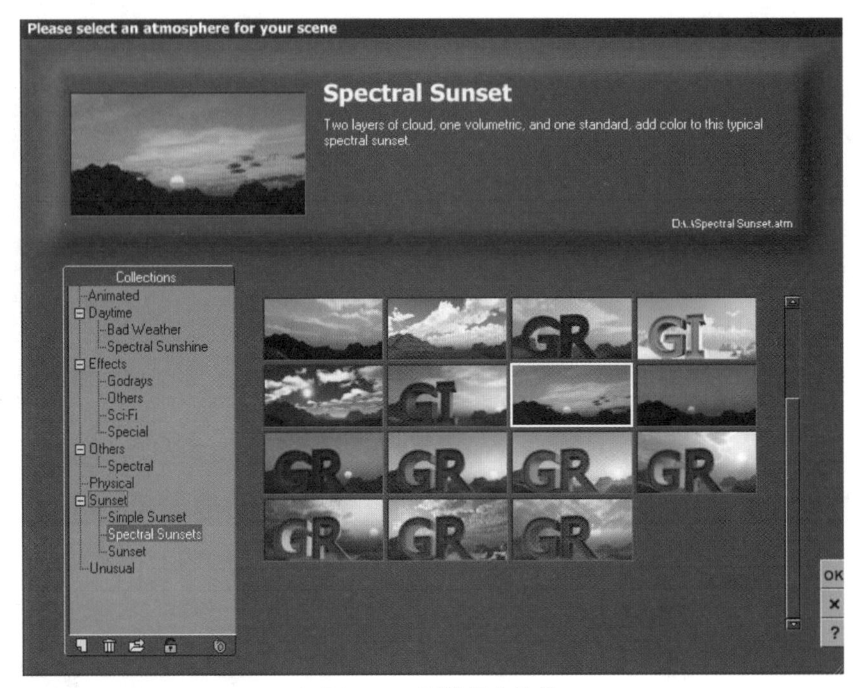

图 9-44 更换天空效果

STEP 02 调整渲染参数，进行最终渲染，最终效果如图9-45所示。

图 9-45 最终效果